全 国 水 利 水 电 高 职 教 研 会
中国高职教研会水利行业协作委员会
规划推荐教材

高职高专土建类专业系列教材

建筑概论

主 编 王付全

中国水利水电出版社
www.waterpub.com.cn

内 容 提 要

本书是高职高专土建类专业系列教材之一，是全国水利水电高职教研会规划推荐教材，依据高职高专教育土建类专业教学基本要求编写。主要包括建筑设计基本知识、民用建筑设计、民用建筑构造、工业建筑设计、单层厂房构造、建筑工业化体系、建筑节能等内容。本书内容精简、图文并茂、文字通俗易懂。为方便学生自学，在每章之后均附有复习思考题。

本教材可作为土木类非建筑专业学生的教学用书，也可作为工程技术人员的参考用书。

图书在版编目（CIP）数据

建筑概论/王付全主编．—北京：中国水利水电出版社，2007（2019.1 重印）

（高职高专土建类专业系列教材）

ISBN 978-7-5084-4419-2

Ⅰ．建…　Ⅱ．王…　Ⅲ．建筑学-高等学校：技术学校-教材　Ⅳ．TU

中国版本图书馆 CIP 数据核字（2007）第 023316 号

书　　名	高职高专土建类专业系列教材 全国水利水电高职教研会 中国高职教研会水利行业协作委员会　规划推荐教材 **建筑概论**
作　　者	主编　王付全
出版发行	中国水利水电出版社 （北京市海淀区玉渊潭南路 1 号 D 座　100038） 网址：www.waterpub.com.cn E-mail：sales@waterpub.com.cn 电话：（010）68367658（营销中心）
经　　售	北京科水图书销售中心（零售） 电话：（010）88383994、63202643、68545874 全国各地新华书店和相关出版物销售网点
排　　版	中国水利水电出版社微机排版中心
印　　刷	北京瑞斯通印务发展有限公司
规　　格	184mm×260mm　16 开本　16.75 印张　397 千字
版　　次	2007 年 3 月第 1 版　2019 年 1 月第 5 次印刷
印　　数	16001—17500 册
定　　价	**43.00** 元

高职高专土建类专业系列教材

编 审 委 员 会

前言

《建筑概论》是全国水利水电高职教研会规划教材，依据高职高专教育土建类专业教学基本要求编写，主要包括建筑的基本知识、民用建筑设计、民用建筑构造、工业建筑设计、单层厂房构造、建筑工业化体系和建筑节能等内容。本书内容精简、图文并茂、文字通俗易懂，为方便学生自学，在每章之后均附有复习思考题。本教材可作为土木类非建筑专业学生的教学用书，也可作为工程技术人员的参考用书。

参加本教材编写的人员有：黄河水利职业技术学院王付全（第1章）、杨凌职业技术学院张朝晖（第2章、第5章）、安徽水利水电职业技术学院张思梅（第3章第1～4节）、湖南水利水电职业技术学院刘天林（第3章第5～7节）、焦作煤业（集团）有限责任公司原思海（第4章、第6章）和黄河水利职业技术学院张振安（第7章）。本教材由王付全主编并统稿。

本教材由山西电力职业技术学院常红星主审。在本教材编写过程中，得到了全国水利水电高职教研会及编者所在单位的积极指导和大力支持，在此一并致谢。

由于编者水平所限，书中难免存在错误和缺陷，希望使用本书的师生及其他读者批评指正。

编者

2006年12月

目录

第1章 概　　论

1.1 建筑发展概况

建筑既表示建筑工程的建造活动，同时又表示这种活动的成果——建筑物。建筑是建筑物与构筑物的统称。建筑物指供人们在其中生产、生活或从事其他活动的房屋或场所，如厂房、住宅、教学楼、体育馆和影剧院等；构筑物则指人们不在其中生产、生活的建筑，如水塔、烟囱、桥梁、电塔和囤仓等。

建筑是一种人为的环境。它的产生和发展与社会的生产方式、思想意识、民族的文化传统及风俗习惯等密切相关，又为地理气候等自然条件所制约。自有人类以来，为了满足生产、生活的需要，从构木为巢、掘土为穴的原始操作开始，到今天能建造摩天大厦、万米长桥，以至移山填海的宏伟工程，经历了漫长的发展过程。

1.1.1 原始社会的建筑

人类最初无固定住所，原始人为避风雨、防兽害，便利用天然的掩蔽物——洞穴。大致在新石器时代，随着人类的定居和工具的发展，人们开始伐木采石，模仿天然掩蔽物建造居住场所，这就是人类最早的建筑物。

我国古代建筑遗产十分丰富，在距今约六七千年的浙江余姚河姆渡村建筑遗址，发现了许多木构件遗物，许多构件上都带有榫卯，如图 1.1 所示。这种榫卯结合的方法代代相传，延续到后世，为以木结构为主流的中国古代建筑开创了先例。

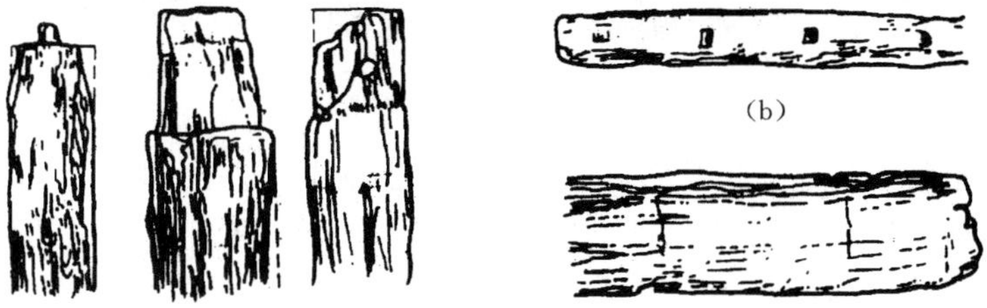

(a)　　(b)　　(c)

图 1.1　浙江余姚河姆渡遗址出土的各种木构件

(a) 大构件榫头；(b) 直棂栏木构件；(c) 企口板

从我国的西安半坡遗址可以看出距今 5000 多年前的院落布局及较完整的房屋雏形，如图 1.2 所示。

1.1.2 奴隶社会的建筑

随着奴隶社会的建立，建筑形式也发生了巨大的变化。公元前 27 世纪～公元前 26 世纪，埃及建造了世界上最大的帝王陵墓建筑群——吉萨金字塔群，如图 1.3 所示。最大的一座为胡夫金字塔，高达 146.4m，底边长 230.6m，用了约 230 万块巨石干砌而成，每块巨石重约 2.5t，凿磨得非常平整。

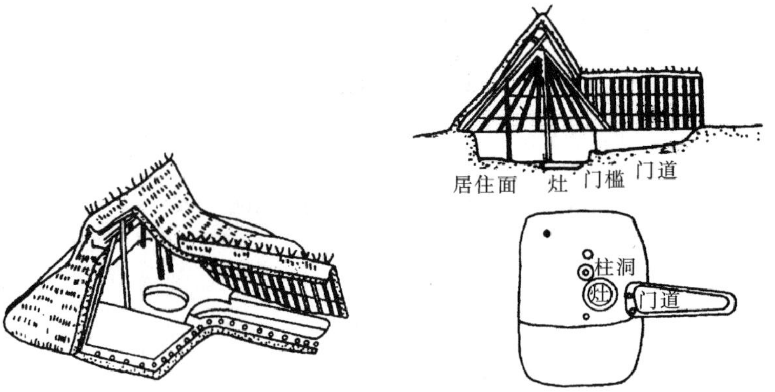

图 1.2　西安半坡遗址建筑

图 1.3　埃及金字塔

雅典卫城是希腊古典建筑的代表作，如图 1.4 所示。它是由山门、胜利神庙、帕提农神庙和伊瑞克先神庙组成。帕提农神庙是雅典卫城的主要建筑物，46 根刚劲挺拔的陶立克石柱，构成神庙的柱廊，使神庙简洁大方、风格明朗。

图 1.4　雅典卫城

公元1～3世纪建造的罗马万神庙是古罗马建筑中的杰作，如图1.5所示。万神庙由圆形神殿和门廊组成。神殿穹隆的直径与高度均为43.3m，顶部开了一个直径8.9m的圆洞，是整个神殿的自然采光口，且象征着神与人的密切联系。

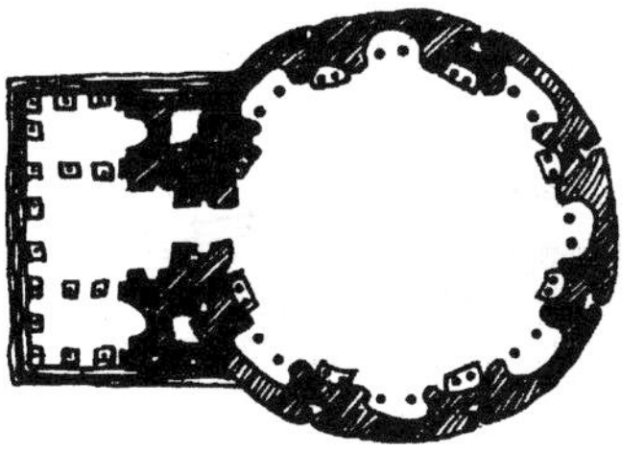

(a)

(b)

图1.5 罗马万神庙平面图和剖面图

1.1.3 封建社会的建筑

公元4世纪，欧洲各国先后进入中世纪的封建社会，教堂成为最重要的建筑物。始建于公元10世纪的巴黎圣母院即为典型代表，如图1.6所示。它平面长125m，宽47m，可容纳万人，其建筑形象也表现出强烈的宗教气氛。

图1.6 巴黎圣母院

在中国封建社会3000多年的历程中，中国的传统建筑逐步形成了独特的建筑体系。举世闻名的万里长城始建于秦代以前，留存至今的世界著名的隋代石拱桥——河北赵县安济桥（又称赵州桥），如图1.7所示，跨度长达37.37m，首次采用敞肩拱，既能减轻压力，又能宣泄洪水，在功能、结构、造型和建筑技术上堪称世界桥梁的典范。

中国近五六百年来的古典建筑，如北京宫廷建筑群——紫禁城（今故宫，如图1.8所示）、帝王行宫花园——颐和园，如图1.9所示和祭祀建筑——天坛的祈年殿，如图1.10所示等，建筑技术和艺术水平都达到了极高的境界。

1.1.4 文艺复兴和资本主义近现代建筑

经历了漫长的中世纪之后，欧洲从14世纪末进入了文艺复兴时期，在宗教、政治、思想和文化各个领域出现了反封建的大变革。这个时期的建筑风格也有很大变化，表现为和谐、开朗，布局有条理、有次序，不仅雄伟有力，而且活泼轻快，使人感到亲切悦目。历时120年（1506～1626年）建成的罗马城圣彼得大教堂，是文艺复兴建筑的代表作，也是当时世界上最大的教堂，如图1.11所示。它的总面积达1.8万多m^2，平面为纵长十字形。在十字形的交叉处，覆盖着高大的穹隆顶。穹顶直径为42.34m，高达137.8m，是

图 1.12 纽约利华大厦

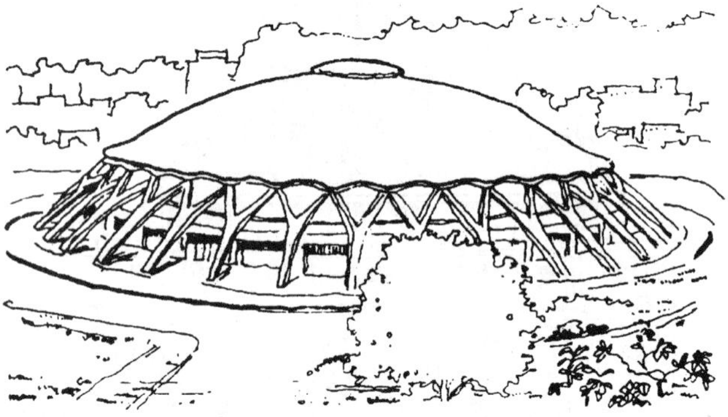

图 1.13 罗马小体育馆

1976 年在巴黎建成的蓬皮杜国家艺术和文化中心，如图 1.14 所示，是当代新建筑之代表性作品。这座大楼不仅结构外露，连管道也暴露在外。它巧妙地运用了一种套筒装置，使各层楼板可以自由移动和取舍，因而房屋的内部空间极其灵活。

澳大利亚悉尼歌剧院，这座用混凝土建成的建筑物，堪称建筑艺术的杰作。它别出心裁的贝壳式屋顶迎风耸立在海边，使整个建筑像一艘乘风破浪的大帆船，如图 1.15 所示。

1.1.5 新中国的建筑

中华人民共和国建立初期，新建筑的代表作品是北京人民大会堂，如图 1.16 所示。整个建筑由万人大会堂、5000 人国宴大厅和全国人民代表大会常务委员会会议厅三大部分组成。总建筑面积为 17.18 万 m^2，面宽 336m，最高处达 56.5m，是目前世界上规模最

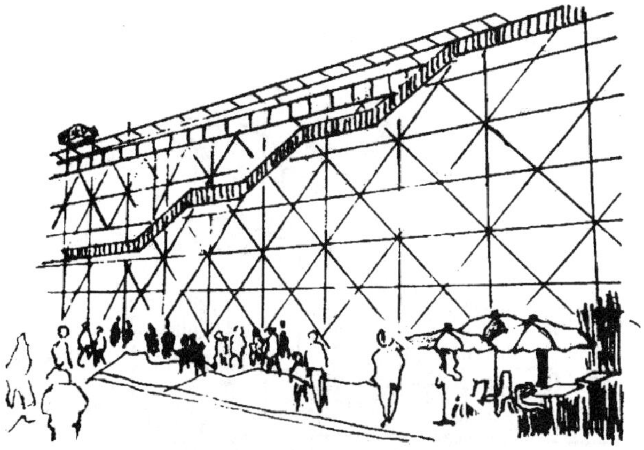

图 1.14 蓬皮杜国家艺术和文化中心

图 1.15 澳大利亚悉尼歌剧院

图 1.16 北京人民大会堂

大的国家会堂建筑。

改革开放以来，随着经济的发展，我国的建筑事业也出现了蓬勃发展的局面。1985年建成的北京国际展览中心，是我国最大的展览建筑，总建筑面积约 7.5 万 m^2，如图 1.17 所示。

图 1.17 北京国际展览中心

1990 年建成的北京国家奥林匹克体育中心游泳馆，建筑面积为 3.7 万 m^2，有 6000 个座位，斜拉索吊起大面积双坡金属屋面，表现了体育建筑的力量和技巧特性，如图 1.18 所示。

目前我国已建成的深圳发展中心大厦（见图 1.19）、深圳国际贸易中心（见图 1.20）、广州国际大厦、北京京广中心和上海金茂大厦等一大批高层建筑，标志着我国高层建筑的发展已接近或达到世界先进水平。

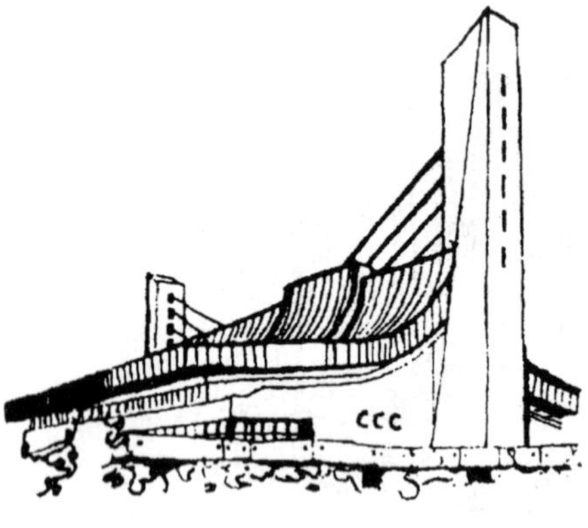

图 1.18 北京奥林匹克体育中心游泳馆

图 1.19 深圳发展中心大厦

深圳国际贸易中心占地面积 2 万 m^2，建筑面积 10 万 m^2。总体以方形塔楼为主体，楼高 53 层（地下 3 层）160m，第 5～23 层及第 25～43 层为办公楼标准层，第 24 层为避难层，第 49 层为旋转餐厅，第 50 层屋面设有直径 26m 的直升机停机坪。塔楼北侧为 5

图 1.20 深圳国际贸易中心

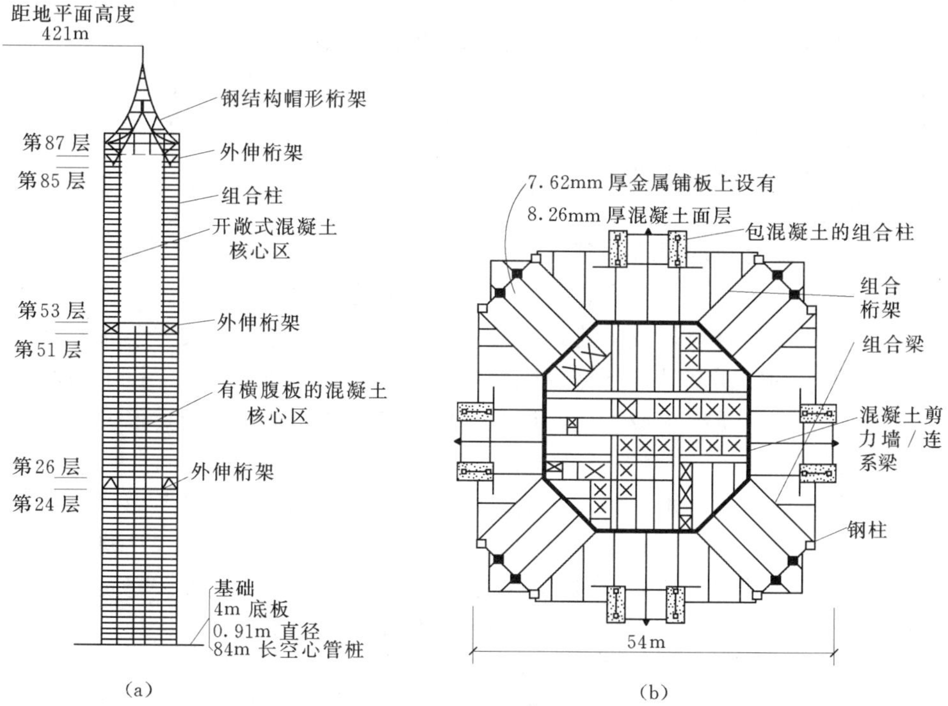

图 1.21 上海金茂大厦

(a) 剖面和结构体系示意；(b) 标准平面示意

层（地下 1 层）长 150m 的裙楼，构成一个规模宏大的商场，与大厦内银行、餐厅、展销馆和证券交易厅交相辉映。地下部分设有可停放 130 辆汽车的地下停车场。大厦配备了先进的楼宇控制系统，消防系统，闭路电视监控系统，中央空调系统和垂直、手扶、观光电梯系统。

金茂大厦位于上海黄浦江畔陆家嘴金融贸易区中心，占地面积 23611m^2，总建筑面积 28.95 万 m^2。金茂大厦由塔楼、裙房和地下室组成，主体建筑 88 层，总高度为 420.5m，堪称亚洲第一高楼，如图 1.21 所示。

1.2　建筑构成及分类

建筑是科学技术与艺术的统一，既具有使用价值，又体现着艺术思想。建筑与音乐、绘画、雕塑等其他艺术有很大不同。建筑需要消耗大量的人力、物力和财力，即受材料、技术和经济条件的制约较其他艺术严重得多。

1.2.1　建筑的基本要素

建筑构成的基本要素包括建筑功能、建筑技术和建筑形象，一般统称为“建筑三要素”。

1.2.1.1　建筑功能

建筑功能是人们对建筑的具体使用要求，体现的是建筑的实用性。如生产性建筑应满足不同的生产要求；学校建筑以满足教学活动要求为目的；住宅建筑应满足人们的居住要求；园林建筑供人游览、休息和观赏；纪念碑可以满足人们的精神生活要求等。对建筑功能的要求，是建筑的最基本要求，也是决定建筑性质、类型的主要因素。人们对建筑功能的要求不是一成不变的，随着社会生产力的发展，人类的生产、生活和社会等活动不断改革和发展，将对建筑功能产生更高的要求。

1.2.1.2　建筑技术

建筑技术是建造房屋的手段，是建筑发展的重要因素。它包括建筑材料、建筑结构、建筑施工和建筑设备等方面的内容。建筑材料是构成建筑的物质基础，建筑结构通过一定的技术手段，运用建筑材料构成的建筑骨架，形成了建筑物空间的实体；新型建筑材料是新型建筑结构产生的物质基础，新型建筑材料还推动着结构理论和施工技术的发展。建筑施工是建筑得以实现的重要手段，建筑设备是保证建筑达到某些功能要求的技术条件。

1.2.1.3　建筑形象

建筑形象是指建筑的艺术形象，是建筑内外观的具体表现，它是考虑建筑功能、建筑技术、自然条件和社会文化等诸多因素的综合艺术体现，包括空间组合、建筑造型和细部处理等，用以反映建筑物的性质、时代风采、民族风格和地方特色等。建筑形象可以给人某种精神享受和艺术感染力，满足人们精神方面的要求，如宏伟庄严、朴素亲切、生动活泼等。

建筑功能、建筑技术和建筑形象三要素是辩证统一的，它们相互制约、互不可分，在一个优秀的建筑作品中，这三者应该是和谐统一的。

建筑功能是建筑的目的，通常是主导因素，是第一性的；建筑技术是达到建筑目的的手段，同时又有制约和促进作用；建筑形象是建筑功能与建筑技术的综合表现，优秀的建筑作品能形象地反映出建筑的性质、结构和材料的特征，同时给人以美的享受。

1.2.2 建筑的分类

建筑物可以从多方面进行分类，一般可以有以下几种分类方式。

1.2.2.1 按使用性质分类

按建筑物的使用性质不同，建筑物可以分为以下几种。

1. 民用建筑

民用建筑是指非生产性建筑，包括居住建筑和公用建筑。

（1）居住建筑，指供人们集体和家庭生活起居用的建筑物，如住宅、宿舍和公寓等。

（2）公共建筑，指供人们进行各种社会活动的建筑物，根据使用功能特点，又可分为：

1）商业建筑，如商店、商场等。

2）行政办公建筑，如写字楼、办公楼等。

3）旅馆建筑，如旅馆、宾馆等。

4）医疗建筑，如门诊所、医院、疗养院等。

5）文教建筑，如学校、图书馆等。

6）体育建筑，如体育馆、体育场等。

7）托幼建筑，如托儿所、幼儿园等。

8）科研建筑，如各种实验楼等。

9）交通建筑，如火车站、地铁站、航空港、水上客运站等。

10）展览建筑，如展览馆、博物馆等。

11）观演建筑，如电影院、剧院、音乐厅、杂技场等。

12）通信广播建筑，如广播电视台、电信楼、邮电楼等。

13）纪念性建筑，如纪念堂等。

14）园林建筑，如动物园、公园、植物园等。

2. 工业建筑

工业建筑是指为工业生产服务的各类生产性建筑，如生产车间、辅助车间、动力车间和仓储建筑等。其形式包括单层工业厂房、多层工业厂房和单、多层混合的工业厂房。

3. 农业建筑

农业建筑是指供农业、牧业生产和加工服务的建筑，如农机修理站、温室、畜牧饲养场、粮仓、水产品养殖场等。

1.2.2.2 按建筑物的层数或总高度分类

层数是建筑物的一项重要控制指标，但必须结合建筑物总高度综合考虑。对不同的建筑物一般可按以下标准分类。

1. 住宅建筑

住宅建筑中，1～3层为低层建筑，4～6层为多层建筑，7～9层为中高层建筑，10层及以上为高层建筑。

2. 公共建筑及综合性建筑

公共建筑及综合性建筑中，总高度不超过 24m 为多层建筑，总高度超过 24m 为高层建筑。

3. 超高层建筑

当建筑总高度超过 100m 时，不论是住宅建筑或公共建筑均为超高层建筑。

1.2.2.3　按建筑物的规模分类

1. 大量性建筑

大量性建筑，指单体建筑规模不大，但兴建数量多的建筑，如住宅、学校、中小型办公楼、商店、医院等。

2. 大型性建筑

大型性建筑，指单体建筑规模大、投资大、影响大的建筑，如大型体育馆、博物馆、大型火车站、航空港等。

1.2.2.4　按主要承重结构材料分类

1. 砖木结构建筑

砖木结构建筑，指砖或石材砌筑墙体，木屋顶、木楼板的建筑。

2. 砖混结构建筑

砖混结构建筑，指砖（石材、砌块）砌筑墙体，钢筋混凝土楼板和屋顶的建筑。

3. 钢筋混凝土结构建筑

钢筋混凝土结构建筑，指钢筋混凝土柱、梁、板承重的建筑。

4. 钢结构建筑

钢结构建筑，指全部用钢柱、钢梁或屋架承重的建筑。

5. 其他结构建筑

其他结构建筑，指充气建筑、塑料建筑等。

1.2.3　建筑物的等级

建筑物的等级一般是根据建筑物的耐久等级、耐火等级、规模大小和重要性划分的。

1.2.3.1　建筑物的耐久等级

建筑物的使用年限是确定建筑物耐久等级的重要指标。一般是根据建筑物的重要性、规模的大小及建筑物的质量标准确定的（见表 1.1）。影响建筑物使用年限的主要因素是结构体系和结构构件的选材，建筑物的耐久等级是决定建筑投资、建筑设计和选用建筑材料的重要依据。

表 1.1　按主体结构划分的建筑物耐久等级

建筑等级	耐久年限	适用建筑物的性质
一	100 年以上	重要建筑与高层建筑
二	50～100 年	一般性建筑
三	25～50 年	次要建筑
四	15 年以下	临时性建筑

1.2.3.2　建筑物的耐火等级

建筑物的耐火等级是由建筑物构件的燃烧性能和耐火极限决定的，一般分为四级。

1. 构件的燃烧性能

按构件在空气中受到火烧或高温作用时的不同反应，构件的燃烧性能分为非燃烧体、难燃烧体和燃烧体。

（1）非燃烧体。非燃烧体一般是用非燃

烧材料制成的构件。非燃烧材料在空气中受到火烧或高温作用时不起火、不微燃和不碳化，如金属、混凝土和砖石等。

（2）难燃烧体。难燃烧体一般是用难燃烧材料制成的构件，或用燃烧材料制成而用非燃烧材料做保护层的构件。难燃烧材料在空气中受到火烧或高温作用时难燃烧、难碳化，离开火源后燃烧或微燃立即停止，如石膏板和经防火处理的木材等。

（3）燃烧体。燃烧体一般是用燃烧材料制成的构件。燃烧材料在空气中受到火烧或高温作用时立即起火或燃烧，当火源移走后仍继续燃烧或微燃，如未经防火处理的木材和普通胶合板等。

2. 构件的耐火极限

构件的耐火极限是指构件从受到火的作用时起，到失去支持能力或完全破坏，或失去隔火能力作用时为止的这段时间，用小时（h）表示。建筑构件出现了上述现象之一，就认为其达到了耐火极限。

构件耐火极限是通过对任一建筑构件按时间—温度标准曲线进行耐火试验得到的。失去支持能力是指构件自身垮塌或解体，如楼板、梁等受弯承重构件，当挠曲速率发生突变就是失去支持力的象征；完全破坏是指具有分隔作用的构件如楼板、隔墙等，在试验中出现穿透裂缝或较大的孔隙；失去隔火能力是指具有分隔作用的构件，在试验中背火面测点测得的不包括背火面起始温度的平均温升达 140℃，或背火面测温点中任意一点的温升达到 180℃，或不考虑起始温度的情况下背火面任一测点的温度达到 220℃。

3. 建筑物的耐火等级

耐火等级高的建筑物，其主要组成构件的耐火极限时间长。在同一建筑物中，相同材料的构件根据其位置和作用的不同，其要求的耐火极限也不相同。

（1）多层建筑。多层建筑的耐火等级分为四级，建筑物中部分建筑构件的燃烧性能和耐火极限，如表 1.2 所示。

表 1.2　建筑物构件的燃烧性能和耐火极限

构件名称		耐火等级			
		一级	二级	三级	四级
墙	防火墙	非燃烧体 4.00	非燃烧体 4.00	非燃烧体 4.00	非燃烧体 4.00
	承重墙、楼梯间、电梯井的墙	非燃烧体 3.00	非燃烧体 2.50	非燃烧体 2.50	难燃烧体 0.50
	非承重外墙、疏散走道两侧的隔墙	非燃烧体 1.00	非燃烧体 1.00	非燃烧体 0.50	难燃烧体 0.25
	房间隔墙	非燃烧体 0.75	非燃烧体 0.50	难燃烧体 0.50	难燃烧体 0.25
柱	支承多层的柱	非燃烧体 3.00	非燃烧体 2.50	非燃烧体 2.50	难燃烧体 0.50
	支承单层的柱	非燃烧体 2.50	非燃烧体 2.00	非燃烧体 2.00	燃烧体
梁		非燃烧体 2.00	非燃烧体 1.50	非燃烧体 1.00	难燃烧体 0.50
楼板		非燃烧体 1.50	非燃烧体 1.00	非燃烧体 0.50	难燃烧体 0.50
屋顶承重构件		非燃烧体 1.50	非燃烧体 0.50	燃烧体	燃烧体
疏散楼梯		非燃烧体 1.50	非燃烧体 1.00	非燃烧体 1.00	燃烧体
吊顶（包括吊顶格栅）		非燃烧体 0.25	难燃烧体 0.25	难燃烧体 0.15	燃烧体

（3）主要材料及设备表。

（4）工程概算书。

（5）根据设计任务的需要，有时需做建筑透视图或建筑模型。

1.3.2.3 技术设计阶段

技术设计阶段也称为扩大初步设计阶段，它以初步设计为基础，主要解决、协调和确定建筑设计各工种之间的技术问题。

对不太复杂的工程，可以采用初步设计和施工图设计两个阶段，技术设计阶段的工作可以并入到初步设计阶段和施工图设计阶段完成。

1.3.2.4 施工图设计阶段

施工图设计的主要任务是满足施工要求，施工图设计文件内容包括建筑、结构、给排水、采暖、空调、电气及通风等专业工种的设计说明书、设计图纸、结构及设备计算书和工程预算书等内容。

（1）设计说明书。设计说明书包括设计依据、设计规模、建筑面积、主要结构类型、建筑相对标高与总图绝对标高的关系、建筑装饰做法及用料等必要的说明。

（2）总平面图。总平面图应标明测量坐标网和基地上建筑物、道路及主要设施的所在位置和标高。常用的比例为1∶500～1∶2000。

（3）各层平面图。各层平面图常用的比例为1∶100～1∶200。

（4）立面图。立面图一般应根据图纸表达的需要，绘制多个方向的立面图。常用的比例为1∶100～1∶200。

（5）剖面图。剖面图应选择内外空间变化复杂、具有代表性的剖面位置，如楼梯间、层高不同或层数变化的位置。常用的比例为1∶100～1∶200。

（6）详图。详图也称为构造节点详图，是对平、立、剖面施工图中某些构造做法、装饰处理等不能清楚表达部分的详细表示。常用的比例有1∶1，1∶5，1∶10和1∶20等。

（7）结构及设备计算书。

（8）工程预算书。

1.3.3 建筑设计的要求和依据

1.3.3.1 建筑设计的要求

1. 满足建筑功能要求

建筑设计应满足建筑物的功能要求，为人们的生活和生产活动创造良好的环境，是建筑设计的首要任务。

2. 采用合理的技术措施

建筑设计要根据建筑空间组合的特点，选择合理的结构类型、施工方案，满足建筑物的安全、耐久性要求，并方便施工。

3. 具有良好的经济效果

建筑设计应进行多因素的综合分析、多方案比较，重视经济领域的客观规律，讲究经济效果，使建筑功能要求、技术措施与造价协调统一。

4. 考虑建筑美观

建筑设计要努力创造具有时代精神的建筑空间组合与建筑形象，满足人们对建筑物在美观方面的要求。

5. 符合总体规划要求

单体建筑是总体规划中的组成部分，单体建筑应符合总体规划提出的要求，如与原有建筑风格的协调、与道路走向和基地面积大小等条件的统一等。

1.3.3.2 建筑设计的依据

1. 人体尺度和人体活动的空间

人们在建筑中的行为是动态的，而且活动形式复杂、活动范围广。建筑空间主要是由人体空间、活动空间构成的。当然，建筑设计还要考虑人的行为心理和精神感受，建筑空间有时还要考虑使用者心理空间的需求。

人体尺度和人体活动所需要的空间是建筑平面和空间设计的主要依据。建筑中房间大小、门洞尺寸、走廊宽度、楼梯踏步和宽度等都是依人体的基本尺寸和活动人数确定的。由于我国地域广阔、人口众多，不同地区人体的尺度会略有差异，一般人体尺度和人体活动所需的空间尺度，如图 1.22 所示。

2. 家具和设备要求的空间

家具和设备在房间中是必不可少的，合理地选择家具和设备在房间中的摆放位置，并考虑其周边的必要使用空间，是确定房间使用面积和几何形状、尺寸的重要依据。常用家具尺寸举例，如图 1.23 所示。

3. 自然条件的影响

自然条件对建筑设计有着很大的影响，必须对自然条件有充分的了解。一般包括以下 3 个方面。

（1）气候条件。温度、湿度、日照、风向、风速和雨雪等气候条件，对建筑物的设计有着直接的影响。如炎热地区的建筑物应开敞通透，有利于通风、散热；而寒冷地区的建筑物应有紧凑的体形，有利于保温，减少热量损失。

日照是决定建筑物间距的主要因素。日照间距是保证房间在规定时间内，能有一定日照时数的建筑物之间的距离。日照间距的计算，一般以冬至日正午阳光能直接照到正南向房屋底层房间的窗台为依据。

（2）地形、地质情况和地震烈度。基地地形、地质特征和地耐力大小等因素，直接影响着建筑物平面形式、建筑体形和建筑结构类型。对地形起伏大的基地，采用错层等方式进行空间组合，可减少挖掘土方的工程量并丰富建筑空间。地质特征和地耐力的大小直接影响到建筑结构形式和基础类型，对平面和空间组合也会产生相当的影响。

地震震级和地震烈度是两个不同的概念。地震震级是指地震的强烈程度，它取决于一次地震释放能量的大小，震级一般采用里氏震级；地震烈度是指地面建筑物受地震破坏的程度，地震烈度的大小与地震震级、震源深度、距地震中心的距离及场地土质等有关。一次地震的发生可以有不同的地震烈度区，一般距地震中心愈远，破坏愈小。

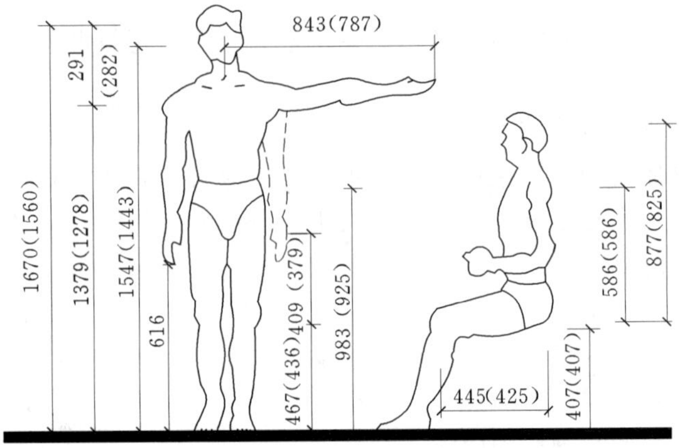

(a)

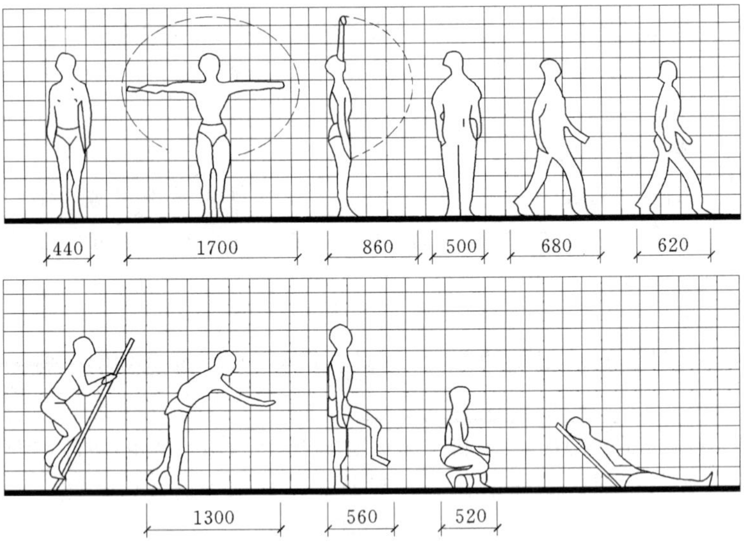

(b)

图 1.22　人体尺度和人体活动所需的空间尺度

(a) 人体尺度（括号内为女子人体尺度）；(b) 人体活动所需空间尺度

地震烈度一般划分为 12 度，在烈度为 6 度及以下地区，地震对建筑物的损坏影响较小；9 度以上地区一般不宜进行工程建设。建筑物抗震设防的重点是地震烈度为 7、8、9 度的地区。

(3) 水文条件。水文条件是指地下水位的高低和地下水的性质。地下水位的高低，是决定基础埋置深度的因素之一；地下水的性质会决定建筑物基础是否需做防腐处理。

4. 建筑设计规范的规定

建筑设计规范、规则和通则是建筑设计必须遵守的准则和依据，它反映了国家现行政策和经济技术水平。我国建筑设计规范非常多，一般分通用性和专项性两类，建筑设计人员从事建筑设计时必须熟悉有关的设计规范规定，并严格执行。

400～450
260～320
400～450
320～380
230～300
800～870
350～380
400～430
400～450
920～1100
400～500
600～700
380～420
340～460
800～870
350～380
400～430
800～870
500～560
420～480
780～850
500～550
600～640
850～900
580～850
950～1100
850～950
520～600
560～650
750～820
680～860
650～880
750～820
1600～1850
650～880
850～950
1900～2100
780～880
800～980
1050～1200
650～750
750～780
800～1250
550～650
1100～1300
1400～1600
600～650
760～800
700～900
700～900
760～800
ϕ700～1500
750～780
800～1250
550～650
750～780
1000～1300
600～700
780～800
1300～1600
750～900
1050～1200
700～1000
250～300
650～720
2000～2200
400～460
800～1000
1100～1500
430～450
1800～1900
950～1200
550～600
1800～1900
1300～1500
550～600
1800～2400
800～950
2400～3600
450～550
800～950
2000
850～1000
2000
1350～1500

图 1.23 常用家具尺寸

1.4　建筑模数与定位轴线

1.4.1　建筑模数

由于从事建筑设计、施工和构件加工的企业一般都是各自独立的。为提高建筑标准化和工业化水平，协调建筑设计、施工和构件加工之间的尺度关系，应选定标准尺寸单位，即模数。建筑统一模数制的建立，有利于简化构件类型、保证工程质量、提高施工效率和降低工程造价。

1.4.1.1　基本模数

基本模数是模数协调中选用的基本单位，其数值为100mm，用符号M表示，即1M=100mm。

1.4.1.2　导出模数

为满足建筑设计中构件尺寸、构造节点及端面、缝隙等尺寸的不同要求，可采用导出模数。导出模数包括扩大模数和分模数。

1. 扩大模数

扩大模数是基本模数的整数倍数，可分为水平扩大模数和竖向扩大模数。

（1）水平扩大模数：基数为3M、6M、12M、15M、30M和60M，主要适用于门窗洞口、构配件、建筑开间（柱距）和进深（跨度）的尺寸。

（2）竖向扩大模数：基数为3M和6M，主要适用于建筑物的高度、层高和门窗洞口等尺寸。

2. 分模数

分模数是用整数除以基本模数的数值。分模数基数为$\frac{1}{2}$M、$\frac{1}{5}$M、$\frac{1}{10}$M、$\frac{1}{20}$M、$\frac{1}{50}$M和$\frac{1}{100}$M，主要适用于构件之间的缝隙、构造节点、构配件截面等尺寸。

1.4.1.3　模数数列

整个建筑物和建筑物的各部分及建筑组合件的模数化尺寸，应是基本模数的倍数。模数数列是以选定的模数为基础而展开的模数系统，可以确保尺寸具有合理的灵活性，保证不同建筑及其组成部分之间尺寸的协调、统一，减少建筑尺寸的种类。

1.4.2　定位轴线

定位轴线是用来确定房屋主要结构构件的位置及尺寸的基线，用于平面时称为平面定位轴线，用于竖向时称为竖向定位轴线。定位轴线之间的距离（如开间、进深或跨度、柱距和层高等）应符合模数数列的要求。

定位轴线的位置一般按下述方法确定。

（1）承重内墙的顶层墙身中线应与平面定位轴线相重合。

（2）承重外墙的顶层墙身内缘与平面定位轴线的距离应为120mm。

（3）非承重墙除可按承重内墙或外墙的规定定位外，还可使墙身内缘与平面定位轴线相重合。底层为框架结构时，框架结构的定位轴线应与上部砖混结构平面定位轴线一致。

（4）砖墙的竖向定位中，楼（地）面的竖向定位线应与楼（地）面的表面重合。

（5）框架结构中，中柱（中柱的上柱或顶层中柱）的中线一般应与纵横向平面定位轴线相重合，边柱的中线一般与纵向平面定位轴线相重合，但有时也可偏离。

1.4.3　建筑构配件的几种尺寸

为保证建筑构配件的设计、生产、安装各阶段有关尺寸间的相互协调，应明确标志尺寸、构造尺寸、实际尺寸的概念和相互关系，如图1.24所示。

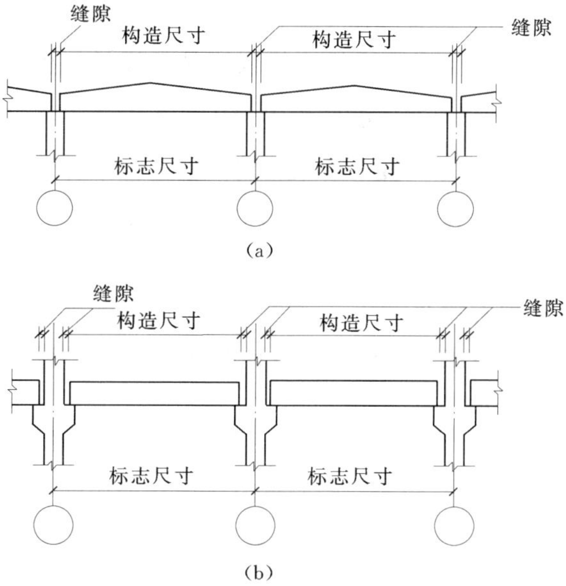

图1.24　几种尺寸的关系

1. 标志尺寸

标志尺寸用以标注建筑物定位轴线之间的距离（如开间、柱距、跨度和层高等），以及建筑构配件、建筑制品、建筑组合件和有关设备位置界限之间的尺寸。标志尺寸必须符合模数数列的规定。

2. 构造尺寸

构造尺寸是建筑构配件和建筑制品等的设计尺寸。一般情况下，构造尺寸加上缝隙尺寸等于标志尺寸。缝隙尺寸的大小应符合模数数列的规定。

3. 实际尺寸

实际尺寸是建筑构配件和建筑制品等的实有尺寸。实际尺寸与构造尺寸之间的差数应满足允许偏差幅度的限制。

本　章　小　结

1. 建筑是建筑物和构筑物的统称，本书主要探讨有关建筑物的设计与构造等问题。

2. 建筑功能、建筑技术和建筑形象是建筑物构成的基本要素，它们相互制约、互不

积定额参考指标。

表 2.1　　部分民用建筑房间面积定额参考指标

建筑类型＼项目	房间名称	面积定额（m^2/人）	备　注
中小学	普通教室	1～1.2	小学取下限
办公室	一般办公室	3.5	不包括走道
	会议室	0.5	无会议桌
		2.3	有会议桌
铁路旅客站	普通候车室	1.1～1.3	中型站
图书馆	普通阅览室	1.8～2.5	4～6座双面阅览桌

有些建筑的房间面积指标未作规定，使用人数也不固定，如展览室、营业厅等。设计人员要根据设计要求，对同类型、规模相近的建筑进行调查研究，通过分析比较得出合理的房间面积。

（2）家具设备。

房间面积不仅受容纳人数多少的影响，也受人们使用家具类型和布置方式的影响。如两个容量相同的会议室，一个有会议桌，一个无会议桌，从表2.1查得，有会议桌为2.3m^2/人，而无会议桌仅为0.5m^2/人，相差达4倍多。房间内设备的大小和多少对房间面积大小影响也很大，如卫生间中的大便器、洗脸盆和浴盆等均会影响房间面积大小。

（3）经济条件。

国家制定建筑面积定额指标，除考虑人们使用需要外，另一个重要考虑因素就是国家经济条件的可能性。

2. *房间的形状*

确定房间的形状主要应考虑房间的使用要求、室内空间观感、结构形式、经济及美观等因素。民用建筑常见的房间形状包括矩形、方形、多边形和圆形等。

在大量性民用建筑中，如住宅、宿舍、学校和办公楼等通常采用矩形平面的房间，主要是因为以下几项：①矩形平面体型简单，墙体平直，便于家具布置和设备的安排，使用上能充分利用室内有效面积，有较大的灵活性；②结构布置简单、预制构件的选用较易解决、便于施工；③便于统一开间、进深，有利于平面及空间的组合，用地经济。

但是，矩形平面也不是唯一的形式。就中小学教室而言，在满足视、听及其他要求的条件下，也采用六角形及方形平面，如图2.2所示。

一些单层大空间的观众厅、体育馆、杂技场等房间，其形状则首先应满足这类建筑的特殊功能及视听要求。观众厅要满足良好的视听条件，其平面形状一般为矩形、钟形、扇形和六角形，而很少采用圆形，因为圆形平面有严重的声场分布不均匀现象，如图2.3所示。圆形平面由于视线及疏散条件较好，常用于大型体育馆；杂技场也常采用圆形平面以满足动物跑弧线的需要。

3. *房间的尺寸*

房间尺寸是指房间的开间和进深，确定了房间面积和形状之后，房间的平面尺寸可能

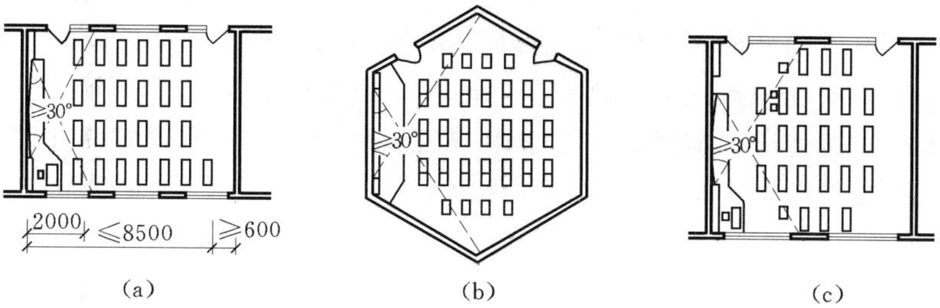

图 2.2 教室平面形状

(a) 矩形教室；(b) 六角形教室；(c) 方形教室

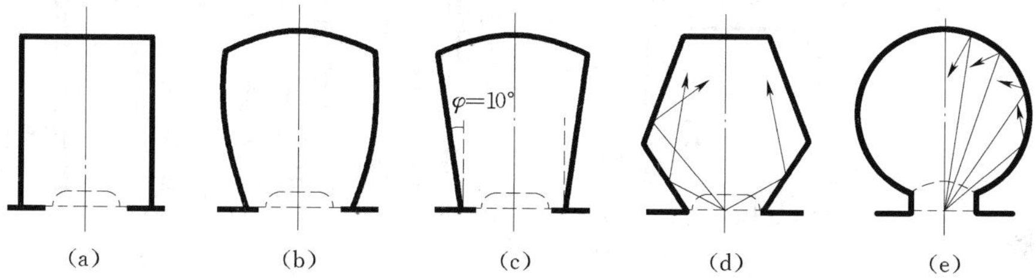

图 2.3 观众厅的平面形状

(a) 矩形；(b) 钟形；(c) 扇形；(d) 六角形；(e) 圆形

多种多样，要做到尺寸合适，一般从以下 5 个方面综合考虑。

(1) 满足家具设备布置及人们活动的要求。

房间平面尺寸，如卧室平面尺寸的确定主要考虑床位布置的灵活性。主要卧室要求床能两个方向布置，因此开间尺寸应保证床横放以后剩余的墙面还能开一扇门，常取 3.30m，深度方向应考虑横竖两个床中间再加一个床头柜或衣柜，常取 3.90～4.50m，如图 2.4 (a) 所示；小卧室应考虑床竖放以后能开一扇门或放床头柜，开间尺寸常取 2.70～3.00m，如图 2.4 (b) 所示；医院病房主要是满足病床的布置及医护活动的要求，病房开间尺寸取值如图 2.4 (c) 所示。

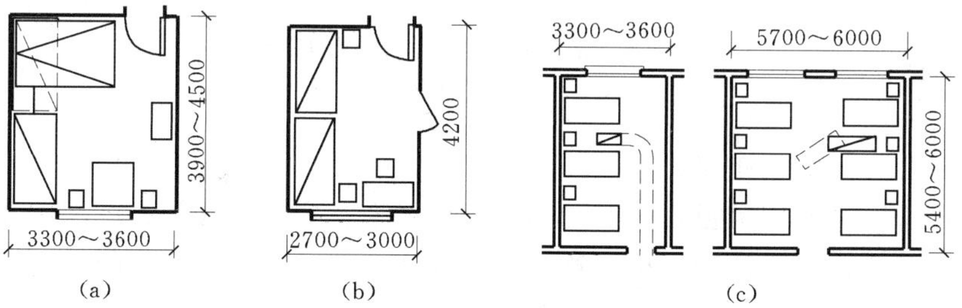

图 2.4 房间的开间与进深

(a) 主卧室平面；(b) 小卧室平面；(c) 医院病房平面

(2) 满足视听的要求。

房间平面尺寸，如教室、会堂、观众厅等的平面尺寸还应保证有良好的视听条件，必须根据水平视角、视距、垂直视角的要求，研究座位的排列，确定合适的房间尺寸。从视听的功能考虑，教室的平面尺寸应满足图 2.5 中的要求，并结合家具设备布置、学生活动要求和建筑模数协调统一标准等的规定，同时教室布置应满足视听及书写要求，便于通行并尽量不跨座而直接就座，前排边座的学生与黑板远端形成的水平视角不小于 30°，第一排学生眼睛与黑板垂面上边缘形成的垂直视角不小于 45°，中学教室平面尺寸常取 6.30m（6.60m、6.90m）×9.00m 等。

图 2.5 教室布置及有关尺寸

a≥2000mm；b（小学>850mm，中学>900mm）；c>600mm；
d（小学≤8000mm，中学≤8500mm）；e>550mm

（3）良好的天然采光。

民用建筑一般均要求有良好的天然采光。一般房间多采用单侧或双侧采光。房间的深度常受到采光的限制，采光方式对房间进深的影响，如图 2.6 所示。

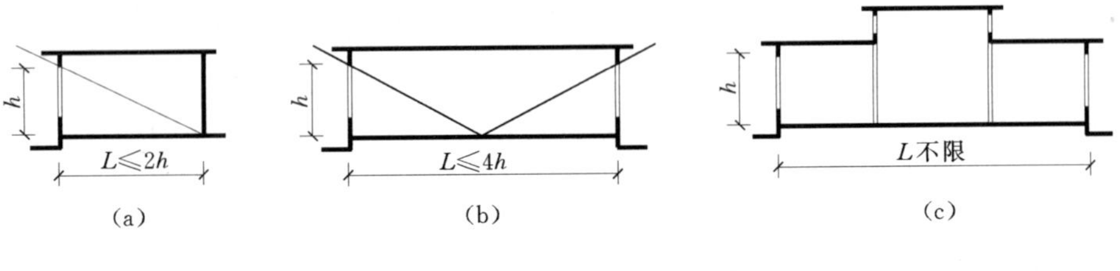

(a) (b) (c)

图 2.6 采光方式对房间进深的影响

(a) 单侧采光；(b) 双侧采光；(c) 混合采光

（4）经济合理的结构布置。

一般民用建筑常采用梁板式砖混结构或框架体系。房间的开间、进深尺寸应尽量使构件规格化、统一化，同时使梁板构件符合经济跨度要求，所以较经济的开间尺寸应不大于 4.00m，钢筋混凝土梁较经济的跨度应不大于 9.00m。

（5）符合建筑模数协调统一标准的要求。

为提高建筑工业化水平，统一构件类型和规格，按照建筑模数协调统一标准的规定，房间尺寸一般以 300mm 为模数。如办公楼、宿舍、旅馆等以小空间为主的建筑，其开间尺寸常取 3.30m 和 3.60m，住宅楼梯间的开间尺寸常取 2.40m 和 2.70m 等。

2.1.1.2 门窗的设置

房间门的主要作用是交通联系，也兼采光和通风的用途。窗的主要功能是采光和通风。门窗也是外围护结构的组成部分。门窗大小、数量、位置及开启方式直接影响房间的通风和采光、家具布置的灵活性、房间面积的有效利用、人流活动及交通疏散、建筑外观及经济性等各个方面。

1. 房间门的设置

（1）门的宽度和数量。

门的宽度一般按通行人流的股数进行计算。一股人流通行宽度为600mm；而一个人侧身通过宽度为300mm。所以门的最小宽度（门洞宽）为650～700mm（一人通行），一般用于住宅的厕所、浴室。为了能携带物品通过可用800～900mm宽的门（一人携带物品通行），一般800mm宽的门常用于住宅的厨房，而900mm宽的门常用于住宅的居室等。公共性房间如教室、寝室、客房、办公室等的门宽为1000mm（一人正面通行，同时另一人能侧面通行），如图2.7所示。

当房间面积较大，使用人数较多时，单扇门宽度小，不能满足通行要求，此时应根据使用要求采用双扇门、四扇门或增加门的数量。双扇门的宽度可为1200～1800mm，四扇门的宽度可为2400～3600m。

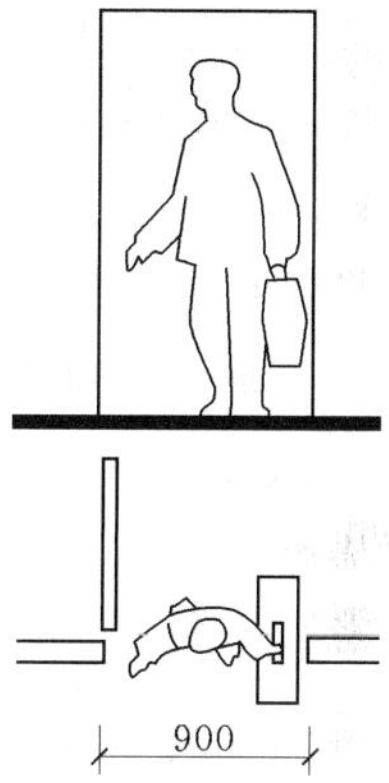

图2.7 卧室门的宽

门的数量根据使用人数的多少和具体使用要求来确定。按照《建筑设计防火规范》（GB50016—2006）的要求，当房间使用人数超过50人，面积超过60m² 时．至少需设两个门。对于一些大型公共建筑，门的数量和总宽度应按每100人600mm宽计算。

（2）门的位置。

房间门的位置直接影响到家具布置、人流交通和通风等，合理地确定门的位置是房间设计的重要因素之一。

门的位置应便于家具设备布置，使房间面积得到充分利用。

在一般情况下，为了节约空间，减少门开启时占用的面积，常将门设于房间一角，这样不但有利于家具的合理布置，且房间面积利用率高。对于集体宿舍，为便于多布置床，又常将门设在房间墙中央，如图2.8（a）所示。当房间中门的数量不止一个时，应尽量使门靠拢，以减少交通面积，如带有阳台及套间的房间，共有3个门，则这3个门在房间的设置不能太分散。

门窗位置应相互配合，加大通风范围，以便于室内穿堂风的组织。同时，门的位置应方便交通、利于疏散。在使用人数较多的公共建筑中，为便于人流交通和在紧急情况下人们能迅速、安全地疏散，门的位置必须与室内走道紧密配合，使通行线路简捷，如图2.8（c）所示。

（3）门的开启方式。

门窗的开启方向一般有外开和内开，大多数房间的门均采用内开方式，可防止门开启时影响室外的人行交通。为便于安全疏散，人流较多的公共建筑，房间的门必须向外开。对于幼儿园、中小学校，为确保安全不宜采用弹簧门；对有防风沙、采暖要求高的房间，可以采用弹簧门或转门。

几个门位置比较集中，并经常需要同时开启，门的位置和开启方向要注意，防止门开启时互相碰撞或妨碍人们的通行，如图 2.9 所示。

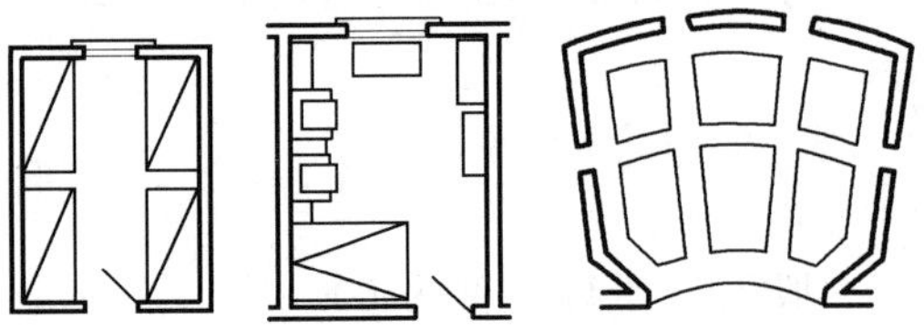

(a)　(b)　(c)

图 2.8 门与走道的位置关系

(a) 宿舍寝室；(b) 卧室；(c) 观众厅

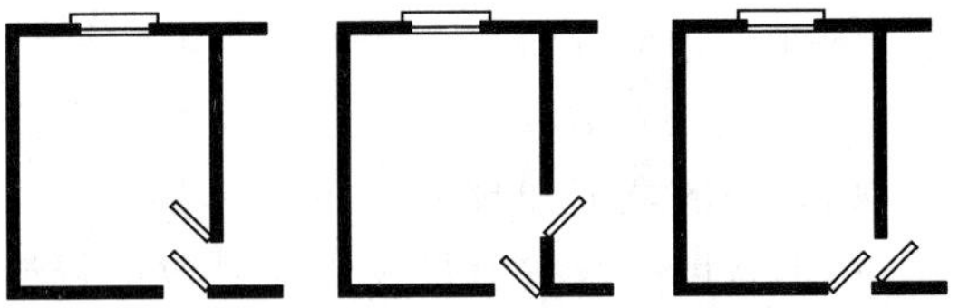

(a)　(b)　(c)

图 2.9 两个门靠近时的相互关系

(a) 不好；(b) 好；(c) 较好

2. 房间窗的设置

(1) 窗的面积和开启方向。

房间开窗主要是为获取良好的天然采光，保证房间足够的照度值。窗口面积大小主要根据房间的使用要求、房间面积及当地日照情况等因素来考虑。根据各种使用要求的房间对采光的不同要求，建筑采光标准分为五级，每级规定相应的窗地面积比，即房间窗口总面积与地面面积的比值，如表 2.2 所示。设计时可根据窗地面积比进行窗口面积的计算，也可先确定窗口面积，然后按照表中规定的窗地面积比值进行验算。

表 2.2　民用房间采光等级表

采光等级	视觉工作特征		房间名称	窗地面积比
	工作或活动要求精细程度	要求识别的最小尺寸 d (mm)		
Ⅰ	特别精细作业	$d \leqslant 0.15$	绘画室、制图室、画廊、手术室	1/3～1/5
Ⅱ	很精细作业	$0.15 < d \leqslant 0.3$	阅览室、医务室、健身房、专业实验室	1/4～1/6
Ⅲ	精细作业	$0.3 < d \leqslant 1.0$	办公室、会计室、营业厅	1/6～1/8
Ⅳ	一般作业	$1.0 < d \leqslant 5.0$	观众厅、起居室、卧室、盥洗室	1/7～1/9
Ⅴ	粗糙作业	$d > 5.0$	储藏室、门厅、走廊、楼梯间	1/10 以下

确定窗口面积，还应结合通风要求、建筑节能、立面设计等因素综合考虑。南方炎热地区，可适当增大窗口面积以加强室内通风，寒冷地区为了减少房间采暖的热损失，窗面积也可适当小些。

(2) 窗的位置。

1) 窗的位置应尽量使墙面完整，便于家具和设备布置。

2) 窗的位置应有利于采光。窗在房间中的位置决定了光线的方向及采光的均匀性。内廊式建筑的房间采用单侧采光，这种方式外墙上开窗面积大，但光线不均匀，近窗点很亮，远窗点较暗。外廊式建筑的房间可设双侧窗，在外墙处设普通侧窗，靠外廊墙一侧墙面设普通侧窗或高侧窗，这样采光既均匀，又有利于室内的通风。

图 2.10 为普通教室窗的开设示意，该教室在外墙设普通侧窗。图 2.10（a）和（b）中 3 个窗相对集中，窗间设小柱或小段实墙，光线集中在课桌区内，暗角较小，对采光有利，同时由于左右两窗向中间靠拢，黑板处窗间墙宽可保持在 1m 左右，可防止黑板的反射眩光，也不会影响教室前面的采光；图 2.10（c）窗均匀布置在每个开间的中部，当窗宽不大时，窗间墙较宽，在墙后形成较大暗角区，影响该处桌面亮度。

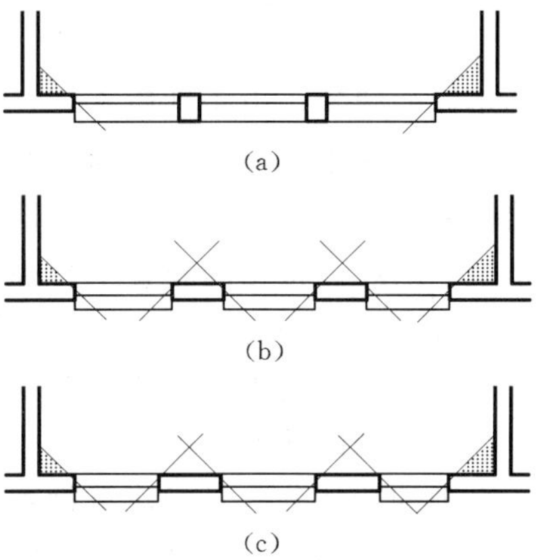

图 2.10 教室侧窗的布置
（a）对采光有利；（b）对采光有利；（c）对采光有一定影响

3）窗的位置应有利于通风。房间的自然通风由门窗来组织。室外新鲜空气由上风一侧门窗洞口进入，再通过下风一侧的门窗洞口将污浊空气排走，从而达到室内通风换气的目的。门窗在房间中的位置决定了气流的走向，影响到室内通风的范围。因此，门窗位置应尽量使气流通过活动区，加大通风范围，并应尽量使室内形成穿堂风。图 2.11 为门窗位置对气流的影响。

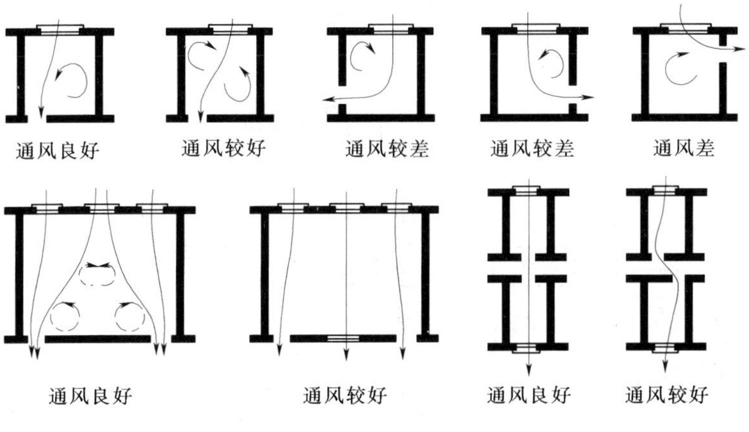

图 2.11 门窗平面对气流组织的影响

4）窗的位置应使立面构图整齐协调。

（3）窗的开启方向。

窗的开启方式一般有外开与内开，为避免窗扇开启时占用室内空间，大多数的窗常采用外开方式或推拉开启的方式。

2.1.2 建筑平面组合设计

建筑平面组合设计就是将建筑平面中的使用部分、交通联系部分有机地联系起来，使之成为一个使用方便、结构合理、体型简洁、构图完整、造价经济及与环境协调的建筑物。

建筑平面组合涉及的因素很多，主要包括基地环境、使用功能、物质技术、建筑美观和经济条件等。组合设计时．必须综合分析各种因素，分清主次，处理好各方面的关系，反复思考，不断调整修改，才能做出合理完善的建筑平面图。

定的先后顺序，流线性较强。所谓流线组织明确，即要使各种流线简捷、通畅，不迂回逆行，且尽量避免相互交叉。如展览馆建筑，各展室常常是按人流参观路线的顺序连贯起来；火车站建筑有旅客进出站路线和行包线，人流路线按先后顺序为：到站—问讯—售票—候车—检票—上车，出站时经由站台验票出站，平面布置时以人流线为主．使进出站及行包线分开并尽量缩短各种流线的长度，如图 2.15 所示。

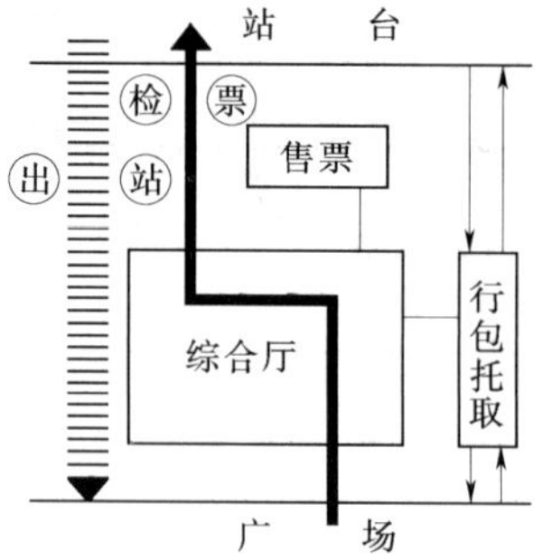

(a)

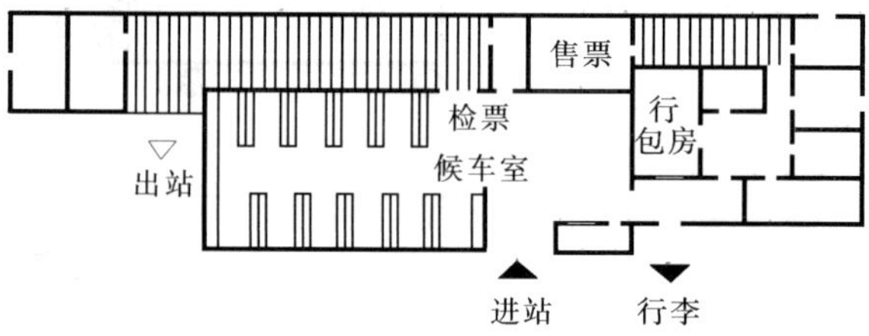

(b)

图 2.15 小型火车站流线关系及平面
(a) 流线关系示意；(b) 设计方案平面

2. 结构类型

建筑结构与材料是构成建筑物的物质基础，在很大程度上影响着建筑的平面组合。平面组合在考虑满足使用功能要求的前提下，应选择经济合理的结构方案。

目前民用建筑常用的结构类型有 3 种，即混合结构、框架结构和空间结构。

(1) 混合结构。

以砖墙和钢筋混凝土梁板为主要承重构件的混合结构目前使用的最为普遍。这种结构形式的优点是构造简单，造价较低；其缺点是房间尺寸受钢筋混凝土梁板经济跨度的限制，室内空间小，开间也受到限制，混合结构适用于房间开间和进深尺寸较小、层数不多的中小型民用建筑，如住宅、中小学校、医院及办公楼等。

混合结构根据受力不同可采用横墙承重、纵墙承重和纵横墙承重等 3 种方式。图 2.16 为采用墙体承重的某门诊部平面图。

(2) 框架结构。

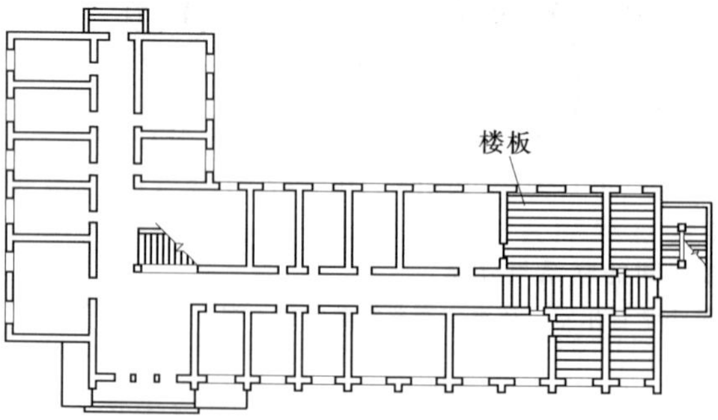

图 2.16 采用墙体承重的门诊部平面

框架结构的主要特点是：支承建筑空间的骨架如梁、板、柱是承重系统，而分隔室内外空间的围护结构和轻质隔墙是不承重的。这种结构体系的优点是强度高，整体性好，刚度大，抗震性好，平面布局灵活性大，开间较自由；其缺点是钢材、水泥用量大，造价较高。框架结构适用于开间、进深较大的商店、教学楼和图书馆之类的公共建筑及多、高层住宅和旅馆等，如图 2.17 所示。

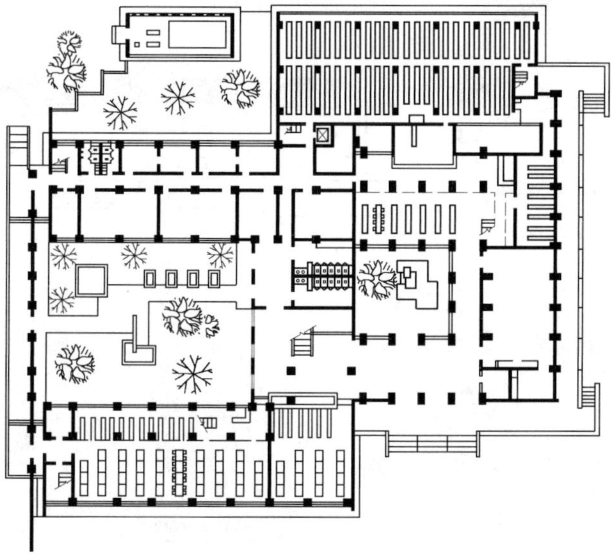

图 2.17 框架结构平面

（3）空间结构。

随着建筑技术、建筑材料和结构理论的进步，新型高效的建筑结构也有了飞速的发展，出现了各种大跨度的新型空间结构，如薄壳、网架、悬索和膜结构等。这类结构用材经济，受力合理，并为解决大跨度的公共建筑提供了有利条件。图 2.18（a）、图 2.18（b）和图 2.18（c）分别为网架结构、悬索结构、膜结构的大跨度建筑。

3. 设备管线

民用建筑中的设备管线主要包括给水排水，空气调节及电气照明等所需的设备管线，它们都占有一定的空间。在进行平面组合时，除应考虑一定的设备位置，如配电房、空调机房和水泵房等以外，对于设备管线比较多的房间，如住宅中的厨房和厕所；学校、办公楼中的厕所和盥洗室；旅馆中的客房卫生间和公共卫生间等，在满足使用要求的同时，应尽量将设备管线集中布置、上下对齐，方便使用，有利施工和节约管线。图 2.19 中旅馆卫生间成组布置，利用两个卫生间中间的竖井作为管道垂直方向布置的空间，管道井上下叠合，管线布置集中。

4. 建筑体型

建筑体型在一定程度上也会影响平面组合。当然，体型本身是离不开功能要求的，它一般是内部空间的直接反映。但是，完美的体型要求及不同建筑的外部性格特征又会反过来影响平面布局及平面形状。一般说来，简洁、完整的建筑体型无论对缩短内部交通流线，还是对于结构的简化，节约用地，降低造价及抗震性能等都是极为有利的。

2.1.2.2 平面组合的形式

1. 走道式组合

走道式组合的特点是：把使用房间与交通联系部分明确分开，各房间沿走道（走廊）

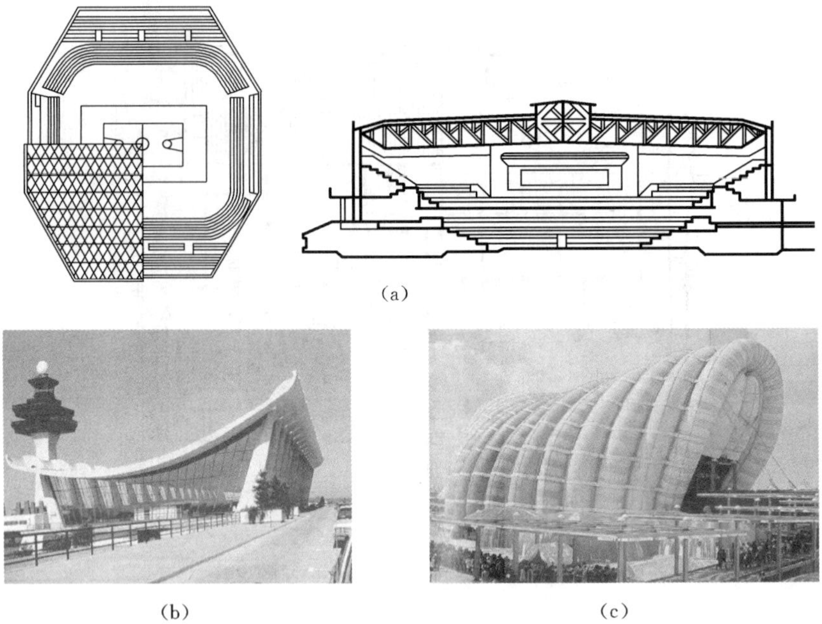

图 2.18 空间结构

(a) 五台山体育馆 (网架结构); (b) 美国杜勒斯国际机场候机厅 (悬索结构);
(c) 日本大阪万国博览会富士馆 (充气式膜结构)

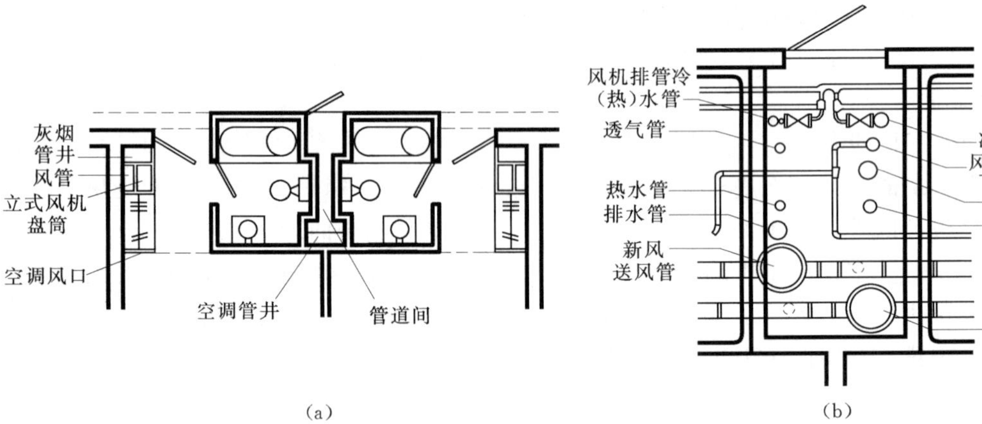

图 2.19 建筑设备管线对平面组合的影响

(a) 旅馆卫生间集中设置管道间; (b) 管道间内管道系统示意

一侧或两侧并列布置，通过走道相互联系，使房间安静、不受干扰。因此，单身宿舍、办公楼、医院、学校和疗养院等一般都适合采用这种类型的组合方式，如图 2.20 所示。

根据房间与走道布置关系不同，走道式又可分为内走道与外走道两种。外走道可保证主要房间有好的朝向和良好的采光通风条件，但会造成走道过长，交通面积大，房屋进深小，占地和造价均不够经济（个别建筑由于特殊要求，也采用双侧外走道形式）；内走道

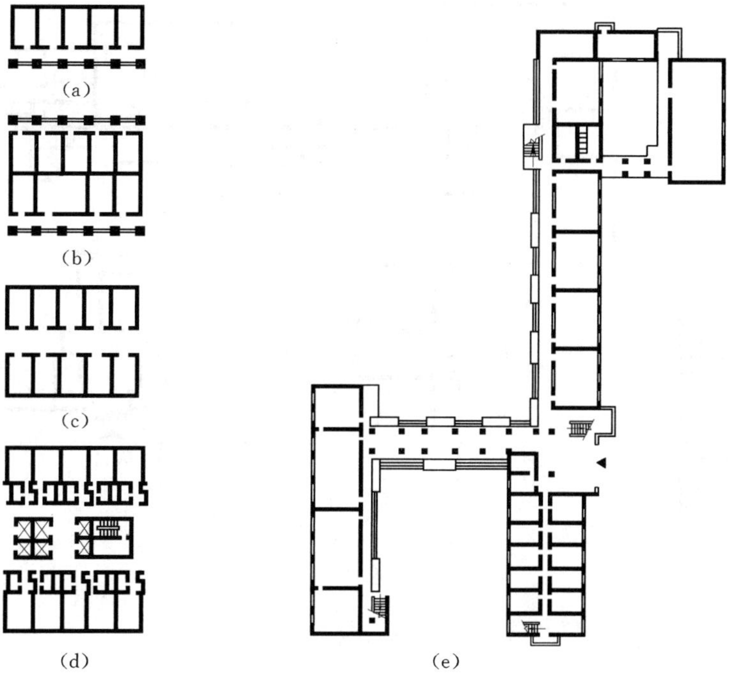

图 2.20 走道式组合示例

(a) 单外廊；(b) 双外廊；(c) 单内廊；(d) 双内廊；(e) 某中学教学楼

各房间沿走道两侧布置，平面紧凑，节约用地，外墙长度较短，对寒冷地区建筑有利，但难免出现一部分使用房间朝向较差，且走道采光通风较差，房间之间相互干扰也较大。

2. 套间式组合

套间式组合的特点是采用穿套的方式按一定的序列组织空间。房间与房间之间相互穿套，不再通过走道联系。其平面布置紧凑，面积利用率高，房间之间联系方便，但各房间使用不灵活，相互干扰大。

套间式组合按其空间序列的不同可分为串联式和放射式两种。串联式是按一定的顺序关系将房间连接起来；放射式是将各房间围绕交通枢纽呈放射状布置。两种组合方式，如图 2.21 和图 2.22 所示。

3. 大厅式组合

大厅式组合是以大厅空间为中心，其他次要空间环绕布置在四周的组合形式，这种组合形式的特点是：主体空间体量巨大，人流集中，大空间内具有视、听等使用功能。例如剧院、电影院和体育馆等建筑，多采用这种组合形式，如图 2.23 所示。

4. 单元式组合

单元式组合是把某些使用关系比较密切的房间，组合成比较独立的单元，再将一种或多种单元按地形和环境情况在水平或垂直方向重复组合起来成为一幢建筑的组合方式。

单元式组合的优点是：能提高建筑标准化，节省设计工作量，简化施工；功能分区明确，单元与单元之间相对独立，互不干扰；布局灵活，能适应不同的地形，形成多种不同

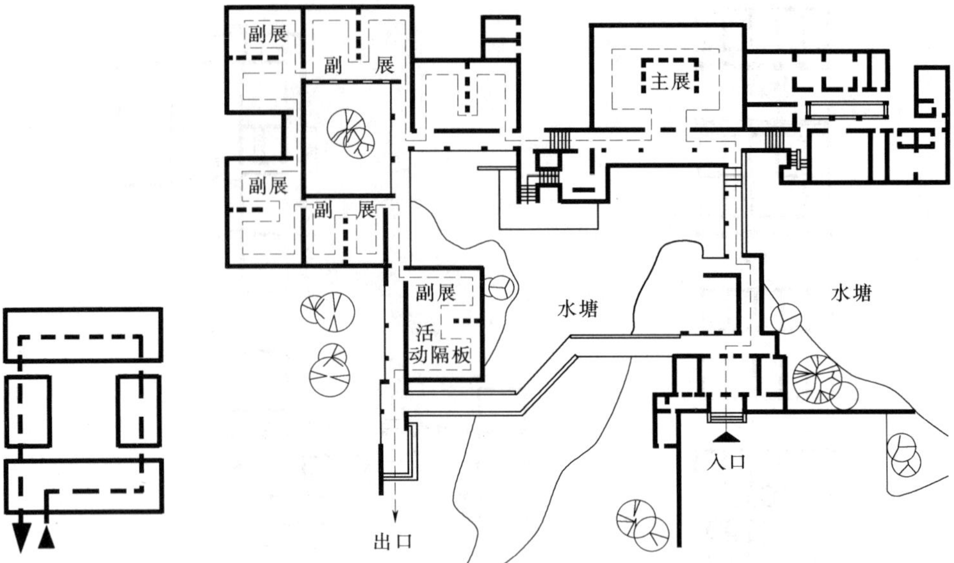

(a) (b)

图 2.21 串联式空间组合示例

(a) 串联式空间组合示意；(b) 某展馆平面图

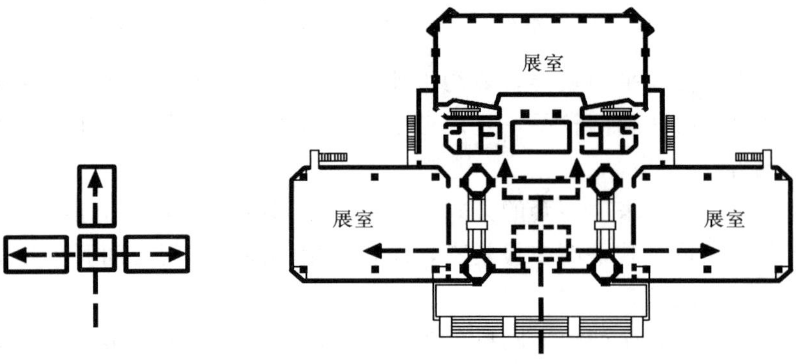

(a) (b)

图 2.22 放射式空间组合示例

(a) 放射式空间组合示意；(b) 北京中国人民抗日战争纪念馆平面

组合形式。这种组合广泛用于住宅、医院、托儿所、幼儿园和学校等民用建筑，如图2.24所示。

5. 混合式组合

由于建筑功能复杂多变，除少数功能比较单一的建筑只需采用一种空间组合形式以外，大多数建筑都是以一种组合形式为主，采用两种或三种类型的混合式空间组合形式。

随着房屋使用功能的发展和变化，空间组合形式也在不断发展和变化，例如形成了自由灵活分隔空间组合形式及庭院式空间组合形式等。

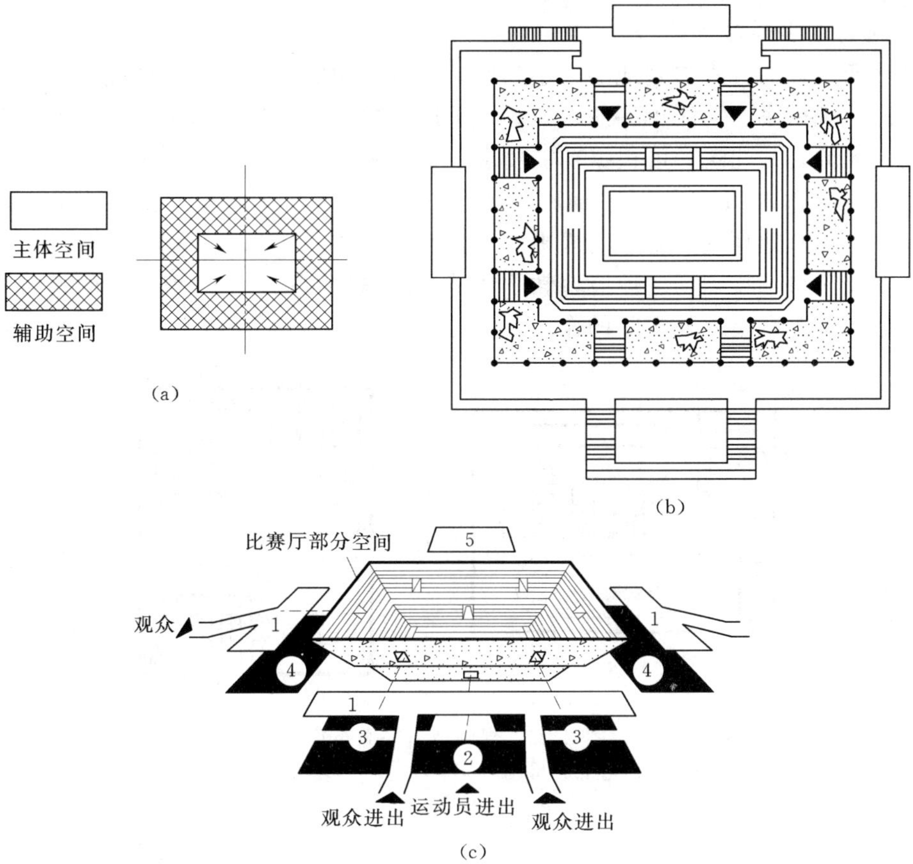

图 2.23　大厅式组合示例

(a) 大厅式组合示意；(b) 某体育馆二层平面；(c) 体育馆空间组合分析示意

1—门厅、休息厅；2—运动员活动区；3—淋浴；4—辅助管理用房；5—贵宾

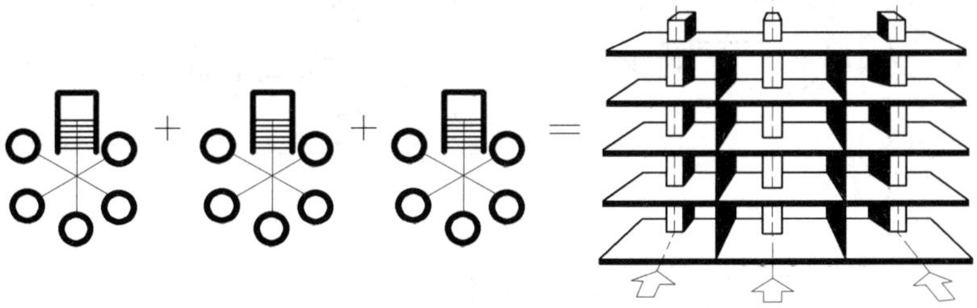

图 2.24　单元式组合及交通组织示意

2.1.2.3　基地环境对平面组合的影响

任何一幢建筑物（或建筑群）都不是孤立存在的，而是处于一个特定的环境之中，它在基地上的位置、形状、平面组合、朝向、出入口的布置及建筑造型等都必然受到基地条件的制约。为使建筑既满足使用要求，又能与基地环境协调一致，首先必须做好总平面设

计，进行总平面功能分区，然后在功能分区的基础上进一步确定单体建筑的布置。

1. 基地的大小和形状

建筑平面组合的方式与基地的大小和形状有着密切的关系。一般情况下，当场地规整平坦时，对于规模小、功能单一的建筑，常采用简单、规整的矩形平面；对于建筑功能复杂、规模较大的公共建筑，可根据功能要求，结合基地情况，采取L形、I形和口字形等组合形式（见图2.25）；当场地平面不规则，或较狭窄时，则要根据使用性质，结合实际情况，充分考虑基地环境，采取不规则的平面布置方式。图2.26是某小学平面组合示意，它位于道路交叉口不规则场地地段，教学楼采用沿墙边布置，既争取了好的朝向，又照顾了街景，起到了丰富室内外空间的作用。

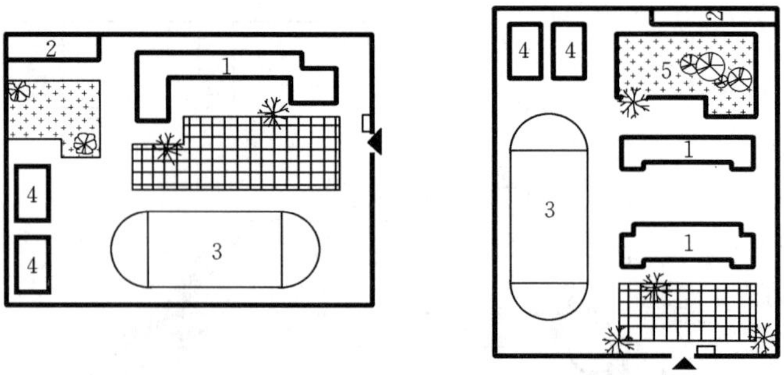

图2.25 规则地形平面布置

1—教学楼；2—生活用房；3—运动场；4—篮球场；5—实验园地

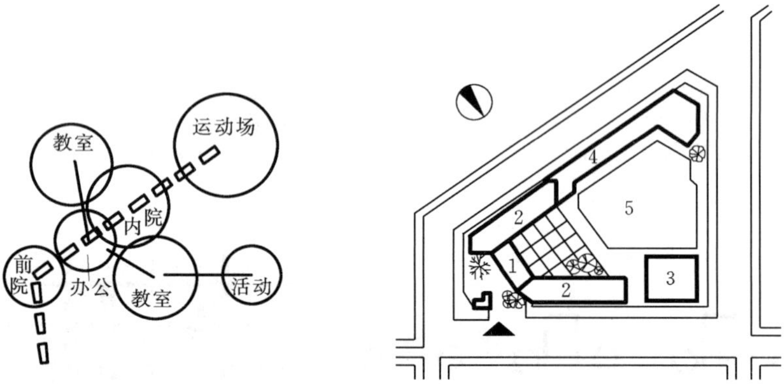

(a)　　(b)

图2.26 不规则地形平面布置

(a) 某小学功能关系分析；(b) 某小学总平面图

1—办公楼；2—教学楼；3—多功能教室；4—扩建教学楼；5—操场

另外，城市规划时对建筑立面的要求、基地范围内保留的古迹、树木和城市公共设施（如电力、给排水管道）等也会影响到基地建筑平面组合与布置。

2. 建筑物的朝向和间距

在一定的基地条件下，建筑物的朝向和建筑物之间必要的间距，也将对房屋的平面组合方式带来影响。

（1）建筑物的朝向。

建筑物的朝向主要是考虑太阳辐射强度、日照时间、主导风向、建筑使用要求及地形条件等综合因素。

1）日照：我国大部分地区处于夏季热、冬季冷的状况。为保证室内冬暖夏凉的效果，建筑物的朝向应为南向、南偏东或偏西少许角度。在严寒地区，由于冬季时间长，夏季不太热，应争取日照，建筑朝向以东、南、西为宜。

2）通风：根据当地的气候特点及夏季或冬季的主导风向，应适当调整建筑物的朝向，使夏季可获得良好的自然通风条件，而冬季又可避免寒风的侵袭。

3）基地环境：对于人流集中的公共建筑，房屋朝向主要应考虑人流走向，道路位置和邻近建筑的关系，对于风景区建筑，则应以创造优美的景观作为考虑朝向的主要因素。

（2）建筑物的间距。

成排房屋前后之间的水平间距，通常主要是由日照间距确定的。这是因为这些房屋前后之间的日照间距，通常大于它们在室外使用、防火、或其他方面要求的间距。居住小区建筑物用地指标，主要也和日照间距有关。

日照间距是为了保证房间有一定的日照时数，建筑物彼此互不遮挡所必须具备的距离。为保证日照的时数要求，日照间距的计算一般以冬至日正午 12 时太阳能照到底层窗台高度为设计依据、借以控制建筑的日照间距，如图 2.27 所示。

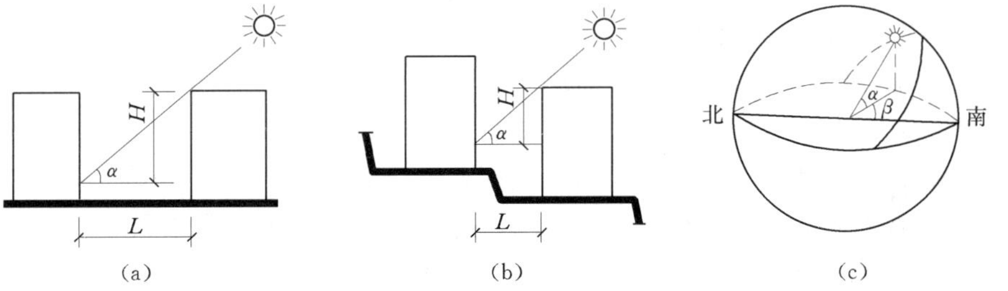

图 2.27 建筑物的日照间距

（a）平地；（b）向阳坡；（c）太阳运行轨迹图

日照间距的计算公式为

$$L = \frac{H}{\tan\alpha}$$

式中 L——房屋水平间距，m；

H——南向前排房屋檐口至后排房屋底层窗台的垂直高度，m；

α——当房屋正南向时冬至日正午的太阳高度角，(°)。

我国大部分地区日照间距约为（1.0～1.7）H。越往南日照间距越大，这是因为太阳高度角在南方要大于北方的原因。对于大多数的民用建筑，日照是确定房屋间距的主要依据，但有的建筑由于环境及使用功能的要求，房屋间距要求更高，如学校教学楼和医院建筑等。

3. 基地的地形条件

基地地形若为坡地时，则应将建筑平面组合与地面高差结合起来，以减少土方量，并造成富于变化的内部空间和外部形式。

坡地建筑的布置方式包括以下3种：

(1) 地面坡度不大于25%时，建筑物适宜平行于等高线布置。

(2) 地面坡度大于25%时，建筑物适宜垂直于等高线布置。

(3) 建筑物与等高线斜交布置时应结合朝向要求选用。

2.2 建筑剖面设计

剖面设计是确定建筑物各部分高度、建筑层数、建筑空间的组合与利用及建筑剖面中的结构和构造关系等。上一节中讲述的建筑平面设计着重解决内部空间的水平方向上的问题，本节中的建筑剖面设计则主要研究对竖向空间的处理。具体内容包括确定房间的剖面形状和尺寸，确定房间各部分的高度，进行建筑剖面的组合等，此外，对结构选型、建筑构造方案等也要予以合理解决。

2.2.1 房间的剖面形状和尺寸

房间的剖面形状分为矩形和非矩形两类，大多数民用建筑均采用矩形剖面，这是因为矩形剖面简单、规整，便于竖向空间的组合，容易获得简洁而完整的造型，同时结构简单，施工方便。非矩形剖面常用于有特殊要求的房间，如大型体育馆的剖面。

房间的剖面形状主要根据使用要求和特点来确定，同时建筑结构、材料和施工因素，室内采光和通风等对剖面的形状和尺寸也有很大的影响。

2.2.1.1 使用要求对剖面的影响

建筑的剖面形状一般是由使用功能确定的。在大部分的民用建筑中，如住宅、学校、办公楼、旅馆和商店等一般功能要求的建筑物，其建筑房间的剖面形状多采用矩形。对于某些特殊功能要求的房间，如影剧院的观众厅、体育馆的比赛大厅和教学楼中阶梯教室、报告厅等，由于其对视听质量有特殊的要求，这些房间除了平面大小及形状要满足视距和视角要求外，在剖面设计时应选择适合的剖面形状，以保证良好的视听要求。

1. 视线要求

有视线要求的房间主要是指影剧院的观众厅、体育馆的比赛大厅和教学楼中阶梯教室等。这类房间除平面形状、大小满足一定的视距、视角要求外，其地面应有一定的坡度，以保证良好的视觉要求，即能够舒适、无遮挡地看清对象。

地面的升起坡度与设计视点的选择、视线升高值、排距和座位的排列方式等因素相关。

设计视点是指按设计要求所能看到的极限位置，即划分可见与不可见范围的界限，设计视点以上是可见范围。设计视点与人眼睛的连线称为设计视线。各类建筑由于功能不同，观看对象性质不同，设计视点的选择也不一致。如电影院的设计视点定在银幕底边的中点，这样可保证观众看清银幕的全部；体育馆的设计视点定在篮球场边线或边线上空300～500mm处；阶梯教室的设计视点常选在讲台桌面，大约距地面1100mm处。设计视点的选择是否合理，是衡量视觉质量好坏的重要标准，而且直接影响地面升起的坡度和经济性。设计观点愈低，视觉范围愈大，房间地面升起坡度愈大；设计视点愈高，视野范围愈小，地面升起坡度就平缓。一般说来，当观察对象低于人的眼睛时，地面起坡大；反之则起坡小。电影院和体育馆设计视点与地面坡度的关系如图 2.28 所示。

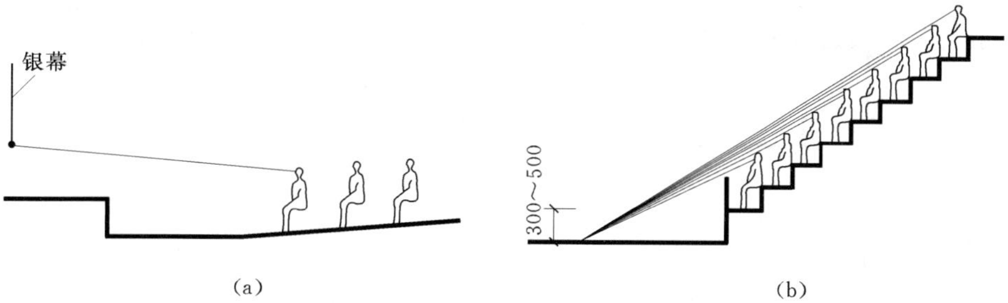

图 2.28 设计视点与地面坡度的关系
(a) 电影院；(b) 体育馆

设计视点确定后，就要进行地面起坡计算。首先要确定每排视线升高值 c，c 值为后排观众的视线与前排观众眼睛之间的视高差，一般定为 120mm。当对位排列（即后排人的视线擦过前排人的头顶而过）时，c 值取 120mm；当错位排列（即后排人的视线擦过前面隔一排人的头顶而过）时，c 值取 60mm。以上两种座位排列法均可保证视线无遮挡的要求（见图 2.29）。

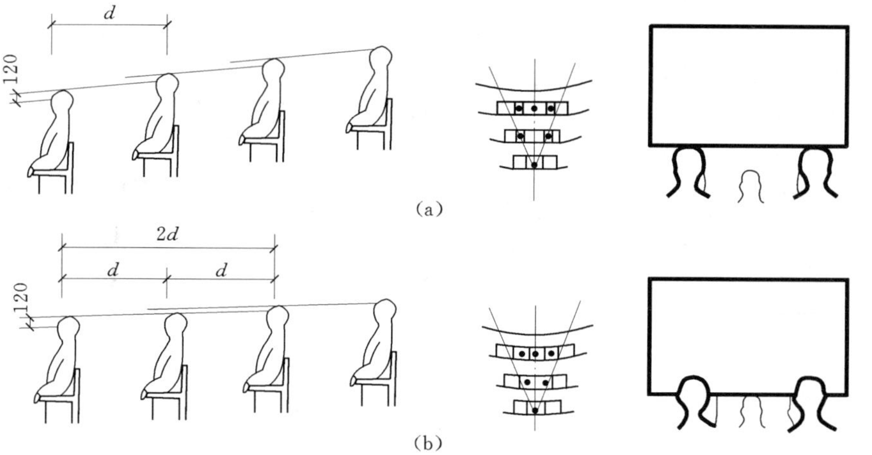

图 2.29 视觉标准与地面升起的关系
(a) 对位排列；(b) 错位排列

图 2.30 为某中学演示教室的地面升高剖面，其中图 2.30 (a) 为对位排列，逐排升高，地面起坡大；图 2.30 (b) 为错位排列，每两排升高一级，地面起坡小。

2. 音质要求

影剧院等建筑，大厅的音质要求对房间的剖面形状影响很大。为保证室内声场分布均匀，防止出现空白区、回声和聚焦等现象，在剖面设计中要注意顶棚、墙面和地面的处理。为有效地利用声能，加强各处直达声，必须使大厅地面逐渐升高，对于影剧院和会堂等，声学上的这种要求和视线上的要求是一致的，按照视线要求设计的地面一般能满足声

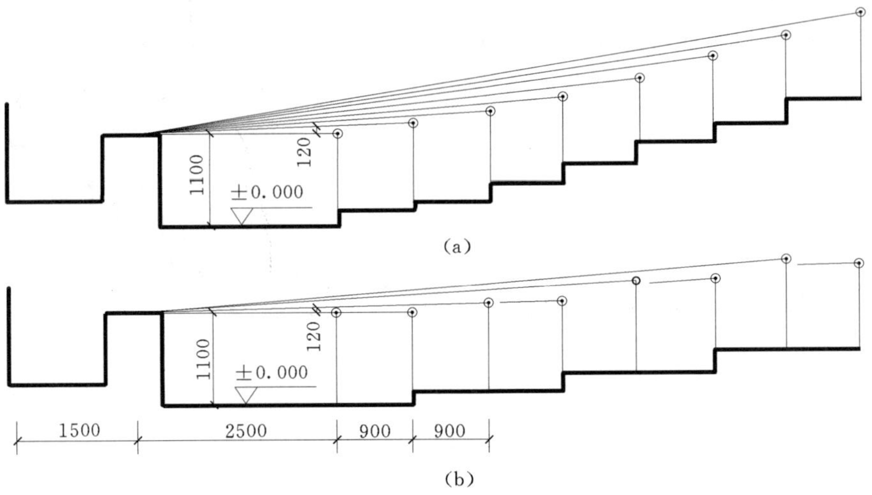

图 2.30　某中学演示教室的地面升高剖面

(a) 对位排列，每排升高 120mm；(b) 错位排列，每排升高 120mm

学要求。除此之外，顶棚的高度和形状是保证听得清楚、真实的一个重要因素。它的形状应使大厅各座位都能获得均匀的反射声，并能加强声压不足的部位。一般说来，凹面易产生聚焦，声场分布不均匀；凸面是声扩散面，不会产生聚焦，声场分布均匀。因此，大厅顶棚应避免采用凹曲面或拱顶。图 2.31 为观众厅的几种剖面形状示意，其中图 2.31 (a) 平顶棚仅适用于容纳小的观众厅；图 2.31 (b) 降低舞台口顶棚，并使其向舞台面倾斜，声场分布较均匀；图 2.31 (c) 采用波浪形顶棚，反射声能均匀分布到大厅各座位。

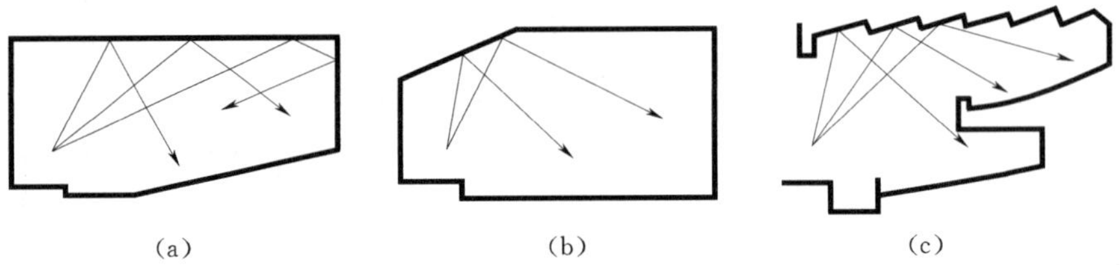

图 2.31　观众厅的几种剖面形状示意

(a) 平顶棚；(b) 降低舞台口顶棚；(c) 波浪形顶棚

2.2.1.2　结构、材料和施工因素的影响

房间的剖面形状除应满足使用要求外，还应考虑结构、材料和施工因素的影响。矩形的剖面形状规整简单，有利于采用梁板式结构布置，同时施工也较简单，常用于大量民用建筑。即使有特殊要求的房间，在能够满足使用要求的前提下，也应优先考虑采用矩形剖面。

不同的结构类型对房间的剖面形状有一定的影响，大跨度建筑的房间剖面由于结构形式不同而形成不同于砖混结构的内部空间特征。例如某体育馆（见图 2.32）屋顶采用网架结构，既满足使用要求，又具有独特的空间形状，体现出现代体育建筑的特征。

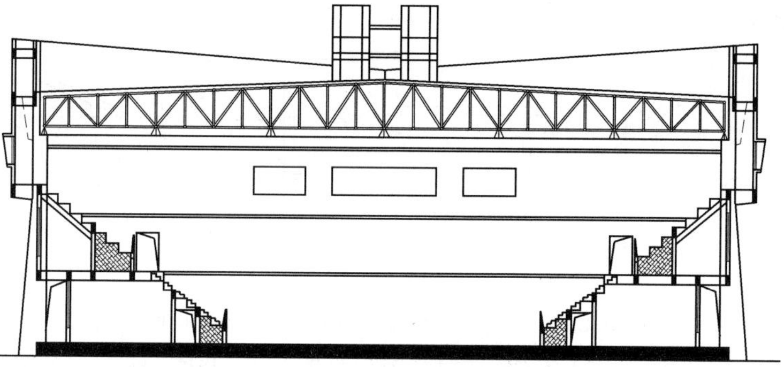

图 2.32 体育馆剖面图

2.2.1.3 室内采光和通风的要求

一般进深不大的房间，通常采用侧窗采光和通风就能够满足室内卫生的要求。当房间进深大，侧窗不能满足上述要求时，常设置各种形式的天窗，从而形成了各种不同的剖面形状。

有的房间虽然进深不大，但具有特殊要求，如展览馆中的陈列室，为使室内照度均匀、稳定、柔和并减轻和消除眩光的影响，避免直射阳光损害陈列品，常设置各种形式的采光窗，如图 2.33 所示。

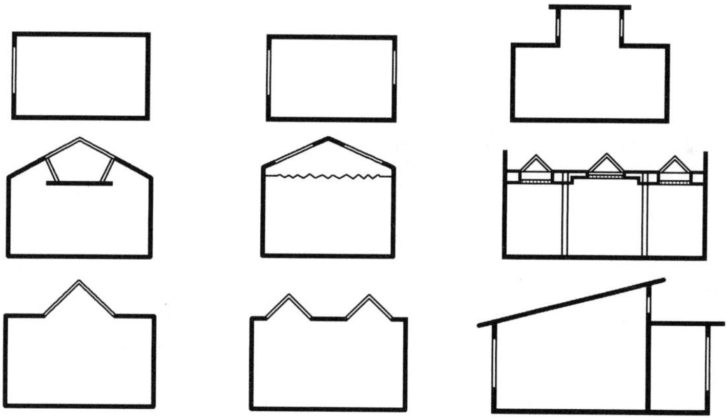

图 2.33 不同采光方式对剖面形状的影响

对于厨房类房间，由于在操作过程中常散发出大量蒸汽、油烟等，除了在墙两侧开窗以外，可在顶部设置排气窗以加速排出有害气体，如图 2.34 所示。

2.2.2 房间各部分高度的确定

2.2.2.1 房间的净高和层高

房间的剖面设计，首先需要确定房间的净高和层高。房间的净高是指楼地面到结构层（梁、板）底面或顶棚下表面之间的距离；层高是指该层楼地面到上一层楼面之间的距离（见图 2.35）。房间的高度恰当与否，会直接影响房间的使用性、经济性及室内空间的艺术效果等。在通常情况下，房间高度的确定主要考虑以下 5 个方面。

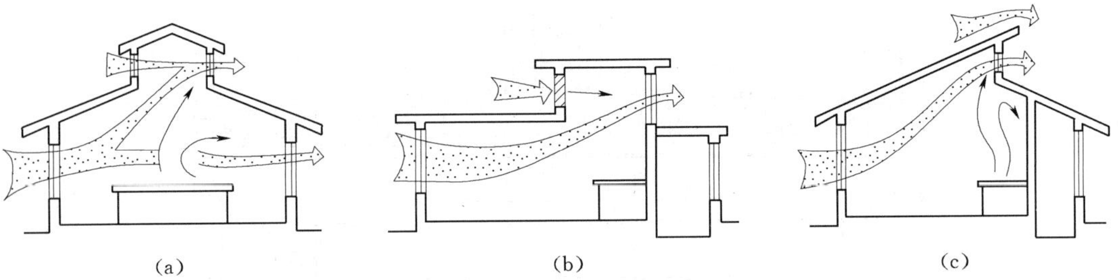

图 2.34 设置顶部排气窗的厨房剖面形状

(a) 气楼天窗；(b) 局部提高天窗；(c) 直接排气窗

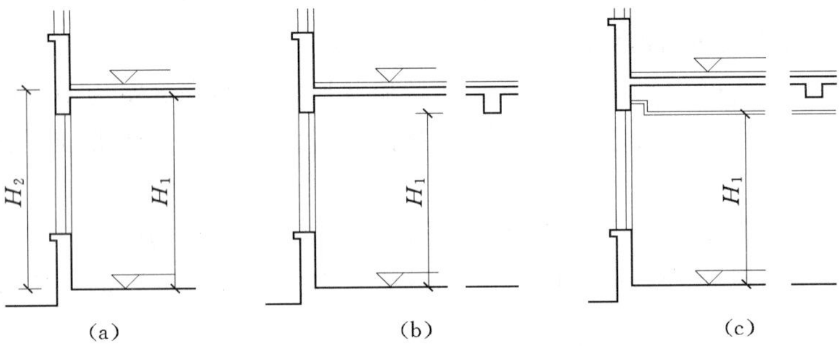

图 2.35 净高与层高

H_1—净高；H_2—层高

1. 人体活动及家具设备的要求

房间的净高与人体活动尺度有很大关系。为保证人们的正常活动，一般情况下，室内最小净高应以人举手不接触到顶棚为宜。为此，房间净高应不低于 2.20m 如图 2.36 所示。

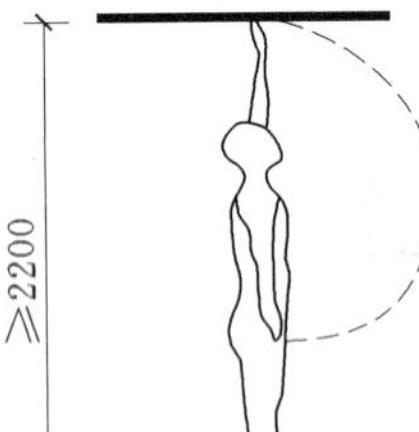

图 2.36 房间最小净高

不同类型的房间，由于使用人数不同、房间面积大小不同，对房间的净高要求也不相同。卧室使用人数少、面积不大，常取 2.8～3.0m，但不应小于 2.4m；教室使用人数多，面积相应增大，一般取 3.3～3.6m；公共建筑的门厅人流较多，高度可较其他房间适当提高；商店营业厅净高受房间面积及客流量多少等因素的影响，国内大中型营业厅（无空调设备）底层层高为 4.2～6.0m，2 层层高为 3.6～5.1m 左右。

除此以外，房间的家具设备及人们使用家具设备的必要空间，也直接影响到房间的净高和层高。如学生宿舍通常设有双层床，净高应比一般住宅适当提高，即层高不应小于 3.2m，如图 2.37 (a) 所示；演播室应考虑灯光效果所需的空间，其净高不应小于 4.5m，如图 2.37 (b) 所示；医院手术室净高应考虑手术台、无影灯及手术操作所必需的空间，如图 2.37 (c) 所示；游泳馆比赛大厅，房间净高应考虑跳水台的高度、跳水台至顶棚的最小高度，如图 2.37 (d) 所示；对于有空调要求的房间，如恒温实验室通常在顶棚内布置有水平风管，确定层高时应考虑风管尺寸及必要的检修空间，如图 2.37（e）所示。

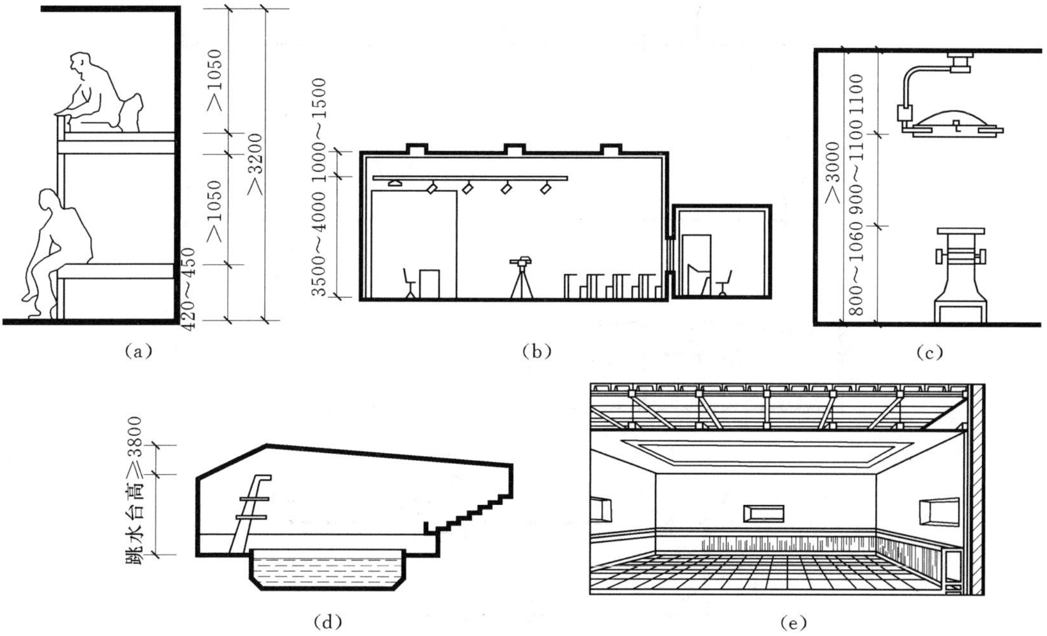

图 2.37　房间的使用活动及家具设备对净高的影响

（a）宿舍；（b）演播厅；（c）手术室；（d）游泳馆；（e）恒温实验室

2. 采光、通风等卫生要求

房间的高度应有利于天然采光和自然通风，以保证房间必要的学习、生活及卫生条件。室内光线的强弱和照度是否均匀，与窗户的宽度、位置和窗户在剖面中的高低有关。房间里光线的照射深度，主要靠窗户的高度来解决，进深越大，要求窗户上沿的位置越高，即相应房间的净高也要高一些。学校教室的采光方式，如图 2.38 所示。

室内进出风口在剖面上的高低位置，也对房间净高有一定影响。潮湿和炎热地区的民用房屋，经常利用空气的气压差，来组织室内穿堂风，如在内墙上开设高窗，或在门上设置亮窗等改善室内的通风条件，在这些情况下，房间净高就相应要高一些。

除此以外，容纳人数较多的公共建筑，应考虑房间正常的气容量，保证必要的卫生条件。按照卫生要求，中小学教室每个学生气容量为 $3\sim5m^3$/人，电影院为 $4\sim5m^3$/人。根据房间的容纳人数、面积大小及气容量标准，可以确定出符合卫生要求的房间净高。

3. 结构高度及布置方式的影响

由图 2.35 可知，层高等于净高加上楼板层（或屋顶结构层）的高度。因此在满足房间净高要求的前提下，层高尺寸随结构层的高度而变化。结构层越高，则层高越大；结构层高度小，则层高相应也小。在相同净高的情况下，结构布置不同，房屋的层高也相应不同，如图 2.39 所示。

4. 经济性的影响

层高是影响建筑造价的一个重要因素，在满足使用要求和卫生要求的前提下，适

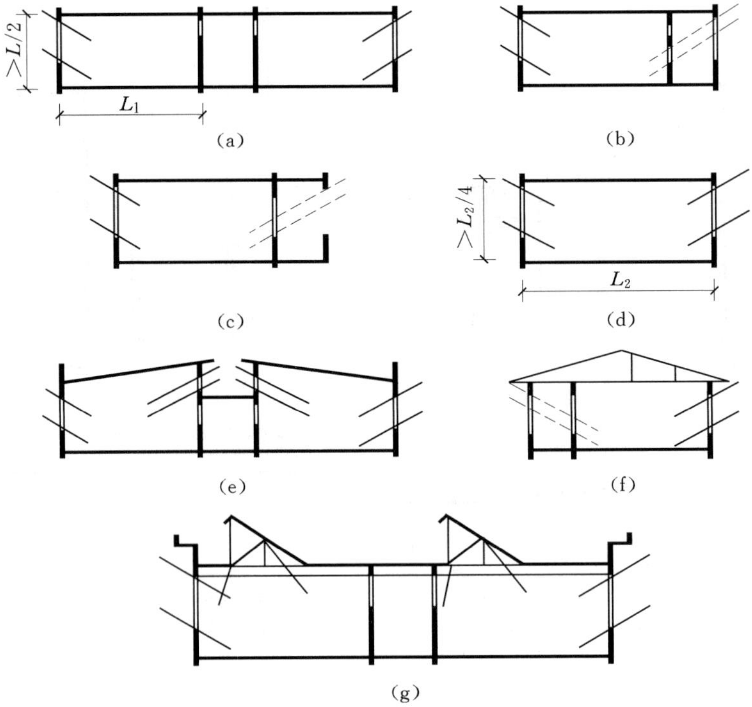

图 2.38 学校教室的采光方式

(a) 内廊式组合的单侧窗采光；(b) 外廊式组合的双侧窗采光；

(c) 外廊式组合的双侧窗采光；(d) 双侧窗采光；

(e) 中廊式组合顶层房间的双侧窗采光；(f) 外廊式顶层房间双侧窗采光；

(g) 内廊式组合顶层房间的单侧窗及顶部采光

当降低层高可相应减小房屋的间距、节约用地、减轻房屋自重、改善结构受力情况、节约材料和能源等。实践表明，普通砖混结构的建筑物，层高每降低 100mm，可节省投资 1%。

5. 室内空间比例的影响

房间的空间高度会对人产生精神感受，不同的比例尺度给人不同的心理效果。一般来说面积大的房间高度要高一些，面积小的房间则可适当降低。高而窄的比例易使人产生兴奋、激昂、向上的情绪，且具有严肃感，但过高就会觉得不亲切；宽而矮的空间使人感觉宁静、开阔、亲切，但过低又会使人产生压抑、沉闷的感觉。住宅建筑要求空间具有小巧、亲切、安静的气氛；纪念性建筑则要求空间高大，以造成严肃、庄重的气氛；大型公共建筑的休息厅、门厅要求具有开阔、博大的气氛。合理地运用空间比例的变化，使物质功能与精神感受结合起来，就能获得理想的效果。运用高而较窄的比例处理门廊空间，可以获得庄严、雄伟的效果，如图 2.40 (a) 所示；大厅宽而较矮的空间使人感到亲切与开阔，如图 2.40 (b) 所示。

2.2.2.2 窗台高度

一般民用建筑，窗台高度主要考虑方便人们工作和学习，保证书桌上有充足的光线，

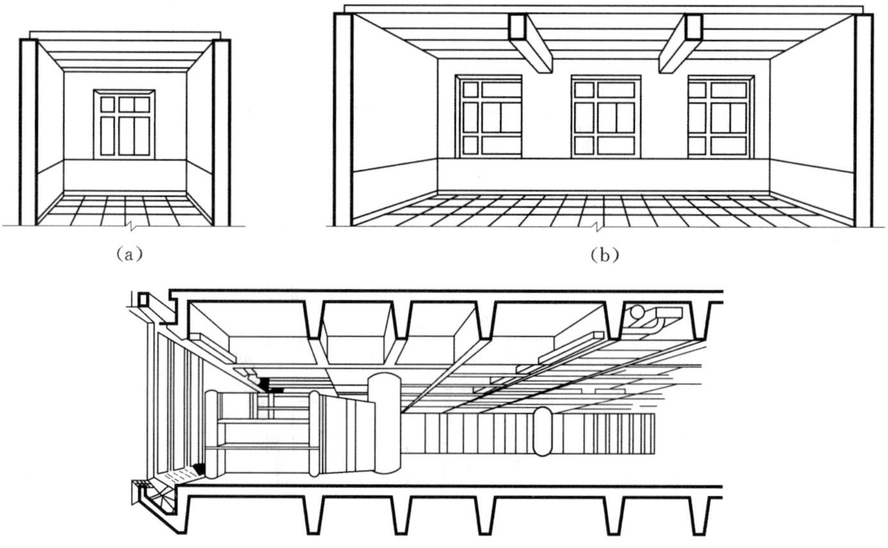

(a)　　　　(b)

(c)

图 2.39　结构高度对房间高度的影响

(a) 墙承重；(b) 墙和大梁承重；(c) 双向承重梁

(a)　　　　(b)

图 2.40　空间比例给人的不同感受

(a) 高而较窄的空间比例；(b) 宽而较矮的空间比例

一般采取 900～1000mm，窗台距桌面高度控制在 100～200mm，保证桌面上充足的光线，并使桌上纸张不致被风吹出窗外，如图 2.41（a）所示；卫生间和浴室窗台可提高到 1800mm 左右，如图 2.41（b）所示；托儿所和幼儿园及医院儿童病房窗台高度应考虑儿童的身高及较小的家具设备，窗台高度均应较一般民用建筑低一些，如图 2.41（c）和图 2.41（d）所示；展览建筑，由于室内墙面要布置展品，常将窗台提高到 1800mm 以上，形成高侧窗，以使窗台到陈列品的距离要使保护角大于 14°，从而消除和减少眩光，如图 2.41（e）所示；公共建筑的房间、疗养建筑和旅游建筑，为使室内阳光充足和便于观赏室外景色，丰富室内空间，常将窗台做得很低，甚至采用落地窗。

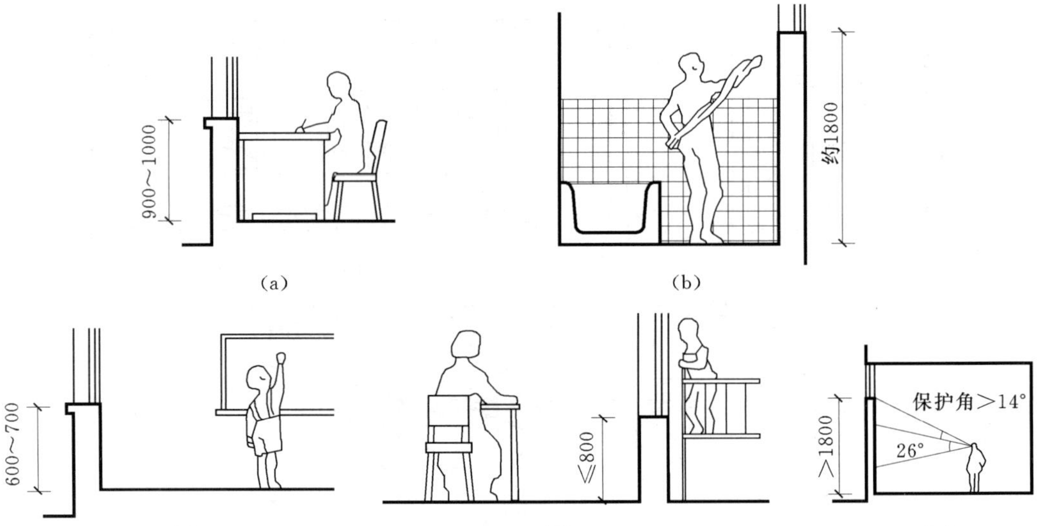

图 2.41 窗台高度

(a) 一般民用建筑；(b) 卫生间；(c) 托儿所和幼儿园；
(d) 儿童病房；(e) 展览馆陈列室

2.2.2.3 室内外地面高差

为了防止室外雨水流入室内，并防止墙身受潮，一般民用建筑常把室内地坪适当提高，以便建筑物室内外地面形成一定高差。室内外地面高差要适当，高差过小难以保证基本要求，高差过大会增加建筑物高度和土石方工程量。对大量的民用建筑，室外踏步的级数常应不超过四级，室内外地面高差常取 400～600mm；而仓库类建筑为便于运输，在入口处常设置坡道，为不使坡道过长影响室外道路布置，室内外地面高差以不超过 300mm 为宜。对于地下水位较高或雨量较大的地区，以及对防水要求较高的建筑物，可适当提高室内地面以防止室内过潮。

一般民用建筑具有亲切、平易近人的感觉，因此室内外高差不宜过大。纪念性建筑常借助于室内外高差值的增大，如采用高的台基和较多的踏步处理，以增强严肃、庄重、雄伟的气氛。

建筑设计中，一般以底层室内地面标高为±0.000，高于它的为正值，低于它的为负值。

2.2.3 建筑剖面的组合方式

建筑剖面的组合方式，主要是由建筑物中各类房间的高度和剖面形状、房屋的使用要求和结构布置特点等因素决定的，剖面的组合方式大体上可以归纳为以下 3 种。

2.2.3.1 单层建筑

单层剖面便于房间中各部分人流或物品和室外直接联系，它适用于覆盖面及跨度较大的结构布置，一些顶部要求自然采光和通风的房屋，也常采用单层的剖面组合方式，如食堂、会场、车站和展览大厅等建筑类型中都有不少单层剖面的例子（见图 2.42）。单层房屋的主要缺点是用地很不经济，如把一幢 5 层住宅和 5 幢单层的平房相比，在日照间距相同的条件下。用地面积要增加 2.0 倍左右（见图 2.43），此外，道路和室外管线设施也都要相应增加。

图 2.42 某汽车展厅单层剖面组合示意

2.2.3.2 多层和高层建筑

多层剖面的室内交通联系比较紧凑，适用于有较多相同高度房间的组合，垂直交通通过楼梯联系。多层剖面的组合应注意上下层墙、柱等承重构件的对应关系，以及各层之间相应的面积分配。许多单元式平面的住宅和走廊式平面的学校、宿舍、办公和医院等房屋的剖面，较多采用多层的组合方式，单元式住宅楼和内廊式学生公寓楼的剖面组合示意，如图 2.44 所示。

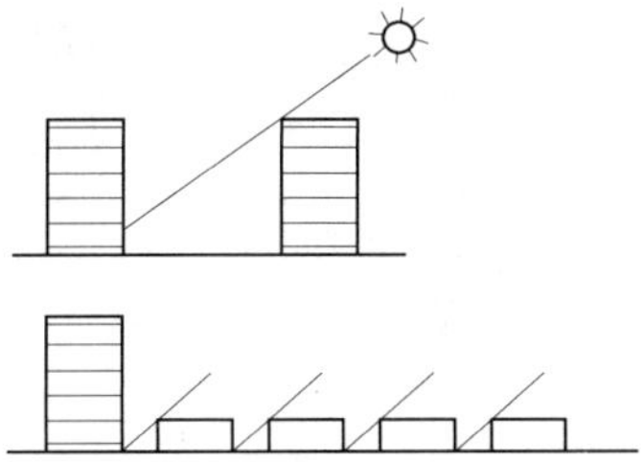

图 2.43 单层和多层房屋的用地比较

一些建筑类型如旅馆和办公楼等，由于城市用地、规划布局等因素，也采用高层剖面的组合方式，近年建造的

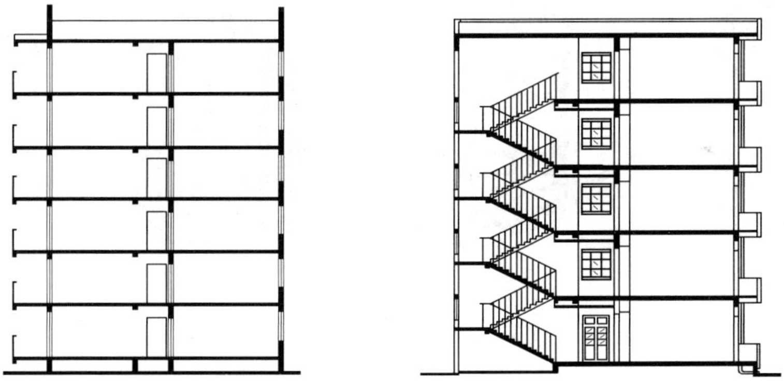

(a) (b)

图 2.44 多层剖面组合示意

(a) 住宅楼剖面图；(b) 学生宿舍剖面图

高层办公楼和高层住宅的剖面示意，如图 2.45 所示。高层剖面能在占地面积较小的条件下，建造使用面积较多的房屋，这种组合方式有利于室外辅助设施和绿化等的布置。但是，高层建筑的垂直交通需用电梯联系，管道设备等设施也较复杂，因此，费用较高。由于高层房屋承受侧向风力的问题比较突出，因此通常以框架结合剪力墙体或把电梯间、楼梯间和设备管线组织在竖向筒体中，以加强房屋的刚度，如图 2.46 所示。

2.2.3.3 错层和跃层建筑

错层剖面是在建筑物纵向或横向剖面中，房屋几部分之间的楼地面，高低错开。它主

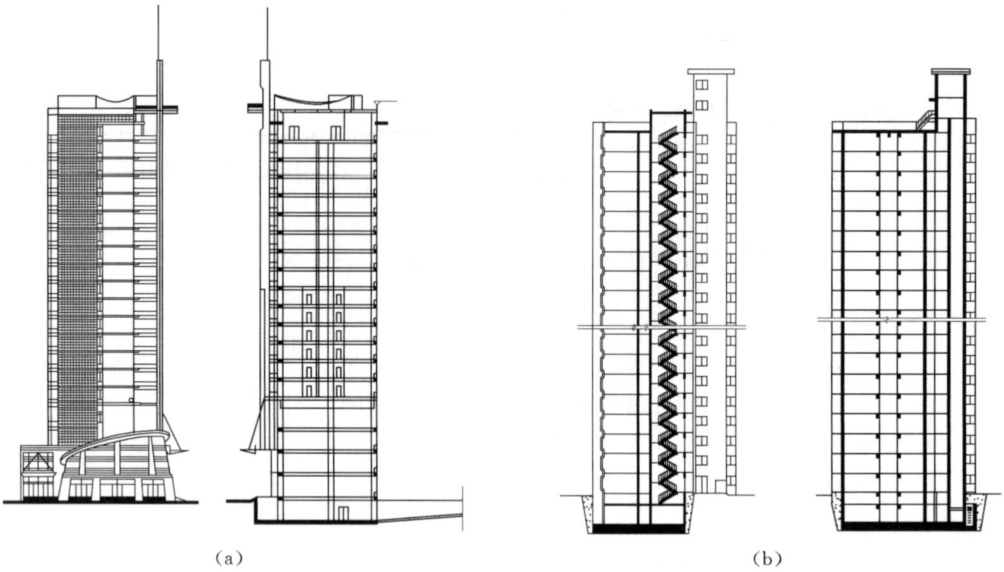

图 2.45 高层剖面组合示意

(a) 某办公楼侧立面及剖面图；(b) 某高层住宅楼剖面图

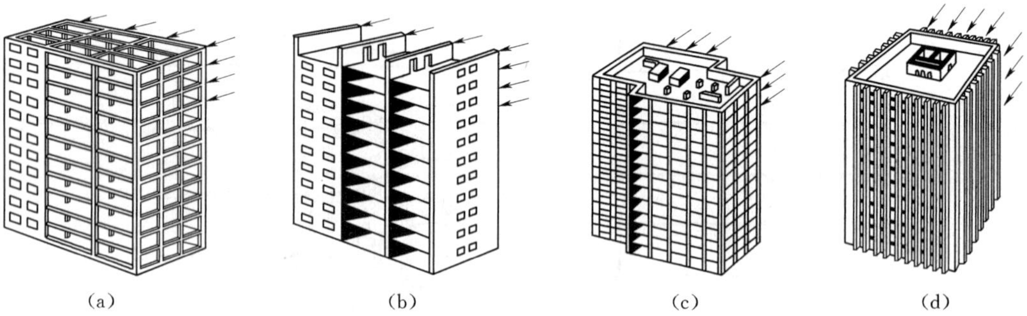

图 2.46 高层建筑结构体系

(a) 框架结构；(b) 剪力墙结构；(c) 框架加剪力墙结构；(d) 筒体结构

要适用于结合坡地地形来建造住宅、宿舍及其他类型的房屋。房屋剖面中的错层高差，通常有以下 3 种方法解决。

1. 利用室外台阶解决错层高差

住宅垂直于等高线布置时用室外台阶解决错层高差的实例，如图 2.47 所示。

2. 利用踏步解决错层高差

有的公共建筑为了丰富门厅空间变化并得到合适的空间比例，常将门厅降低，这种高差不大的空间联系常借助于少量踏步来解决，如图 2.48 所示。

3. 利用楼梯间解决错层高差

利用楼梯间解决错层高差，即通过选用楼梯梯段的数量（如二梯段、三梯段等），调整梯段的踏步数，使楼梯平台的标高和楼层楼地面的标高一致。这种方法能够较好地结合地形，灵活地解决纵横向的错层高差。利用楼梯间解决高差的教学楼实例，如图 2.49 所示。

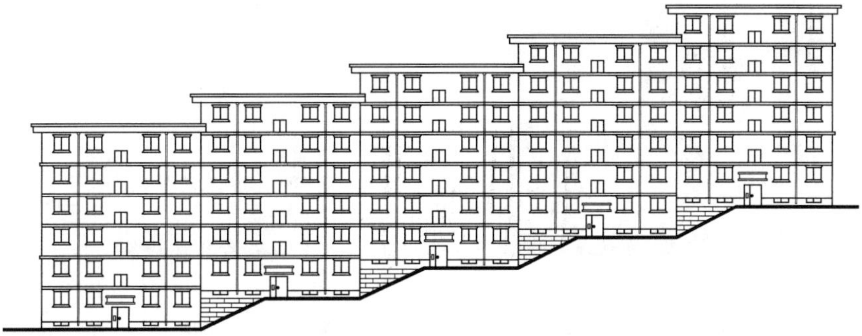

图 2.47 利用室外台阶解决错层高差的住宅

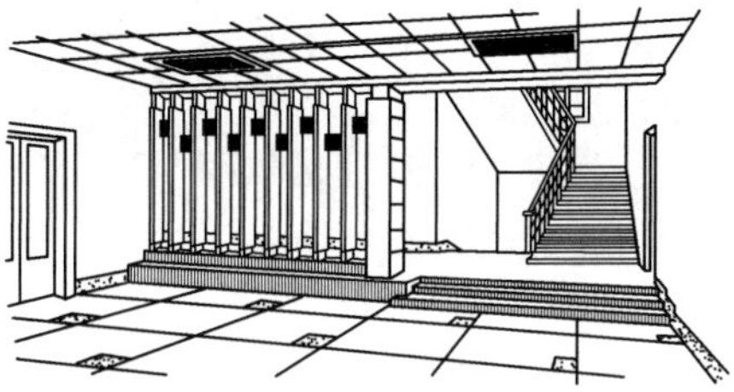

图 2.48 利用踏步解决错层高差

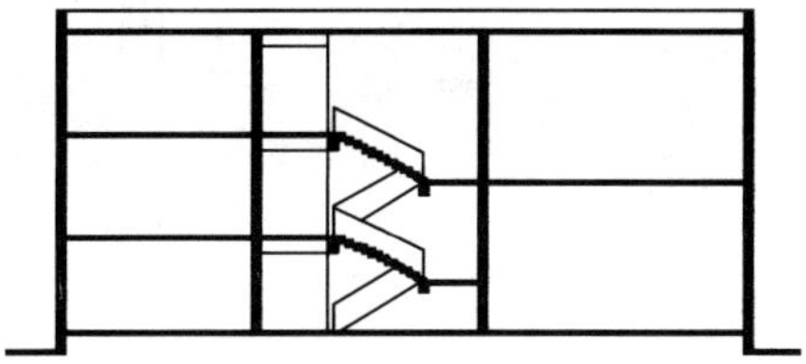

图 2.49 利用楼梯间解决错层高差

跃层剖面的组合方式主要用于住宅建筑中，这些房屋的公共走廊每隔 1～2 层设置一条，每个住户可有前后相通的一层或上下层的房间，住户内部以小楼梯上下联系。跃层住宅的特点是节约公共交通面积，各住户之间的干扰较少，但跃层房屋的结构布置和施工比较复杂，通常每户所需的面积较大，居住标准要高一些。

2.3 建筑体型与立面设计

2.3.1 建筑体型和立面设计的要求

对建筑体型和立面设计的要求，主要体现在以下 4 个方面。

2.3.1.1 反映建筑使用功能要求和特征

建筑是为了满足人们生产和生活需要而创造出的物质空间环境。各类建筑由于使用功能的千差万别，室内空间全然不同，在很大程度上必然导致出不同的外部体型及立面特征。纪念性建筑体型及立面厚重、稳固，形成一种庄严、肃穆的建筑风格，如图 2.50 (a) 所示；综合办公楼体型高低错落、变化统一，体现简洁明快的风格，如图 2.50 (b) 所示；城市多层住宅建筑，通过重复排列的阳台、尺度不大的窗户形成生活气息浓郁的居住建筑风格，如图 2.50 (c) 所示；教学楼体型和立面设计表达了一种秩序、纪律的特点，如图 2.50 (d) 所示。

(a)

(b)

(c)

(d)

图 2.50 不同类型建筑的外形特征

(a) 中国国家博物馆；(b) 湛江市移动通信综合楼；(c) 城市多层住宅建筑；(d) 中学教学楼

2.3.1.2 反映物质技术条件的特点

建筑是运用大量的材料并通过一定的结构、施工技术等手段构建而成，建筑体型及立面设计必然在很大程度上受到物质技术条件的制约，并反映出结构、材料和施工的特点。

一般中小型民用建筑的立面处理可通过外墙面的色彩、材料质感、水平与垂直线条及门窗的合理组织等来表现混合结构建筑简洁、朴素、稳重的外观特征。

钢筋混凝土框架结构的墙体仅起围护作用，给空间处理赋予了较大的灵活性，它的立面开窗较自由，既可形成大面积独立窗，也可组成带形窗，甚至底层可以全部取消窗间墙而形成完全通透的形式。框架结构建筑具有简洁、明快、轻巧的外观形象。

随着现代新结构、新材料、新技术的发展，给建筑外形设计提供了更大的灵活性和多样性。特别是各种空间结构的大量运用，更加丰富了建筑物的外观形象，使建筑造型千姿百态，如图 2.51 所示。

2.3.1.3 符合城市规划及基地环境的要求

建筑是构成城市空间和环境的重要因素，它不可避免地要受到城市规划、基地环境的某些制约，所以建筑基地的地形、地质、气候、方位朝向、形状、大小、道路、绿化及原有建筑群的关系等，都对建筑外部形象有极大影响。位于自然环境中的建筑要因地制宜，结合地形起伏变化使建筑高低错落、层次分明并与环境融为一体。例如美国著名建筑师赖特设计的流水别墅（见图 2.52），建于幽雅的山泉峡谷之中，造型多变，高低悬挑的钢筋

(a)

(b)

(c)

(d)

(e)

(f)

图 2.51　各种空间结构的建筑形象

(a) 陕西杨凌昆虫博物馆（穹形网架结构）；(b) 法国巴黎国家工业与技术中心陈列馆（薄壳结构）；
(c) 美国亚特兰大奥运会主馆佐治亚穹顶（施工中，张拉结构）；(d) 日本东京代代木国家体育馆（悬索结构）；
(e) 体育馆方案效果图；(f) 图书馆方案效果图

混凝土平台纵横错落、互相穿插，凌跃于奔泻而下的瀑布之上，建筑与山石、流水、树林的巧妙结合使建筑融于环境之中。

(a)

(b)

图 2.52　流水别墅

位于城市街道和广场的建筑物，一般由于用地紧张，受城市规划约束较多，如图沿街商店住宅楼，结合地形，布局灵活，充分利用了基地，也满足了商业建筑的功能，如图 2.53 所示。

(a)

(b)

图 2.53　沿街商店住宅楼

2.3.1.4　与社会经济条件相适应

建筑物从总体规划、建筑空间组合、材料选择、结构形式、施工组织至维修管理等都包含着经济因素。建筑外形设计应本着勤俭的精神，在严格保证质量的前提下，尽量节约资金。一般对于大量性建筑，标准可以低一些，而国家重点建设的某些大型公共建筑，标准则可高一些。

实际上，建筑外形的艺术美并不是以投资的多少为决定因素，只要充分发挥设计者的主观能动性，在一定的经济条件下，巧妙地运用物质技术手段和构图法则，努力创新，完全可以设计出适用、安全、经济、美观的建筑物。

2.3.2　建筑体型的组合方式

体型是建筑物的轮廓，它反映了建筑物总的体量大小，组合方式及比例尺度等。体型是建筑形象的基础，仅有体型美还不够，还需在立面设计中进一步刻画和完善才能获得完美的建筑形象。建筑体型设计要遵循建筑形式美的基本规律，结合使用要求和结构、构造、材料、设备和施工等物质技术手段，从大处着手，逐步深入，相互协调，力争达到完美境界。

2.3.2.1　体型的组合

1. 单一体型

单一体型是将复杂的内部空间组合到一个完整的体型中去。外观各面基本等高，平面多呈正方形、矩形、圆形和 Y 形等。这类建筑的特点是没有明显的主从关系和组合关系，造型统一简洁，轮廓分明，给人以鲜明而强烈的印象，如图 2.51 所示。

2. 单元体型组合

一般民用建筑如住宅、学校和医院等常采用单元组合体型，这种组合体型是将几个独立体量的单元按一定方式组合起来的。其特点主要表现在以下 3 方面：

(1) 组合灵活。结合基地大小形状、朝向和地形起伏变化，建筑单元可随意增减，高低错落，既可形成为简单的一字形体型，也可形成锯齿形、台阶式等体型，如图 2.47 所示。

(2) 建筑物没有明显的均衡中心及体型的主从关系。

(3) 由于单元的连续重复，形成了强烈的韵律感，如图 2.54 所示。

图 2.54 单元式住宅

3. 复杂体型

复杂体型是由两个以上的体量组合而成的，比较适用于功能关系比较复杂的建筑。由于复杂体型存在着多个体量，进行体量与体量之间相互协调与统一时应注意以下 3 点：

(1) 根据功能要求将建筑物分为主要部分和次要部分，分别形成主体和附体。进行组合时应突出主体，有重点，有中心，主从分明，巧妙结合以形成有组织、有秩序又不杂乱的完整统一体，如图 2.55 所示。

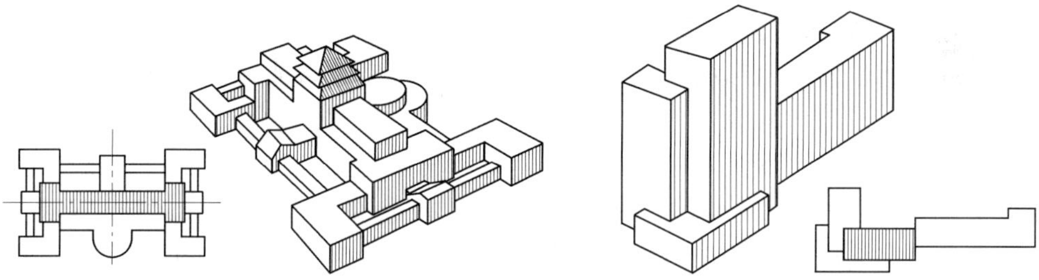

(a) (b)

图 2.55 体型组合的主从关系（平面图中阴影表示主体部分）
(a) 北京中国美术馆（对称式）；(b) 北京中国民航大楼（非对称式）

(2) 运用体量的大小、形状、方向、高低和曲直等方面的对比，可以突出主体，破除单调感．从而求得丰富、变化的造型效果，如图 2.56 所示。

(a) (b)

图 2.56 体型组合的对比与变化
(a) 巴西议会大厦（方与圆、高与低对比）；(b) 某办公楼（直与曲、高与低对比）

(3) 体型组合要注意均衡与稳定的问题。因为所有建筑物都是由具有一定重量感的材料建成的，一旦失去均衡就会使建筑物轻重不均，失去稳定感。体型组合的均衡包括对称与非对称两种方式，如图 2.55 所示。对称的构图是均衡的，容易取得完整的效果。对于非对称方式要特别注意各部分体量大小变化，以求得视觉上的均衡。体型组合中稳定构图的实例，如图 2.57 所示。

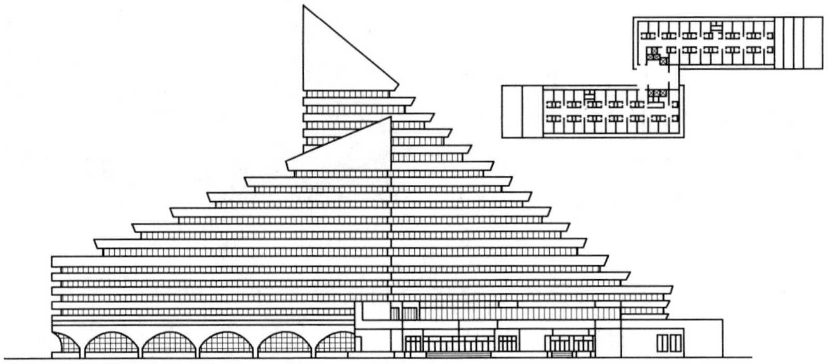

图 2.57　大连银帆宾馆立面（上小下大，重心下降取得稳定效果）

2.3.2.2　体型的转折与转角处理

在特定的基地位置和地形条件下，如丁字路口、十字路口或任意角度的转角地带布置建筑物时，建筑体形需作转角处理，不仅可以使之与地形环境协调吻合，有效地利用土地，而且可以表现出建筑物统一完整的造型效果。转折主要是指建筑物沿道路或地形的变化作曲折变化，这种形式的临街部分一般是长方形平面的简单变形和延伸，具有简洁流畅、自然大方、完整统一的外观形象。根据功能和造型的需要，转角地带的建筑体型常采用主附体相结合的方式。也可采取局部体量升高以形成塔楼的形式，以塔楼控制整个建筑物及周围道路，使交叉口、主要入口更加醒目，如图 2.58 所示。

2.3.2.3　体量的联系与交接

由不同大小、高低、形状和方向的体量组成的建筑都存在着体量之间的联系和交接处理。这个问题不仅影响到体型的完整，而且将会直接影响到使用功能和结构的合理性。设计中常采取以下 3 种连接方式。

1. 直接连接

在体型组合中，将不同体量的面直接相连称为直接连接。这种方式具有体型分明、简洁，整体性强的优点，常用于功能要求联系紧密的建筑，如图 2.59（a）所示。

2. 咬接连接

咬接连接中，各体量之间相互穿插，体型较复杂，但组合紧凑，整体性强，较前者易于获得有机整体的效果，是组合设计中较为常用的一种方式，如图 2.59（b）所示。

3. 以走廊或连接体相连

这种方式的特点是各体量之间相对独立而又互相联系，走廊可以开敞或封闭，可以是单层或多层，建筑整体给人以轻快、舒展、空透的感觉，如图 2.59（c）和图 2.59（d）所示。

2.3.3　建筑体型组合美学要求

建筑造型是有其内在规律的，人们要创造出美的建筑，就必须遵循建筑美的法则，如

(a)　(b)　(c)　(d)　(e)　(f)

图 2.58　体型转折转角处理

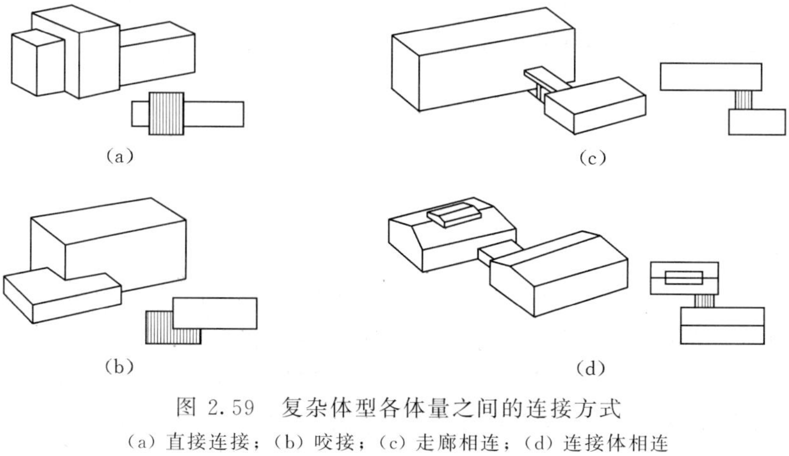

(a)　(c)　(b)　(d)

图 2.59　复杂体型各体量之间的连接方式

(a) 直接连接；(b) 咬接；(c) 走廊相连；(d) 连接体相连

主从与重点、均衡与稳定、韵律、对比、比例和尺度等。

2.3.3.1 主从与重点

主从与重点是指主要与从属、重点与一般的差别。对一个复杂的建筑体型，在组合中要使各个体部之间有主有次，主次分明，重点突出，并形成有机的统一体。

在对称式建筑体型中，主体部分两侧布置附体部分的形式，易于取得主次分明的效果，在不对称的建筑体型中，仍可采用突出主体的方法来体现主从关系。为了突出主体，可以使各部分体量之间的大小、高低、宽窄和形状等形成对比，对平面相对位置的前后予以变化，或用突出入口等手法来强调主体部分，使建筑形成有机的统一体，取得主从分明，完整统一的体型组合，如图2.55所示。

2.3.3.2 均衡与稳定

一般说来，建筑物各体量中体量大的、实体的、材料粗糙及色彩暗的，感觉上要重些，体量小的、通透的、材料光洁和色彩明快的，感觉上要轻一些。均衡主要是研究建筑物各部分前后左右的轻重关系，并使其组合起来给人以安定、平稳的感觉，稳定指建筑整体上下之间的轻重关系，给人以安全可靠，坚如磐石的感觉。处理建筑物的均衡与稳定应考虑各建筑造型要素质量轻重感的处理关系。

在建筑构图中，均衡可分为对称的均衡与不对称的均衡。对称均衡的形式可以取得完整统一的效果，给人以端庄、雄伟、严肃的感觉，常用于纪念性建筑或者其他需要表现庄严、隆重的公共建筑，对称均衡的实例，如图2.55（a）和图2.60所示。不对称均衡是将均衡中心偏于建筑的一侧，利用不同体量、材质、色彩、虚实变化等的平衡达到目的，它与对称均衡相比显得轻巧、活泼，不对称均衡的实例，如图2.55（b）和图2.61所示。

图2.60 大学教学主楼群（对称均衡体型）

图2.61 非对称均衡体型

一般说来上面小，下面大，由底部向上逐层缩小的建筑设计手法易获得稳定感。如中国美术馆和天坛祈年殿就是利用这种手法获得较好的效果，如图2.62所示。

2.3.3.3 韵律

韵律是任何物体各要素重复或渐变出现所形成的一种特性，这种有规律的变化和有秩序的重复所形成的节奏，能产生具有条理性、重复性和连续性为特征的韵律感，给人以美的享受。利用建筑物存在的很多重复的因素，有意识地对这些构图因素进行重复或渐变的处理，能使建筑形体以至细部给人以更加强烈而深刻的印象。渐变的韵律，如图2.63所示。

(a)

(b)

图 2.62 体型组合稳定的构图
(a) 中国美术馆；(b) 天坛祈年殿

2.3.3.4 对比

建筑造型设计中的对比，具体表现在体量的大小、高低、形状、方向、线条曲直、横竖、虚实、色彩、质地及光影等方面。在同一因素之间通过对比，相互衬托，就能产生不同的形象效果。对比强烈，则变化大，感觉明显，建筑中很多重点突出的处理手法往往是采取强烈对比的结果；对比小，则变化小，易于取得相互呼应、和谐、协调统一的效果。在建筑设计中恰当地运用对比的强弱是取得统一与变化的有效手段，如图 2.56 所示。

图 2.63 上海金茂大厦

2.3.3.5 比例

比例是指长、宽、高三个方向之间的大小关系。无论是整体或局部及整体与局部之间，局部与局部之间都存在着比例关系。如整幢建筑与单个房间长、宽、高之比；整个立面的高宽之比；立面中的门窗与墙面之比；门窗本身的高宽之比等。良好的比例能给人以和谐、完美的感受，反之，比例失调就无法使人产生美感。

建筑物的各部分一般是由一定的几何形体所构成。因此，在建筑设计中，有意识地注意几何形体的相似关系，对于推敲和谐的比例是有帮助的。以相似的比例求得和谐统一，即大小不同的相似形，它们之间对角线互相垂直或平行，由于具有“比率”相等而使比例关系协调，如图 2.64 所示。

2.3.3.6 尺度

尺度是研究建筑物整体与局部构件给人感觉上的大小与其真实大小之间的关系。在建筑设计过程中，常常以人或与人体活动有关的一些不变因素如门、台阶和栏杆等作为比较标准，通过这些固定的尺度与建筑整体或局部进行比较，就会得出鲜明的尺度感。图 2.65 表示建筑物的尺度感，其中图 2.65（a）表示抽象的几何形体，没有任何尺度感；图 2.65（b）、图 2.65（c）和图 2.65（d）通过与人的对比就可以感受出建筑物的大小和高低。

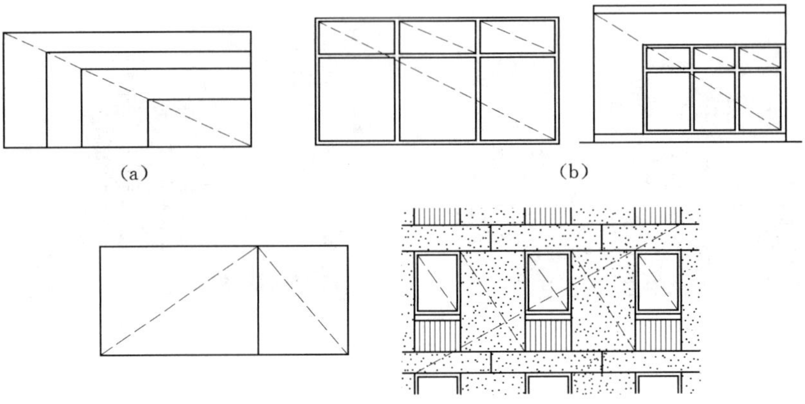

(a)　(b)　(c)

图 2.64　以相似比例求得和谐统一

(a) 对角线重合；(b) 对角线相平行；(c) 对角线相垂直

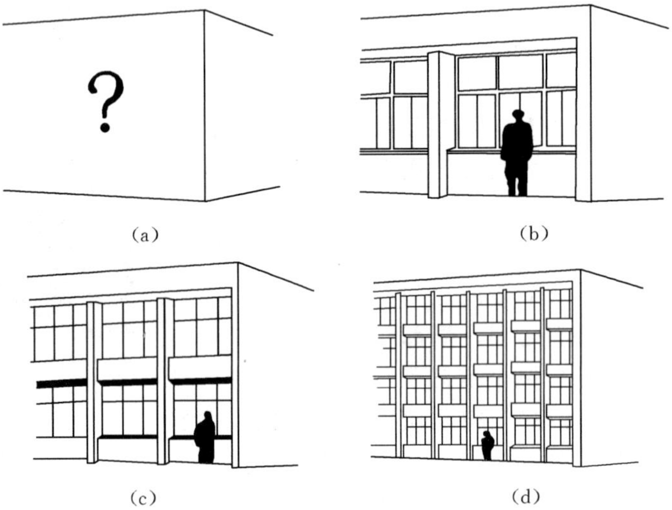

(a)　(b)　(c)　(d)

图 2.65　建筑物的尺度感

尺度的处理通常包括以下 3 种方法。

1. 自然的尺度

以人体大小来度量建筑物的实际大小，从而给人的印象和建筑物真实大小一致，常用于住宅、办公楼和学校等建筑。

2. 夸张的尺度

运用夸张的手法给人以超过真实大小的尺度感。常用于纪念性建筑或大型公共建筑，以表现庄严、雄伟的风格。

3. 亲切的尺度

以较小的尺度获得小于真实的感觉，从而给人以亲切宜人的尺度感，常用来创造小巧、亲切、舒适的气氛，如苏州园林。

本 章 小 结

1. 建筑平面设计包括房间部分的设计、交通联系部分的设计和平面组合设计。大多数的民用建筑，其平面均可由使用部分、交通联系部分和结构部分组成。

2. 主要使用房间的设计，主要是从功能分析入手，确定合适的房间面积、尺寸，门窗的位置、宽度、数量、开启方式及开启方向，然后再按消防疏散要求进行尺寸的复核。

3. 平面组合设计应从功能分析入手进行整幢建筑的功能分区和流线组织，使平面布局合理、结构选择准确、设备管线布置集中，与环境有机结合、建筑造形美观大方。

4. 民用建筑的平面组合方式主要有走道式、套间式、大厅式、单元式和混合式。

5. 剖面设计包括剖面的形状和尺寸、房屋各部分高度、建筑剖面的组合等方面的内容。

6. 房间剖面形状与使用要求，结构、材料和施工，以及采光和通风等因素有关。

7. 房屋的层高、净高受使用功能，采光、通风，结构高度和布置方式、经济性和空间比例等因素的影响。

8. 房屋层数的确定受使用功能、结构类型、材料、城市规划、基地环境、建筑防火和经济等因素的影响。

9. 建筑体型组合的方法有单一体型组合法、单元体型组合法和复杂体型组合法。组合中还应注意处理好房屋的转折、转角及体型的连接。

10. 建筑体型与立面设计要遵循主从与重点、均衡与稳定、韵律、对比、比例和尺度等规律。这些构图规律不是孤立的，它们之间相互渗透，相互补充。

11. 建筑立面设计要做好尺度与比例的和谐统一，节奏韵律和虚实对比的灵活运用，材料色彩和质感的搭配，重点部位和细部的处理。

复 习 思 考 题

1. 建筑平面由哪几部分组成？
2. 如何确定使用房间的面积？
3. 确定房间的形状应考虑哪些因素？
4. 建筑平面组合的形式有哪些？各有什么特点？
5. 什么是房间的层高和净高？两者有何联系？
6. 如何确定房屋的层高和净高？
7. 影响房间剖面形状的因素有哪些？
8. 影响建筑体型和立面设计的因素有哪些？
9. 建筑体型组合的方式有哪些？请举例说明。
10. 建筑立面设计中有哪些处理手法？

第3章　民用建筑构造

3.1　基础与地下室

3.1.1　地基与基础概述

3.1.1.1　地基与基础的关系

在建筑工程上，把建筑物最下面与土层直接接触的部分称为基础，支承建筑物上部荷载的土层称为地基。基础是建筑物的组成部分，它承受着建筑物的全部荷载，并将这些荷载传给地基。

3.1.1.2　地基的分类

地基按土层性质和承载力的不同，分为天然地基和人工地基两大类。

1. 天然地基

凡是天然土层具有足够的承载能力，不需经人工改善或加固便可作为建筑物地基者称为天然地基。一般呈连续整体状的岩层或由岩石风化破碎成的松散颗粒状土层可作为天然地基。天然地基根据土质不同可分为岩石、碎石土、砂土、黏性土和人工填土5大类。

2. 人工地基

当建筑物上部的荷载较大或地基的承载力较弱（如淤泥、充填土、杂填土或其他高压缩性土层）时，须预先对土壤进行人工加固处理后才能承受建筑物的荷载，这种经过人工处理的土层称为人工地基。人工加固地基常用的方法有压实法、换土法和打桩法等。

3.1.1.3　基础的埋置深度及影响埋深的因素

1. 基础的埋置深度

设计室外地面至基础底面的垂直距离称为基础的埋置深度，简称为基础的埋深如图3.1所示。埋深不小于4m的称为深基础，埋深小于4m的称为浅基础，直接做在地表面上的基础称为不埋基础。从经济和施工角度考虑，在保证安全使用的前提下，应优先选用浅基础。但当基础埋深过小时，有可能在地基受到压力后，会把基础四周的土挤出，使基础产生滑移而失去稳定，同时易受自然因素的侵蚀和影响，使基础遭到破坏。所以在一般情况下，基础的埋置深度不应小于500mm。

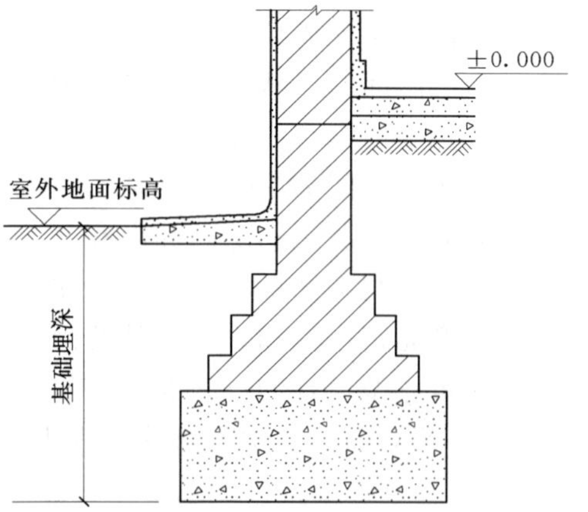

图3.1　基础的埋深

2. 影响基础埋深的因素

影响基础埋深的因素很多，但主要包括以下4点：

（1）地基土层构造的影响。

（2）地下水位的影响。

（3）冰冻深度的影响。

（4）相邻建筑物基础的影响。

3.1.2 基础的类型与构造

3.1.2.1 按基础所用材料和受力特点分类

1. 刚性基础

由刚性材料制作的基础称为刚性基础。刚性材料一般指抗压强度高，而抗拉和抗剪强度低的材料。在建筑上常用的刚性材料有砖、石和混凝土等。

由于土壤单位面积的承载力很小，上部结构将通过基础把荷载传给地基时，只有将基础底面积不断扩大，才能满足地基受力的要求。根据实验得知，上部结构在基础中压力的传递是沿一定角度分布的，这个传力角度称为压力分布角（或称为刚性角），即应力的扩散线与墙体垂直线之间的夹角，以 α 表示，如图 3.2（a）所示。

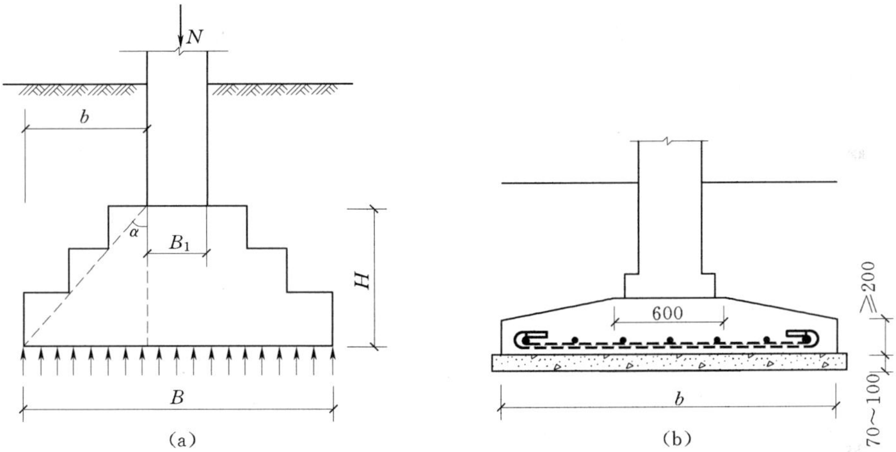

图 3.2 基础的宽度与高度关系
（a）刚性基础；（b）钢筋混凝土基础

由于刚性材料抗压强度高，抗拉强度低，因此压力分布角只能控制在材料的抗压范围内。如果基础底面宽度超过控制范围，这时基础底面宽度的增大要受刚性角的限制。刚性角一般用基础的级宽与级高的比值表示，不同材料和不同基底压力应选用不同的宽高比。如砖石基础的刚性角一般控制在 1/1.25～1/1.50 以内，混凝土刚性基础的刚性角控制在 1∶1 以内。

刚性基础常用于地基承载力较好、压缩性较小的中小型民用建筑。

2. 非刚性基础

当建筑物的荷载较大而地基承载力较小时，基础底面将随之加宽，如按刚性角逐步放宽，则需要很大的基础埋深，势必增加土方工作量和材料用量，对工期和造价等方面都会带来很不利的影响。如果采用钢筋混凝土基础，利用基础底部的钢筋来承受拉力，使基础部能够承受较大弯矩，这样基础底面宽度的增加则不受刚性角的限制。故钢筋混凝土基础又称为柔性基础，如图 3.2（b）所示。同时，采用钢筋混凝土基础既可节省大量的混凝土材料，又可减少土方工程量。

钢筋混凝土基础相当于一个受均布荷载作用的悬臂梁，它的截面可做成梯形或阶梯形。若为梯形，截面最薄处不应小于200mm；若为阶梯形，每步高度为300～500mm。基础中受力钢筋的直径不宜小于8mm，数量应通过计算确定；混凝土的强度等级不宜低于C15。

3.1.2.2 按基础的构造形式分类

按基础的构造形式可将基础分为条形基础、独立基础、井格基础、筏板基础、箱形基础和桩基础等。确定基础的构造形式应考虑上部结构形式、荷载大小及地基土质情况。一般情况下，上部结构形式直接影响基础形式。但当上部荷载增大且地基承载能力有变化时，基础形式也随之变化。

1. 条形基础

基础沿墙身设置成连续的长条形称为条形基础（又称带形基础），是墙基础的基本形式。当地基条件较好，基础埋深较浅时，墙体承重的建筑多采用条形基础，如图3.3所示。条形基础常采用砖、石和混凝土等材料建造。当地基承载能力较小，荷载较大时，承重墙下也可采用钢筋混凝土条形基础。

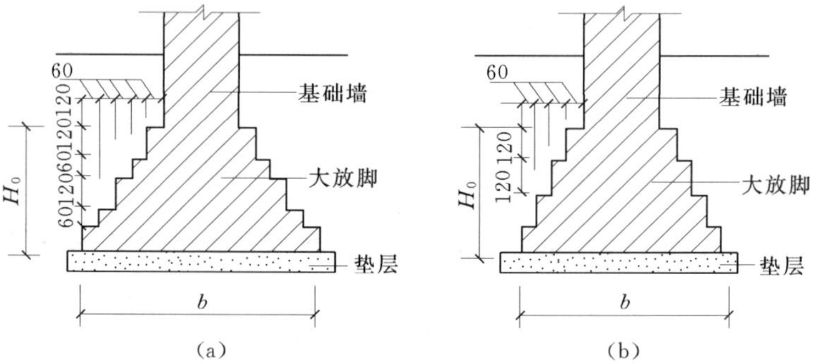

图3.3 砖砌条形基础

(a) 间隔式；(b) 等高式

2. 独立基础

当建筑物上部结构采用框架或单层排架结构承重时，基础常采用方形或矩形的独立基础，这类基础称为独立基础或柱式基础。独立基础一般呈独立的块状，形式有台阶形、锥形和杯形等，如图3.4所示。独立基础是柱下基础的基本形式。

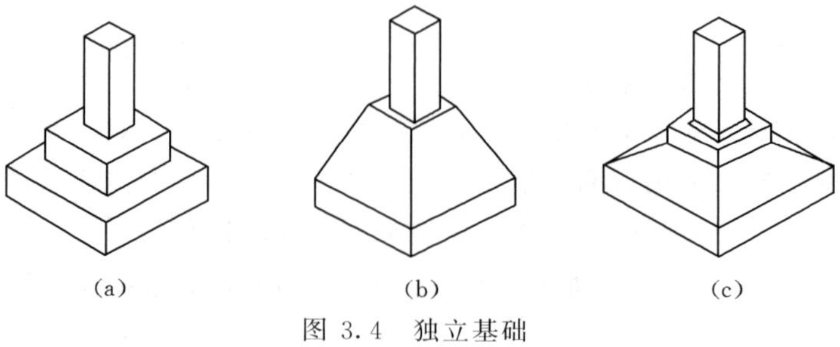

图3.4 独立基础

3. 井格基础

当地基条件较差，为了提高建筑物的整体性，防止柱子之间产生不均匀沉降，常将柱下基础沿纵横两个方向扩展连接起来，做成十字交叉的井格基础，如图 3.5 所示。

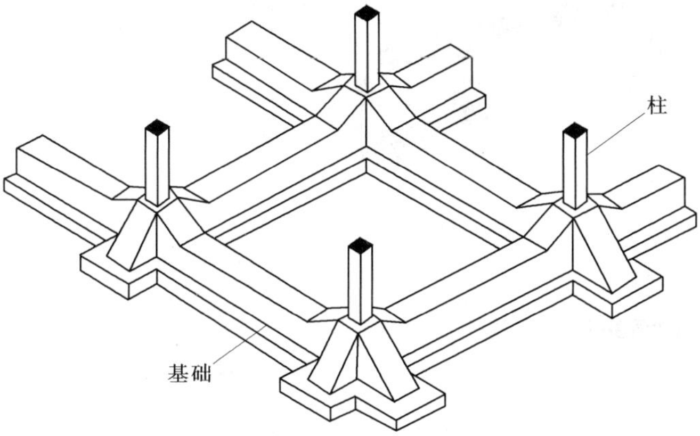

图 3.5 井格基础（柱下十字交叉基础）

4. 筏板基础

当地基特别软弱而上部结构荷载又很大，这时即使做成联合的条形基础或井格基础，地基的承载力仍不能满足要求时，通常将墙下或柱下基础连成一片，使建筑物承受在一块整板上成为筏板基础。筏板基础整体性好，可跨越基础下的局部软弱土。筏板式基础根据使用条件和断面形式，又可分为板式和梁板式两种，如图 3.6 所示。

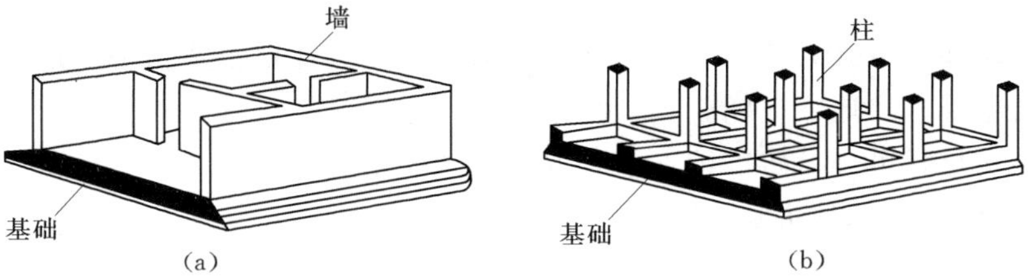

图 3.6 筏板基础

(a) 板式；(b) 梁板式

5. 箱形基础

当建筑物设有地下室，且基础埋深较大时，可将地下室做成整浇的钢筋混凝土箱形基础，它能承受很大的弯矩，可用于特大荷载的建筑物，如图 3.7 所示。箱形基础由钢筋混凝土的底板、顶板和若干纵横墙体组成，整体空间刚度大，能抵抗地基的不均匀沉降，一般适用于高层建筑或在软弱地基上建造的重型建筑物。

6. 桩基础

当建筑物上部荷载较大且基础的软弱土层较厚，一般人工地基不具备条件或不经济时，则可采用桩基础，如图 3.8 所示。使基础上的荷载通过桩再传给地基土层，以保证建筑物的安全使用、均匀沉降。桩基础由承台和桩柱两部分组成。

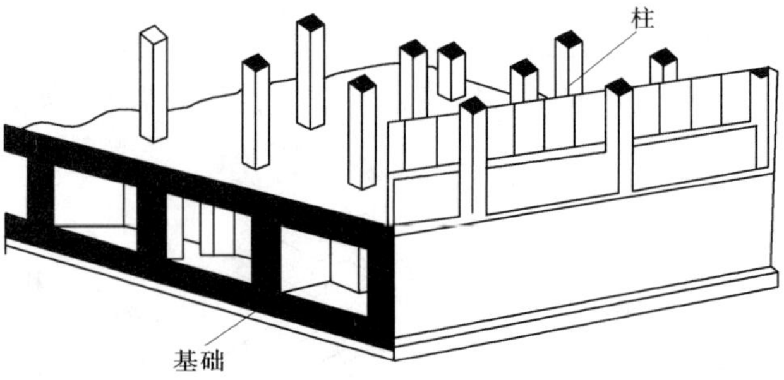

图 3.7 箱形基础

3.1.3 地下室

3.1.3.1 地下室的构造组成与类型

1. 构造组成

建筑物下部的地下使用空间称为地下室。地下室一般由墙身、底板、顶板、门窗和楼梯等部分组成。

2. 类型

(1) 按埋入地下的深度可分为全地下室和半地下室。全地下室是指地下室地坪面低于室外地坪面的高度超过该房间净空的 1/2；半地下室指地下室地坪面低于室外地坪的高度为该房间净高的 1/3～1/2。

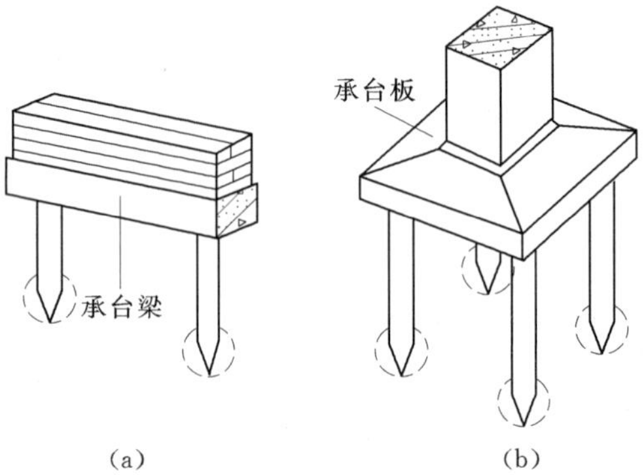

图 3.8 桩基础

(a) 墙下桩基础；(b) 柱下桩基础

(2) 按使用性质可分为普通地下室和人防地下室。普通地下室指普通地下空间；人防地下室指有防空要求的地下空间。

(3) 按结构材料可分为砖墙地下室和混凝土地下室。

3.1.3.2 地下室的防潮与防水

由于地下室的墙身与底板设置在地面以下，长期受到地潮或地下水的侵蚀，轻则引起室内墙面抹灰脱落、墙身生霉，影响环境卫生和人体健康；重则进水，使得地下室不能使用或影响建筑物的使用寿命。因此，如何保证地下室在使用时不受潮、不渗漏，是地下室构造设计的主要内容。设计者应根据地下水的情况和建筑物的使用要求，采取相应的防潮、防水措施。

1. 地下室防潮

当地下水的常年水位和最高水位都在地下室地面标高以下时，地下室仅受土层地潮的影响，这种情况只须做防潮处理。

(1) 墙体防潮。

防潮构造要求地下室的所有墙体都必须设两道水平防潮层。一道设在地下室地坪附近，另一道设在室外地面散水以上 150～200mm 的位置，以防地下潮气沿地下墙身或勒脚处侵入室内。凡在外墙穿管、接缝等处，均应嵌入油膏防潮。

当地下室的墙体为砖墙时，垂直防潮的构造要点是：墙体必须采用水泥砂浆砌筑，灰缝要饱满；在墙体外侧设垂直防潮层。具体做法是：在墙体外表面先抹一层 20mm 厚的水泥砂浆找平层，再涂一道冷底子油和两道热沥青，然后在防潮层外侧回填低渗透性土壤（如黏土和灰土等），并逐层夯实。土层宽 500mm 左右，以防地面雨水或其他地表水的影响。具体构造如图 3.9（a）所示。

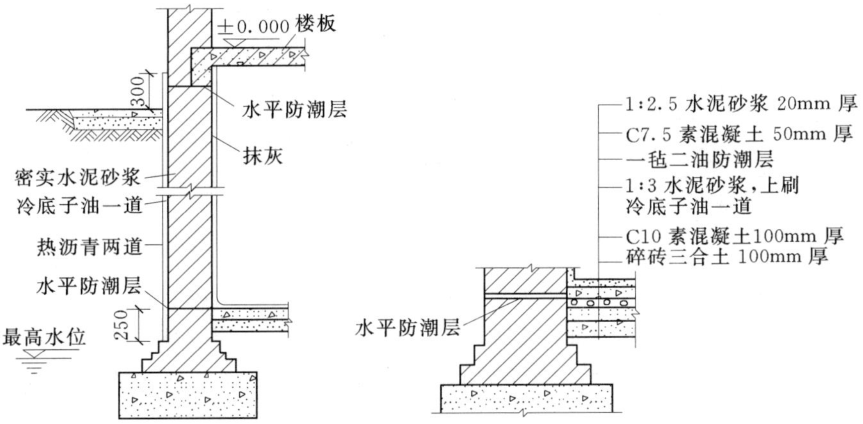

图 3.9 地下室防潮处理

（a）墙身防潮；（b）地坪防潮

（2）地面防潮。

对于地下室地面的防潮，一般主要借助于混凝土材料的憎水性能，但当地下室的防潮要求较高时，其地层也应做防潮处理。防潮层一般设在垫层与地层面层之间，且与墙身水平防潮层在同一水平面上。具体构造，如图 3.9（b）所示。

2. 地下室防水

当最高设计水位高于地下室地坪时，地下室的地坪和部分外墙都将浸在水中。这时在水的作用下，地下室的外墙受到地下水的侧压力，地坪则受到水的浮力作用。侧压力和浮力越大，渗水也越严重。因此，地下室外墙与地坪应做好防水处理。

（1）地下室外墙防水。

目前较常用的外墙防水措施有柔性防水和刚性防水两类，柔性防水多采用卷材防水，卷材防水按防水层的铺贴位置分外包防水和内包防水。

1）外包防水。

外包防水是将防水材料贴在迎水面，即地下室外墙的外表面，如图 3.10（a）所示。外包防水的优点是防水效果好，采用较多；缺点是维修困难，漏水处难于查找。

外包防水的构造要点是先在地下室外墙的外侧抹 20mm 厚的水泥砂浆找平层，并刷一道冷底子油，再根据地下水的水头选定油毡层数，按一层沥青胶、一层油毡的顺序粘贴。油毡从地坪处包过来，再沿墙身由下而上连续密封粘贴。按工程要求，防水层应高出地下水位 500～1000mm 为宜。油毡防水层以上的地下室侧墙应抹水泥砂浆，再涂两道热沥青，直至室外散水处。垂直防水层外侧砌一道 1/2 砖厚的保护墙。保护墙与防水层之间

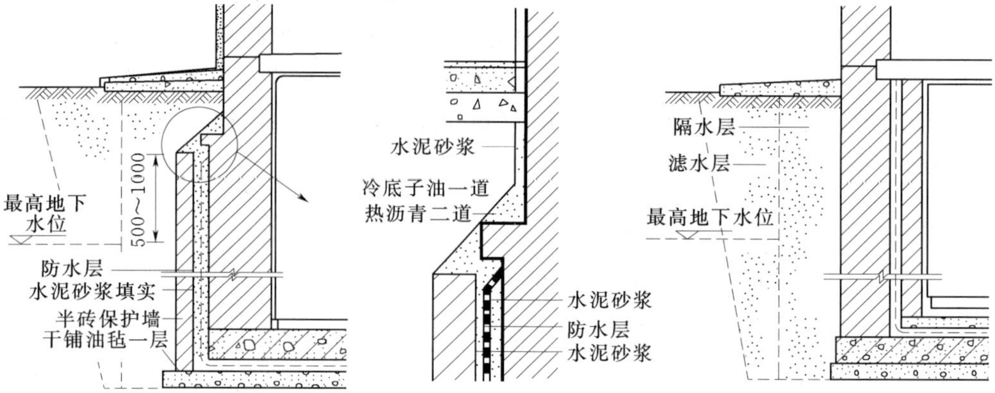

(a)　(b)　(c)

图 3.10　地下室卷材防水构造

(a) 外包防水；(b) 墙身防水层收头处理；(c) 内包防水

用水泥砂浆填实，保护墙下应干铺一层油毡，再沿保护墙的长度方向上每隔 5～8m 设一道通高的垂直缝，以使得保护墙在土压和水压的作用下，紧紧压向防水层，如图 3.10 (b) 所示。

2) 内包防水。

内包防水是将防水材料贴于背水一面，既地下室外墙的内表面，如图 3.10 (c) 所示。内包防水的优点是便于施工，便于维修；缺点是防水效果较差，较少使用，一般多用于修缮工程。

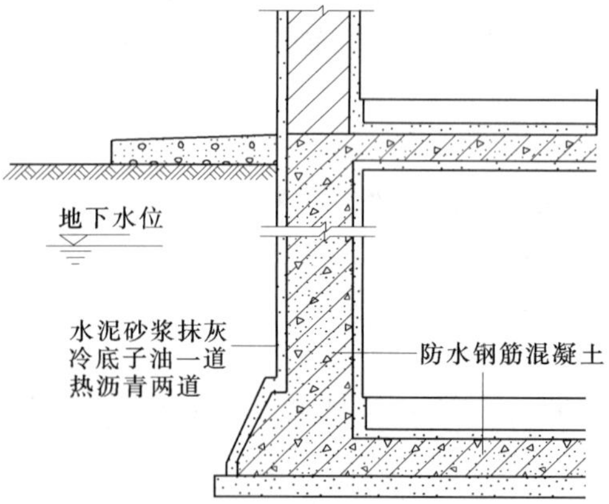

图 3.11　防水钢筋混凝土防水处理

(2) 地下室地坪防水。

地下室地坪防水是在土层上先浇厚度约 100mm 的混凝土垫层，再以选定的油毡层数在地坪的垫层上作防水层，并在防水层上抹 20～30mm 厚的水泥砂浆保护层，这些做法的目的是便于浇筑钢筋混凝土。为了保证水平防水层包向垂直墙面，地坪防水层应留出足够的长度来与垂直防水层搭接，同时还应做好转折处油毡的保护工作，防止因转折交接处的油毡断裂而影响地下室的防水。

为满足结构和防水的需要，地下室的地坪与墙体一般多采用防水钢筋混凝土结构，如图 3.11 所示。另外，随着新型防水材料的不断涌现，地下室的防水构造也处在不断的更新之中。

3.2 墙　　体

墙体是建筑物的重要组成部分之一，起着承重、围护和分隔的作用。

3.2.1 墙体的类型与设计要求

3.2.1.1 墙体的类型

1. 按墙体所在位置分类

按墙体在平面上所处位置不同，可分为外墙和内墙、横墙和纵墙。位于房屋周边的墙统称为外墙，它起着挡风、阻雨、保温和隔热等围护作用；位于房屋内部的墙统称为内墙，它起分隔室内空间，同时起一定的隔声、防火等作用；沿建筑物短轴方向布置的墙称为横墙，横墙有内横墙和外横墙之分，外横墙位于房屋两端也称为山墙；沿建筑物长轴方向布置的墙称为纵墙，纵墙有内纵墙和外纵墙之分。对于一面墙来说，窗与窗之间的墙称为窗间墙，窗台下面的墙称为窗下墙。墙体各部分名称如图 3.12 所示。

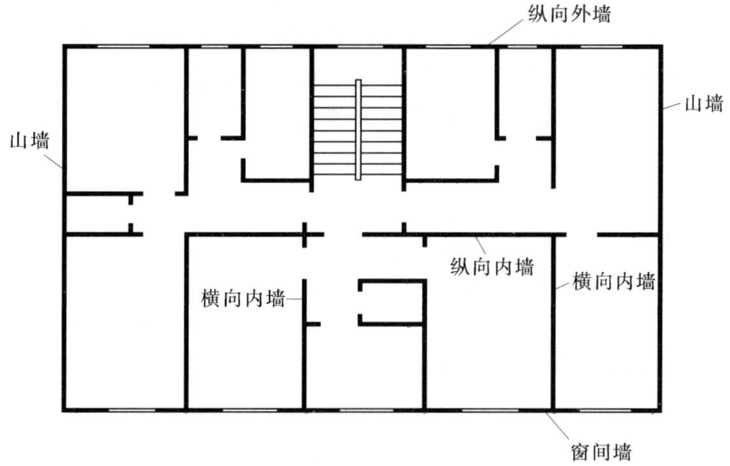

图 3.12 墙体各部分名称

2. 按墙体受力状况分类

按墙体受力状况，墙体有承重墙和非承重墙之分。凡直接承受楼板、屋顶等上部结构传来荷载的墙称为承重墙；不承受上部传来荷载的墙称为非承重墙。非承重墙又分为两种：一是自承重墙，不承受外来荷载，仅承受自身重量并将其传至基础，起到在建筑底部分隔空间的作用；二是除自承重墙以外的其他非承重墙，如隔墙、填充墙和建筑幕墙等。这些墙体不承受外来荷载，并把自身重量传给梁或楼板。隔墙是指房间内部起分隔作用而不承重的墙；填充墙是指框架结构中，填充在框架间的墙；建筑幕墙是指悬挂在建筑物外部的轻质墙，包括金属幕墙和玻璃幕墙等。

3. 按墙体构造分类

按构造方式不同，墙体可以分为实体墙、空体墙和组合墙 3 种。实体墙由单一材料组成，如砖墙和砌块墙等；空体墙也是由单一材料组成，可由单一材料砌成内部空腔，也可用本身带孔的材料组合而成，如空心砌块墙等；有较好的隔声和保温性能。组合墙由两种以上材料组成，如混凝土和加气混凝土复合板材墙，其中混凝土起承重作用，加气混凝土起保温隔热作用。

4. 按施工方法分类

按施工方法，墙体可以分为块材墙、板筑墙及板材墙 3 种。块材墙是用砂浆等胶结材料将砖、石和混凝土砌块等组砌而成，如砖墙、石墙及各种砌块墙等；板筑墙是在现场立模板，现浇而成的墙体，如现浇混凝土墙等；板材墙是预先制成墙板，施工时安装而成的墙，如预制混凝土大板墙，各种轻质条板内隔墙等。

5. 按材料分类

按材料分，墙体可以分为砖墙、石墙、土墙、混凝土墙、轻质板材墙和各种砌块墙等。

3.2.1.2 墙体的设计要求

墙体的设计要求主要体现在以下5个方面。

1. 足够的强度和稳定性

强度是指墙体承受荷载的能力，它与所采用的材料，材料的强度等级及砌筑质量，墙体尺寸、构造和施工方法有关。墙体的稳定性与墙的高度、长度、厚度及纵、横向墙体间的距离有关，这里的高度、长度是指楼层之间和房间的开间、进深的尺寸而言。在设计墙体时，必须根据层高和房间尺度，经计算确定厚度，当设计的墙厚不能满足要求时，常用采取提高材料强度等级、增设墙垛、壁柱或圈梁等措施，以增加墙体的稳定性。墙体的稳定性是通过高度和厚度比控制的。

2. 必要的保温与隔热性能

(1) 墙体的保温要求。

在严寒的冬期，热量通过外墙由室内高温一侧向室外低温一侧传递的过程中，既产生热损失，又会遇到各种阻力，使热量不致突然消失，这种阻力称为热阻。热阻越大，则通过墙体所传出的热量就越小，这说明墙体的保温性能好，反之则差。因此，可采取增加墙体的厚度、选择导热系数小的墙体材料及采用复合墙体等措施来提高墙体的保温性能。

(2) 墙体的隔热要求。

我国南方地区、长江流域属于夏热冬冷和夏热冬暖地区，夏季气温高，湿度大，属于典型的湿热气候，在这些地区，建筑物的防热能力会直接影响室内的舒适程度。外墙长时间受到太阳辐射，使外墙内表面温度升高，给人以烘烤感。一般可采取选择导热系数小的墙体材料，砌中空墙，采用浅色而平滑的外墙饰面，以及窗口外设遮阳等措施增强隔热效果。

3. 建筑节能的要求

解决我国能源短缺问题的根本途径就是开源节流。我国在能源建设总方针中规定："能源的开发和节约并重，要把节能放在优先地位，大力开展以节能为中心的技术改造和结构改革"。为贯彻国家的节能政策，改善严寒和寒冷地区居住建筑采暖能耗大，热工效率差的状况，必须通过建筑设计和构造措施来节约能耗。一般可采取选择良好的朝向，设计有利于节能的平面和体型，改善围护构件的保温性能，以及改进门窗设计的措施来提高节能效果。

4. 隔声的要求

为获得安静的工作和休息环境，人们不希望有外界的噪声干扰，要求墙体有良好的隔声性能。

墙体主要隔离由空气直接传播的噪声。空气声在墙体中的传播途径有两种：一是通过墙体的缝隙和微孔传播；二是在声波作用下墙体受到振动，声音透过墙体而传播。为减少说话声、家用电器声，汽车声，喧闹声等噪音对人们的干扰，一般采取加强墙体缝隙的填密处理，增加墙厚和墙体的密实性，采用有空气间层式多孔性材料的夹层墙，以及尽量利用垂直绿化等措施降低噪音。

5. 材料及施工的要求

墙体材料必须向节能、高强、空心和大块方向发展，并发展以粉煤灰、页岩、炉渣、煤矸石为主要材料的空心砌块及板材。此外，还应注意墙体的防水、防潮处理，在较大的房屋中，还应设置防火墙，以防止火灾蔓延。

3.2.2 墙体的结构布置

建筑设计首先要确定结构布置方案，结构布置是指梁、板、墙、柱等结构构件在房屋中的总体布局。墙体是多层砖混房屋的维护构件，也是主要的承重结构。墙体布置必须同时考虑建筑和结构两方面的要求，既满足建筑的功能与空间布局要求，又应选择合理的墙体结构布置方案，使之安全承担作用在房屋上的荷载，坚固耐久、经济合理。学校、住宅和旅馆等大量性民用建筑的结构布置方案通常可分为横墙承重、纵墙承重、纵横墙混合承重及半框架承重 4 种。

3.2.2.1 横墙承重方案

凡以横墙承重的方案称为横墙承重方案或横向结构系统。此时，楼板、屋顶上的荷载均由横墙承受，纵墙只起纵向稳定和拉结及承受自重的作用。这种方案由于横墙间距是按钢筋混凝土楼板的经济跨度决定的，一般在 4m 左右。因此，横墙承重方案的主要特点是横墙间距密，加上纵墙的拉结，使建筑物的整体性好，横向刚度大，对抵抗风力、地震等水平荷载的作用有利；但横墙承重方案的开间尺寸不够灵活，墙的结构面积较大，墙体材料耗费较多，如图 3.13（a）所示。因此，横墙承重多适用于房间开间尺寸不大的宿舍、住宅及病房楼等建筑。

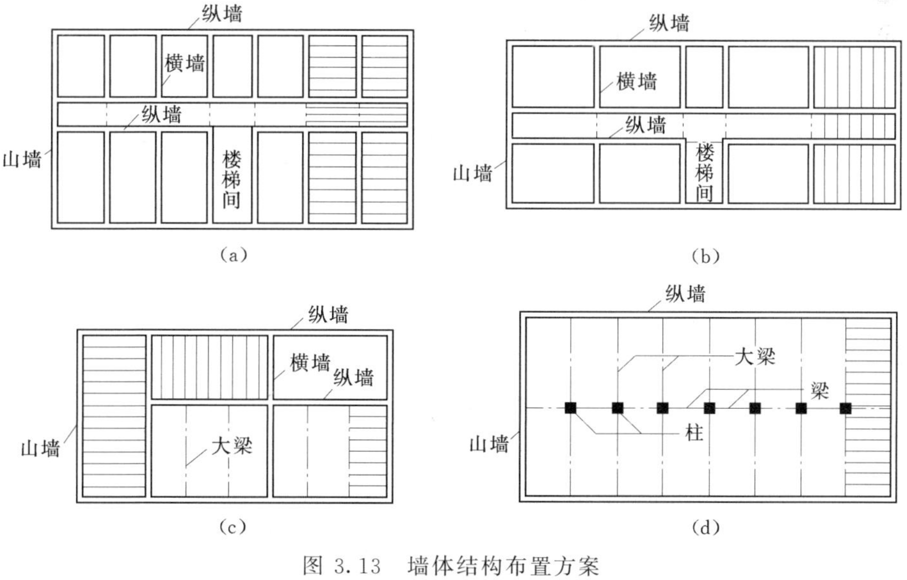

图 3.13　墙体结构布置方案

（a）横墙承重；（b）纵墙承重；（c）纵横墙混合承重；（d）墙与内柱混合承重

3.2.2.2 纵墙承重方案

凡以纵墙承重的方案称为纵墙承重方案或纵向结构系统。此时，楼板、屋顶上的荷载均由纵墙承受，横墙只起分隔房间的作用，或者横向稳定作用。纵墙承重可使房间开间的划分灵活，能分隔出较大的房间，以适应不同的需要；但设在纵墙上的门、窗大小和位置将受到一定的限制，如图3.13（b）所示。纵墙承重多适用于需要较大房间的办公楼、商店和教学楼等公共建筑，也适用于住宅和宿舍等建筑。

3.2.2.3 纵横墙混合承重方案

凡由纵向墙和横向墙共同承受楼板、屋顶荷载的结构布置称为纵横墙混合承重方案。由于纵墙和横墙均起承重作用，因而室内房间布置较灵活，建筑物的刚度亦好，但墙体材料用量较多，如图3.13（c）所示。纵横墙承重适用于医院、实验楼等建筑。

3.2.2.4 半框架承重方案

半框架承重方案适用于大空间建筑，如教学楼、商店和综合楼等。建筑内部采用梁、柱组成的框架承重，四周采用墙体承重，楼板自重及活荷载由梁、柱或墙共同承担，如图3.13（d）所示。房屋的总刚度大小主要由框架保证。此方案的特点是空间划分灵活，空间刚度好。

3.2.3 砖墙尺寸与组砌方式

砖墙具有一定的承载能力，且保温、隔热、隔声、防火和防冻性能好，又容易就地取材，生产制造及施工技术简单，不需大型设备，因此在我国受到普遍的欢迎。但是，砖墙也存在自重大、施工进度慢和劳动强度大等缺点，黏土砖又占用农田，因此砖墙有待改革。

3.2.3.1 砖墙材料

砖墙是用砂浆等胶结材料将砖块砌筑而成的砌体。其主要材料包括以下两种。

1. *砖*

砖按材料不同，可分为黏土砖、页岩砖、粉煤灰砖、灰砂砖和炉渣砖等；按形状可分为实心砖、多孔砖和空心砖；按制作工艺又可分为烧结砖和非烧结砖。常用砌墙砖的规格及强度等级，如表3.1所示。

表3.1　　常用砌墙砖规格及强度等级

名　称	主　要　规　格	强度等级（MPa）
烧结普通砖	240mm×115mm×53mm	MU7.5～MU20
烧结多孔砖	190mm×240mm×90mm、190mm×190mm×90mm 190mm×140mm×90mm、190mm×90mm×90mm 190mm×90mm×40mm、240mm×115mm×90mm 178mm×115mm×90mm	MU10～MU30
烧结空心砖	290mm×190mm×90mm、240mm×180mm×115mm 290mm×140mm×90mm	MU2.0～MU5.0
蒸压实心灰砂砖	240mm×115mm×53mm、240mm×180mm×53mm 400mm×115mm×53mm	MU10～MU25
蒸压实心粉煤灰砖	240mm×115mm×53mm	MU10～MU30
蒸压实心煤渣砖	240mm×115mm×53mm	MU10～MU20

烧结普通砖是指以黏土、页岩、粉煤灰和煤矸石等为主要原料，经焙烧制成的孔洞率小于15%的砖（2005年，烧结普通黏土砖已在全国范围内禁止生产）；烧结多孔砖是指以黏土、页岩、粉煤灰和煤矸石等为主要原料，经混料、制坯、干燥和焙烧而制成的孔洞率大于15%且小于35%的，空洞数量多，尺寸小，可用于承重墙体的砖；烧结空心砖是指以黏土、页岩、粉煤灰、煤矸石等为主要原料，经混料、制坯、抽心、干燥和焙烧而制成的孔洞率不小于35%，且空洞数量少，尺寸大，主要用于填充墙和隔断墙的砖；蒸压砖是指用蒸压或蒸气养护制成的砖。

砖的强度等级是根据标准试验方法所测得的抗压强度划分的，单位为N/mm^2。普通砖的强度等级划分为6级：MU30、MU25、MU20、MU15、MU10和MU7.5。

2. 砂浆

砂浆是砌块的胶结材料，它将砖块胶结成墙体，并具有填缝及密实作用，使得墙体传力均匀，并提高防寒、隔热及隔声的能力。常用的砂浆有水泥砂浆、混合砂浆和石灰砂浆等。水泥砂浆由水泥、砂和水拌和而成，属水硬性材料，强度高，但可塑性和保水性较差，适应砌筑潮湿环境下的砌体，如地下室和砖基础等。石灰砂浆由石灰膏、砂和水拌和而成，由于石灰膏为塑性掺和料，所以石灰砂浆的可塑性很好，但它的强度较低，且属于气硬性材料，遇水强度即下降，所以适宜砌筑次要的民用建筑的地上砌体。混合砂浆由水泥、石灰膏、砂和水拌和而成，既有较高的强度，也有良好的可塑性和保水性，故民用建筑地上砌体中被广泛采用，它们的配合比取决于结构要求的强度。

砌筑砂浆按抗压强度可分为M20、M15、M10、M7.5、M5.0和M2.5等6个基本强度等级。

3.2.3.2　砖墙的厚度及组砌方式

1. 砖墙的厚度

砖墙的厚度是以标准砖的规格（长、宽、高）为基数，灰缝一般按10mm计算，砖块组砌灵活，当墙体超过1块砖时，砖块尺寸（长、宽）再加上灰缝，就可组成不同的墙厚。常见砖墙的厚度及其名称如表3.2所示。

表3.2　　砖墙的厚度

墙厚名称	习惯称呼	实际尺寸（mm）	墙厚名称	习惯称呼	实际尺寸（mm）
半砖墙	12墙	115	一砖半墙	37墙	365
3/4砖墙	18墙	178	二砖墙	49墙	490
一砖墙	24墙	240	二砖半墙	62墙	615

2. 砖墙的组砌方式

砌块在砌体中的排列称为组砌。为了保证墙体的强度，组砌时应做到：砖砌体的砖缝必须横平竖直；错缝搭接，使上下皮砖的垂直缝交错，避免通缝；同时砖缝砂浆必须饱满，厚薄均匀，以保证砖墙的整体性，如图3.14所示。如果墙体表面或内部的垂直缝处于一条线上，即形成通缝，在荷载的作用下，使得墙体的强度和稳定性明显下降。错缝的方法是将丁砖和顺砖上下皮交错砌筑，每排列一层砖称为一皮。

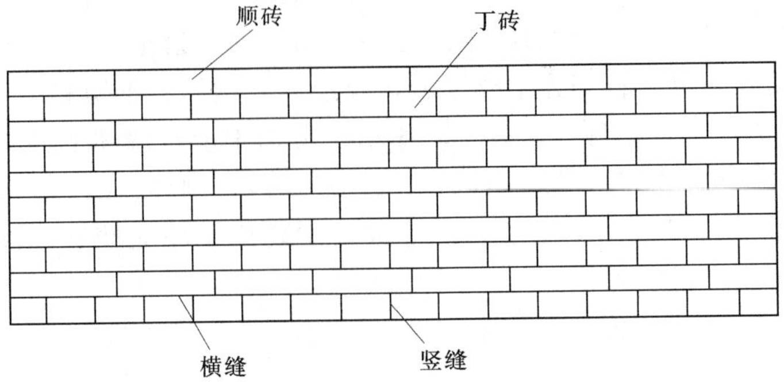

图 3.14　砖墙组砌名称及错缝

在砖墙的组砌中，把砖的长方向垂直于墙面砌筑的砖称为丁砖，把砖的长方向平行于墙面砌筑的砖称为顺砖。上下皮之间的水平灰缝称为横缝，左右两块砖之间的垂直缝称为竖缝。普通砖常用的组砌方式有全顺式、一顺（或多顺）一丁式、十字式（每皮丁顺相间式）和 3/4 砖墙（两平一侧式）等，如图 3.15 所示。

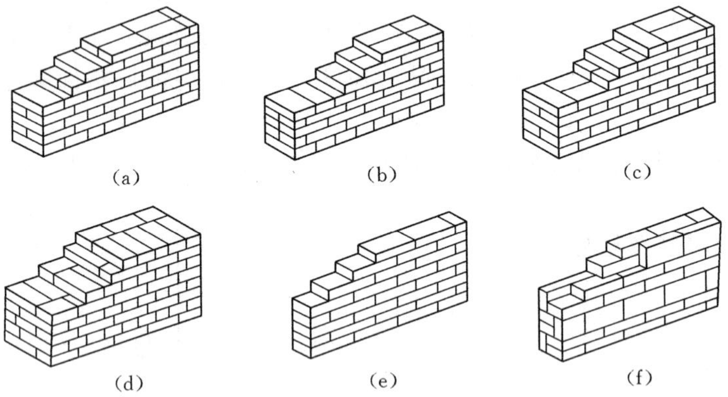

图 3.15　砖墙的砌筑方式

(a) 一砖墙一顺一丁砌法；(b) 一砖墙三顺一丁砌法；(c) 一砖墙梅花丁砌法；
(d) 一砖半墙砌法；(e) 半砖墙全顺不丁砌法；(f) 3/4 砖墙砌法

3.2.4　墙体细部构造

墙体的细部构造主要包括墙体的防潮、散水与明沟、勒脚、窗台、过梁、圈梁、构造柱和防火墙等。

3.2.4.1　墙身防潮层

在墙身中设防潮层的目的是为了防止土壤中的水分沿基础墙上升和位于勒脚处地面水渗入墙内，使墙身受潮。因此必须在内外墙的勒脚部位连续设置防潮层，墙身防潮可采用水平防潮层或垂直防潮层，也可采取两者结合的做法，如图 3.16 所示。防潮层的位置：当室内地面垫层为混凝土等密实材料时，防潮层的位置应设在垫层范围内，低于室内地坪 60mm 处，同时还应至少高于室外地面 150mm，防止雨水溅湿墙面。当室内地面垫层为透水材料时（如炉渣和碎石等），水平防潮层的位置应平齐或高于室内地面 60mm 处。当内墙两侧地面出现高差时，应在墙身内设高低两道水平防潮层，并在土壤一侧设垂直防潮层，墙身防潮层的设置位置，如图 3.17 所示。

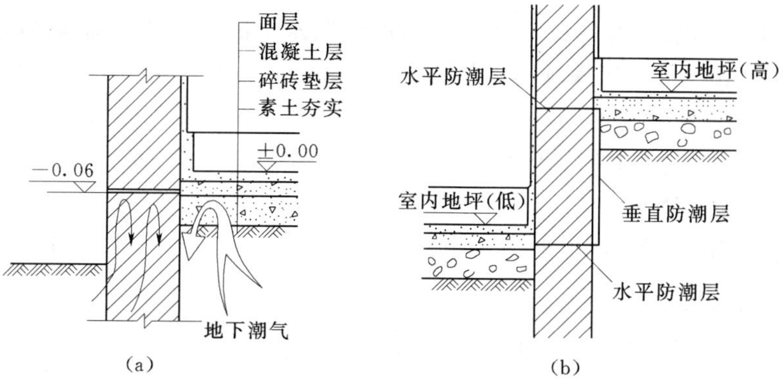

图 3.16 墙身防潮构造

(a) 水平防潮层；(b) 水平与垂直防潮层

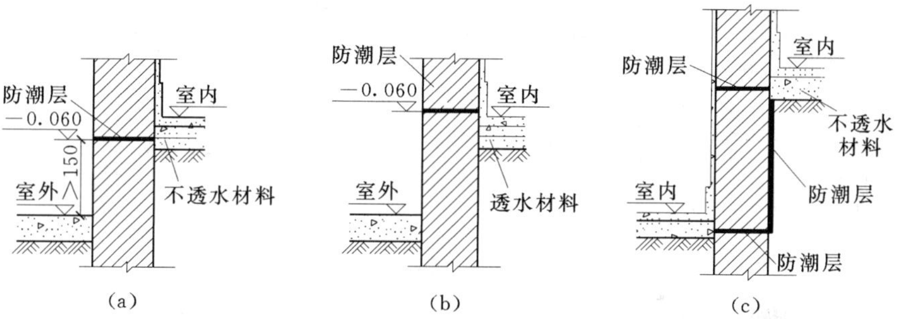

图 3.17 墙身防潮层的位置

(a) 地面垫层为不透水材料；(b) 地面垫层为透水材料；(c) 室内地面有高差

常用的墙身防潮层构造做法包括防水砂浆防潮层、细石混凝土防潮层和油毡防潮层。

1. 防水砂浆防潮层

防水砂浆防潮层是采用 1∶2 水泥砂浆加 3%～5%防水剂，厚度为 20～25mm，或用防水砂浆砌三皮砖作防潮层。此种做法构造简单，但砂浆开裂或不饱满时影响防潮效果。

2. 细石混凝土防潮层

细石混凝土防潮层是采用 60mm 厚的细石混凝土带，内配 3 根 $\phi6$ 钢筋和分布筋 $\phi4$@250 的钢筋网。由于其抗裂性能好，且能与砌体结合在一起，故多用于整体刚度要求较高的建筑中，此种防潮效果较好。

3. 油毡防潮层

油毡防潮层是先抹 20mm 厚水泥砂浆找平层，再铺一毡二油。此种做法防水效果好，但有油毡隔离，削弱了砖墙的整体性，不宜在刚度要求高或地震区采用。如果墙角采用不透水的材料（如条石或细石混凝土等），或设有钢筋混凝土地圈梁时，可以不设防潮层。

3.2.4.2 散水与明沟

1. 散水

为防止屋顶落水或地表水下渗侵蚀基础，常在外墙四周将地面做成向外倾斜的坡面，以便将建筑物周围的水及时排离，这一坡面称为散水。散水的坡度通常为3%～5%，宽度为600～1000mm，且要比屋顶挑出檐口宽200mm，一般外缘高出室外地坪30～50mm。在勒脚与散水交接处应留有通长缝，缝宽10mm，缝内填弹性防水材料并用沥青砂浆封缝，以防渗水。散水整体面层纵向距离每隔6～12m做一道伸缩缝，缝宽20mm，缝内处理同勒脚与散水相交处做法一样。

散水的构造做法如图3.18所示，一般用混凝土现浇，或用砖砌，再用水泥砂浆抹面。

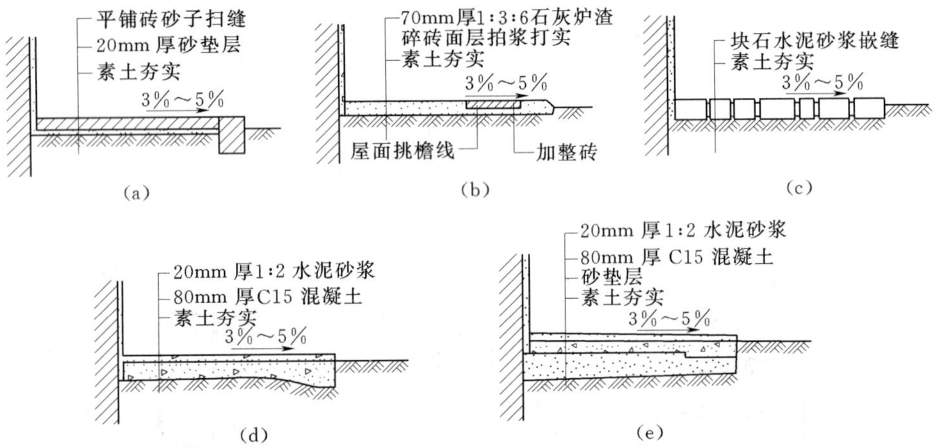

图3.18 散水的构造做法

(a) 砖散水；(b) 三合土散水；(c) 块石散水；(d) 混凝土散水；(e) 季节性冰冻地区的散水

2. 明沟

明沟的作用与散水相同，它有组织地将雨水导入地下排水管网。明沟的构造，如图3.19所示，可用砖砌、石砌或混凝土现浇，沟底应做纵坡，坡度为0.5%～1%，坡向排污口，外墙与明沟之间应做散水。

3.2.4.3 勒脚

外墙墙体下部靠近室外地坪的部分称为勒脚。它的作用是防止雨水上溅墙身，并防止地面水对外墙的侵蚀，避免外界的碰撞，提高建筑物的耐久性，美化建筑等。勒脚的做法、高矮和色彩等应结合建筑造型，选用耐久性高的材料或防水性能好的外墙饰面，一般采用以下几种构造做法，如图3.20所示。

1. 勒脚表面抹灰

勒脚表面抹灰可采用20mm厚1∶3水泥砂浆抹面，1∶2水泥白石子浆、水刷石或斩假石抹面，此法多用于一般建筑。

2. 勒脚贴面

勒脚贴面可采用天然石材或人工石材，如花岗岩、水磨石板等。其耐久性强，装饰效果好，多用于高标准建筑。

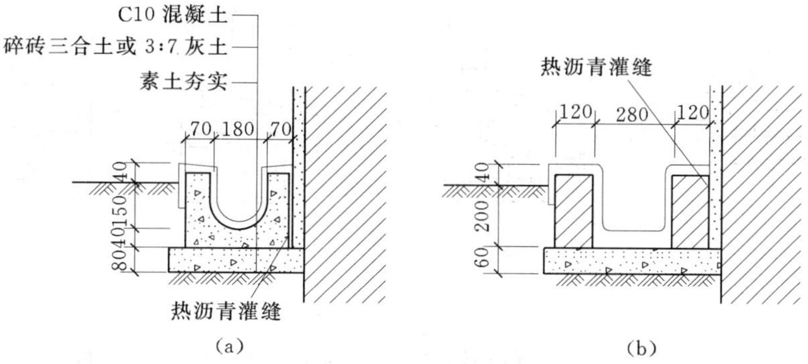

图 3.19 明沟的构造

(a) 混凝土明沟；(b) 砖砌明沟

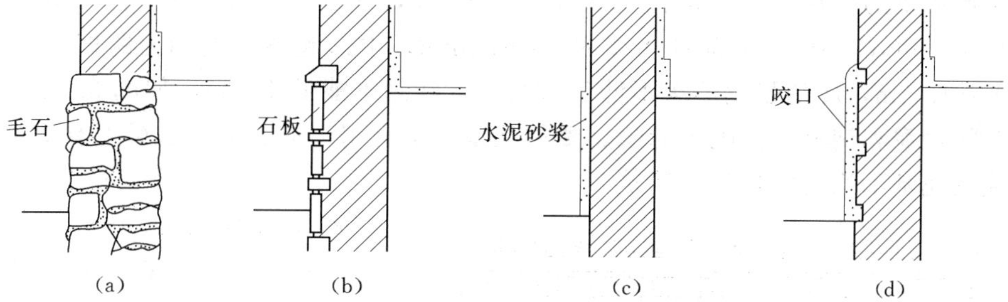

图 3.20 勒脚构造

(a) 毛石勒脚；(b) 石板贴面勒脚；(c) 抹灰勒脚；(d) 带咬口抹灰勒脚

3. *勒脚采用石材*

勒脚采用石材，如条石等。

3.2.4.4 窗台

当室外雨水沿窗向下流淌时，为避免雨水渗入墙身且沿窗缝渗入室内，同时避免雨水污染外墙面，常在窗洞下部靠室外一侧设置窗台，窗台应向外形成10%左右的坡度。

窗台有悬挑窗台和不悬挑窗台两种，如图 3.21 所示。悬挑窗台常采用顶砌一皮砖或将一砖侧砌并悬挑 60mm，也可用混凝土窗台，窗台表面用 1∶3 水泥砂浆抹面做出坡度，挑砖下缘粉出滴水，以防止雨水沿滴水槽口下落。由于悬挑窗台下部容易积灰，在风雨作用下很容易污染窗台下的墙面，影响建筑物的美观，因此，在当今设计中，大部分建筑物都设计为不悬挑窗台，外墙为贴面砖时墙面易被雨水冲刷干净，处于内墙或阳台等处的窗，不受雨水冲刷，内窗台一般为水平的，可结合室内装修选择木板或贴面砖等饰面形式，当内窗台下设暖气片时，往往采用预制水磨石板，水泥板或木板装修。

3.2.4.5 门窗过梁

当墙体上开设门窗洞口时，为了承受洞口上部砌体传来的各种荷载，并把这些荷载传给洞口两侧的墙体，常在门窗沿上设置横梁，即门窗过梁。

过梁的形式较多，常用的包括砖拱过梁、钢筋砖过梁和钢筋混凝土过梁 3 种。

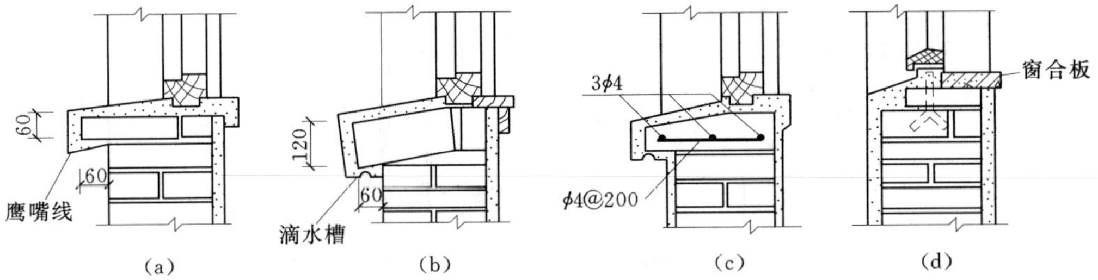

图 3.21 窗台的构造

(a) 平砌砖窗台；(b) 侧砌砖窗台；(c) 混凝土窗台；(d) 不悬挑窗台

1. 砖拱过梁

砖拱过梁分为平拱、弧拱和半圆拱 3 种，是将立砖和侧砖相间砌筑，使灰缝上宽下窄相互挤压形成拱的作用。平拱的高度不小于 240mm，灰缝上部宽度不大于 20mm，下部宽度不小于 5mm，拱两端下部伸入墙内 20～30mm，中部起拱高度约为跨度的 1/50，跨度最大可达 1.2m，砖的强度等级不低于 MU10，砂浆不能低于 M5，如图 3.22 所示。砖拱过梁节约水泥和钢材，但施工麻烦、整体性差，不宜用于地震区和过梁上有集中荷载或振动荷载及地基不均匀沉降处的建筑。

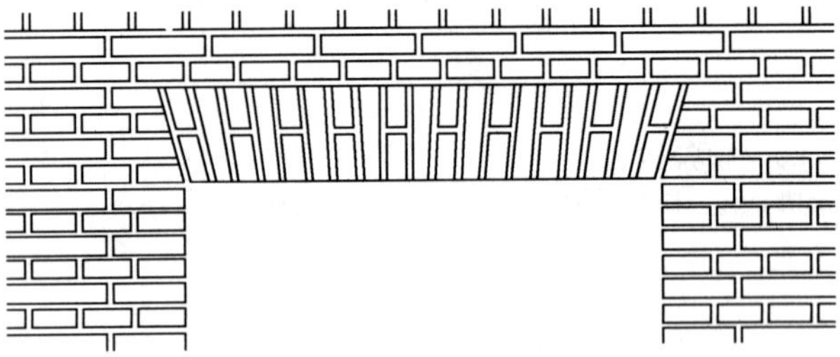

图 3.22 砖砌平拱过梁

2. 钢筋砖过梁

钢筋砖过梁用砖不低于 MU7.5，砌筑砂浆不低于 M5，一般在洞口上方先支木模，砖平砌，下设 2～3 根 $\phi 6$ 钢筋放在第一皮砖和第二皮砖之间，也可将钢筋直接放在第一皮砖下面的砂浆层内，要求伸入两端墙内不少于 240mm，并设 90°弯钩，埋在墙体的竖缝内。梁高砌 5～7 皮砖且不小于 1/4 洞口跨度的高度，钢筋砖过梁净跨宜为 1.5～2.0m，如图 3.23 所示。在有抗震设防要求的建筑中，不宜采用砖砌平拱和钢筋砖过梁。

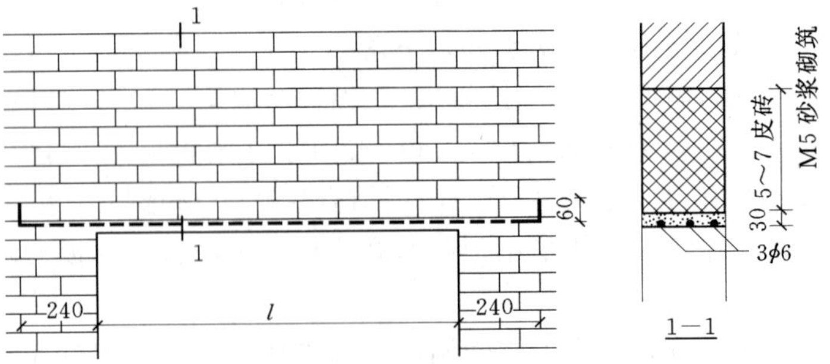

图 3.23 钢筋砖过梁

3. 钢筋混凝土过梁

钢筋混凝土过梁一般不受跨度的限制，应用比较普遍。钢筋混凝土过梁分为现浇和预制两种，梁高及配筋由计算确定。为了施工方便，梁高应与砖的皮数相适应，以方便墙体连续砌筑，故梁高为 60mm、120mm、180mm 和 240mm，即为 60mm 的整倍数。对于多孔砖墙体过梁高可为 90mm 的整数倍。梁宽一般同墙厚，梁两端支承在墙上的长度不少于 240mm，以保证足够的承压面积。

过梁断面形式包括矩形和 L 形，在寒冷地区，为了避免“冷桥”现象，常采用 L 形过梁，以减少混凝土的断面面积。

为简化构造，节约材料，可将过梁与圈梁，悬挑雨篷，窗楣板或遮阳板等结合起来设计。如在南方炎热多雨地区，常从过梁上挑出 300～500mm 宽的窗楣板，既保护窗户不淋雨，又可遮挡部分直射太阳光，如图 3.24 所示。

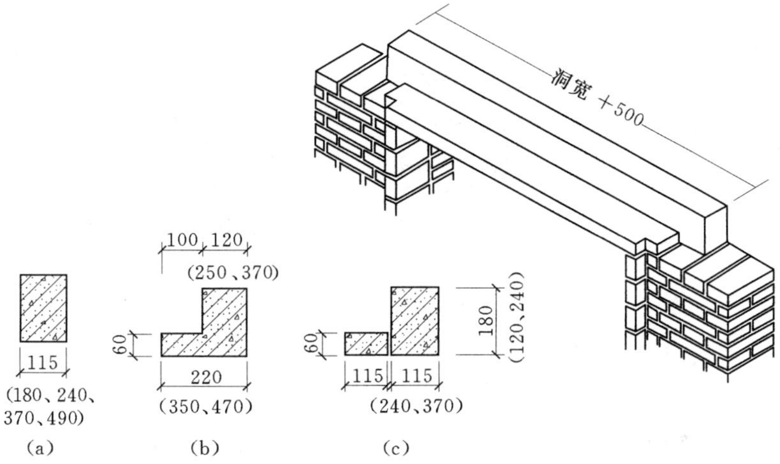

图 3.24 预制钢筋混凝土过梁

(a) 矩形截面；(b) L 形截面；(c) 组合式截面

3.2.5 墙体的抗震构造

多层砌体房屋的震害取决于震级、震中距和场地土的卓越周期，结构方案的抗震合理性和施工质量。由于多层砌体房屋是由多道纵横墙组成的刚性盒子，本应具有很好的抗震能力，但是砌体的抗剪和抗拉强度太差，因而在地震作用下，房屋很容易开裂、局部倒塌或全部倒塌。在 1976 年的唐山地震中，研究人员调查了 706 幢砌体房屋，倒塌的占 75%。

砌体结构的抗震可以从计算和构造两方面着手。但由于砌体结构固有的弱点，即结构的整体性弱，抗拉、抗剪强度低，材料的匀质性差及施工质量难控制等，所以结构施工显得比计算更为重要。

结构施工应以《建筑抗震设计规范》（GB50011—2001）的有关规定为准。此外，为增强建筑物的整体刚度和稳定性，还要求提高砌体砌筑砂浆强度，必要时还应采用圈梁、构造柱及壁柱和门垛。

3.2.5.1 增设圈梁

圈梁是沿外墙四周及部分内墙设置在同一水平面上的连续闭合交圈的梁，起着墙体配筋的作用，圈梁配合楼板共同作用可提高建筑物的空间刚度及整体性，增加墙体的稳定性，减少由于地基不均匀沉降而引起的墙身开裂。对于抗震设防地区，利用圈梁加固墙身更加必要。

圈梁有钢筋混凝土圈梁和钢筋砖圈梁两种。钢筋混凝土圈梁宽度同墙厚，当墙厚为240mm以上时其宽度可为墙厚的2/3，高度应为砖厚的整数倍，并不小于120mm。钢筋砖圈梁多用于非抗震区，结合钢筋砖过梁沿外墙形成。这种圈梁是在楼层标高的墙身上，在砌体灰缝中加入钢筋，其设置原则是：梁高4～6皮砖，钢筋不宜少于6ϕ6，钢筋水平间距不宜大于120mm，砂浆强度等级不宜低于M5，钢筋分上下两层布置，如图3.25所示。

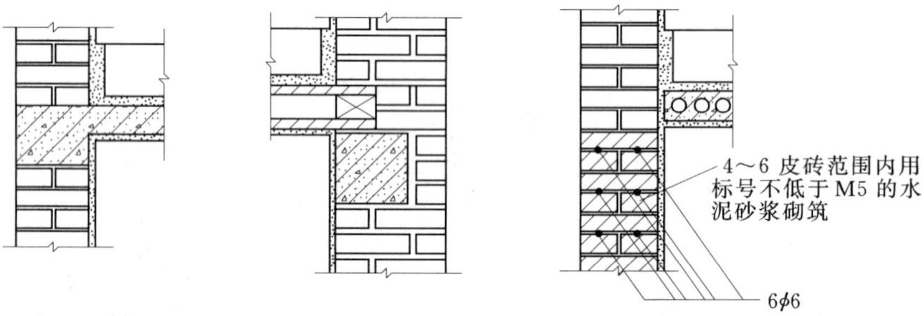

图3.25 圈梁的构造

(a) 钢筋混凝土板平圈梁；(b) 钢筋混凝土板底圈梁；(c) 钢筋砖圈梁

当圈梁被门窗洞口截断时，应在洞口上部增设相同截面的附加圈梁，其配筋和混凝土强度等级均不变，如图3.26所示。但对于有抗震要求的建筑物，圈梁应完全闭合，不得被洞口截断。

3.2.5.2 增设构造柱

为提高墙身的抗震能力，一般在建筑物的四角、内外墙交接处、楼梯角、电梯间及某些较长的墙体中部设置构造柱。构造柱下端应锚固于钢筋混凝土条形基础、基础梁内或伸入室外地面下500mm处，上端锚固于顶层圈梁或女儿墙压顶内，竖向钢筋一般用4ϕ12，箍筋为ϕ6，间距不大于250mm，随地震烈度加大和层数增加，房屋角的构造柱可适当加大截面及配筋，构造柱最小截面为180mm×240mm，施工时先砌墙并留出马牙槎，随着墙体的上升，逐段浇注钢筋混凝土构造柱，构造柱混凝土标号一般为C20。柱内沿墙高每隔500mm，伸出2ϕ6锚拉筋和墙体连接，每边伸入墙内不少于1m。构造柱必须与圈梁及墙体紧密连接，对整个建筑物形成空间骨架，如图3.27所示。

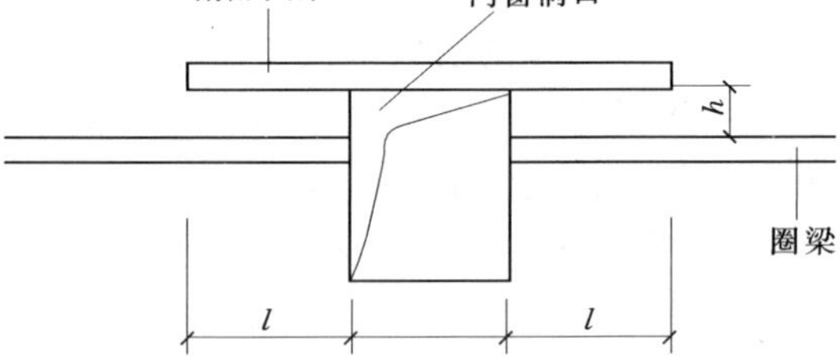

图3.26 附加圈梁

注：1. $l \geq 2h$。
2. $l \geq 1m$。

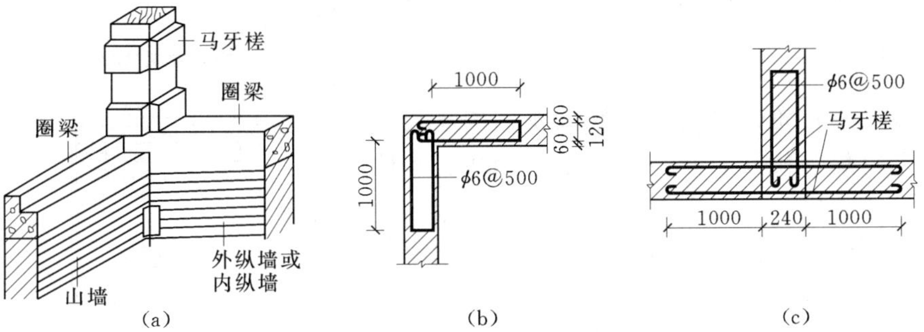

图 3.27 构造柱

3.2.5.3 增加壁柱和门垛

当墙体的窗间墙上出现集中荷载，而墙厚又不足以承担其荷载，或当墙体的长度和高度超过一定限度并影响到墙体稳定性时，常在墙局部适当位置增设凸出墙面的壁柱以提高墙体刚度，壁柱突出墙面的尺寸一般为 120mm×370mm，240mm×240mm，340mm×490mm 或根据结构计算确定。

当在较薄的墙体上开设门洞时，为便于门框的安置和保证墙体的稳定，须在门靠墙转角处或丁字接头墙体的一边设置门垛，门垛凸出墙面应不少于 120mm，宽度同墙厚，如图 3.28 所示。

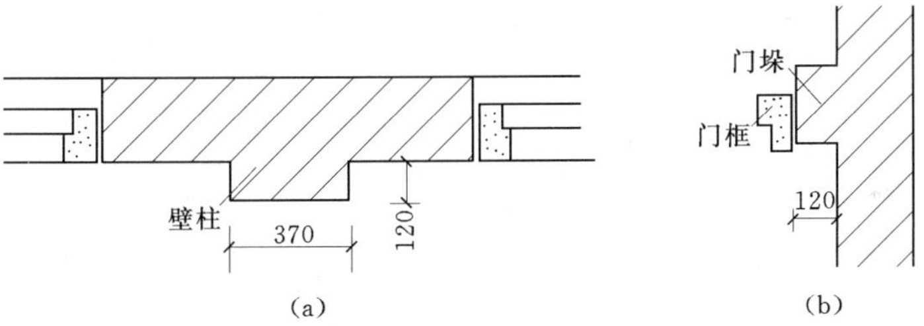

图 3.28 壁柱和门垛

(a) 壁柱；(b) 门垛

3.2.6 隔墙

3.2.6.1 块材隔墙

块材隔墙是用普通黏土砖、空心砖和加气混凝土块等砌筑而成，一般分为普通砖隔墙和砌块隔墙两种。

1. 普通砖隔墙

普通砖隔墙一般采用 1/2 砖墙和 1/4 砖隔墙，其构造如图 3.29 所示。

(1) 1/2 砖隔墙：当采用 M2.5 砂浆砌筑时，高度不宜超过 3.6m，长度不宜超过 5m；当采用 M5 砂浆砌筑时，高度不宜超过 4m，长度不宜超过 6m。否则在构造上除砌筑时应与承重墙或柱固结外，还应在墙身每隔 1.2m 高度处，加 2 根 ϕ6 拉结筋予以加固。1/2 砖隔墙坚固耐久，有一定的隔声能力，但自重大，湿作业多，施工麻烦。

(2) 1/4 砖隔墙：利用标准砖侧砌，高度一般不应超过 2.8m，长度不宜超过 3.0m，须用M5砂浆砌筑，多用于住宅厨房与卫生间之中的分隔。

2. 砌块隔墙

为减轻隔墙自重，可采用轻质砌块，例如加气混凝土块，粉煤灰砌块，水泥炉渣空心砌块等。墙厚由砌块尺寸决定，一般为90～120mm，加固措施同1/2砖隔墙做法相同。砌块不够整块时宜用普通黏土砖填补，因砖块大多具有质轻、孔隙率大，隔热性能好等优点，但吸水量大，故在砌筑时先在墙下部实砌3～5皮实心黏土砖再砌砌块，如图3.30所示。

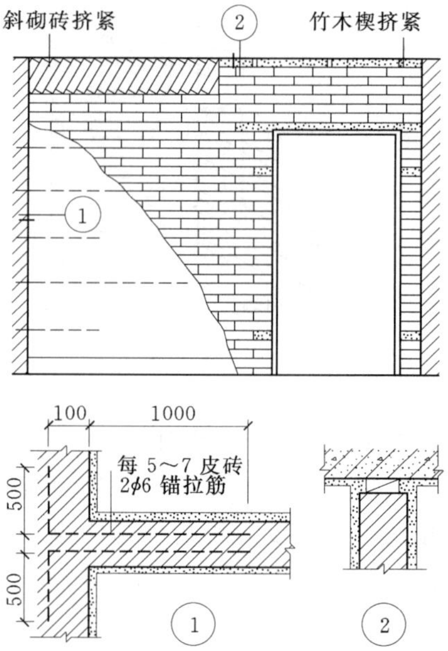

图3.29 砖隔墙

3.2.6.2 轻骨架隔墙

轻骨架隔墙由骨架和面板层两部分组成，由于先立墙筋（骨架），再做面层，故又称为立筋式隔墙。骨架由木材和金属制成，统称为龙骨或墙筋。

1. 木骨架隔墙

木骨架隔墙根据饰面材料的不同分板条抹灰隔墙、装饰板隔墙和镶板隔墙等多种。由于其自重轻、构造简单，在过去应用较广。

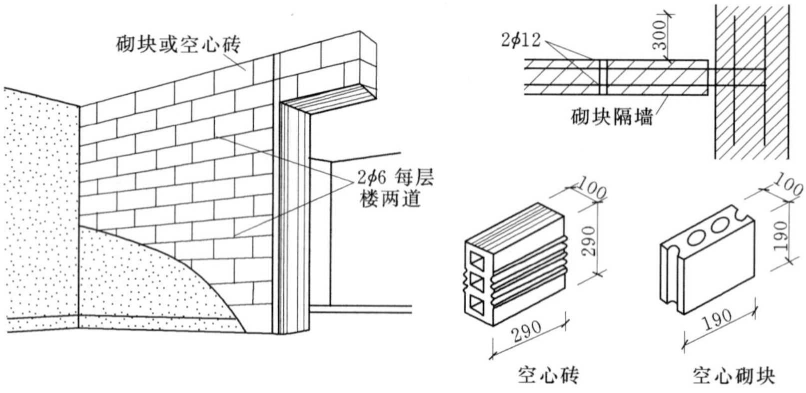

图3.30 砌块隔墙

木骨架有上槛、下槛、墙筋、斜撑和横撑等构成，如图3.31所示。墙筋靠上槛和下槛固定。

隔墙饰面是在木龙骨架上铺设的各种饰面材料，常用板条抹灰、装饰吸声板、纸面石膏板、水泥石膏板及各种胶合板、纤维板等。板条抹灰隔墙的构造如图3.32所示。

2. 金属骨架隔墙

金属骨架隔墙是在金属骨架外铺钉面板而制成的隔墙。它具有节约木材、重量轻、刚度大、结构整体性好及装拆方便等特点。骨架由各种形式的薄壁型钢加工而成，如图3.33所示。面板多为胶合板、纤维板、石膏板和纤维水泥板等。

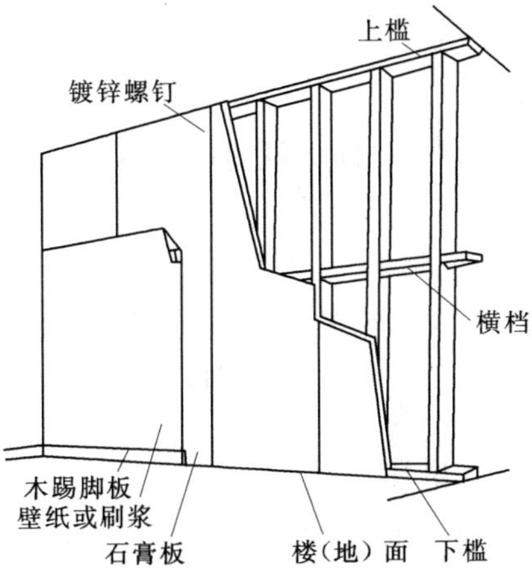

图 3.31 木骨架隔墙

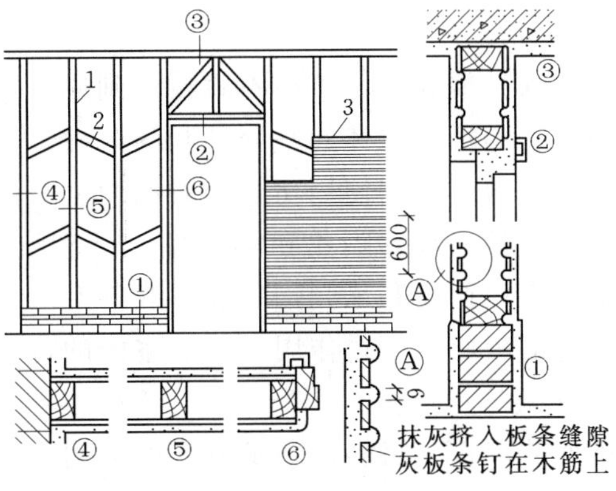

图 3.32 板条抹灰隔墙

1—墙筋；2—斜撑；3—板条

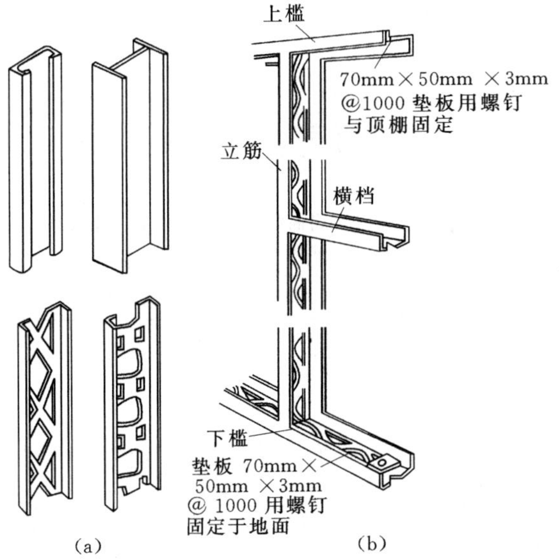

图 3.33 金属骨架隔墙

(a) 薄壁金属墙筋形式；(b) 骨架组合

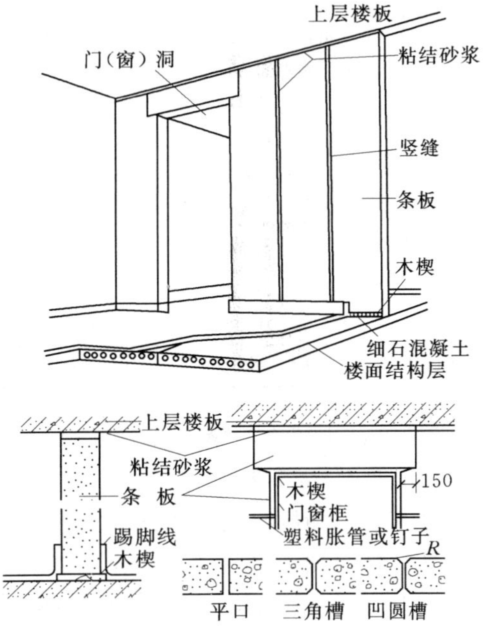

图 3.34 条板隔墙

3.2.6.3 板材隔墙

板材隔墙是指采用各种轻质材料制成的各种预制轻型板材安装而成的隔墙。常见的板材包括加气混凝土条板、碳化石膏条板、石膏条板和钢丝网夹芯水体条板等。其特点是自重轻、安装方便。普通条板的安装、固定主要靠各种粘结砂浆或粘结剂进行粘结，待安装完毕，再在表面进行装修，如图 3.34 所示。

3.2.7 墙面装修

3.2.7.1 墙面装修的作用与分类

1. 作用

(1) 保护墙体：使墙体不直接受到风、霜、雨、雪等的侵蚀，提高墙体的防潮、抗风化能力，从而增强墙体的坚固性和耐久性。

(2) 改善墙体的使用功能：对墙面进行装修处理，增加墙厚，用装修材料堵塞孔隙，可提高墙体的保温、隔热和隔声性能；平整、光滑和色浅的内壁装修，可增加光线的反射，提高室内照度和采光均匀度，改善室内的卫生条件；利用不同材料的室内装修，会产生对声音的吸收或反射作用，改善室内的音质效果。

2. 分类

墙面装修按照材料和施工方式的不同，可分为抹灰类、贴面类、涂料类、裱糊类和铺钉类5种，如表3.3所示。

表3.3 墙面饰面分类

类型	室外装修	室内装修
抹灰类	水泥砂浆、混合砂浆、聚合物水泥砂浆、拉毛、水刷石、干粘石、斩假石、拉假石、假面砖、喷涂和滚涂等	纸筋灰、麻刀灰粉、石膏粉面、膨胀珍珠岩灰浆、混合砂浆、拉毛和拉条等
贴面类	外墙面砖、陶瓷马赛克、玻璃马赛克、人造石板和天然石板等	釉面砖、人造石板和天然石板等
涂料类	石灰浆、水泥浆、溶剂型涂料、乳液涂料、彩色胶砂涂料和彩色弹涂等	大白浆、石灰浆、油漆、乳胶漆、水溶性涂料和弹涂等
裱糊类	—	塑料墙纸、金属面墙纸、木纹墙纸、花纹玻璃纤维布、纺织面墙纸和锦缎等
铺钉类	各种金属饰面板、石棉水泥板和玻璃等	木夹板、木纤维板、石膏板和装饰面板等

3.2.7.2 常用墙面装修做法

1. 抹灰类墙面装修

抹灰又称粉刷，是由水泥、石灰为胶结材料加入砂或石渣，与水拌和成砂浆或石渣浆，然后抹到墙面上的一种操作工艺。抹灰是一种比较传统的墙体装修方式，主要特点是材料来源广泛、施工简单、造价低廉；但是饰面的耐久性低、易开裂、易变色。因为多属手工操作，且是湿作业施工，所以功效较低。

墙体抹灰应有一定的厚度，外墙一般为20～25mm，内墙为15～20mm。为避免抹灰出现裂缝，保证抹灰与基层粘结牢固，墙体抹灰层不宜太厚，而且需分层施工，构造如图3.35所示。普通标准的装修，抹灰由底层和面层组成；高级标准的抹灰装修，在面层和底层之间设一层或多层中间层。

底层抹灰具有使装修层与墙体粘结和初步找平的作用，又称找平层或打底层。对普通砖墙常用石灰砂浆或混合砂浆打底，对混凝土墙体或有防潮、防水要求的墙体则需要用水泥砂浆打底。

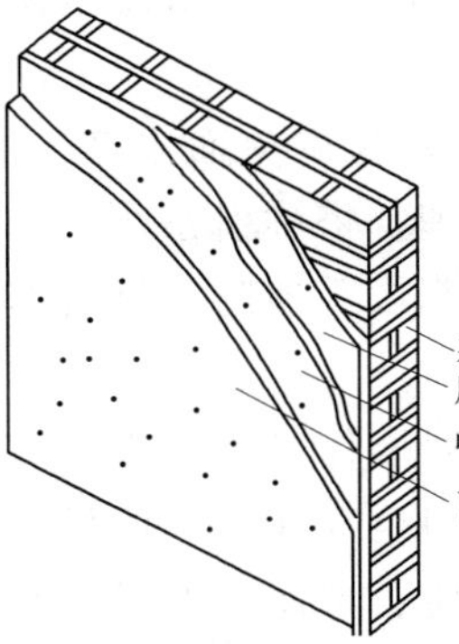

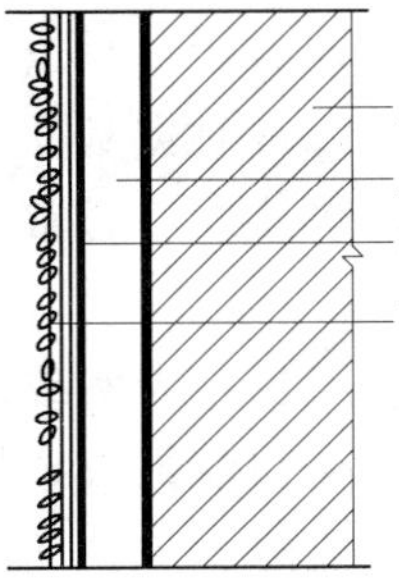

图 3.35 抹灰构造层次

面层抹灰又称罩面，对墙体的美观有重要影响。作为面层，要求表面平整，无裂痕、颜色均匀。面层抹灰按所处部位和装修质量要求可用纸筋灰、麻刀灰、砂浆或石渣浆等材料罩面。

中间层用作进一步找平，减少底层砂浆干缩导致面层开裂的可能，同时作为底层与面层之间的粘结层。

根据面层材料的不同，常见的抹灰装修构造，包括分层厚度、用料比例及适用范围，可参考表 3.4。

表 3.4 常用抹灰做法举例

抹灰名称	构造及材料配合比	适用范围
纸筋（麻刀）灰	12～17mm 厚 1∶2～1∶2.5 石灰砂浆（加草筋）打底 2～3mm 厚纸筋（麻刀灰粉面）	普通内墙抹灰
混合砂浆	12～15mm 厚 1∶1∶6（水泥、石灰膏、砂）混合砂浆打底 5～10mm 厚 1∶1∶6（水泥、石灰膏、砂）混合砂浆粉面	外墙、内墙均可
水泥砂浆	15mm 厚 1∶3 水泥砂浆打底 10mm 厚 1∶2～1∶2.5 水泥砂浆粉面	多用于外墙或内墙易受潮湿侵蚀部位
水磨石	15mm 厚 1∶3 水泥砂浆打底 10mm 厚 1∶1.5 水泥石渣粉面，磨光、打蜡	多用于室内潮湿部位
干粘石	10～12mm 厚 1∶3 水泥砂浆打底 7～8mm 厚 1∶0.5∶2（加 5%107 胶）混合砂浆粘结层 3～5mm 厚彩色石渣面层（用喷或甩方式进行）	用于外墙
水刷石	15mm 厚 1∶3 水泥砂浆打底 10mm 厚 1∶1.4～1∶1.2 水泥石渣抹面后水刷	用于外墙
斩假石	15mm 厚 1∶3 水泥砂浆打底 刷素水泥浆一道 8～10mm 厚水泥石渣粉面 用剁斧斩去表面层水泥浆和石尖部分使其显出凿纹	用于外墙或局部内墙
膨胀珍珠岩	12mm 厚 1∶3 水泥砂浆打底 9mm 厚 1∶16 膨胀珍珠岩灰浆粉面（面层分 2 次操作）	多用于室内有保温或吸声要求的房间

对易受碰撞的内墙凸出的转角或门洞的两侧，常用 1∶2 水泥砂浆抹 1.5m 高，以素水泥浆对小圆角进行处理，俗称护角。

此外，在外墙抹灰中，由于墙面抹灰面积较大，为避免面层产生裂纹和方便施工操作，以及立面处理的需要，常对抹灰面层作分格处理，俗称引条线。为防止雨水通过引条线渗到室内，必须做好防水处理，通常利用防水砂浆或其他防水材料作勾缝处理。

2. 贴面类墙面装修

贴面类墙面装修是利用各种天然或人造板、块对墙体进行装修处理。这类装修具有耐久性强、施工方便、质量高和装饰效果好等优点；但也存在个别块材脱落后难以修复等缺点。常见的贴面材料包括锦砖、陶瓷面砖、玻璃锦砖、预制水泥石、水磨石板、花岗岩和大理石等天然石板。其中质感细腻的瓷砖和大理石板多用于室内装修；而质感粗犷、耐候性好的陶瓷锦砖、面转、墙砖和花岗岩板等多用作室外装修。

（1）陶瓷面砖和锦砖饰面。

陶瓷面砖和锦砖饰面材料包括陶瓷面砖、陶土无釉面砖、瓷土釉面砖、瓷土无釉砖和玻璃锦砖等。其构造为：面砖、瓷砖作为外墙面装修，其构造多采用 10～15mm 厚 1∶3 水泥砂浆打底，5mm 厚 1∶1 水泥砂浆粘结层，粘贴各类面砖材料。在外墙面砖之间粘贴时留出约 13mm 缝隙，以增加材料的透气性。作为内墙装修，其构造多采用 10～15mm 厚 1∶3 水泥砂浆或 1∶3∶9 水泥、石灰膏、砂所拌成的混合砂浆打底，8～10mm 厚 1∶0.3∶3水泥、石灰、砂所拌成的混合砂浆作为粘结层，外贴瓷砖，如图 3.36 所示。

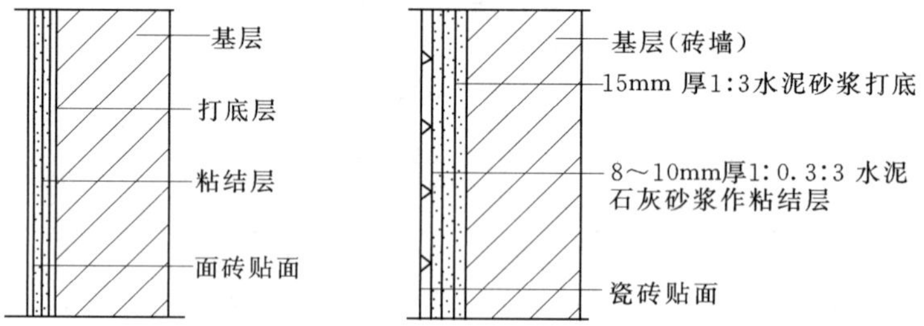

图 3.36 面砖、瓷砖粘贴构造

（a）外墙面砖贴面；（b）瓷砖贴面

（2）天然石板、人造石板贴面。

用于墙面装修的天然石板包括大理石板和花岗岩板，属于高级墙面装修材料；人造石板包括人造大理石和水磨石板等。石材饰面的施工方法有湿挂法施工和干挂法施工。

1）湿挂法施工：对于平面尺寸和厚度较小的石板，先在墙面或柱面上固定钢筋网，再用钢丝或镀锌铅丝穿过事先在石板上钻好的孔眼，将石板绑扎在钢筋网上。因此，固定石板的水平钢筋（或钢箍）的间距与石板的高度尺寸一致。当石板就位、校正、绑扎牢固后，在石板与墙或柱之间，浇注厚 30mm 左右的 1∶3 水泥砂浆，如图 3.37（a）所示。

2）干挂法施工：对于平面尺寸和厚度较大的石板，用专用卡具、射钉或螺钉，把它与固定在墙上的角钢或铝合金骨架进行可靠连接，石板表面用硅胶嵌缝，不需内部再浇注

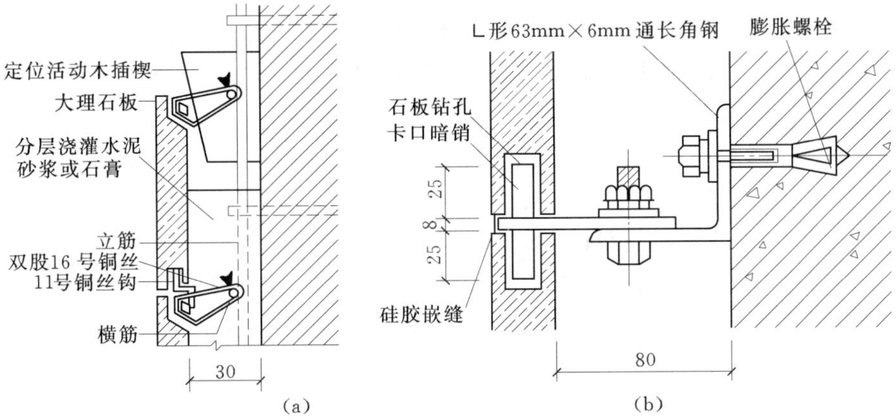

图 3.37 饰面板的挂贴构造

（a）湿挂法；（b）干挂法

砂浆，也称为石材幕墙，如图 3.37（b）所示。

人造石板的施工构造与天然石材相似，预制板背面埋设有钢筋，不必在预制板上钻孔，将板用铅丝绑牢在水平钢筋（或钢箍）上即可。在构造做法上，各地有多种合理的构造方式。

3. 涂料类墙面装修

涂料是指涂敷于物体表面后，能与基层有很好的粘结，并形成完整而牢固的保护膜的物质，对被涂物体有保护和装饰作用。

涂料作为墙面的装修材料，与贴面装修相比具有材料来源广，装饰效果好，造价低，操作简单，工期短、工效高、自重轻和维修方便等特点。因此，是当今较有发展前途的装修材料。

建筑涂料的品种繁多，作为建筑物的饰面涂料，应根据建筑物的使用功能、建筑环境和建筑构件所处部位等来选择装修效果好、粘结力强、耐久性好、无污染和经济性好的材料。建筑涂料按其成膜物的不同可分为无机涂料、有机涂料及无机和有机复合涂料等三大类。

（1）无机涂料：无机涂料是历史上最早的一种涂料。传统的无机涂料包括石灰浆、大白浆等，这类涂料由于涂膜质地疏松、易起粉，且耐水性差，已逐步被合成树脂为基料的各类涂料所替代。但无机涂料具有资源丰富、生产工艺简单、价格便宜、节约能源和减少环境污染等特点，是一种较有发展前途的建筑涂料。

（2）有机合成涂料：随着高分子材料在建筑上的应用，建筑涂料有极大发展。有机高分子涂料按其主要成膜物质和稀释剂的不同分为溶剂型涂料（如苯乙烯内墙涂料、聚乙烯醇缩丁醛内外墙涂料和 812 建筑涂料等）、水溶型涂料（如聚乙烯醇系列内墙涂料和多彩内墙涂料等）和乳胶涂料（又名乳胶漆）3 类。

（3）无机和有机复合涂料：无机涂料或有机涂料虽各有特点，但在单独作用时，仍存在着各种问题，为了取长补短，研究出了无机与有机相结合的复合涂料。如早期的聚乙烯醇水玻璃内墙涂料就比单纯使用的聚乙烯醇涂料的耐水性有所提高；以硅溶液、丙烯酸系列复合的外墙涂料在涂膜的耐候性及柔韧性方面更适宜大气温度性的变化。

总之，无机、有机或无机与有机的复合涂料的研制，为墙面装修提供了经济的新材料。

4. 裱糊类墙面装修

裱糊类墙面装修是将各种装饰性的墙纸和墙布等卷材类的装饰材料裱糊在墙面上的一种装修饰面。墙纸品种很多，目前国内使用最多的是塑料墙纸和玻璃纤维墙布等。

（1）墙纸，又称壁纸。国内外生产的各种新型复合墙纸，种类很多，按其构成材料和生产方式的不同，一般分为PVC塑料墙纸、纺织物面墙纸和金属面墙纸等3类。

（2）墙布，是指以纤维织物直接作为墙面装饰材料的总称，包括玻璃纤维墙面装饰布和织锦等材料。

墙纸和墙布的粘贴主要在抹灰的基层上进行，也可在其他基层上粘贴，抹灰以混合砂浆面层为好，要求基底平整、致密，对不平整的基层需用腻子刮平。一般采用墙纸和墙布胶结剂（包括多种胶料、粉料）粘贴墙纸和墙布，胶结剂的选用应结合具体施工和墙纸和墙布的特点。在粘贴时，对要求对印花的墙纸或墙布在裁剪尺寸上，其长度需比墙放出100～150mm，以适用对印花粘贴的要求。

5. 铺钉类墙面装修

铺钉类墙面装修是指采用天然木板或各种人造薄板借助于钉、胶等固定方式对墙面进行的装修处理。

铺钉类装修因所用材料质感细腻，美观大方，装饰效果好，给人以亲切感。同时材料多属薄板结构或多孔性材料，对改善室内音质效果有一定的作用；但防潮和防火性能欠佳，一般多用于宾馆、大型公共建筑大厅（如候机室、候车室等）及商场等处的墙面或墙裙的装修。铺钉类墙面由骨架和面板两部分组成。

（1）骨架：包括木骨架和金属骨架。木骨架由墙筋和横档组成，借预埋在墙上的木砖固定到墙身上，墙筋截面一般为50mm×50mm，横档截面为50mm×50mm和50mm×40mm，墙筋和横档之间的距离与面板的长、宽尺寸相配合；金属骨架采用冷轧薄钢构成槽形截面，截面尺寸与木质骨架相近。为防止骨架与面板受潮而损坏，常在立墙筋前，在墙面上抹一层10mm厚的混合砂浆，并涂刷2道热沥青，或不做抹灰，直接在砖墙上涂刷热沥青也可以。

（2）面板：装饰面板多为人造板，包括硬木条板、胶合板、石膏板、软质纤维板、硬质纤维板、金属板、装饰吸声板和钙塑板等。

1）硬木条或硬木板装修是指将装饰性木条或凹凸型木板竖直铺钉在墙筋或横筋上。背面衬以胶合板，使墙面产生凹凸感，以丰富墙面，其构造如图3.38所示。

2）石膏板与木质墙筋的连接主要靠圆钉（镀锌铁钉）和木螺丝与墙筋固定；胶合板和纤维板等均借助于圆钉或木螺丝与墙筋和横挡固定。为了保证面板有微量伸缩的可能，在钉面板时，在板与板之间需留出5～8mm的缝隙，缝隙可以是方形或三角形，对要求较高的装修可用金属压条或木压条嵌固，如图3.38、图3.39所示。

3）对软质纤维板和装饰吸声板等装饰面板也采用圆钉与墙筋固定，其构造与铺钉纤

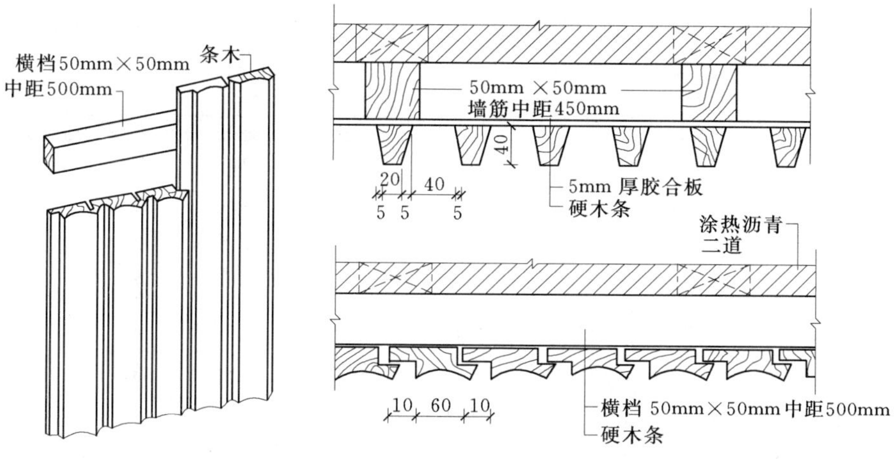

图 3.38 木质面板墙面装饰构造

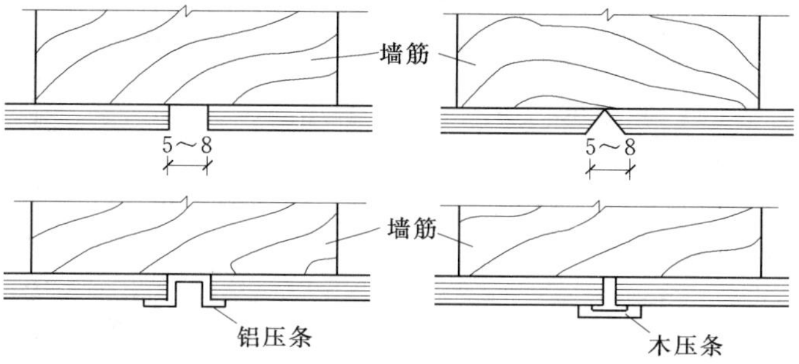

图 3.39 胶合板、纤维板等的接缝处理

维板和石膏板相同。石膏板和软质纤维板等构件与金属骨架的固结主要靠自攻螺丝或预先用电钻打孔后用镀锌螺丝固定；而胶合板、纤维板、各种饰面板与金属骨架的连接主要靠自攻螺丝和膨胀铆钉来固结。

3.3 楼板层与地面

3.3.1 概述

楼板层与地面是沿着水平方向分隔建筑空间的承重构件。一方面它承受着楼板层上的全部荷载，并将这些荷载合理有序地传给墙或柱；另一方面它对墙体起着水平支撑作用，以减少风力和地震产生的水平力对墙体的影响，加强建筑物的整体刚度；同时，它还具备一定的隔声、防火、防水和防潮等能力。

3.3.1.1 楼板层的基本组成

为了满足楼板层使用功能的要求，楼板层通常由以下 4 个基本部分组成，如图 3.40 所示。

（1）楼板面层：位于楼板层的最上层，又称为楼面或地面，起着保护楼板层、分布荷

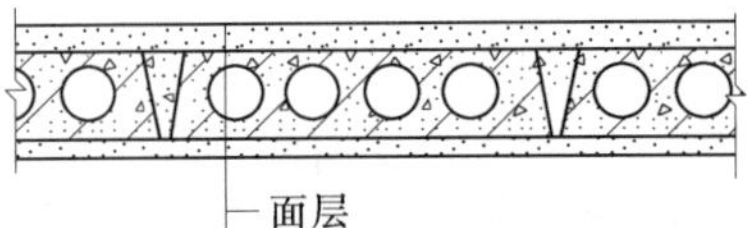

(a)

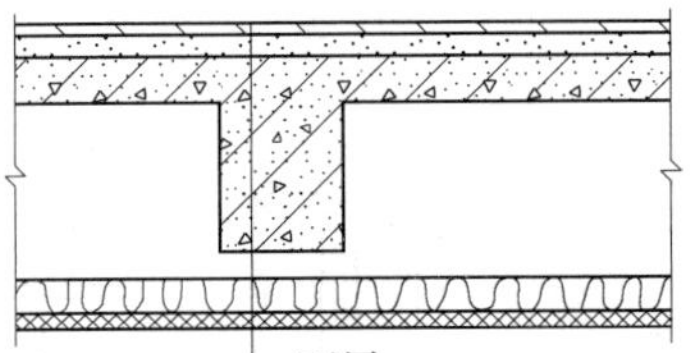

(b)

图 3.40 楼板层的基本组成
(a) 直接抹灰楼板；(b) 吊顶楼板

载和各种绝缘的作用，同时对室内起美化装饰作用。

(2) 楼板结构层：位于楼板层的中部，是楼板层的承重构件，包括板和梁。主要功能在于承受楼板层上的全部荷载并将这些荷载传给墙或柱；同时还对墙身起水平支撑作用，以加强建筑物的整体高度，也就是保证楼板层的强度与刚度要求。

(3) 附加层：又称功能层，根据楼板层的具体要求而设置，主要作用是隔声、隔热、保温、防水、防潮、防腐蚀和防静电等。

(4) 楼板顶棚层：位于楼板层最下层，主要作用是保护楼板、安装灯具、遮挡各种水平管线、改善室内光照条件和装饰美化室内空间。在构造上可分为直接式顶棚和吊顶。

3.3.1.2 楼板层的设计要求

(1) 具有足够的强度和刚度。

(2) 具有一定的隔声能力。

(3) 具有一定的防火能力。

(4) 具有防潮和防水能力。

(5) 满足各种管线的设置。

3.3.2 钢筋混凝土楼板

钢筋混凝土楼板具备强度高、刚度大、耐久性强和耐火性好的特点，还具有良好的可塑性，便于工业化生产的施工，是目前我国各类建筑中楼板的基本形式。钢筋混凝土楼板按其施工方法不同，可分为预制装配式、现浇式和装配整体式 3 种。

3.3.2.1 预制装配式钢筋混凝土楼板

预制装配式钢筋混凝土楼板是指在构件预制加工厂或施工现场外预先制作，然后运到工地现场进行安装的钢筋混凝土楼板。这种楼板可使得工期大为缩短，而且提高了施工机械化的水平，有利于建筑工业化的推广。但楼板的整体性、防水性和灵活性相对较差。适用于建筑设计中平面形状规则、尺度符合建筑模数要求和管道穿越楼板较少的建筑物。

预制钢筋混凝土楼板包括预应力和非预应力两种。预应力楼板是指在预制加工中，预先施加压应力，在安装受荷以后，楼板所受到的拉应力和预先施加的压应力平衡。预应力楼板的刚度和抗裂性均好于非预应力楼板，且板型规整、节约材料、自重减轻、造价降低。预应力楼板同非预应力楼板相比可节约钢材 30%～50%，节约混凝土 10%～30%。

预制钢筋混凝土楼板常用类型包括实心平板、槽形板和空心板 3 种。

1. 实心平板

实心平板规格较小，跨度一般在 2.5m 以内，宽度多为 500～1000mm，板厚为跨度的 1/30，一般为 60～80mm。

预制实心平板两端支承在墙或梁上，由于其跨度小，只能用于过道和小房间的楼板，亦可作为架空搁板或管道盖板等，如图 3.41 所示。

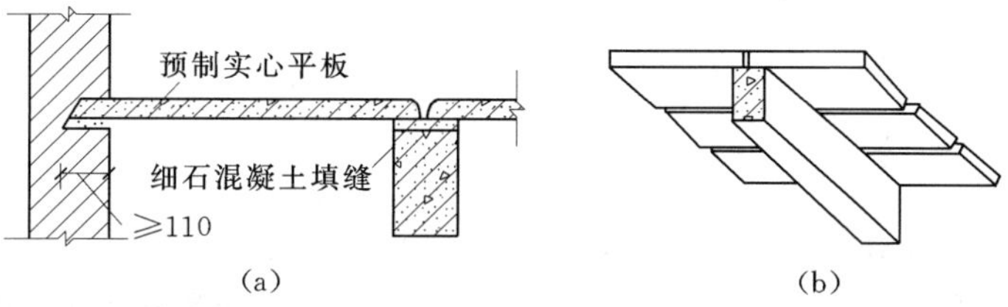

图 3.41 实心平板

2. 槽形板

槽形板是在实心板的两侧设有边肋，是一种梁板结合的预制构件。作用在板上的荷载都有边肋来承担，故槽形板一般做得很薄，只有 25～30mm 厚；槽形板的肋高为 120～300mm，板宽为 500～1200mm，板跨通常为 3～7.2m。

为了提高板的刚度并便于搁置，槽形板的两端常以端肋封闭。当板跨超过 6m，应在板的中部每隔 500～700mm 处增设横肋一道。

槽形板板面较薄，所以自重轻，用料省，但隔声效果较差。板面上也可以根据需要打洞穿管，而对板的强度和刚度影响不大，故适用于管道较多的房间。

槽形板做楼板时，有正置（板肋朝下）和倒置（板肋朝上）两种放置方法。正置板由于板底不平，通常做吊顶遮盖。倒置槽形板受力不如正置槽形板合理，但可在槽内填充轻质材料，以解决楼板的隔声和保温隔热问题，还可以获得平整的顶棚，如图 3.42 所示。

3. 空心板

空心板是将平板沿纵向抽孔而成，是一种梁板结合的预制构件。空心板上下板面平整、自重轻、节约材料，且隔声效果优于实心平板和槽形板，因此是目前应用最广泛的一种预制楼板。但空心板上不能任意开洞，故不宜用于管道穿越较多的房间。

空心板根据板内抽孔形状的不同，分为方孔板、椭圆孔板和圆孔板。方孔板比较经济，但脱模困难且易出现板面开裂，现已被淘汰；椭圆孔板和圆孔板增大了板肋的截面面积，使板的刚度增大，有利于受力，因圆孔抽芯脱模方便，故目前预制空心板基本上采用圆孔板，如图 3.43 所示。

空心板有中型板和大型板之分：中型板的板跨多小于 4.5m，板宽 500～1500mm，板厚 90～120mm，圆孔直径 50～75mm；大型板跨为 4～7.2m，板宽为 1200～1500mm、板厚 180～240mm。

4. 预制空心板的结构布置与细部处理

（1）结构布置：应根据房间的开间、进深尺寸及房间的使用要求确定板的支承方式，然后依据现有板的规格进行合理布置。板的支承方式分板式和梁板式两种：当预制板直接搁置在墙上时称为板式结构布置，一般多用于横墙较密的住宅、宿舍和办公楼等建筑；当

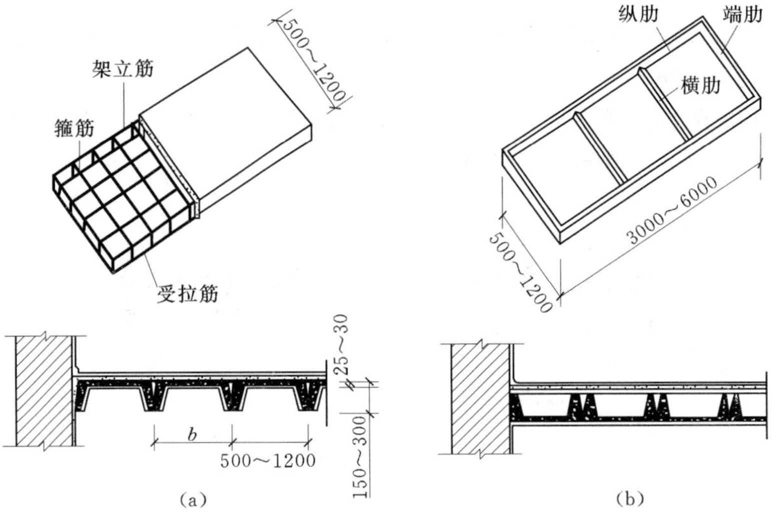

图 3.42 槽形板
(a) 正槽板；(b) 反槽板

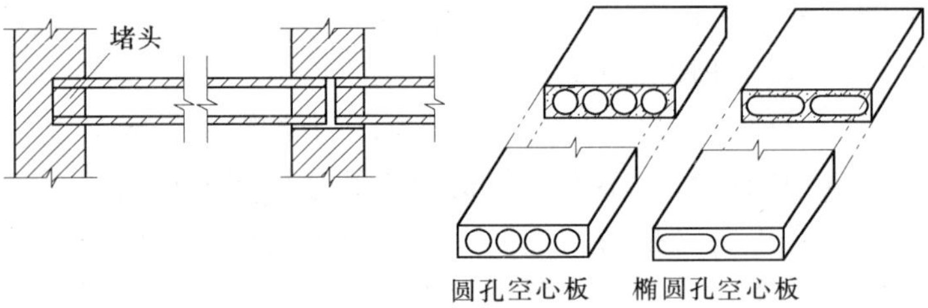

图 3.43 空心板

预制板搁置在梁上时称为梁板式结构布置，一般多用于教学楼和实验楼等开间进深都较大的建筑，如图 3.44 所示。

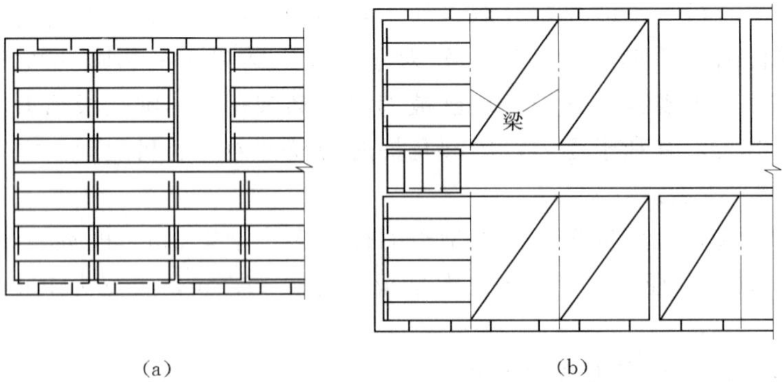

图 3.44 预制楼板的结构布置
(a) 板式结构布置；(b) 梁板式结构布置

当采用梁板式结构时，板在梁上的搁置方式一般分两种：一种是板直接搁置在梁顶上，如图 3.45（a）所示；另一种是板搁置在花篮梁或十字梁上，此时，板的顶面与梁顶面平齐，在梁高不变的情况下，梁底净高相应地增加了一个板厚，这时板的跨长应减去梁顶宽度，如图 3.45（b）所示。

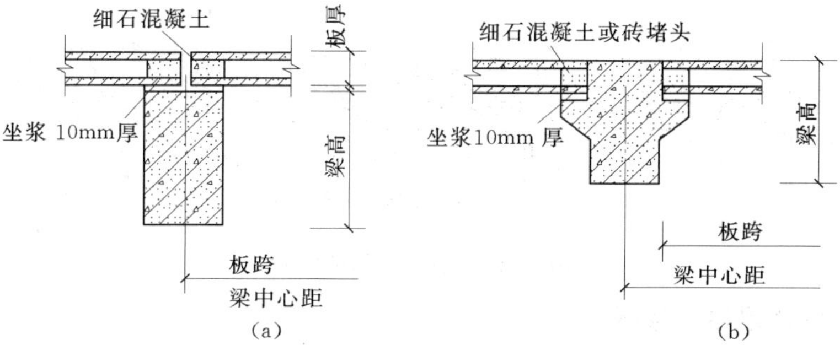

图 3.45　板在梁上的搁置

（a）板搁在矩形梁上；（b）板搁在花篮梁上

在选择板型时，一般要求板的规格和类型越少越好。因为板的规格愈多，不仅给板的制作增加麻烦，而且施工也愈复杂。同时板的布置，应避免出现三边支承的板，因为预制空心板的钢筋配置和截面造型都是按单向受力状态考虑的，钢筋都配在受拉区。而三边支承的板为双向受力状态，在荷载作用下，板的受压区受拉，出现板沿纵长边的竖向开裂；同时，也使压在边肋上的墙体受局部承压影响而削弱其承载力。

（2）板的搁置要求：预制板直接搁置在墙上或梁上时，均应有足够的搁置长度。支承于梁上时其搁置长度应不小于 80mm；支承于内墙上时其搁置长度应不小于 100mm；支承于外墙上时其搁置长度应不小于 120mm。铺板前，先在墙或梁上用 10～20mm 厚 M5 水泥砂浆找平，然后再铺板，使板与墙或梁有较好的连接，同时也使墙体受力均匀。

（3）板缝处理：板的接缝分侧缝和端缝两种，为了加强其整体性，必须在板缝中灌入水泥砂浆或细石混凝土，即灌缝。侧缝一般有 V 形缝、U 形缝和凹槽缝 3 种形式（见图 3.46），V 形缝虽然制作简单，但容易开裂，连接不够牢固；U 形缝上面开口较大易于灌浆，但仍不够牢固；凹槽缝连接牢固但灌浆比较困难。为了增强建筑物抗水平力的能力，板端缝处理时可将板端外露的钢筋交错搭接在一起，或加钢筋网片，然后用细石混凝土灌缝，以增强板的整体性和抗震能力。

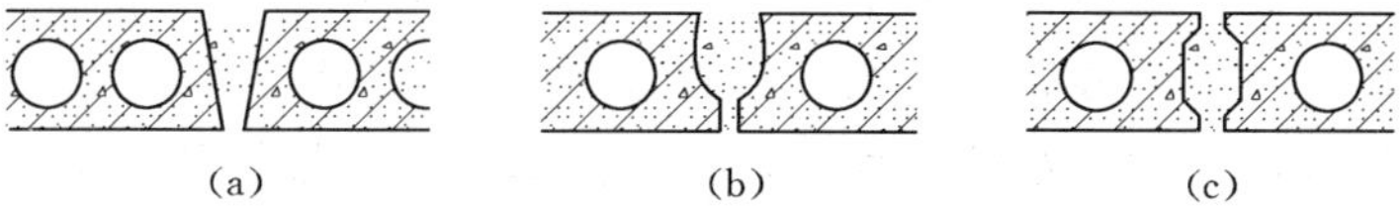

图 3.46　楼板侧缝的接缝形式

（a）V 形缝；（b）U 形缝；（c）凹槽缝

（4）预制楼板的抗震构造：由于预制楼板的整体性差，抗震能力比现浇钢筋混凝土楼板低。因此，必须采取一些构造措施来加强预制楼板的整体性。

在抗震设防的建筑物中，圈梁应紧贴预制楼板板底设置，外墙则应设缺口圈梁，将预制板箍在圈梁内，以免地震发生时，墙体倾倒致使楼板失去支撑而塌落伤人。

为增强房屋的整体刚度，对楼板与墙体之间及楼板与楼板之间用锚固钢筋即拉结钢筋予以锚固，如图 3.47 所示。

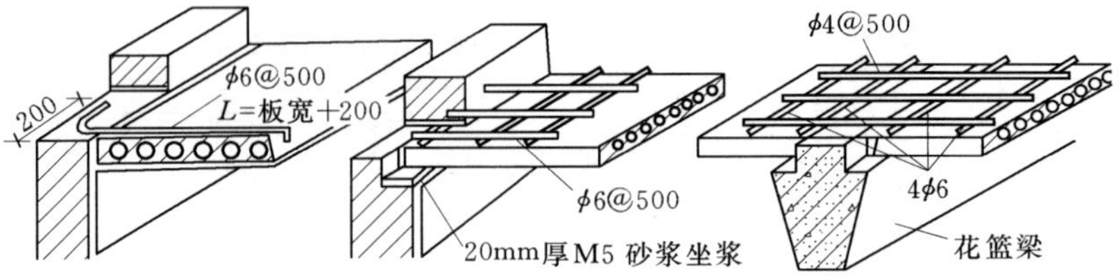

图 3.47 锚固钢筋的配置

3.3.2.2 现浇钢筋混凝土楼板

现浇钢筋混凝土楼板是指在施工现场按支模、绑扎钢筋、浇注混凝土等施工程序而成型的楼板结构。该楼板由于是现场整体浇注成型，故结构整体性好，特别适用于有抗震设防要求的多层房屋及对整体性要求较高的其他建筑。对平面布置不规整、尺寸不符合模数要求、管道穿越较多和防水要求较高的楼面，适宜采用现浇钢筋混凝土楼板。

现浇钢筋混凝土楼板根据受力和传力情况不同可分为平板式楼板、梁板式楼板、无梁楼板和钢衬板组合楼板。

1. 平板式楼板

在墙体承重建筑中，当房间较小时，楼面荷载可直接通过楼板传给墙体，而不需要另设梁，这种厚度一致的楼板称为平板式楼板，多用于跨度较小的房间（如厨房、卫生间和走廊等）。

2. 梁板式楼板

对平面尺寸较大的房间，为使楼板的受力与传力较为合理，在楼板下设梁以增加板的支点，从而减小楼板的跨度。这样楼板上荷载的传递方式为：先由楼板传给梁，再由梁传给墙或柱。这种由板和梁组成的楼板称为梁板式楼板，如图 3.48 所示。

梁板式楼板通常在纵横两个方向都设置梁，有主梁和次梁之分。主梁和次梁的布置应考虑建筑物的使用要求、房间的大小形状、荷载作用情况及构件的经济尺度。一般主梁沿房间短跨方向布置，次梁则垂直于主梁布置。

当房间的形状为方形或近于方形且跨度不小于 10m 时，可将两个方向的梁等间距布置，并采用相同的梁高，形成井格形梁板结构，这种楼板称为井式楼板或井字梁式楼板。井式楼板可与墙体正交放置或斜交放置，如图 3.49 所示。由于井式楼板可以用于较大的无柱空间，而且楼板底部的井格整齐划一，很有韵律，具有较好的装饰效果，所以常用在门厅、大厅、会议室、餐厅、小型礼堂和舞厅等处。

3. 无梁楼板

无梁楼板是将等厚的平板直接支承在柱上，楼板的四周可支承在墙上或边柱的圈梁上。无梁楼板分为有柱帽和无柱帽两种。当荷载较大时，为避免楼板太厚，同时为提高楼板的承载能力、刚度和抗冲切能力，应采用有柱帽无梁楼板。

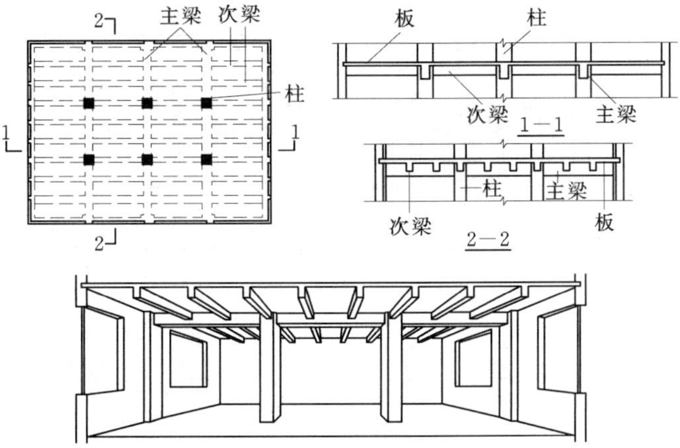

图 3.48 梁板式楼板

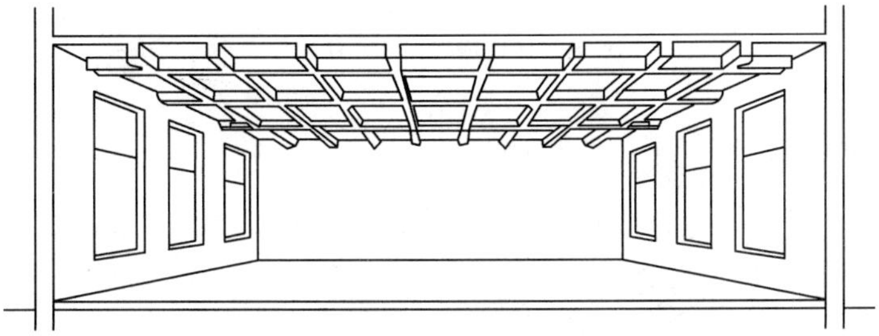

图 3.49 井字梁式楼板

无梁楼板的柱网一般布置为正方形或矩形，间距一般在 6m 左右，较经济，板的厚度不小于 120mm。无梁楼板具有顶棚平整、净空高度大、采光通风条件较好、施工简便等优点，当楼板厚度较大，适用于书库、商店、仓库等荷载较大的建筑，如图 3.50 所示。

4. 钢衬板组合楼板

钢衬板组合楼板是利用凹凸相间的压型薄钢板做衬板，与现浇混凝土浇注在一起，支承在钢梁上构成整体性楼板。

钢衬板组合楼板主要由楼面层、组合板和钢梁 3 部分所构成，组合板包括混凝土和钢衬板，此外可根据需要设吊顶棚，如图 3.51 所示。

钢衬板组合楼板可使混凝土和钢衬板共同受力，即混凝土承受剪应力与压应力，压型钢板用来承受楼板下部的拉应力，同时也是浇注混凝土的永久模板。此外，还可利用压型钢板肋间的空隙敷设室内电力管线，亦可在钢衬板底部焊接架设悬吊管道、通风管道和吊顶棚的支柱，从而充分利用了楼板结构中的空间。

钢衬板组合楼板充分利用了材料性能，简化了施工程序，加快了施工进度，且楼板的整体性、耐久性、强度和刚度都很好，适用于大空间建筑和高层建筑，在国际上已普遍采用。但其耐火性和耐锈蚀性不如钢筋混凝土楼板，且用钢量大、造价较高。

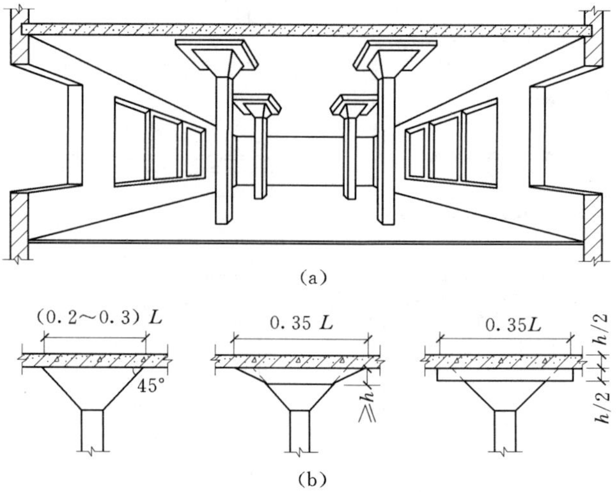

图 3.50 无梁楼板
(a) 无梁楼板透视；(b) 柱帽形式

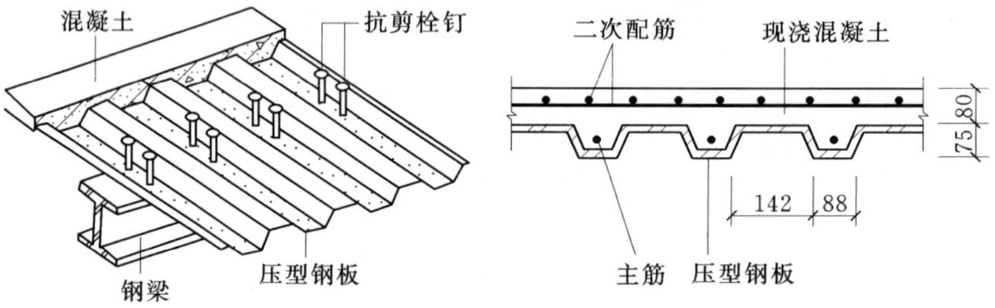

图 3.51 压型钢板混凝土组合板

钢衬板与钢衬板之间和钢衬板与钢梁之间的连接，一般采用焊接、自攻螺丝连接、膨胀铆钉固接和压边咬接等方式。

3.3.2.3 装配整体式钢筋混凝土楼板

装配整体式钢筋混凝土楼板，是一种预制装配和现浇相结合的楼板类型，兼有预制与现浇的双重优越性，目前常用的是预制薄板叠合楼板。

预制薄板叠合楼板是以预制薄板为永久模板来承受施工荷载，板面现浇混凝土叠合层，所有楼板层中的管线均事先埋在叠合层内，现浇层内只需配置少量承受支座负弯矩的钢筋。预制薄板底面平整，作为顶棚可直接喷浆或铺贴其他装饰材料，叠合楼板的构造如图 3.52 所示。由于预制薄板具有模板和承重的作用，因而可以提高施工进度，节省模板和保证模板的整体性，对结构和施工均有利。叠合楼板具有跨度大、厚度小、自重减少、节约模板并降低造价等优点，目前，已广泛用于住宅、办公楼、旅馆、学校、医院和仓库等建筑中。但不宜用于有

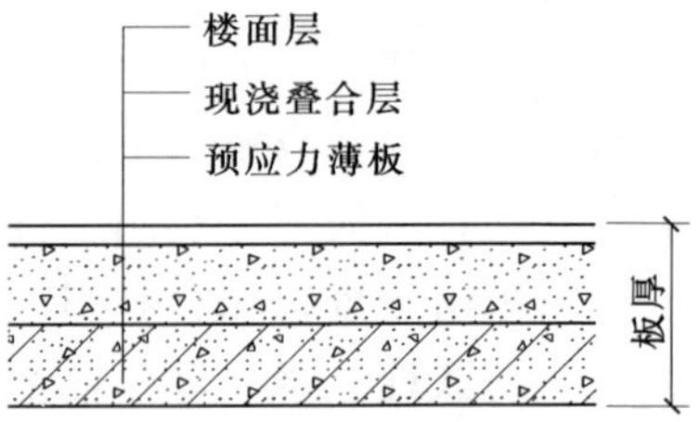

图 3.52 叠合楼板的组成

振动荷载的建筑中。

3.3.3 顶棚层

顶棚层又称天花板，是楼板层的最下面部分，也是室内的一个饰面。作为顶棚，应具备表面光洁、美观、能反射光线和改善室内照度等特点。一般顶棚多为水平式，但根据房间用途的不同，可做成折线行、弧形等形状。

从构造上，顶棚主要有直接式顶棚和吊顶式顶棚两种。

3.3.3.1 直接式顶棚

直接式顶棚是指在钢筋混凝土楼板下面喷（刷）涂料、抹灰和粘贴装修材料的一种构造方式，如图 3.53 所示，多用于大量性工业民用建筑中。当楼板底面平整时，可直接在楼板底面喷或刷大白浆涂料或 106 装饰涂料，以增加顶棚的光反射作用；当楼板结构层为钢筋混凝土预制板时，可用 1：3 水泥砂浆填缝刮平，再喷刷涂料。当室内要求较高时，可采用纸筋灰顶棚和水泥砂浆顶棚，材料最好与墙面装修保持一致。

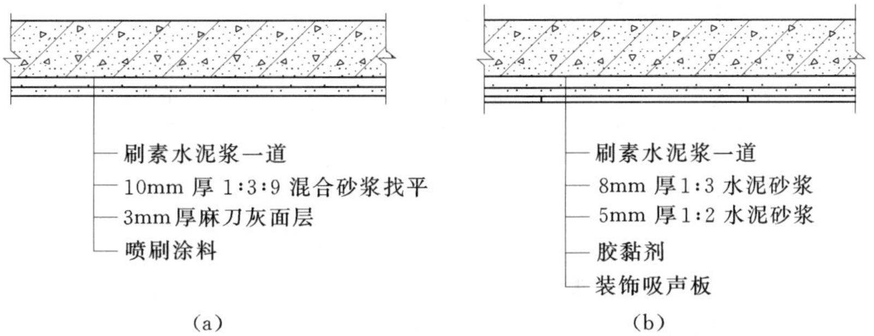

图 3.53 直接式顶棚构造
（a）抹灰顶棚；（b）粘贴顶棚

3.3.3.2 吊顶棚

吊顶棚是指悬挂在屋顶或楼板下，由骨架和面板所组成的顶棚（简称吊顶）。其主要作用是美化室内环境、改善室内的声学和光学性能、遮挡结构构件和各种管线并满足室内的保温和隔热等条件。

吊顶在设计时应注意防火，协调各种管线、灯具和设备，使之成为有机的整体，同时应考虑便于维修和工业化施工，避免湿作业。

吊顶由龙骨和面板组成，其构造如图 3.54 所示。其中吊顶的龙骨又分为主龙骨和次龙骨，主龙骨是吊顶的承重构件，通过吊筋与楼板相连；次龙骨则作为固定面板的基层，按照面板的规格以一定的间距固定在主龙骨上。龙骨按构成材料分为木龙骨和钢龙骨（轻钢龙骨和铝合金龙骨等）。吊顶面板分为抹灰面层和板材面层两类，其中，抹灰面层为湿作业，费工费时，如采用板材面板（如木质板、铝合金板和石膏板等），既可加快施工进度，又能保证施工质量。

吊顶龙骨的吊筋应锚固在楼板上，锚固方法有预埋件锚固、预埋筋锚固、膨胀螺栓锚固和射钉锚固。

3.3.4 地坪层与地面构造

地坪是指建筑物最底层房间与土壤相交接处的水平构件。同楼板层一样，它承受着地

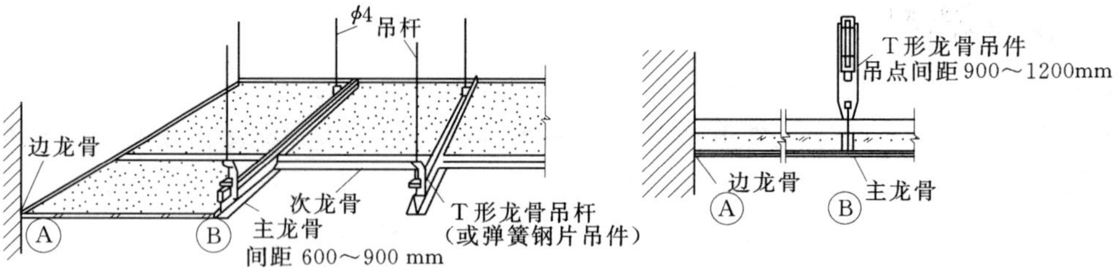

图 3.54 T形轻金属龙骨吊顶构造

坪上的荷载，并把这些荷载均匀地传给地坪以下的土壤。

3.3.4.1 地坪的组成及地面的分类

1. 地坪的组成

地坪的基本组成包括面层、结构层和基层3部分，对有特殊要求的地坪，常在面层和结构层之间增设一些附加层，如图3.55所示。

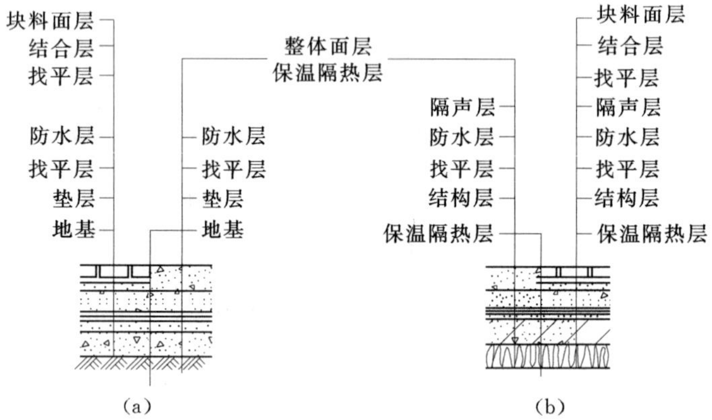

图 3.55 地面组成示意图

(a) 底层地面的组成；(b) 楼层地面的组成

(1) 面层：地坪的面层也称地面，和楼面一样，是直接承受各种物理作用和化学作用的表面层，起着保护结构层和美化室内的作用。根据使用和装修要求的不同，有各种不同的做法。

(2) 结构层：结构层也称垫层，起着承重和传力作用，通常采用C10混凝土制成，厚度一般为80～100mm。

(3) 基层：基层为结构层（垫层）与地基之间的找平层和填充层，主要起加强地基、帮助结构层传递荷载的作用。对地基条件较好且室内荷载不大的建筑，一般可不设基层，直接在素土夯实后作为混凝土垫层；而对某些室内荷载较大且地基较差，或有其他特殊要求及装修标准较高的建筑物，则需设置基层。基层一般就地取材，如北方可用灰土或碎石，南方多用碎砖或碎石、炉渣三合土。

(4) 附加层：附加层主要是满足某些特殊使用要求而设置的一些构造层次，如防水层、防潮层、保温层、隔热层、隔声层和管道敷设层等。

2. 地面的类型

地面的名称一般是按照面层所用材料来命名的。按照面层所用材料和施工方式的不同，常见地面做法可以分为下列 4 类。

(1) 整体类地面：包括水泥砂浆地面、细石混凝土路面、沥青砂浆地面、菱苦土地面和水磨石地面等。

(2) 块材类地面：包括铺砖地面、陶瓷砖地面、石材地面和木地面等。

(3) 卷材类地面：包括塑料地毡、橡胶地毡、无纺地毯和手工编织地毯等。

(4) 涂料类地面：包括多种水溶性、水乳性、溶剂性涂布地面。

3.3.4.2 常用地面构造

1. 整体类地面

(1) 水泥砂浆地面：简称水泥地面。它构造简单、防潮防水、坚固耐磨、造价低廉，是目前使用普遍的一种低档地面，其构造如图 3.56 所示，但水泥砂浆地面导热系数大、吸水性差、易结露、易起灰且难清洁。水泥砂浆地面包括水泥地面、干硬性地面、防滑水泥地面、磨光水泥地面、水泥石屑地面和彩色水泥地面等。

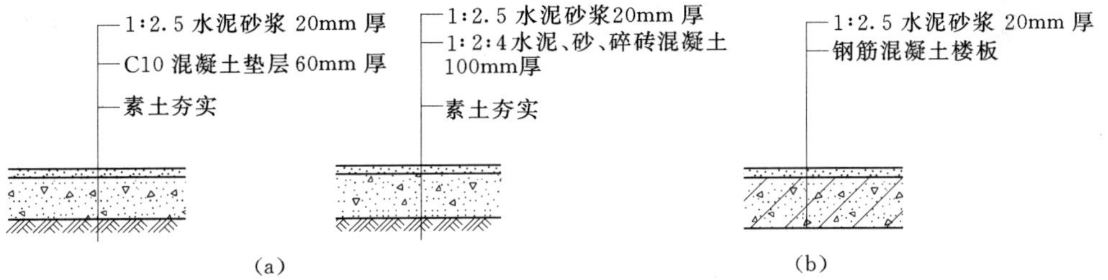

图 3.56 水泥砂浆地面

(2) 细石混凝土地面：是为了增强楼板层的整体性和防止楼面产生裂缝和起砂，在做楼板面层时，采用 30～40mm 厚细石混凝土层，在初凝时用铁滚滚压出浆水抹面后，终凝前再用铁板压光作为地面。细石混凝土地面刚性好、强度高、整体性好且不易起灰。

(3) 水磨石地面：又称磨石子地面，是将天然石材（如方解石和大理石等）的石屑做成水泥石屑面层，经磨光打蜡制成。它表面光洁、美观且不易起灰，具有很好的耐磨性、耐久性，并耐碱、耐油、防水、防火，常用于公共建筑的大厅、走廊、楼梯和卫生间的地面。其构造，如图 3.57 所示。

普通水磨石地面采用普通水泥掺白石子，玻璃条分格；美术水磨石可用白水泥加各种颜料和各色石子，用铜条分格，形成各种优美的图案；还可以将破碎的大理石块铺入面层，不分格，缝隙处填补水泥石屑，磨光后即形成冰裂水磨石。

2. 块材类地面

块材类地面又称镶铺类地面，是利用各种预制块材或板材镶铺在基层上的地面，常见的包括以下 4 种。

(1) 铺砖地面：是指由普通黏土砖或大阶砖铺砌的地面，由于砖的尺寸较大，可直接铺在素土夯实的地基上，但为了铺砌方便和易于找平，常用砂做结合层。普通黏土砖可以平铺，也可以侧铺，砖缝之间以水泥砂浆或石灰砂浆嵌缝，如图 3.58 所示。砖材造价低，

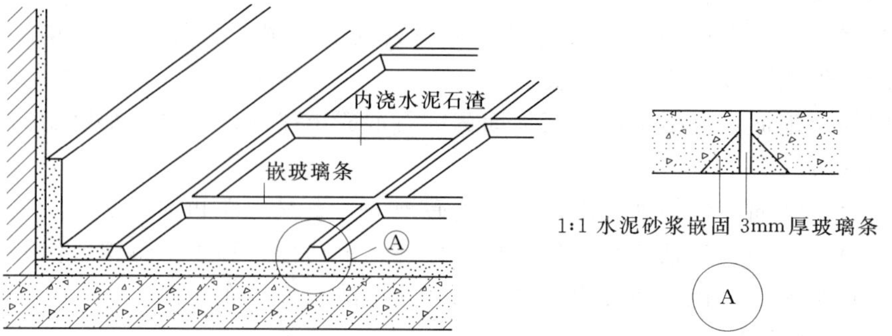

图 3.57 水磨石地面构造

能吸湿，对黄霉天返潮地区有利，但不耐磨，故多用于一般性民用建筑。

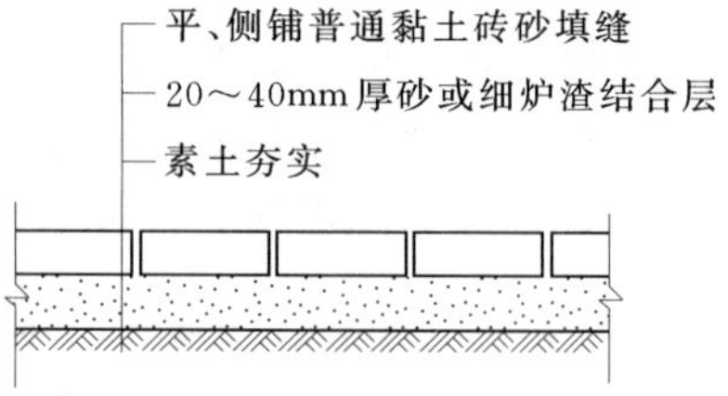

图 3.58 砖地面

（2）陶瓷砖地面：包括缸砖地面和马赛克地面，如图 3.59 所示。缸砖质地细密坚硬、强度较高、耐磨、耐水、耐油、耐酸碱、易于清洁、不起灰且施工简单，所以广泛应用于卫生间、盥洗室、浴室、厨房、实验室及有腐蚀性液体的房间地面；马赛克质地坚硬、经久耐用、色泽多样，具有耐磨、防水、耐腐蚀和易清洁等特点，常用于卫生间、厨房、化验室及精密工作间地面。

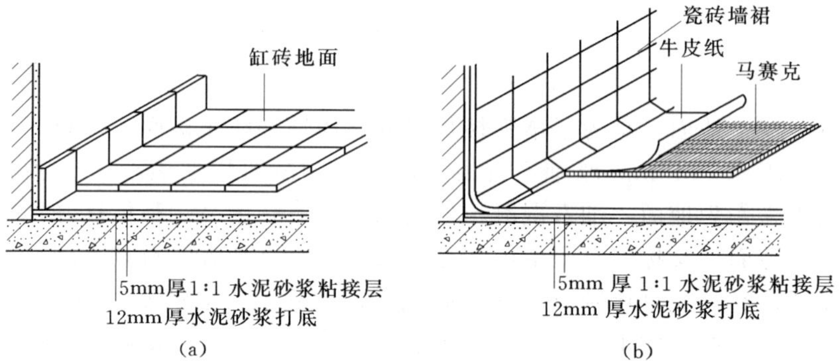

图 3.59 缸砖、马赛克铺地

（a）缸砖地面；（b）马赛克地面

（3）石板地面：石材地面可分为人造石板和天然石板地面。人造石板包括水泥花砖、水磨石板和人造大理石板等，规格有 200mm×200mm、300mm×300mm、500mm×500mm，厚度一般为 20～50mm；天然石板包括大理石、花岗岩板，其质地坚硬，色泽艳丽、美观，属于高档地面装修材料。常用的为 600mm×600mm，厚度为 20mm，尺寸也可另行加工。石材地面一般多用作高级宾馆、公共建筑的大厅，影剧院、体育馆的入口处等地面，构造如图 3.60 所示。

（4）木地面：主要特点是有弹性、不起灰、不返潮、易清洁且保温性能好，常用于高级住宅、宾馆、健身房、体育馆和剧院舞台等。

木地面按构造方式可分为空铺、实铺和粘贴3种，其构造分别如图3.61、图3.62、图3.63所示。

3. 卷材类地面

卷材类地面主要以粘贴各种卷材为主。常见的包括塑料地毡、橡胶地毡、无纺地毯和手工编织地毯等。这些材料表面美观、干净，装饰效果好，具有良好的保温、消声性能。适用于公共建筑和居住建筑。

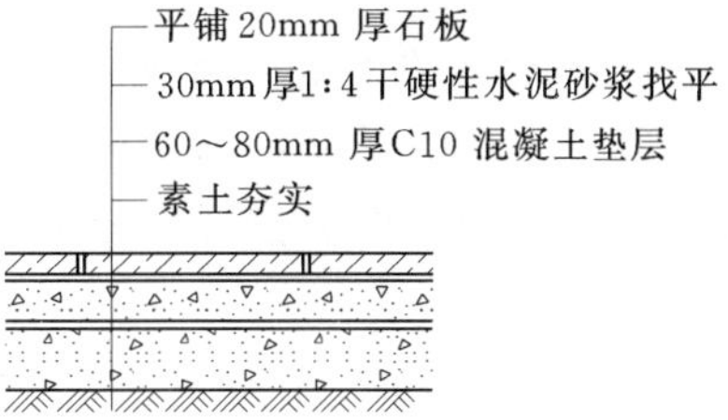

图3.60 石材地面

4. 涂料类地面

涂料类地面是水泥砂浆或混凝土地面的一种处理形式，即在水泥地面或混凝土地面上涂布一层溶剂性涂料或聚合物涂料，硬化后形成一整体无缝的面层。涂料类地面耐磨性好、耐腐蚀、耐水、整体性好、易清洁且不易起灰，它弥补了水泥砂浆和混凝土地面的缺陷（易起灰、欠美观），同时价格低廉，易于推广。

涂料地面要求水泥地面坚实、平整，涂料与面层粘结牢固，不得有掉粉、脱皮及开裂等现象。同时，涂层的色彩要均匀，表面要光滑、洁净，给人以舒适、明净及美观的感觉。

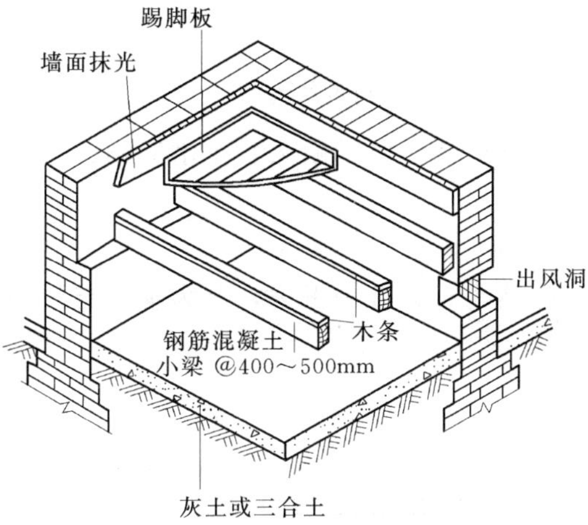

图3.61 空铺木地面

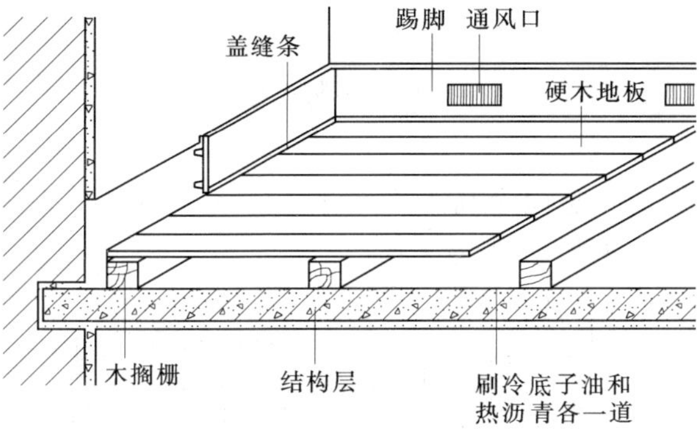

图3.62 实铺木地面

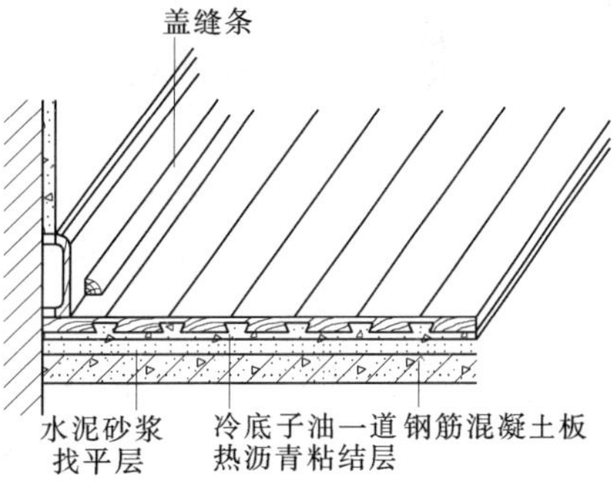

图3.63 粘贴式木地板

3.3.5 阳台和雨篷

阳台和雨篷都属于建筑物上的悬挑构件。

阳台是悬挑于建筑物外墙上并连接室内的室外平台，可以起到观景、纳凉、晒衣及养花等多种作用，是住宅和旅馆等建筑中不可缺少的一部分。

雨篷位于建筑物出入口的上方，用来遮挡雨雪，保护外门免受侵蚀，提供一个从室外到室内的过渡空间。

3.3.5.1 阳台

1. 阳台的类型和设计要求

（1）阳台的类型：阳台按其与外墙面的关系可分为挑阳台、凹阳台和半挑半凹阳台；按其在建筑中所处的位置可分为中间阳台和转角阳台，如图 3.64 所示。

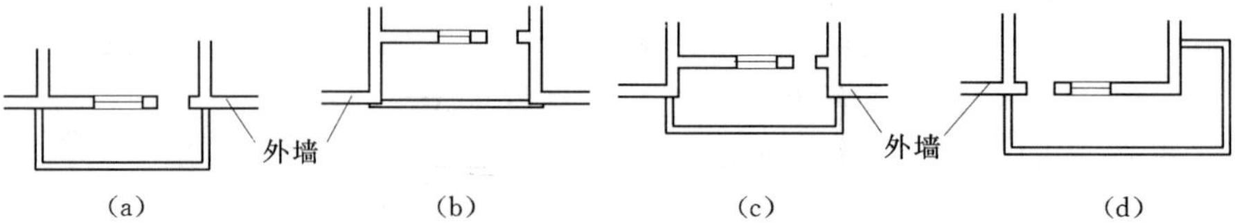

图 3.64 阳台的类型

(a) 挑阳台；(b) 凹阳台；(c) 半凹半挑阳台；(d) 转角阳台

（2）阳台的设计要求：阳台在设计时应满足安全适用、坚固耐久、排水通畅、栏杆安全实用、施工方便及形象美观等要求。

2. 阳台的结构布置

阳台的结构形式及其布置应与建筑物的楼地板结构布置统一考虑，分为现浇与预制两种，如图 3.65 和图 3.66 所示。

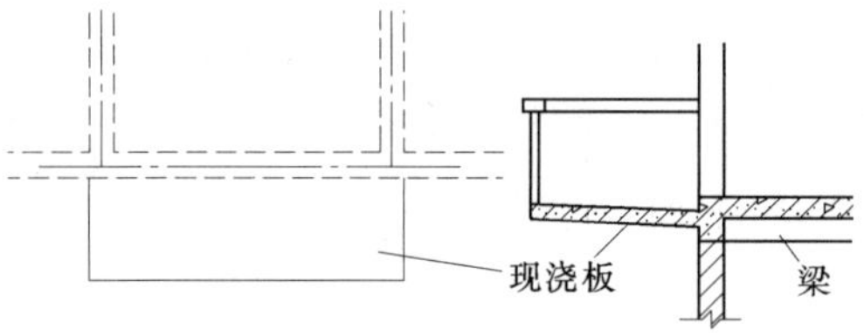

图 3.65 现浇板悬挑阳台

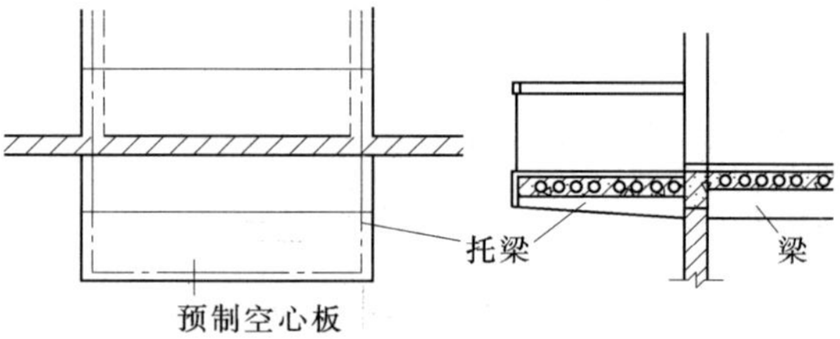

图 3.66 预制板悬挑阳台

3. 阳台的细部构造

（1）阳台临空的部位须设置栏杆或栏板，其竖向净高不应小于 1.05m，以保证安全。其形式多样，风格应与整体建筑协调统一，如图 3.67 所示。

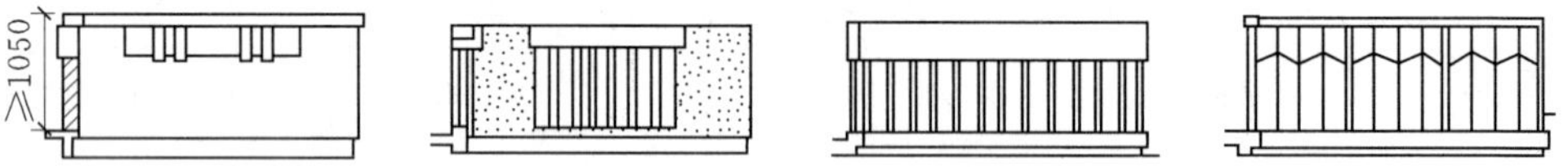

图 3.67 栏杆、栏板的形式

（2）阳台的细部构造主要包括栏杆与扶手、阳台板和花盆台的连接，以及栏杆与栏板的处理，如图 3.68 和图 3.69 所示。

（3）阳台排水：由于阳台通常外露，为防止雨水流入室内，设计时应将阳台标高低于室内地面 20～50mm，并在阳台一侧设置水舌排水，如图 3.70 和图 3.71 所示。

3.3.5.2 雨篷

雨篷是建筑物外门顶部悬挑的水平挡雨构件。常采用现浇钢筋混凝土悬臂板，有板式

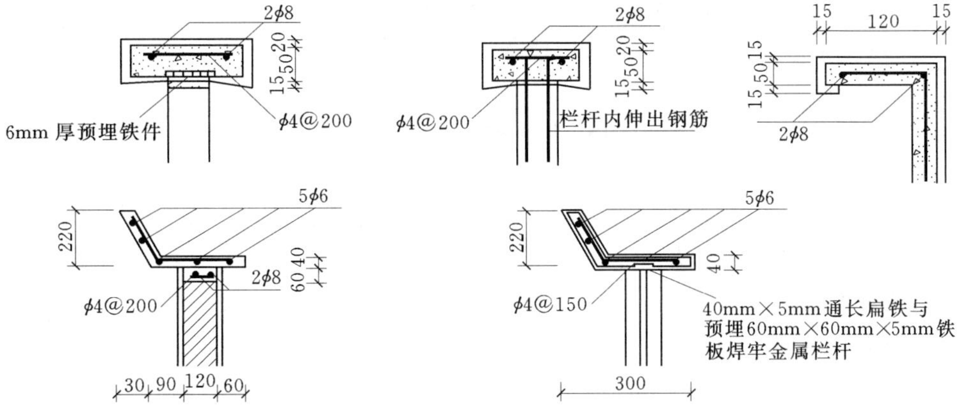

图 3.68　栏杆压顶的做法

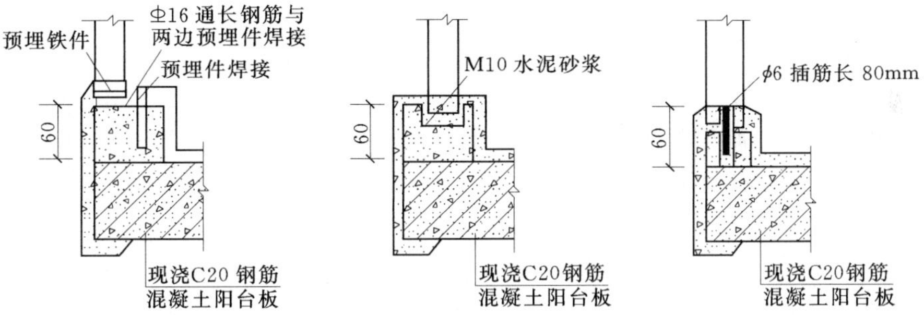

图 3.69　栏杆与阳台板的连接

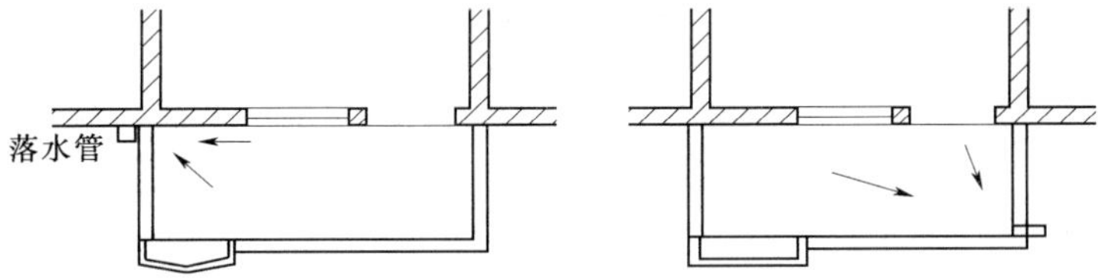

图 3.70　阳台的排水方式

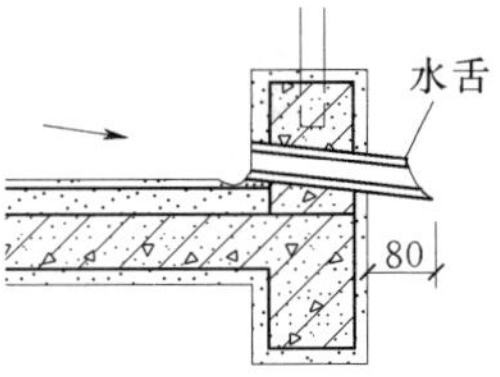

图 3.71　水舌排水构造

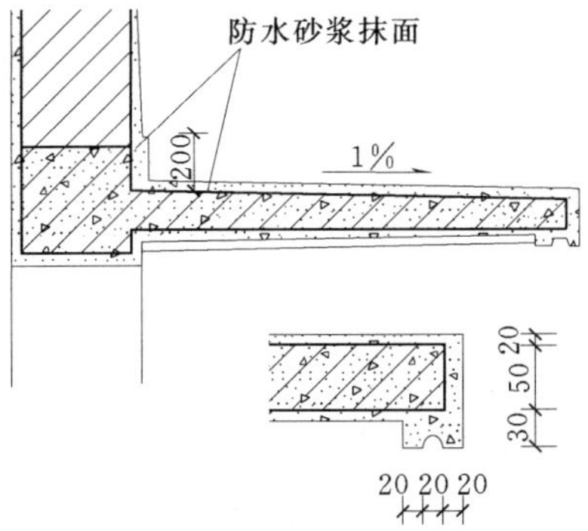

图 3.72　板式雨篷

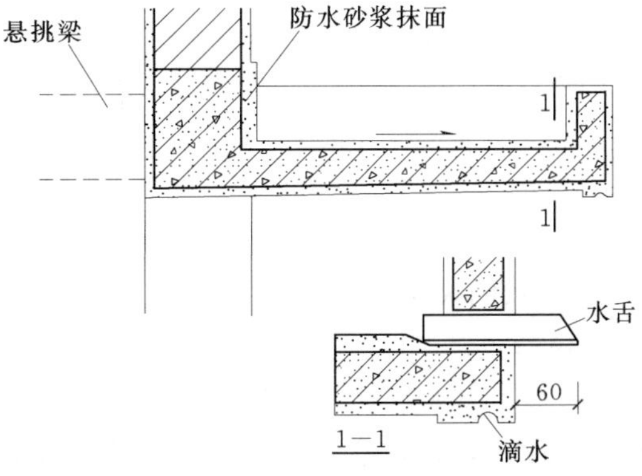

图 3.73　梁板式雨篷

和梁板式之分，其悬臂长度一般为1.0～1.5m。为了防止雨篷产生倾覆，常将雨篷与入口处门过梁（或圈梁）浇筑在一起，其构造如图3.72和图3.73所示。

3.4 楼 梯

楼梯是房屋的垂直交通设施，也是建筑内上下层之间的交通疏散设施。通常的垂直交通设施有楼梯、电梯和自动扶梯等。

3.4.1 楼梯的组成与形式

3.4.1.1 楼梯的组成

楼梯由楼梯梯段、平台及栏杆扶手3部分组成，如图3.74所示。

3.4.1.2 楼梯的形式

（1）按布置形式和造型分，楼梯可分为直跑式、双跑式、曲尺式、三跑式、多跑式、剪刀式、弧形及螺旋形等，如图3.75所示。

（2）按建筑的平面功能和室内设计的美观分，楼梯可分为合上双分式、分上双合式等，如图3.75所示。

（3）按结构的材料分，楼梯可分为木楼梯、钢楼梯和钢筋混凝土楼梯等。

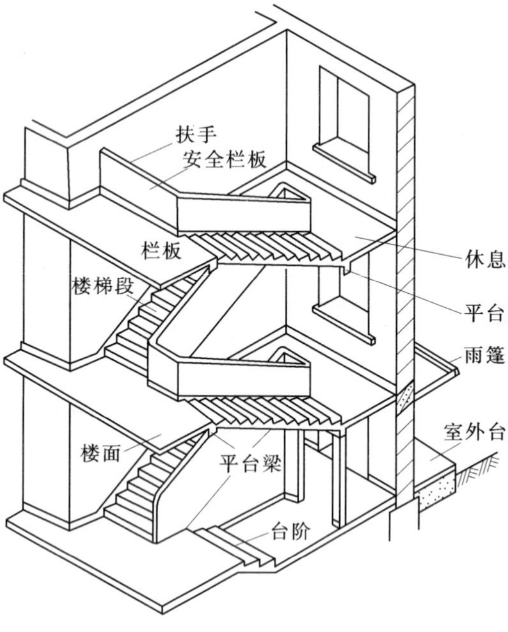

图3.74 楼梯的组成

3.4.2 楼梯的尺度

楼梯的尺度决定于疏散的人流量。

3.4.2.1 楼梯的宽度

1. 楼梯梯段的宽度

楼梯梯段是楼梯的主要组成部分，必须满足上下人流及搬运物品的需要，一般为确保安全，供单人通行时，梯段宽度B不小于850mm；供双人通行时B不小于1100mm，如图3.76所示。

2. 楼梯平台的宽度

连接两个梯段的水平构件称为平台，可分为中间平台和楼层平台。位于两个梯段之间的连接部分，称为中间平台，其作用是供行人稍作休息、缓解疲劳和转换方向；在楼层上下楼梯的开始部位，也有一段平台，其作用是利于人流的缓冲，称为楼层平台。平台的净宽D不应小于楼梯梯段的宽度B。

3.4.2.2 楼梯的坡度与踏步尺寸

1. 楼梯的坡度

楼梯的坡度就是踏步的高宽比，即踢面高与踏面宽的比值。踏步的踢面愈低，踏面愈宽，则坡度愈小，行走愈舒适，所以确定楼梯的踏步尺寸时应综合考虑多种因素。

楼梯坡度一般为20°～30°，其中以30°左右较为常用；坡度小于20°为坡道，大于45°

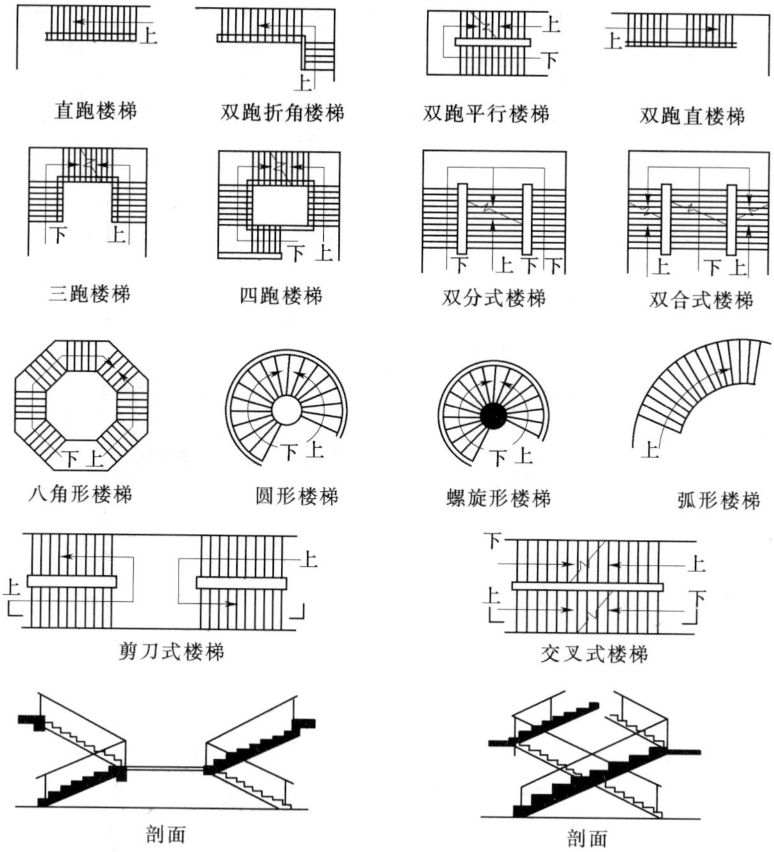

图 3.75 楼梯的形式

为爬梯。

2. 踏步尺寸

确定踏步尺寸的方法与公式有多种，通常采用的是：$b+2h=600\sim620$mm（其中 b 为踏步宽，一般为 250～350mm；h 为踢面高，一般不应大于 180mm；人行走时的平均步距为 600～620mm）。一般楼梯的踏步尺寸如表 3.5 所示。

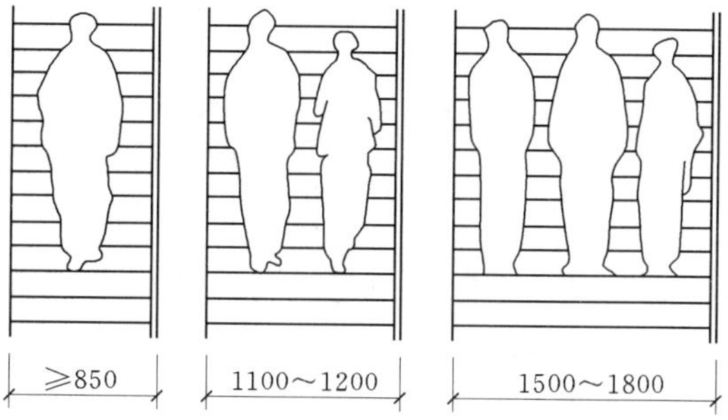

图 3.76 楼梯段宽度和人流股数的关系

3.4.2.3 栏杆扶手的高度

考虑到楼梯上行人行走时的安全，楼梯梯段的边缘和平台临空的一面应设置栏杆或栏板，栏杆或栏板顶部供人行走扶用的构件称为扶手。有时在梯段宽度 B 大于 1400mm 时，应设靠墙扶手；当 B 大于 2200mm 时，还需设中间扶手。扶手的高度 H 与楼梯的坡度与使用要求有关，H 一般采用 900mm；儿童使用的楼梯，H 一般取 600mm；顶层平台的水平安全扶手 H 应不小于 1000mm，栏杆之间的水平距离不应大于 120mm，如图 3.77 所示。

表 3.5 楼梯的踏步尺寸 单位：mm

名 称	住 宅	剧院、会堂	医院（病人用）	学校办公楼	幼儿园
踢面高	156～175	120～150	150	140～160	120～150
踏面宽	250～300	300～350	300	280～340	250～280

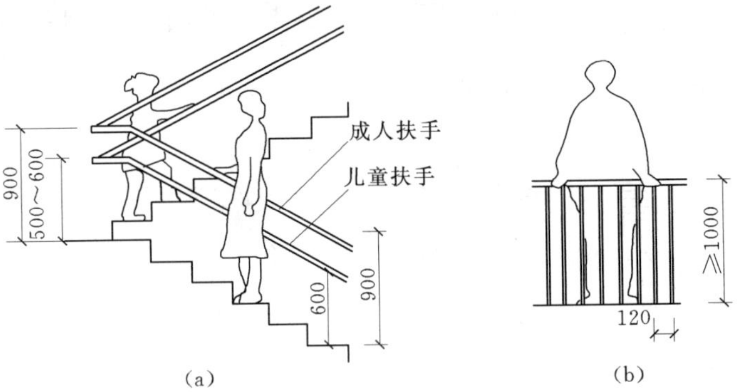

图 3.77 栏杆扶手高度

（a）梯段处；（b）顶层平台处安全栏杆

3.4.2.4 楼梯的净空高度

楼梯的净空高度是指梯段的任何一级踏步至上一层平台梁底的垂直高度，或底层地面至底层平台底的垂直距离，或下层梯段与上层梯段之间的距离。为了保证这些部分行走畅通或搬运物品时不受影响，其净空在平台处应不小于 2m，使身材高大的人不得碰头，家具能顺利通过，并不会产生压抑感，在梯段处的净空高度应不小于 2.2m，如图 3.78 所示。

3.4.3 钢筋混凝土楼梯

钢筋混凝土楼梯按施工方法分为现浇式和预制装配式两大类。

3.4.3.1 现浇式钢筋混凝土楼梯

现浇式钢筋混凝土楼梯的整体性能好，刚度大，有利于抗震，但模板耗费大，施工周期长，一般适用于抗震要求高、楼梯形式和尺寸变化多的建筑物。现浇式钢筋混凝土楼梯按楼段的结构形式不同，分为板式楼梯和梁板式楼梯两种。

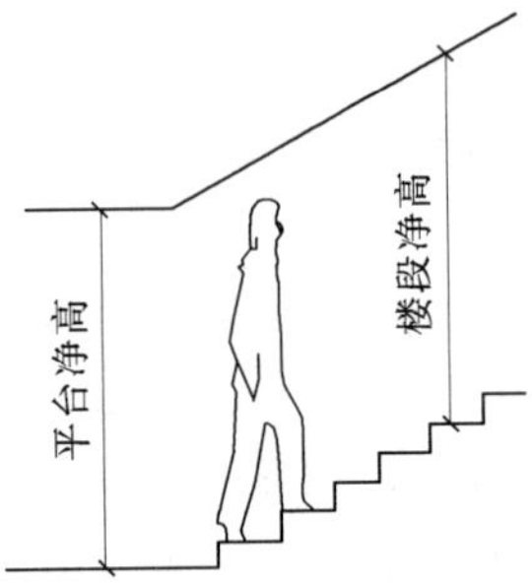

图 3.78 楼梯净空高度

1. 板式楼梯

板式楼梯通常由梯段板、平台梁和平台板组成。梯段板是一块带有踏步的斜板，它承受着梯段的全部荷载，并将荷载通过平台梁传给墙或柱子，如图 3.79（a）所示。必要时，也可取消梯段板一端或两端的平台梁，使平台板与梯段板连为一体，形成折线形的板，直接支承于墙或梁上，如图 3.79（b）所示。

2. 梁板式楼梯

梁板式楼梯段是由踏步板和梯段斜梁（简称梯梁）组成。梯段的荷载由踏步板传递给梯梁，梯梁将荷载传给平台梁，平台梁再将荷载传给墙体或柱子。

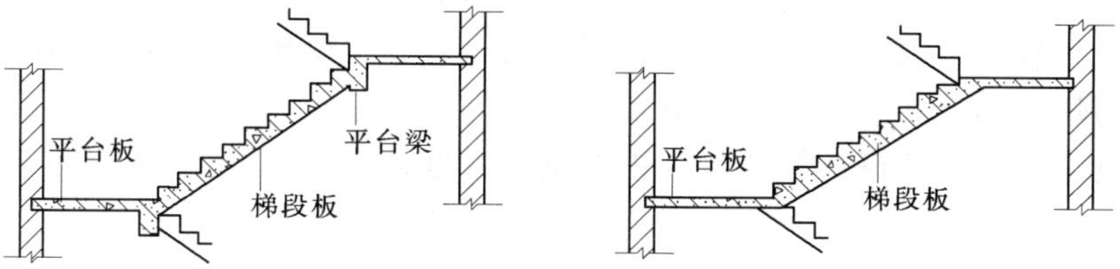

图 3.79 板式楼梯

梯梁通常设 2 根，分别布置在踏步板的两端。梯梁与踏步板在竖向的相对位置有两种：

（1）梯梁在踏步板之下，踏步外露，称为明步式，如图 3.80（a）所示。

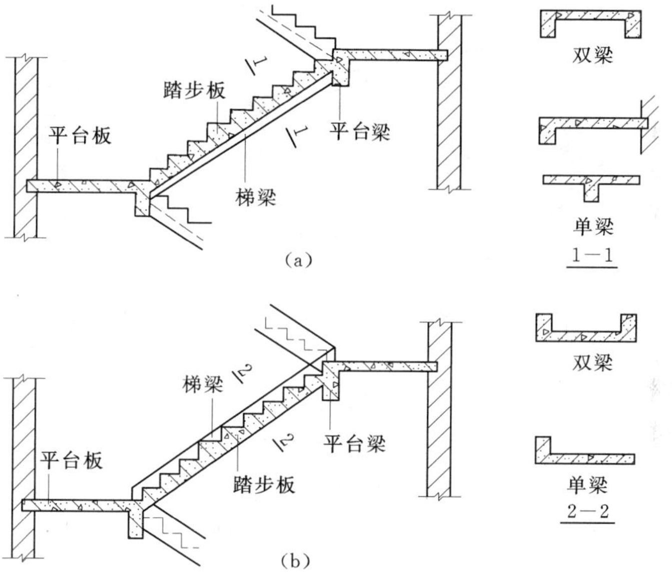

图 3.80 梁板式楼梯

（a）明步楼梯；（b）暗步楼梯

（2）梯梁在踏步板之上，形成反梁，踏步包在里面，称为暗步式，如图 3.80（b）所示。

当荷载或梯段跨度较大时，梁板式楼梯比板式楼梯的钢筋和混凝土用量少、自重轻，因此，采用梁板式楼梯比较经济。但同时也应注意到梁板式楼梯在支模、钢筋绑扎等操作方面比板式楼梯复杂。

3.4.3.2 预制装配式钢筋混凝土楼梯

预制装配式钢筋混凝土楼梯按其构造方式可分为墙承式、墙悬臂式和梁承式 3 种。

1. 墙承式预制装配式钢筋混凝土楼梯

墙承式预制装配式钢筋混凝土楼梯是指预制钢筋混凝土踏步板直接搁置在两面墙上的一种楼梯形式，其踏步板采用预制的一字形、L 形或三角形断面。

墙承式预制装配式钢筋混凝土楼梯由于踏步两端均有墙体支承，无需设平台梁和梯斜梁，也不必设栏杆，需要时靠墙设扶手，可节约钢材和混凝土。但由于每块踏步板直接安装入墙体，对墙体砌筑和施工速度影响较大。另外，踏步板入墙端形状、尺寸与墙体砌块模数不容易吻合，难以保证砌筑质量，影响砌体强度。

此种楼梯由于在楼梯之间有墙，搬运家具不方便，也阻挡视线，上下人流易相撞，所以通常在中间墙上开设观察口，以使上下人流视线流通。也可将中间墙两端平台部分局部收进，以使空间通透，有利于改善视线、搬运家具物品，但这种方式施工较麻烦，对抗震也不利。

2. 墙悬臂式预制钢筋混凝土楼梯

墙悬臂式预制钢筋混凝土楼梯是指预制钢筋混凝土踏步板一端嵌固在楼梯间侧墙上，另一端临空悬挑的楼梯形式，如图3.81所示。

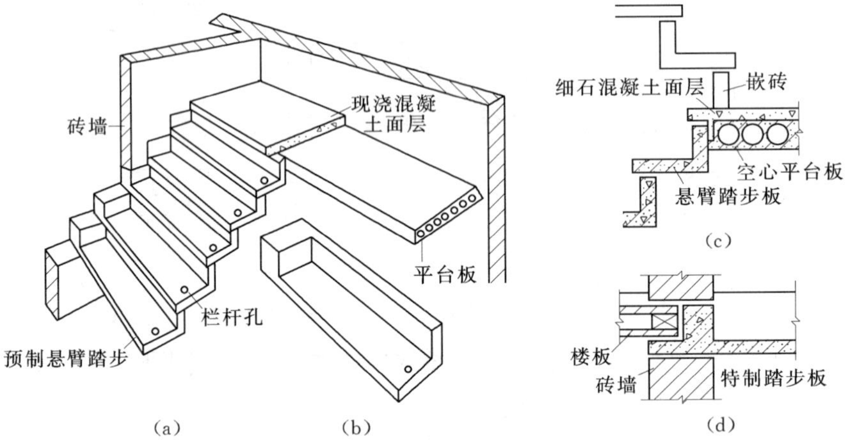

图3.81　墙悬臂式楼梯

(a) 悬臂踏步楼梯示意；(b) 踏步构件；(c) 平台转换处剖面；(d) 遇楼板处构件

墙悬臂式预制钢筋混凝土楼梯无平台梁和斜梯梁，也无中间墙，楼梯间空间轻巧空透，结构占用空间小，在住宅建筑中使用较多，但其楼梯间整体刚度较差，不能用于有抗震设防要求的地区。由于需随墙体砌筑安装踏步板，并需设临时支撑，施工较麻烦。为了加强踏步板之间的整体性，在构造上需将单块踏步板相互连接起来。可在踏步板悬臂端留孔，用插筋套接，并用高强度等级水泥砂浆嵌固。在梯段起步或末步处，根据所采用的踏步断面是L形或倒L形，需填砖处理，如图3.81（c）所示。

在楼层平台与梯段交接处，由于楼梯间侧墙另一面常有房间楼板支承在该墙上，其入墙位置与踏步板入墙位置冲突，需对此块踏步板作特殊处理，如图3.81（d）所示。

3. 梁承式预制钢筋混凝土楼梯

梁承式预制钢筋混凝土楼梯是指梯段由平台梁支承的楼梯构造方式。由于在楼梯平台与斜向楼梯段交汇处设置了平台梁，避免了构件转折处受力不合理和节点处理的困难，一般应用于大量性民用建筑中。预制构件可按梯段（板式或梁板式梯段）、平台梁和平台板3部分进行划分。

（1）梯段。

1）梁板式梯段：梁板式梯段由斜梁和踏步板组成。一般在踏步板两端各设 1 根斜梁，踏步板支承在斜梁上，由于构件小型化，施工简便，如图 3.82（a）所示。

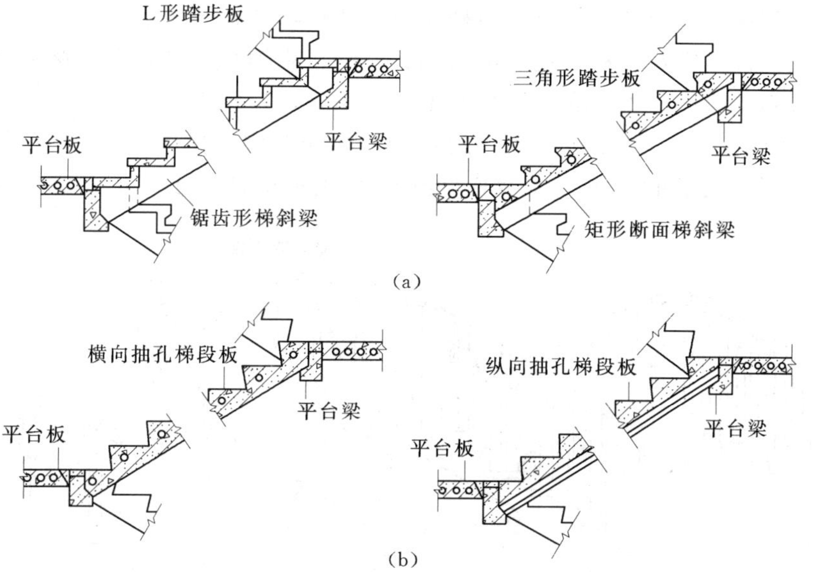

图 3.82　预制装配梁承式钢筋混凝土楼梯

（a）梁板式梯段；（b）板式梯段

2）板式梯段：板式梯段为带踏步的钢筋混凝土锯齿形板，其上、下端直接支承在平台梁上，如图 3.82（b）所示。由于没有斜梁，梯段地面平整，结构厚度由于梯段厚度小，且无斜梁，使平台梁截面高度相应减小，从而增大了平台下净空高度。

（2）平台梁。

为了便于支承斜梁或梯段板，平衡梯段的水平分力和减少平台梁的占用结构空间，一般将平台梁做成 L 形断面。其构造高度按 $l/12$ 估算（l 为平台梁跨度）。

（3）平台板。

平台板可根据需要采用钢筋混凝土空心板、平板或槽板。需要注意的是，在平台上有管道井处，不宜布置空心板。平台板一般平行于平台梁布置，以利于加强楼梯间整体刚度。当垂直于平台梁布置时，常用小平板。

3.4.4　楼梯的细部构造

3.4.4.1　踏步面层及防滑构造

楼梯踏步要求面层防滑、耐磨并便于行走、清洁。踏步面层的材料，一般与门厅或走道的楼地面材料一致，常用的有水泥砂浆、水磨石、缸砖和大理石等。

为防止行走滑跌，踏步表面应有防滑措施，尤其是人流量大或踏步表面光滑的楼梯，必须对踏步表面进行处理。方法通常是在接近踏口处留 2～3 道凹槽或设置防滑条，防滑条的材料主要包括金刚砂、马赛克、金属条和橡胶条等。

3.4.4.2 栏杆和扶手的构造

楼梯的栏杆和扶手是梯段上所设的安全设施，根据梯段的宽度设于一侧或两侧或梯段的中间，应满足安全、坚固、舒适、美观、构造简单、施工和维修方便等要求。

1. 栏杆构造

楼梯栏杆包括空花栏杆、栏板式栏杆和组合式栏杆 3 种。

（1）空花栏杆：空花栏杆一般采用圆钢、方钢、扁钢和钢管等金属材料制成。常用的断面尺寸：圆钢为 ϕ16～25mm，方钢为 15～25mm，扁钢为（30～50）mm×（3～6）mm，钢管为 ϕ20～50mm。在儿童活动的场所（如幼儿园、住宅等），为了安全起见，空花栏杆的空格不应大于 110mm。空花栏杆的形式如图 3.83 所示。

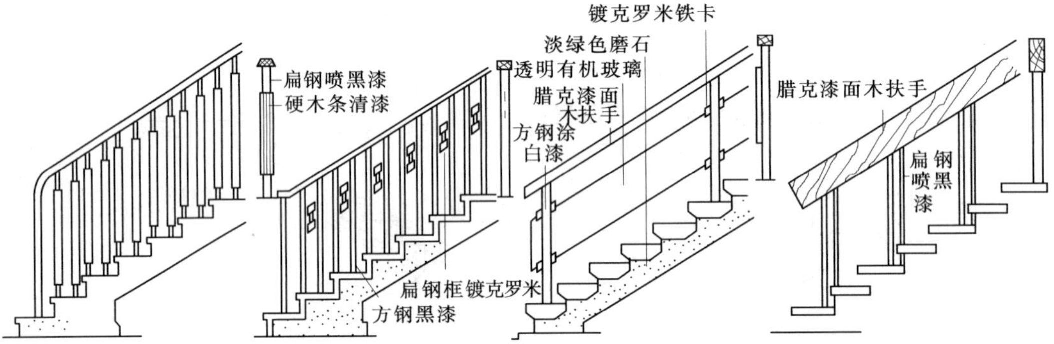

图 3.83 空花栏杆

（2）栏板式栏杆：栏板式栏杆通常采用现浇或预制的钢筋混凝土板、钢丝网水泥板或砌栏板，也可采用具有较好装饰性能的有机玻璃、钢化玻璃等作栏板。栏板式栏杆构造如图 3.84 所示。

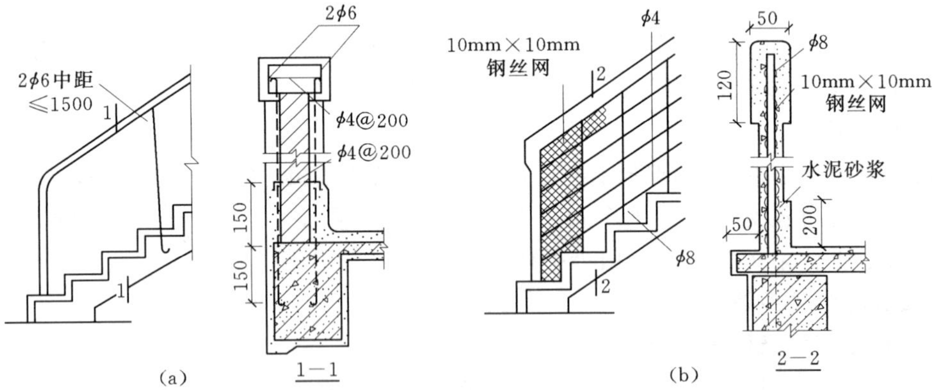

图 3.84 栏板式栏杆

（a）1/4 砖砌板；（b）钢丝网水泥栏板

（3）组合式栏杆：组合式栏杆是将空花栏杆与栏板组合而成的一种栏杆形式。其中空花栏杆多用金属材料制作，栏板可用钢筋混凝土板、砌筑栏板和有机玻璃等材料制成，如

图 3.85 所示。

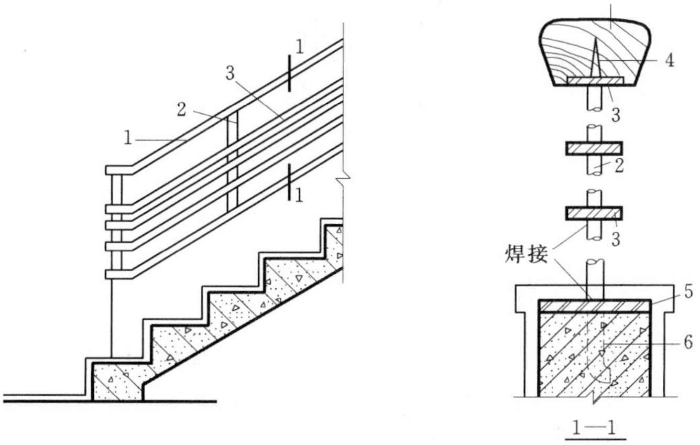

图 3.85　组合式栏杆

2. 扶手构造

扶手位于栏杆顶部。空花栏杆顶部的扶手一般采用硬木、塑料和金属材料制作，其中硬木和金属扶手应用得更为普遍。

扶手的形式有多种，如图 3.86 所示。

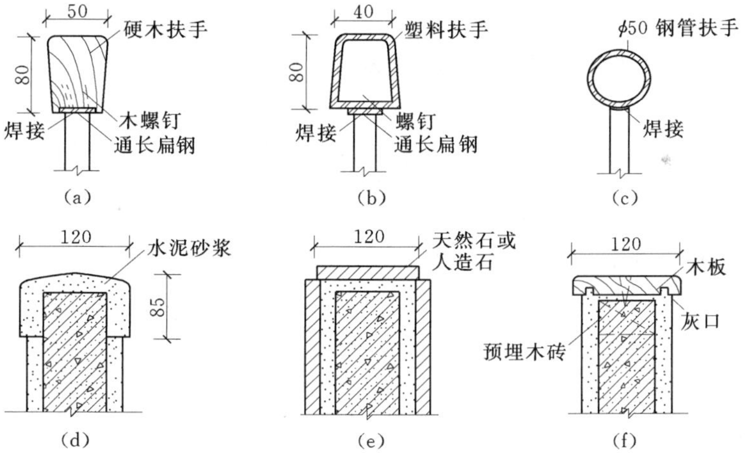

图 3.86　扶手的形式

(a) 硬木扶手；(b) 塑料扶手；(c) 金属扶手；(d) 水泥砂浆（水磨石）扶手；(e) 天然石（或人造石）扶手；(f) 木板扶手

3. 栏杆、扶手和梯段等的连接构造

(1) 栏杆与扶手的连接：扶手与栏杆应有可靠的连接，其连接构造如图 3.86 所示。

(2) 栏杆与梯段的连接（通常有 3 种方法）：在梯段与栏杆的对应位置预埋铁件焊接；预留孔洞用细石混凝土填实；电锤钻孔膨胀螺栓固定，如图 3.87 所示。

(3) 栏杆与墙、柱的连接：楼梯栏杆扶手有时必须固定在侧面的砖墙或混凝土柱上，

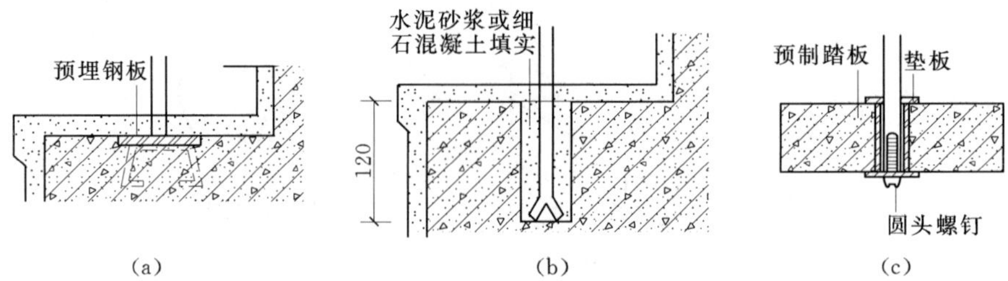

图 3.87 栏杆与梯段的连接

(a) 预埋铁件焊接；(b) 预留孔洞插接；(c) 螺栓连接

如顶层安全栏杆、休息平台护窗栏杆和靠墙扶手等。栏杆扶手与砖墙连接时一般在砖墙上预留孔洞，将栏杆铁件伸入洞内，用细石混凝土填实；与混凝土连接时一般在柱上预埋铁件，与扶手铁件焊接，也可用膨胀螺栓连接。

3.4.5 室外台阶、坡道与无障碍设计

3.4.5.1 室外台阶

室外台阶是联系室内外地面即解决室内外地坪高差的交通设施。一般建筑物的室内地面都高于室外地面，为了便于出入，应根据室内外高差来设置台阶。在台阶和出入口之间一般设置平台，用于缓冲，平台表面应向外倾斜约 1%～4%的坡度，以利于排水。台阶踏步的高宽比应较楼梯平缓，每级高度一般为 100～150mm，踏面宽度为 300～400mm。

室外台阶的材料应采用耐久性、抗冻性和耐磨性好的材料，如天然石材、混凝土和缸砖等。大量的民用建筑以采用混凝土台阶最广泛，如图 3.88 (a) 所示。台阶的基础，一般情况下较为简单，只要挖去腐殖土做一垫层即可，如图 3.88 (b) 所示。

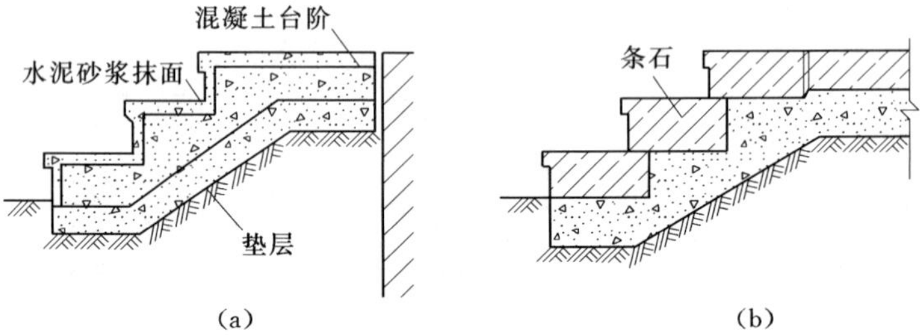

图 3.88 台阶构造类型

(a) 混凝土台阶；(b) 天然石台阶

3.4.5.2 坡道

为便于车辆通行，室内外有高差处需设置坡道。坡道可与台阶结合应用，如正面做台阶，两侧做坡道。

坡道的坡度一般在 1/12～1/6 左右，以 1/10 较为合适，坡度大于 1/8 者需有防滑措施，一般可将坡道面层做成锯齿形或设防滑条。坡道面层应选择表面结实和抗冻性好的材料，如混凝土和天然石材等，如图 3.89 所示。

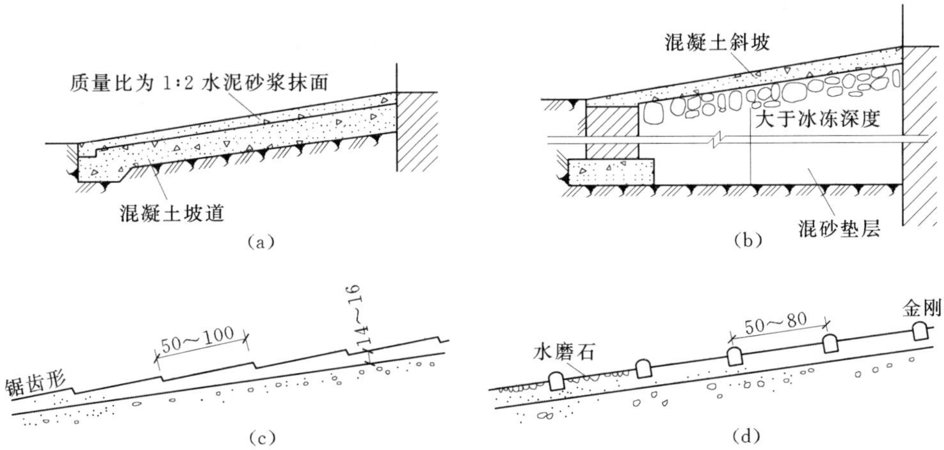

图 3.89 坡道构造

(a) 混凝土坡道；(b) 换土地基坡道；(c) 锯齿形坡面；(d) 防滑条坡面

3.4.5.3 无障碍设计

在建筑物室内外有高差的部位，虽然可以采用类似坡道、楼梯和台阶等设施解决其高差的过渡，但这些设施在某些残疾人使用时仍然会感觉不便，特别是下肢及视觉残疾的人。下肢残疾的人往往会借助于拐杖和轮椅，而视觉残疾的人则往往会借助导盲棍来帮助行走。无障碍设计中有一部分内容就是指为帮助上述两类残疾人顺利通过有高差部位的设计。下面主要将无障碍设计中的坡道作简要介绍。

坡道是最适合残疾人轮椅通过的设施，它还适用于借助拐杖和导盲棍行走的残疾人。其坡度必须较为平缓，同时，还必须保证有一定的宽度。

（1）坡道的坡度：我国规定便于残疾人通行的坡道的坡度不应大于 1/12，与之相匹配的每段坡道的最大高度为 750mm，最大坡段水平长度为 9000mm。

（2）坡道的宽度和平台的深度：为了便于轮椅通过，室内坡道的最小宽度应不小于 1000mm，室外坡道的最小宽度应不小于 1500mm。

3.4.6 电梯与自动扶梯

3.4.6.1 电梯

电梯是高层建筑和某些多层建筑（如医院、商场和厂房等）必须的垂直交通设施，其类型包括客梯、货梯及专用电梯等，如图 3.90 所示。

1. 电梯的组成

电梯通常由电梯井道、电梯厢（轿厢）和运载设备等 3 部分组成。电梯井道是电梯运行的通道，其内安装有导轨、平衡重锤及缓冲器等，平衡重锤由金属块叠合而成，用吊索与电梯厢相连保持电梯厢平衡；电梯厢供载人或载货之用，要求造型美观，经久耐用，电梯厢沿导轨滑行；运载设备包括动力、传动和控制系统等部分。如图 3.91 所示。

2. 电梯的建筑设计要求

（1）电梯设计应满足尺寸要求。

（2）保温隔热要求。

屋顶作为外围护结构，应具有良好的保温隔热性能。在寒冷地区的冬季，室内一般都需采暖，为保持室内正常的温度，减少能源的消耗，避免产生顶棚表面结露或内部受潮等一系列问题，屋顶应采取隔热措施。

（3）结构要求。

屋顶是房屋的围护结构，同时又是房屋的承重结构，用以承受屋顶上的全部荷载。因此要求屋顶结构应有足够的强度和刚度，并防止因结构变形引起防水层漏水。

（4）建筑艺术要求。

屋顶是建筑外部形体的重要组成部分，屋顶的形式对建筑的特征有很大的影响。变化多样的屋顶外形，装修精美的屋顶细部，是中国传统建筑的重要特征之一。在现代建筑中，如何处理好屋顶的形式和细部也是建筑设计中不可忽视的重要问题。

3.5.1.2　屋顶的组成

屋顶一般由屋面、承重结构和顶棚 3 个基本部分组成，当对屋面有保温隔热要求时，需在屋顶设置保温隔热层，如图 3.93 所示。

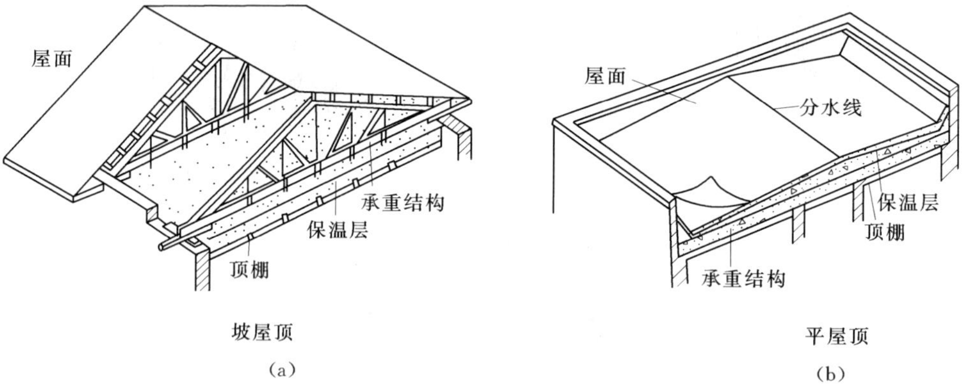

图 3.93　屋顶的组成

1. 屋面

屋面是屋顶构造中最上面的表面层次，要承受施工荷载和使用时的维修荷载，以及自然界风吹、日晒、雨淋、大气腐蚀等的长期作用，因此屋面材料应有一定的强度、良好的防水性和耐久性能。屋面也是屋顶防水排水的关键层次，所以又叫屋面防水层。在平屋顶中，人们一般根据屋面材料的名称对其命名，如卷材防水屋面、刚性防水屋面和涂料防水屋面等。

2. 承重结构

承重结构承受屋面传来的各种荷载和屋顶自重。平屋顶的承重结构一般采用钢筋混凝土屋面板，其构造与钢筋混凝土楼板类似；坡屋顶的承重结构一般采用屋架、横墙和木构架等；曲面屋顶的承重结构则属于空间结构。

3. 顶棚

顶棚位于屋顶的底部，用来满足室内对顶部的平整度和美观要求。按照顶棚的构造形式不同，分为直接式顶棚和悬吊式顶棚。

4. 保温隔热层

当对屋顶有保温隔热要求时，需要在屋顶中设置相应的保温隔热层，防止外界温度变化对建筑物室内空间带来影响。

3.5.1.3 屋顶的类型

屋顶按排水坡度和结构类型的不同可做成不同的形式，一般分为平屋顶、坡屋顶和其他形式的屋顶三大类。

1. 平屋顶

平屋顶通常是指屋面坡度小于10％的屋顶，常用坡度为2％～3％。平屋顶是目前应用最广泛的一种屋顶形式，主要原因是可以节省材料，扩大建筑空间，提高预制安装程度，同时屋顶上面可以作为固定的活动场所，如做成露台、屋顶花园和屋顶养鱼池等，如图3.94所示。

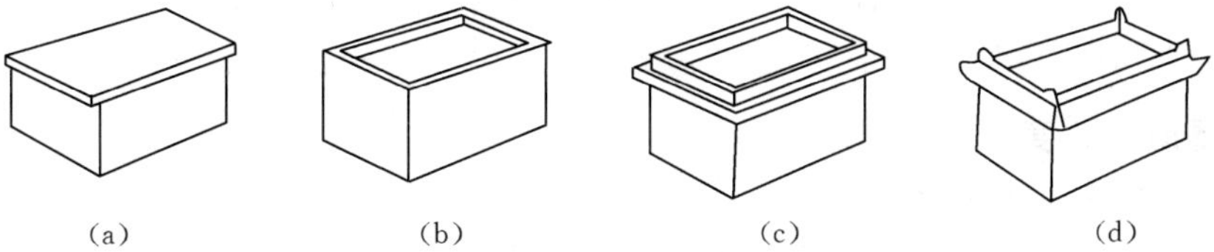

图 3.94 平屋顶的形式

(a) 挑檐；(b) 女儿墙；(c) 挑檐女儿墙；(d) 盝顶

2. 坡屋顶

坡屋顶通常是指屋面坡度较陡的屋顶，其坡度一般大于10％。坡屋顶是我国传统的建筑屋顶形式，在民用建筑中应用非常广泛，城市建设中某些建筑为满足景观或建筑风格的要求也常采用，如图3.95所示。

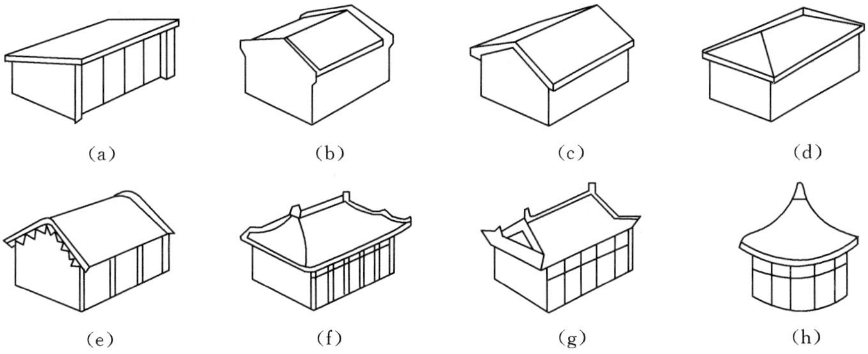

图 3.95 坡屋顶的形式

(a) 单坡顶；(b) 硬山两坡顶；(c) 悬山两坡顶；(d) 四坡顶；(e) 卷棚顶；(f) 庑殿顶；(g) 歇山顶；(h) 圆攒尖顶

3. 其他形式的屋顶

随着科学技术的发展，出现了许多新型的屋顶结构形式，多为空间结构，如拱结构、薄壳结构、悬索结构和网架结构屋顶等。这类屋顶具有受力合理，节约材料的优点，但施工复杂、造价高，多用于较大跨度的公共建筑，如图 3.96 所示。

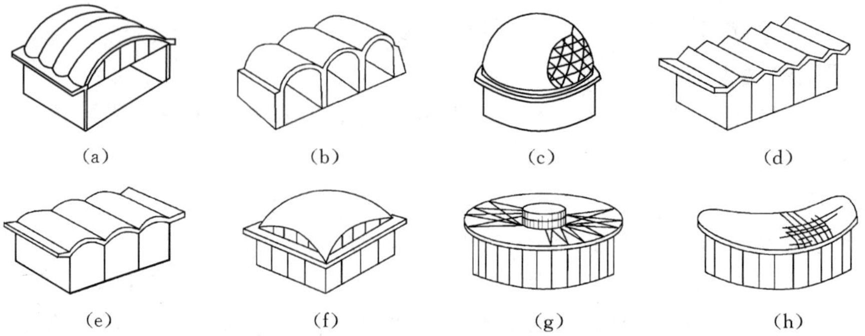

图 3.96　其他形式的屋顶

(a) 双曲拱屋顶；(b) 砖石拱屋顶；(c) 球形网壳屋顶；(d) V 形网壳屋顶；(e) 筒壳屋顶；(f) 扁壳屋顶；(g) 车轮形悬索屋顶；(h) 鞍形悬索屋顶

3.5.1.4　屋顶的坡度

1. 屋顶坡度的表示方法

屋顶坡度的表示方法一般包括 3 种，即斜率法、百分比法和角度法，如图 3.97 所示。斜率法，即坡度以屋顶高度与坡面的水平投影之比表示；百分比法，即坡度以屋顶高度与坡面的水平投影长度之百分比表示；角度法，即坡度以倾斜屋面与水平面所形成的夹角表示。斜率法可用于平屋顶或坡屋顶；百分比法多用于平屋顶；角度法在实际工程中较少采用。

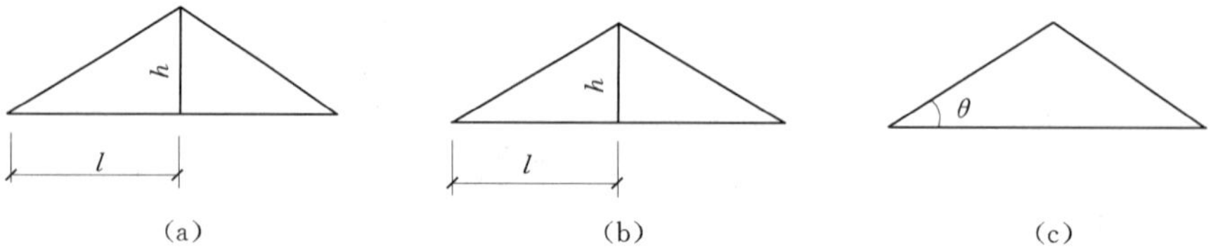

图 3.97　屋顶坡度的表示方法

(a) 斜率法（屋面坡度 $i=h:l$）；(b) 百分比法（屋面坡度 $i=\frac{h}{l}\times 100\%$）；(c) 角度法（屋面坡度 $i=\theta$）

2. 影响屋顶坡度大小的因素

屋顶坡度的确定与屋面防水材料、地区降雨量大小、屋顶结构形式、建筑造型要求及经济条件等因素有关。对于一般民用建筑主要由以下两方面的因素来确定：

(1) 防水材料及其尺寸。

防水材料不同，构造处理的方法应有所区别。对于尺寸小的屋面防水材料，屋面接缝多，漏水的可能性大，其坡度应大一些，以便能迅速排除雨水，减少漏水的机会；而卷材屋面和混凝土防水屋面，基本上是整体的防水层，拼缝少，故坡度可以小一些。屋面防水材料及最小坡度应符合表 3.6 的规定。

表 3.6 屋面防水材料及最小坡度

屋面防水材料	最小坡度 H∶L	屋面防水材料	最小坡度 H∶L
卷材防水、刚性防水	1∶50	波形石棉瓦	1∶3
水泥瓦、黏土瓦无望板基层	1∶2	波形金属瓦	1∶4
水泥瓦、黏土瓦有望板及油毡基层	1∶2.5	压型钢板	1∶7

（2）地区降雨量的大小。

地区降雨量的大小对屋面防水有直接影响，降雨量大，漏雨的可能性大，屋面坡度应适当增加。我国南方地区年降雨量和每小时最大降雨量都高于北方地区。因此，即使采用同样的屋面防水，一般南方地区的屋面坡度都大于北方地区。

3.5.2 平屋顶柔性防水屋面

柔性防水屋面是用具有良好的延伸性、能较好地适应结构变形和温度变化的材料做防水层的屋面，包括卷材防水屋面和涂膜防水屋面。卷材防水屋面是用防水卷材和胶结材料分层粘贴形成防水层的屋面，具有优良的防水性和耐久性，被广泛采用。

3.5.2.1 卷材防水屋面的构造层次和做法

卷材防水屋面由多层材料叠合而成，其基本层次按构造要求由结构层、找坡层、找平层、结合层、防水层和保护层组成，如图 3.98 所示。

1. 结构层

卷材防水屋面的结构层通常为预制或现浇钢筋混凝土屋面板，无论是预制还是现浇钢筋混凝土屋面板，都要求具有足够的强度和刚度。

2. 找坡层

当屋顶采用材料找坡时，应采用轻质材料形成所需要的排水坡度，通常是在结构层上铺 1∶6 或 1∶8 的水泥焦渣或水泥膨胀蛭石等。当屋顶采用结构找坡时，则不设找坡层。

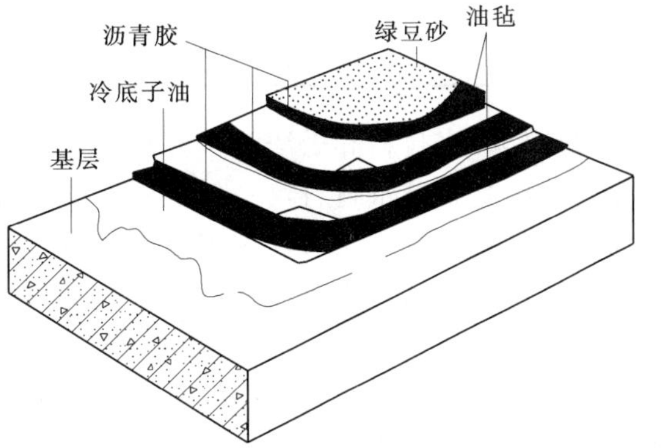

图 3.98 卷材防水屋面的基本构造

3. 找平层

卷材防水层要求铺贴在坚固而平整的基层上，以避免卷材凹陷或断裂。无论是钢筋混凝土屋面板还是找坡层上均需设置找平层，找平层一般为 20～30mm 厚的 1∶3 水泥砂浆，厚度的选择根据结构层情况和防水层材料的要求而定。

4. 结合层

结合层的作用是使卷材防水层与基层粘结牢固。结合层所用材料应根据卷材防水层材料的不同来选择，如油毡卷材、聚氯乙烯卷材及自黏型彩色三元乙丙复合卷材用冷底子油在水泥砂浆找平层上涂刷一至二道；三元乙丙复合卷材则用聚氨酯底胶；氯化聚乙烯橡胶卷材需用氯丁胶乳等。冷底子油用沥青加入汽油或煤油等溶剂稀释而成，配置时不用加热，在常温下进行，故称冷底子油。

5. 防水层

防水层是由胶结材料与卷材黏合而成，卷材连续搭接，形成屋面防水的主要部分。卷材一般平行于屋脊铺设，从檐口到屋脊层层向上粘贴，上下搭接不小于70mm，左右搭接不小于100mm。用于屋面柔性防水层的卷材很多，常见的防水卷材包括沥青类卷材、高聚物改性沥青防水卷材和合成高分子防水卷材3类，如表3.7所示。

表3.7　卷材防水层

卷材分类	卷材名称举例	卷材粘结剂
沥青类卷材	石油沥青油毡	石油沥青玛 脂
	焦油沥青油毡	焦油沥青玛 脂
高聚物改性沥青防水卷材	SBS必性沥青防水卷材	热熔、自粘、粘贴均有
	APP改性沥青防水卷材	
合成高分子防水卷材	三元乙丙丁基橡胶防水卷材	丁基橡胶为主体的双组分A与B液1∶1配比搅拌均匀
	三元乙丙橡胶防水卷材	
	氯磺化聚乙烯防水卷材	CX—401胶
	再生胶防水卷材	氯丁胶粘结剂
	氯丁橡胶防水卷材	CY—409液
	氯丁聚乙烯—橡胶共混防水卷材	BX—12及BX—12乙组分
	聚氯乙烯防水卷材	粘结剂配套供应

在选择防水材料和做法时，应根据建筑物对屋面防水等级的要求来确定。沥青类卷材属于传统的卷材防水材料，一般只用石油沥青油毡，由于其强度低，耐老化性能差，施工时需多层粘贴形成防水层，施工复杂，所以在现在工程中已较少采用，采用较多的是新型的防水卷材，如高聚物改性沥青防水卷材和合成高分子防水卷材。

6. 保护层

设置保护层的目的是保护防水层。保护层的材料做法，应根据防水层所用材料和屋面的利用情况而定。卷材防水层的材质呈黑色，极容易吸热，夏季屋顶表面温度达60～80℃以上，高温会加速卷材的老化，所以卷材防水层做好以后，一定要在上面设置保护层。保护层分为不上人屋面和上人屋面两种做法。

(1) 不上人屋面保护层。

不上人屋面即不考虑人在屋顶的活动情况。石油沥青油毡防水层的不上人屋面保护层做法是，用玛 脂粘结粒径为3～5mm的浅色绿豆砂。高聚物改性沥青防水卷材和合成高分子防水卷材在出厂时，卷材的表面若已做好了铝箔面层、彩砂或涂料等保护层，则不需要再专门做保护层。

(2) 上人屋面保护层。

上人屋面即屋面上要承受人的活动荷载，故保护层应有一定的强度和耐磨度，一般做法是：在防水层上用水泥砂浆或沥青砂浆铺贴缸砖、大阶砖和预制混凝土板等，或在防水层上浇筑 40mm 厚 C20 细石混凝土。

7. 辅助层

辅助层是为了满足建筑的使用要求，提高屋面性能而设置的保温层，隔蒸汽层、隔热层和找坡层等。

3.5.2.2 卷材防水屋面细部构造

卷材防水屋面在处理好大面积屋面防水的同时，还应注意泛水、檐口、雨水口及变形缝等部位的细部构造处理，以防渗漏水。

1. 泛水

泛水是指屋面防水层与突出构件之间的防水构造。一般在屋面防水层与女儿墙、上人屋面的楼梯间、突出屋面的电梯机房、水箱间及高低屋面交接处等，都需做泛水。泛水的高度一般不小于 250mm，在垂直面与水平面交接处要加铺一层卷材，并且转圆角或做 45°斜面，防水卷材的收头处要进行粘结固定，泛水顶部应有挡雨措施，以防雨水顺立墙注入卷材收口处引起渗漏，如图 3.99 所示。

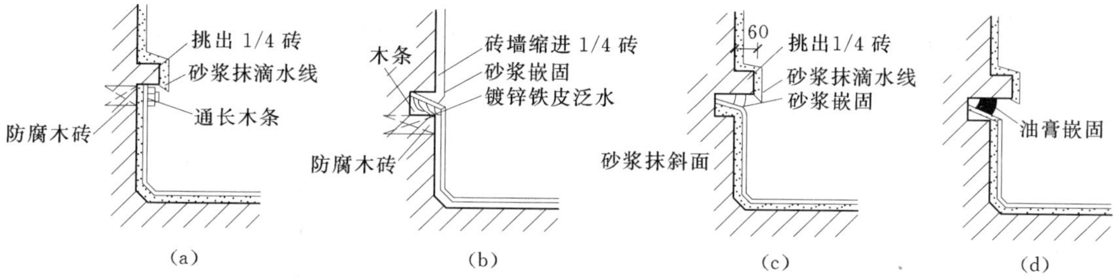

图 3.99　女儿墙泛水的构造

(a) 木压条油毡；(b) 镀锌铁皮；(c) 砂浆嵌固；(d) 油膏嵌固

2. 檐口

檐口是屋面防水层的收头处，此处的构造处理方法与檐口的形式有关。檐口的形式由屋面的排水方式和建筑物的立面造型要求来确定，包括自由落水檐口、挑檐沟檐口、女儿墙檐口和斜板挑檐檐口等。

(1) 自由落水檐口。

自由落水檐口的挑檐板一般与屋顶圈梁整体浇筑，屋面防水层的收头压入距挑檐板前端 40mm 处的预留凹槽内，先用钢压条固定，然后用密封材料进行密封，如图 3.100 所示。

(2) 挑檐沟檐口。

当檐口处采用挑檐沟檐口时，卷材防水层应在檐沟处加铺一层附加卷材，并注意做好卷材的收头。

(3) 女儿墙檐口和斜板挑檐檐口。

女儿墙檐口和斜板挑檐檐口的构造要点同泛水。女儿墙檐口构造的关键是泛水的构造处理，其顶部通常做混凝土压顶，并设有坡度并坡向屋面。斜板挑檐檐口是考虑建筑立面

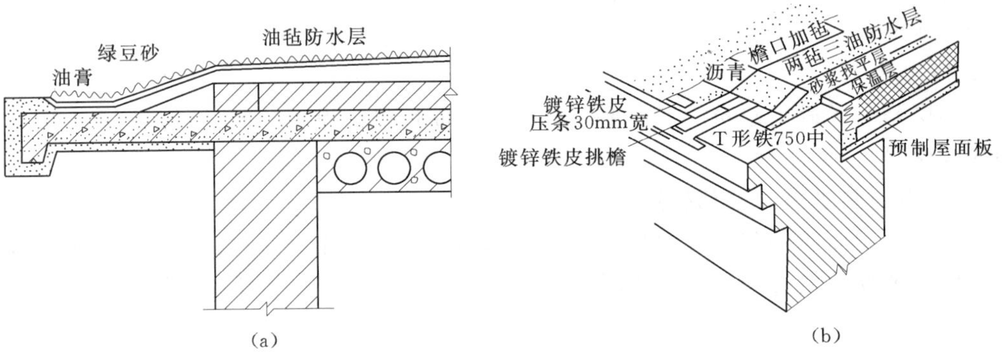

图 3.100 自由落水檐口构造

(a) 油膏嵌缝压毡；(b) 镀锌铁皮檐口构造

造型，对檐口的一种处理形式，它给较呆板的平屋顶建筑增添了传统的韵味，丰富了城市景观。但挑檐端部的荷载较大，应注意悬挑构件的倾覆问题，处理好构件的拉结锚固。

3. 雨水口

雨水口是沟管排水方式中用不将屋面雨水排至雨水管而在檐口处或檐沟内开设的洞口。构造上要求排水通畅，不易堵塞和渗漏。沟管排水最常用的包括檐沟、天沟及女儿墙雨水口 3 种形式。

雨水口通常为定型产品，分为直管式和弯管式两类，直管式适用于中间天沟、挑檐沟和女儿墙内排水天沟；弯管式适用于女儿墙外排水天沟。

雨水口的材质过去多为铸铁，近年来塑料雨水口越来越多地得到运用。铸铁雨水口易锈不美观，但管壁较厚，强度较高；塑料雨水口质轻，不锈，色彩多样。

(1) 直管式雨水口。

直管式雨水口有多种型号，根据降雨量和汇水面积加以选择。下面以常用的 65 型铸铁雨水口（见图 3.101）为例介绍直管式雨水口的构造。该型雨水口由套管、环形筒、底座和顶盖几部分组成。套管呈漏斗形，安装在天沟底板或屋面板上，各层卷材（包括附加卷材）均粘贴在套管内壁上，表面涂防水油膏，再用环形筒嵌入套管，将卷材压紧，嵌入的深度至少为 100mm。环形筒与底座的接缝须用油膏嵌封。顶盖底座有放射状格片，用以加速水流和遮挡杂物。

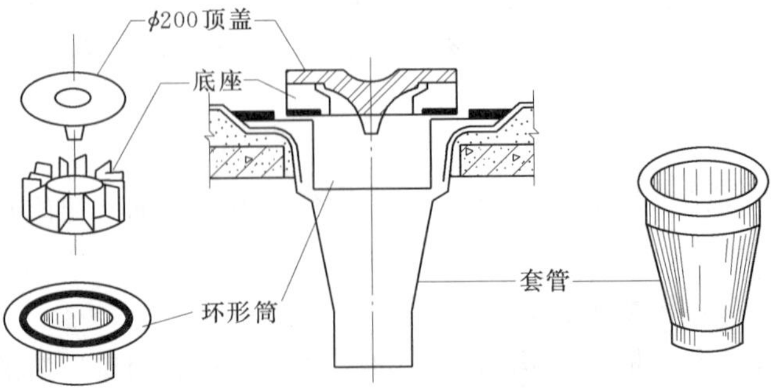

图 3.101 直管式雨水口

（2）弯管式雨水口。

弯管式雨水口呈90°弯曲状，如图3.102所示为两种铸铁雨水口，由弯曲套管和铸铁篦子两部分组成。弯曲套管置于女儿墙预留孔洞中，屋面防水层及泛水的卷材应铺贴到套管内壁四周，铺入深度不少于100mm，套管口用铸铁篦子遮盖，以防污物堵塞水口。

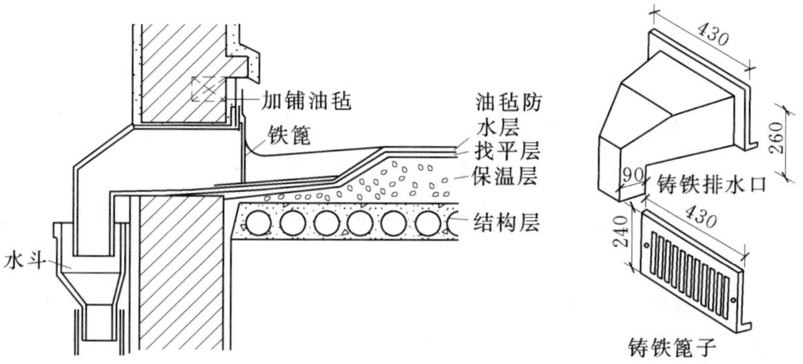

图3.102　弯管式雨水口

4. 变形缝

屋面变形缝构造处理的基本要求是保证屋顶有自由变形的可能，又要防止雨水注入缝内。常见的有等高屋面变形缝和高低屋面变形缝，等高屋面变形缝是在屋面板上缝的两侧砌筑矮墙，其高度应不小于180mm，并将防水层做到矮墙上进行泛水构造处理。矮墙顶部盖缝可用镀锌铁皮，也可干铺一层卷材后用混凝土板压顶。高低屋面变形缝是在低屋面板上砌筑矮墙。采用镀锌铁皮盖缝时，其固定方法与泛水构造相同，也可采用从高跨墙内悬挑钢筋混凝土板盖缝的方法。

3.5.3　平屋顶刚性防水屋面

平屋顶刚性防水屋面是指以刚性材料作为防水层的屋面，如防水砂浆、细石混凝土和配筋细石混凝土防水屋面等。这种屋面具有构造简单、施工方便、造价低廉的优点，但对温度变化和结构变形较敏感，容易产生裂缝而渗水，多用于我国南方地区的建筑。

3.5.3.1　刚性防水屋面的构造层次和做法

刚性防水屋面一般由结构层、找平层、隔离层和防水层组成，如图3.103所示。

1. 结构层

刚性防水屋面的结构层要求具有足够的强度和刚度，因此，一般应采取现浇或预制装配的钢筋混凝土屋面板，并在结构层现浇或铺板时形成屋面的排水坡度。

2. 找平层

为保证防水层厚薄均匀，通常应在结构层上用20mm厚1∶3水泥砂浆找平。若采用现浇钢筋混凝土屋面板或设

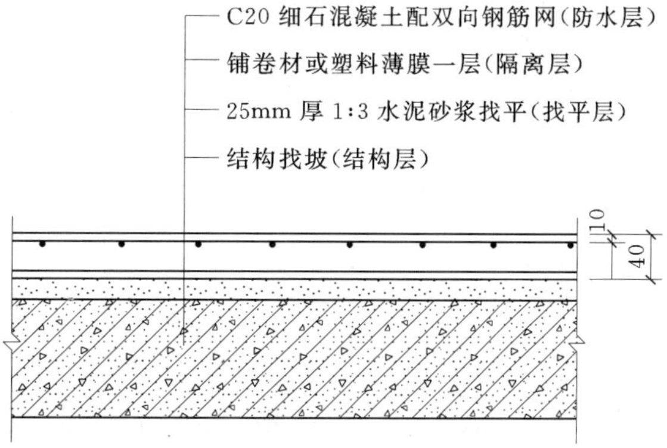

图3.103　刚性防水屋面构造层次

有纸筋灰等材料时，也可不设找平层。

3. 隔离层

为减少结构层变形及温度变化对防水层的不利影响，宜在防水层下设置隔离层，隔离层可采用纸筋灰、低强度等级砂浆或薄砂层上干铺一层油毡等。当防水层中加有膨胀剂类材料时，其抗裂性有所改善，也可不做隔离层。

4. 防水层

由于防水砂浆和细石混凝土防水层极易开裂而渗水，故目前应用较少，常见做法为配筋细石混凝土防水层屋面。配筋细石混凝土防水层屋面的混凝土强度等级应不低于C20，其厚度不宜小于40mm，双向配筋$\phi 4$钢筋，钢筋间距100～200mm，钢筋保护层厚度不小于10mm。为提高其抗渗性能，可在混凝土内掺入外加剂（如膨胀剂、减水剂和防水剂等），以提高其密实性能。

3.5.3.2 刚性防水屋面细部构造

刚性防水屋面的细部构造包括屋面分格缝、泛水、檐口和雨水口等部位的构造处理。

1. 屋面分格缝

屋面分格缝是为了避免刚性防水层因结构变形、温度变化和混凝土干缩产生裂缝，所设置的“变形缝”。分格缝的间距应控制在刚性防水层受温度影响产生变形的许可范围内，一般不宜大于6m，并应位于结构变形的敏感部位，如预制板的支承端、不同屋面板的交接处、屋面与女儿墙的交接处等，并与板缝上下对齐，如图3.104所示。

屋面分格缝的宽度为20～40mm左右，有平缝和凸缝两种构造形式。平缝适用于纵向分格缝，凸缝适用于横向分格缝和屋脊处的分格缝。为了有利于伸缩变形，缝的下部用弹性材料，如聚乙烯发泡棒、沥青麻丝等填塞；上部用防水密封材料嵌缝。当防水要求较高时，可再在分格缝的上面加铺一层卷材进行覆盖。

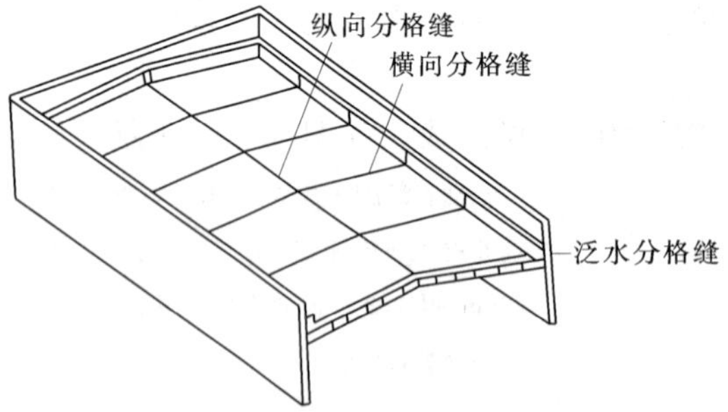

图3.104 刚性屋面分格缝的划分

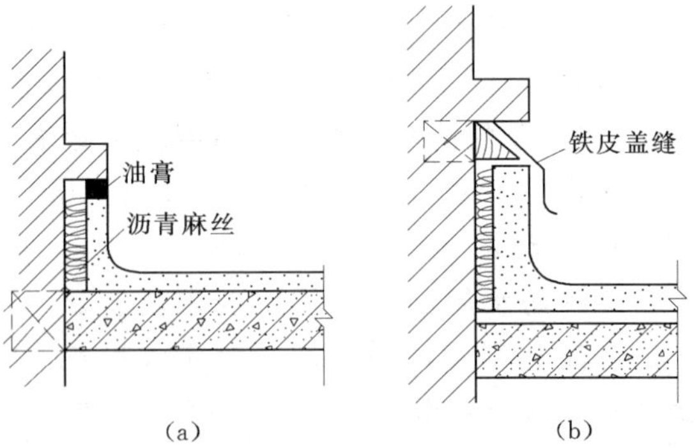

图3.105 泛水构造

(a) 油膏嵌缝；(b) 镀锌铁皮盖缝

2. 泛水

刚性防水层与山墙、女儿墙处应做泛水，泛水的下部设分格缝，上部加铺卷材或涂膜附加层，其处理方法同卷材防水屋面的相同，如图3.105所示。

3. 檐口

刚性防水屋面的檐口形式分为无组织排水檐口和有组织排水檐口。

（1）无组织排水檐口。

无组织排水檐口通常直接由刚性防水层挑出形成，挑出尺寸一般不大于450mm，如图3.106所示；也可设置挑檐板，刚性防水层伸到挑檐板之外。

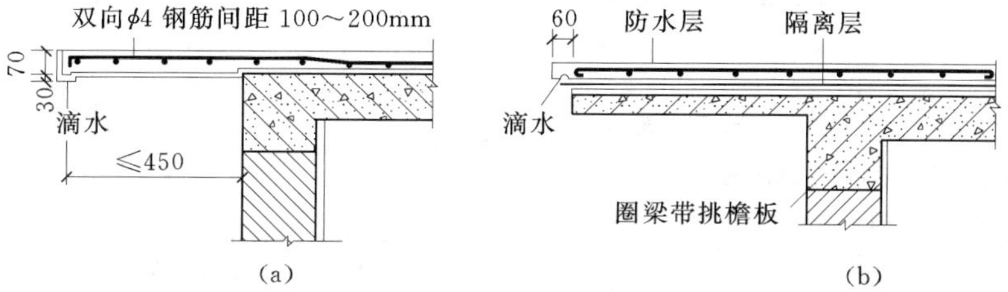

图 3.106 自由落水挑檐口

（2）有组织排水檐口。

有组织排水檐口包括挑檐沟檐口、女儿墙檐口和斜板挑檐檐口等做法。挑檐沟檐口的沟檐底部应用找坡材料垫置形成纵向排水坡度，铺好隔离层后再做防水层，防水层一般采用1∶2的防水砂浆，如图3.107所示。女儿墙檐口和斜板挑檐檐口与刚性防水层之间按泛水处理，其形式与卷材防水屋面形式相同。

3.5.4 平屋顶的保温与隔热

3.5.4.1 平屋顶的保温

在寒冷地区或有空调设备的建筑中，屋顶应做保温处理，以减少室内热损失，保证房屋的正常使用并降低能源消耗。保温构造处理的方法通常是在屋顶中增设保温。

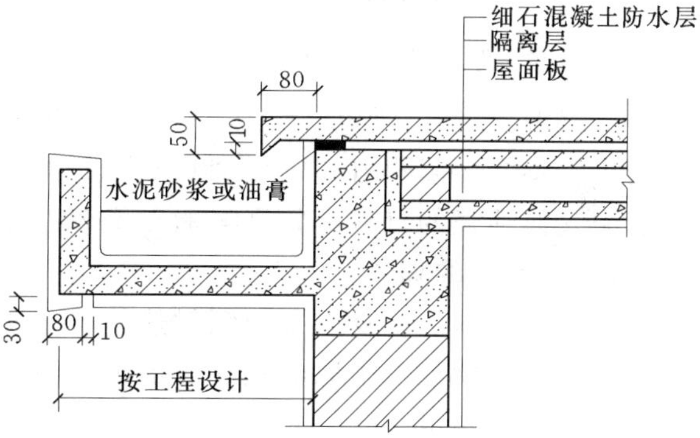

图 3.107 挑檐沟檐口构造

1. 保温材料类型

保温材料多为轻质多孔材料，一般可分为以下3种类型：

（1）散料类，如炉渣、矿渣、膨胀蛭石和膨胀珍珠岩等。

（2）整体类，是指以散料作集料，掺入一定量的胶结材料，现场浇注而成，如水泥炉渣、水泥膨胀蛭石、水泥膨胀珍珠岩、沥青膨胀蛭石和沥青膨胀珍珠岩等。

（3）板块类，是指选用集料和胶结材料由工厂制作而成的板块状材料，如加气混凝土、泡沫混凝土、膨胀蛭石、膨胀珍珠岩和泡沫塑料等块材或板材等。

保温材料的选择应根据建筑物的使用性质、构造方案、材料来源和经济指标等因素综合考虑确定。

2. 保温层的设置

平屋顶因屋面坡度平缓，适合将保温层放在屋面结构层上，按保温层所处位置不同，可归纳为两种，即设在防水层之下和防水层之上。

(1) 保温层设在防水层之下（结构层之上），是较常采用的一种做法。卷材防水平屋顶保温构造如图3.108所示，保温卷材防水屋面与非保温卷材防水屋面的区别是增设了保温层，因构造需要相应增加了找平层、结合层和隔气层。设置隔气层的目的是防止室内水蒸气渗入保温层，使保温层受潮而降低保温效果。隔气层的一般做法是在20mm厚1∶3水泥砂浆找平层上刷冷底子油一道作为结合层，结合层上做二毡三油防水层或三毡四油防水层。

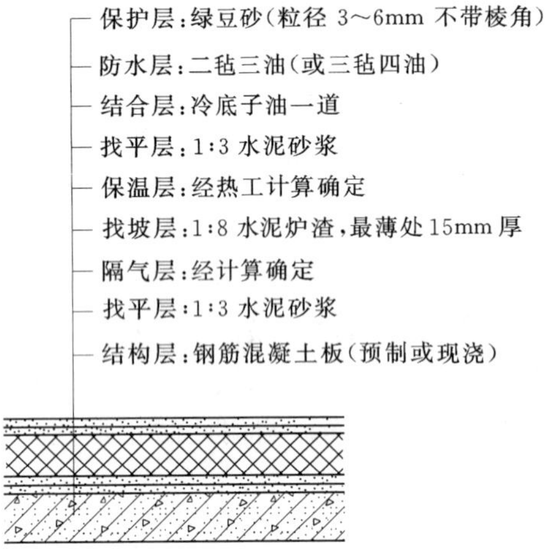

图3.108 保温层设在防水层之下

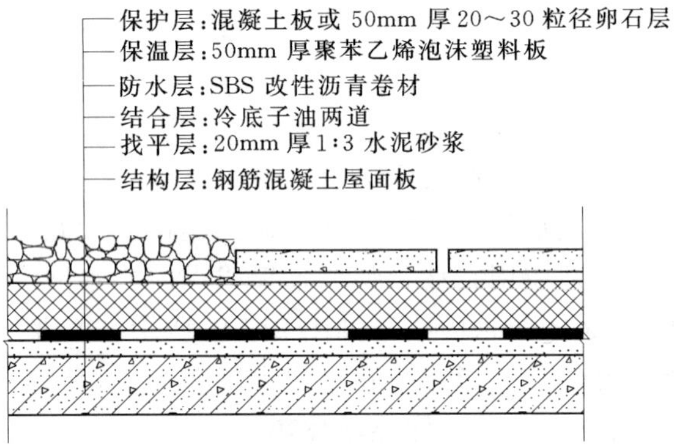

图3.109 保温层设在防水层之上

(2) 保温层设在防水层之上，又称“倒铺式屋面”，如图3.109所示。这种做法的优点是防水层不受太阳辐射和剧烈气候变化的影响，不宜受外来的损伤；缺点是需选用吸湿性低、耐气候性强的材料，如聚氨酯和聚苯乙烯发泡材料等，其造价较高。

3.5.4.2 平屋顶的隔热

在气候炎热地区，夏季太阳辐射热使屋面温度剧烈升高，为减少传进室内的热量和降低室内的温度，屋顶应采取隔热降温措施。屋顶隔热措施通常有以下4种方式。

1. 通风隔热屋面

通风隔热屋面是指在屋顶中设置通风间层，使上层表面起着遮挡阳光的作用，利用风压和热压作用把间层中的热空气不断带走，以减少传到室内的热量，从而达到隔热降温的目的。通风隔热屋面一般有架空通风隔热屋面和顶棚通风隔热屋面两种做法。

(1) 架空通风隔热屋面。

通风层设在防水层之上的做法很多，架空通风隔热屋面构造如图3.110所示，其中以架空预制板或大阶砖最为常见。架空通风隔热屋面的设计应满足以下要求：架空层应有适当的净高，一般以180～240mm为宜；架空层周边设置一定数量的通风孔，以利于空气流通，当女儿墙不宜开设通风孔时，应在距女儿墙500mm范围内不铺架空板。

(2) 顶棚通风隔热屋面。

顶棚通风隔热屋面如图3.111所示，这种做法是利用顶棚与屋顶之间的空间作隔热层。顶棚通风隔热层设计应满足以下要求：顶棚通风层应有足够的净空高度，一般为

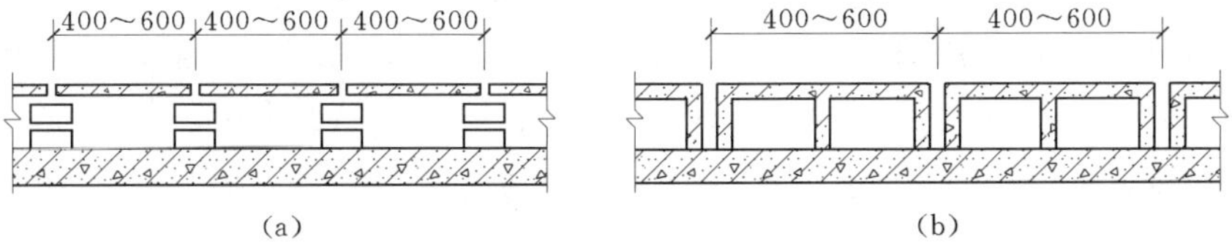

图 3.110 架空通风隔热屋面构造

500mm 左右；需设置一定数量的通风孔，以利于空气对流；通风孔应考虑防飘雨措施。当通风孔高度不大于 300mm 时，可将混凝土花格靠外墙内边安装，也可在通风孔上部挑砖或采取其他措施加以处理；当通风孔较大时，可在洞口处增设百叶窗。注意解决好屋面防水层的保护，以避免防水层开裂引起渗漏。

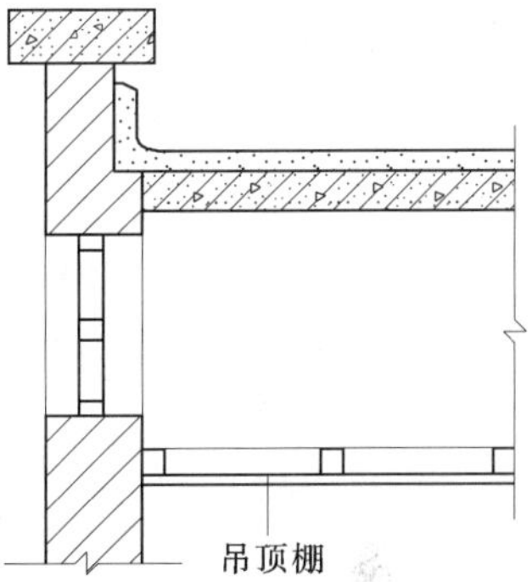

图 3.111 顶棚通风隔热屋面

2. 蓄水隔热屋面

蓄水隔热屋面是指在屋顶蓄积一层水，利用水蒸发时需要大量的汽化热，从而大量消耗晒到屋面的太阳辐射热，以减少屋顶吸收的热能，从而达到降温隔热的目的。蓄水屋面构造与刚性防水屋面基本相同，蓄水隔热屋面构造应注意：有合适的蓄水深度，一般为 150～200mm；根据屋面面积划分成若干蓄水区，每区的边长一般不大于 10m；有足够的泛水高度，至少高出水面 100mm；合理设置溢水孔和泄水孔，并应与排水檐沟或水落管连通，以保证多雨季节不超过蓄水深度和检修屋面时能将蓄水排除；注意做好管道的防水处理。

3. 种植隔热屋面

种植隔热屋面是在屋顶上种植植物，利用植被的蒸腾和光合作用，吸收太阳辐射热从而达到降温隔热的目的。种植隔热屋面构造与刚性防水屋面基本相同，所不同的是需增设挡墙和种植介质。种植屋面构造应注意：屋顶四周需设栏杆或女儿墙作为安全防护措施，护栏的净保护高度不宜小于 1m，以保证上屋顶人员的安全；种植介质宜选用谷壳、膨胀蛭石等轻质材料，以减轻屋顶荷载；挡墙下部设排水孔和过水网，排水坡度为 1%～3%，以便及时排除积水；对刚性防水层注意防腐处理，以防止水和肥料在裂缝处侵蚀钢筋。

4. 反射降温屋面

反射降温屋面是利用材料的颜色和光滑度对热辐射的反射作用，将一部分热量反射回去，从而达到降温的目的。例如，采用浅色的砾石、混凝土做屋面，或在屋面上涂刷白色涂料，对隔热降温都有一定的效果。如果在吊顶通风隔热的顶棚基层中加铺一层铝箔纸板，利用第二次反射作用，其隔热效果会更加显著，因为铝箔的反射率在所有材料中是最高的。

3.5.5 平屋顶的排水

3.5.5.1 平屋顶排水坡度的形成

1. 材料找坡

材料找坡又称为垫置坡度，是将屋面板水平搁置，然后在上面铺设炉渣等廉价轻质材料形成坡度。这种找坡方式结构底面平整，容易保证室内空间的完整性，但垫置坡度不宜太大，否则会使找坡材料用量过大，增加屋顶荷载。在北方地区，当屋顶设置保温层时，常利用保温层兼作找坡层，但这种做法保温材料消耗多，会使屋顶造价升高，如图 3.112（a）所示。

2. 结构找坡

结构找坡又称为搁置坡度，是将屋面板搁置在顶部倾斜的梁上或墙上形成屋面排水坡度的方法。结构找坡不需再在屋顶上设置找坡层，屋面其他层次的厚度也不变化，所以减轻了屋面荷载，施工简单，造价低，但这种做法使屋顶结构底面倾斜，一般多用于生产类建筑和做悬吊顶棚的建筑，如图 3.112（b）所示。

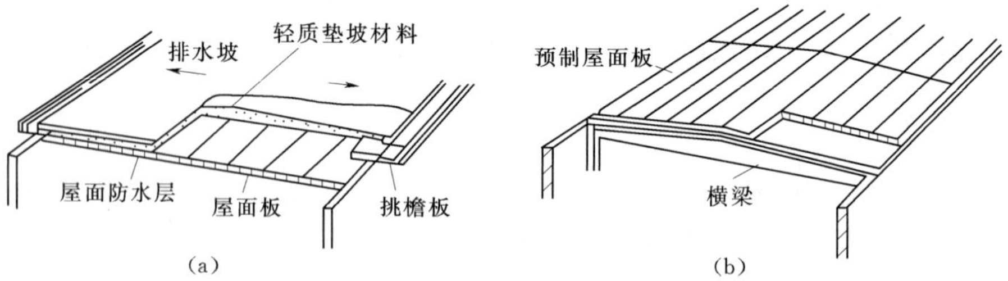

图 3.112　屋顶坡度的形成

（a）垫置坡度；（b）搁置坡度

3.5.5.2　平屋顶的排水方式

平屋顶的排水方式分为无组织排水和有组织排水两大类。

1. 无组织排水

屋顶在外墙四周挑出，形成挑檐，屋面雨水经挑檐自由下落至室外地坪，这种排水方式称为无组织排水。无组织排水不需在屋顶上设置排水装置，构造简单，造价低，但沿檐口下落的雨水会溅湿墙脚，有风时雨水还会污染墙面。因此，无组织排水一般适用于低层或次要建筑及降雨量较小地区的建筑。

2. 有组织排水

在屋顶设置与屋面排水方向相垂直的纵向天沟，汇集雨水后，将雨水由雨水口、雨水管有组织地排到室外地面或室内地下排水系统，这种排水方式称为有组织排水。有组织排水的屋顶构造复杂，造价高，但避免了雨水自由下落对墙面和地面的冲刷和污染。按照雨水管的位置，有组织排水可以分为外排水和内排水。

（1）外排水。

外排水是屋顶雨水由室外雨水管排到室外的排水方式。这种排水方式构造简单，造价较低，应用最广。按照檐沟在屋顶的位置，外排水的屋顶形式可分为：沿屋顶四周设檐沟、沿纵墙设檐沟、女儿墙外设檐沟和女儿墙内设檐沟等，如图 3.113（a）～图 3.113（c）所示。

（2）内排水。

内排水是屋顶雨水由设在室内的雨水管排到地下排水系统的排水方式。这种排水方式

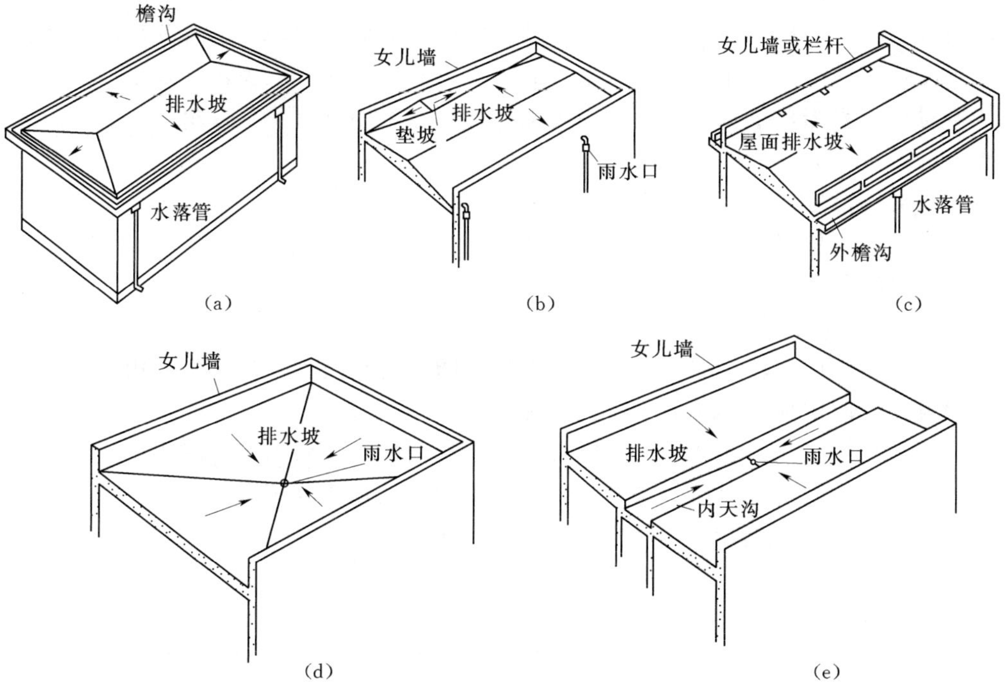

(a) (b) (c) (d) (e)

图 3.113 平屋顶有组织外排水

(a) 挑檐沟外排水；(b) 女儿墙外排水；(c) 女儿墙外檐沟外排水；(d) 内排水；(e) 内天沟排水

构造复杂，造价及维修费用高，而且雨水管占室内空间，一般适用于大跨度建筑、高层建筑、严寒地区及对建筑立面有特殊要求的建筑，如图 3.113 (d) 和图 3.113 (e) 所示。

3.5.5.3 排水坡度

平屋顶上的横向排水坡度为 2%，纵向排水坡度为 1%。

天沟纵向坡度，外排水不宜小于 0.5% (1∶200)；内排水不宜小于 0.8% (1∶125)。

3.5.5.4 屋面排水分区

屋面排水分区一般按一个雨水立管能排除 200m^2 积水的面积来划分，一个雨水立管能承担的最大集水区域面积如表 3.8 所示。

有时还用经验公式进行验算，例如

$$F = 438D^2/H$$

式中 F——允许的排水面积，m^2；

D——雨水管的直径，mm；

H——每小时计算的降水量，mm。

以北京地区为例，每小时降水量为 126mm (最大值)，选用直径 D 为 100mm 的硬质塑料雨水管，则

表 3.8 一个雨水立管能承担的最大集水区域面积表 单位：m^2

雨水管内径 (mm)	100	150	200
外排水 (明管)	150	400	800
内排水 (明管)	120	300	600
内排水 (暗管)	100	200	400

$$F = 438 \times 100 \times 100/126 = 347\ (m^2)$$

3.5.6 坡屋顶构造

屋面坡度大于1∶10的屋顶称为坡屋顶。坡屋顶的坡度大，雨水容易排除，屋面防水问题比平屋顶容易解决，在隔热和保温方面，也有其优越性。坡屋顶在过去应用较多，目前由于木材供应紧张，很多建筑便采用了平屋顶，亦可用钢材或其他材料代替木材，做成坡屋顶。

坡屋顶的构造包括两部分：一部分是由屋架、檩条和屋面板组成的承重结构；另一部分是由挂瓦条、油毡层和瓦等组成的屋面面层。

3.5.6.1 坡屋顶的形式和组成

1. 坡屋顶的形式

坡屋顶是排水坡度较大的屋顶，由各类屋面防水材料覆盖。根据坡面组织的不同，主要包括双坡顶、四坡顶及其他形式屋顶数种。

双坡顶根据檐口和山墙处理的不同可分为：悬山屋顶、硬山屋顶和出山屋顶。

四坡顶也称为四落水屋顶，古代宫殿庙宇中的四坡顶称为庑殿，四面挑檐有利于保护墙身。四坡顶两面形成两个小山尖，古代称为歇山。山尖处可设百叶窗，有利于屋顶通风。

2. 坡屋顶的组成

坡屋顶一般由承重结构和屋面两部分组成，必要时还可设顶棚及保温和隔热层等。

（1）承重结构。

承重结构主要是承受屋面荷载并将之传递到墙或柱上，一般包括椽子、檩条、屋架或大梁等。

（2）屋面。

屋面是屋顶的上覆盖层，直接承受风雨，冰冻和太阳辐射等大自然气候的作用，包括屋面盖料和基层，台挂瓦条和屋面板等。

（3）顶棚。

顶棚是屋顶下面的遮盖部分，可使室内上部平整，有一定光线反射，具有保温隔热和装饰作用。

（4）保温和隔热层。

保温和隔热层是屋顶对气温变化的围护部分，可设在屋面层或顶棚层，视需要确定。

3.5.6.2 坡屋顶的屋面防水盖料

坡屋顶的屋面防水盖料种类较多，我国目前常用的包括弧形瓦（或称小青瓦）、平瓦、波形瓦、平板金属皮、构件自防水、草顶和灰土顶等。

3.5.6.3 坡屋顶的承重结构

坡屋顶的承重结构形式很多，承重结构形式的选择应根据建筑物的结构形式，对跨度的要求，屋面材料，施工条件，以及对建筑形式的要求等因素综合确定。经常采用的类型包括以下4种。

1. 三角形木屋架

三角形木屋架是常用的一种屋架形式，适合于跨度在15m及15m以下的建筑物中。木屋架的高度与跨度之比约在1/5～1/4之间，木材的断面可以用圆木或方木，断面尺寸

为 b=120～150mm，h=180～240mm。三角形木屋架可以做成两坡顶和四坡顶，这种屋架应用比较广泛。

2. 钢木组合屋架

钢木组合屋架是将木屋架中的受拉杆件用钢材代替，这样可以充分发挥钢材的受力特点，在构造上是合理的。这种屋架适用于跨度在15～20m之间，屋架的间距不大于4m的建筑物。高度与跨度的比值为1/5～1/4。

3. 钢筋混凝土组合屋架

钢筋混凝土组合屋架是采用钢筋混凝土与型钢两种材料组成的。上弦及受压杆件均采用钢筋混凝土，下弦及受拉杆件均采用型钢。这种屋架适用于12～18m跨度的建筑。

4. 硬山承重体系

硬山承重体系在开间一致的横墙承重的建筑中经常采用。其做法是将横向承重墙的上部按屋顶要求的坡度砌筑，上面铺钢筋混凝土屋面板或加气混凝土屋面板；也可以在横墙上搭檩条，然后铺放屋面板，再做屋面。这种做法通称为"硬山搁檩"。硬山承重体系将屋架省略，其构造简单，施工方便，因而采用较多。

3.6 门　窗

3.6.1 概述

门是人们进出房间和室内外的通行口，也兼有采光和通风的作用；同时门的立面形式在建筑装饰中也是一个重要方面；窗的主要作用是采光、通风及眺望。门窗在不同情况下具有分隔、保温、隔声、防水和防火等围护功能，也具有重要的建筑造型和装饰作用，对建筑立面构图起很大作用。因此，对于门窗的构造要求是坚固耐用、开启方便、关闭紧密、美观大方，并便于清洁和进行维修。

3.6.1.1 门窗的材料

目前用于制作门窗的材料包括木材、钢材、铝合金、玻璃、塑料，以及钢塑、木塑、铝塑等复合材料。钢门窗包括实腹、空腹和钢木等；塑料门窗包括塑钢、塑铝和纯塑料等；为节约木材一般不应采用木材做外窗。

住宅内门可采用钢框木门（纤维板门芯）以节约木材。宽度大于5m的木门应采用钢框加斜撑的钢木组合门。

空腹钢门窗具有省料、刚度好等优点，但由于运输、安装产生的变形又很难调直，会导致关闭不严。空腹钢门窗应采取内壁防锈，在潮湿房间不应使用。实腹钢门窗的性能优于空腹钢门窗，但应用于潮湿房间时，应采取防锈措施。

铝合金门窗具有关闭严密、轻质、耐水、美观、不锈蚀等优点，但造价较高。在重要建筑和美观要求高的建筑中经常采用。

塑料门窗具有质轻、刚度好、美观光洁、不需油漆及质感亲切等优点，但造价偏高，最适合于严重潮湿房间和海洋气候地带及室内玻璃隔断。为延长使用寿命，可在塑料性型材中加入型钢或铝材，成为塑钢断面或塑铝断面。

3.6.1.2 门窗的尺度

门的尺度是指门洞口的高、宽尺寸，应按交通运输和安全疏散要求确定，并应遵守国家标准。

一般居住建筑门的尺寸，单扇门宽度为 800～900mm，双扇门宽度为 1200～1600mm，高度均为 2000～2100mm，带亮子的门高度可增加 400～500mm。卫生间、厕所和储藏室等辅助用房门的尺寸可小一些，一般为 700mm×1900mm，厨房门的尺寸一般为 800mm×1900mm。

公共建筑门的尺寸一般大于居住建筑门，单扇门的宽度为 950～1000mm，双扇门宽度为 1400～1800mm，高度均为 2100～2300mm，带亮子的门高度应增加 500～700mm。公共建筑的外门，除满足交通疏散外，还应考虑到建筑的立面造型，故尺寸更大。

窗的尺度根据采光、通风的需要确定，同时兼顾墙的构造、建筑造型和模数协调等因素。窗洞口一般采用 3M 的扩大模数。常用窗洞口的宽度为 1200mm、1500mm、1800mm、2100mm 和 2400mm，高度为 1500mm、1800mm、2100mm 和 2400mm，当窗口尺寸小于 1200mm 时可采用 1M 的基本模数，包括 600mm、700mm、800mm、900mm 和 1000mm。

3.6.2 门窗的类型

3.6.2.1 门的种类

1. 按开启形式分类

(1) 平开门。

平开门可以内开或外开，作为安全疏散门时一般应外开。在寒冷地区，为满足保温要求，可以做成内、外开的双层门。需要安装纱门的建筑，纱门与玻璃门为内、外开，如图 3.114 (a) 所示。

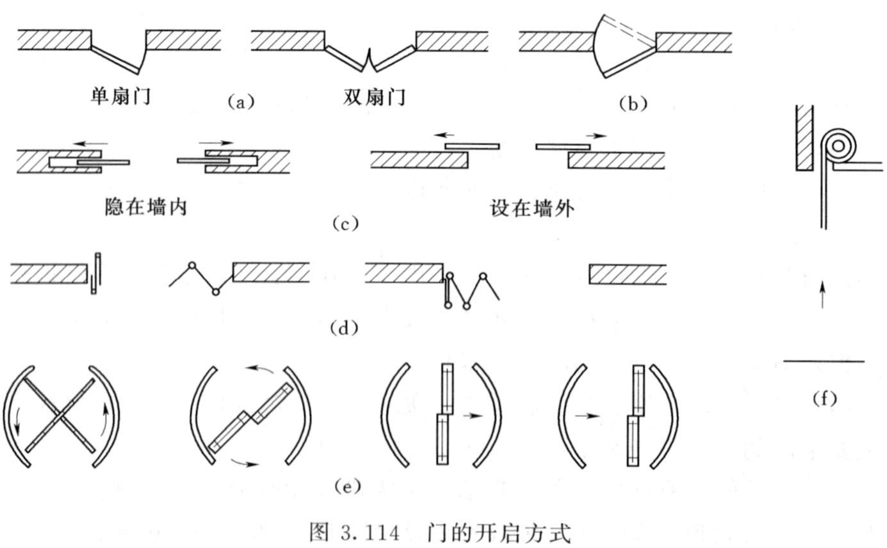

图 3.114 门的开启方式

(a) 平开门；(b) 弹簧门；(c) 推拉门；(d) 折叠门；(e) 转门；(f) 卷帘门

（2）弹簧门。

弹簧门也称为自由门，可分为单面弹簧门和双面弹簧门两种。这种门主要用于人流出入频繁的地方，但托儿所、幼儿园等类型建筑中儿童经常出入的门，不可采用弹簧门，以免碰伤小孩。弹簧门有较大的缝隙，冬季冷风吹入不利于保温，如图 3.114（b）所示。

（3）推拉门。

推拉门是将门悬挂在门洞口上部的支撑铁件上，然后左右推拉。其特点是不占用空间，但封闭不严。在民用建筑中采用较少，而电梯门多用推拉门，如图 3.114（c）所示。

（4）折门。

折门又称为折叠门。门关闭时，几个门扇靠拢一起，可以少占有效面积，如图 3.130（d）所示。

（5）转门。

转门成十字形，安装于圆形的门框上，人进出时推门缓缓行进。这种门的隔绝能力强，保温及卫生条件好，常用于大型公共建筑的主要出入口，如图 3.114（e）所示。

（6）升降门。

升降门的特点是开启时门扇沿轨道上升，不占使用面积，常用于空间较高的民用与工业建筑。

（7）上翻门。

上翻门的特点是充分利用上部空间，门扇不占用面积，但选用的五金及安装要求高。它适用于不经常开关的门，如车库大门。

（8）卷帘门。

卷帘门是很多金属页片连接而成的门，开启时门洞上部的转轴将页片上卷起。它的特点是开启时不占使用面积，但加工复杂，造价高，常用于不经常开关的门，如商店橱窗或商店出入口外侧的封闭门，如图 3.114（f）所示。

2. 按材料分类

（1）木门。

木门使用比较方便，但重量较大，有时容易下沉。门扇的做法很多，如拼板门、镶板门、胶合板门和半截玻璃门等。

（2）钢门。

钢门是采用钢框和钢扇的门，用量较少，一般仅用于大型公共建筑和纪念性建筑中，但钢框木门目前已广泛用于住宅等建筑中。

（3）钢筋混凝土门。

钢筋混凝土门较多用于人防地下室的密闭门，缺点是自重大，而且需要妥善解决连接问题。

（4）铝合金门。

铝合金门多用于商业建筑和大型公共建筑的主要出入口。表面呈银白色或青铜色，给人以轻松、舒适的感觉。

另外，还有满足特殊要求的门，如用于通风、遮阳的百叶门，用于保温、隔热的保温门，以及防火门、防爆门等多种。防盗、防火、防尘和隔热功能集于一身的门，被称为“四防门”，这种门的产生体现了门正在向综合方向发展。

3.6.2.2　窗的种类

1. 按开启形式分类

（1）平开窗。

平开窗是使用最为广泛的一种，可以分为内开和外开。

1）内开窗，即玻璃扇开向室内。这种做法的优点是便于安装、修理和擦洗，在风雨侵袭时不易损坏；缺点是纱窗在外，容易锈蚀，不易挂窗帘，并且占据室内部分空间。这种做法适用于墙体较厚或某些要求内开（如中小学）的建筑中。

2）外开窗，即玻璃窗扇开向室外。这种做法的优点是不占室内空间；缺点是安装、修理和擦洗都很不便，而且容易受风的袭击和破坏。因此，高层建筑应尽量少用。

（2）推拉窗。

推拉窗的优点是不占空间，一般分左右推拉窗和上下推拉窗。左右推拉窗比较常见，构造简单；上下推拉窗是用重锤通过钢丝绳平衡窗扇，构造较为复杂。

（3）旋转窗。

旋转窗的特点是窗扇沿水平轴旋转开启。根据旋转轴的安装位置不同，可分为上悬窗、中悬窗和下悬窗，也可以沿垂直轴旋转而成垂直旋转窗。

（4）固定窗。

固定窗是一种只供采光、不能通风的窗。

（5）百叶窗。

百叶窗是一种由斜木片或金属片组成的通风窗。多用于有特殊要求的部位。

各种窗的类型，如图 3.115 所示。

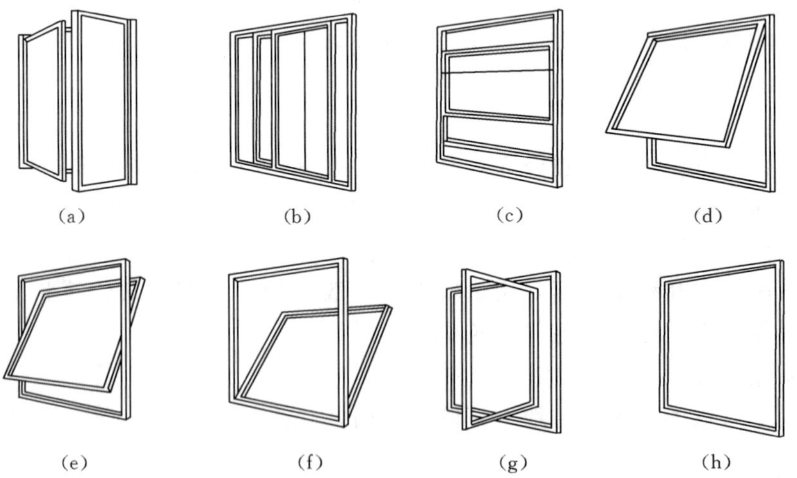

图 3.115　窗的类型

（a）平开窗；（b）左右推拉窗；（c）垂直推拉窗；（d）上悬窗；（e）中悬窗；（f）下悬窗；（g）垂直旋转窗；（h）固定窗

2. 按材料分类

(1) 木窗。

木窗由含水率在18%左右的不易变形的木材制成，常用的木材包括松木或与松木近似的木材。木窗加工方便，过去使用比较普遍，其缺点是不耐久，容易变形。

(2) 钢窗。

钢窗是用热轧特殊断面的型钢制成的窗。钢窗断面有实腹与空腹两种。钢窗耐久、坚固、防火、挡光少，对采光有利，可以节省木材；其缺点是关闭不严、空隙大，现在已基本不用，特别是空腹钢窗将逐步取消。

(3) 钢筋混凝土窗。

钢筋混凝土窗的窗框部分采用钢筋混凝土制成，窗扇部分则采用木材或钢材。这种窗的制作比较麻烦。

(4) 塑料窗。

塑料窗的窗框与窗扇部分均采用硬质塑料做成，其断面为空腹形，一般采用挤压成型。由于抗老化、易变形等问题已基本解决，故应该大力推广。

(5) 铝合金窗。

钢窗容易锈蚀，使用中需要经常维修和保护，并且密封性和保温性能较差，而铝合金耐腐蚀，并能加工成各种复杂的断面形状，不仅美观、耐久，而且密封性很好，重量比钢窗减轻20%，但在目前造价较高，应用受到一定的限制。

(6) 塑钢窗。

塑钢窗是以聚乙烯（PVC）与氯化聚乙烯共混树脂为主体，加上一定比例的添加剂，经挤压加工成型材，在型材内腔中填入增加拉弯作用的钢衬，通过切割、钻孔、熔接等方法，制成窗框，装上五金配件组成。具有耐酸、耐碱、耐腐蚀、防尘、阻燃自熄、强度高、不变形和色调和谐等特点。塑钢窗的气密性和水密性比一般同类窗大2～5倍。

3.6.3 木门窗的组成与构造

3.6.3.1 平开木门的组成

平开木门主要由门樘、门扇、腰头窗和五金零件及其附件等组成，如图3.116所示。门扇通常包括玻璃门、镶板门、夹板门、百叶门和纱门等；腰头窗又称亮子，在门的上方，供通风和辅助采光用，有固定、平开及上、中、下旋等方式，其构造基本同窗扇；门樘是门扇及腰头窗与墙洞的连系构件，有时还有贴脸或筒子板等装修构件；五金零件多种多样，通常包括铰链、门锁、插销、风钩、把手和停门器等。

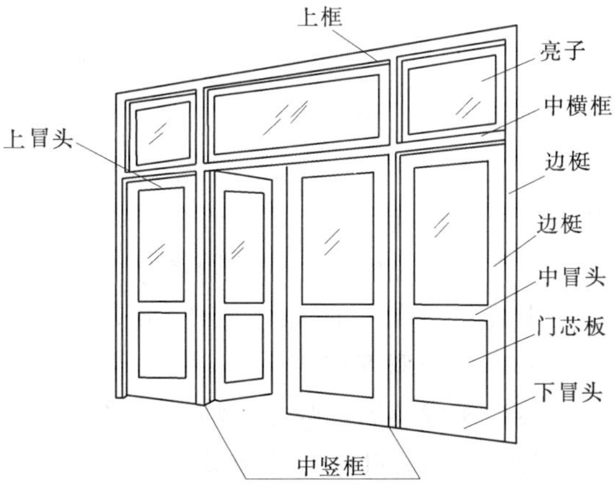

图3.116　木门的组成

3.6.3.2 平开木门的构造

1. 门樘

门樘又称门框，一般由两根边梃和上槛组成，有腰窗的门还有中横档，多扇门还有中竖梃，外门及特种需要的门有些还有下槛，可作防风、隔尘、挡水、保温和隔声之用。

门樘断面形状与尺寸和门的开启方式、宽度尺寸及层数有关。门樘的毛断面尺寸应大于净断面尺寸。门樘的厚度常为 50～60mm，宽度为 90～105mm，如图 3.117 所示。

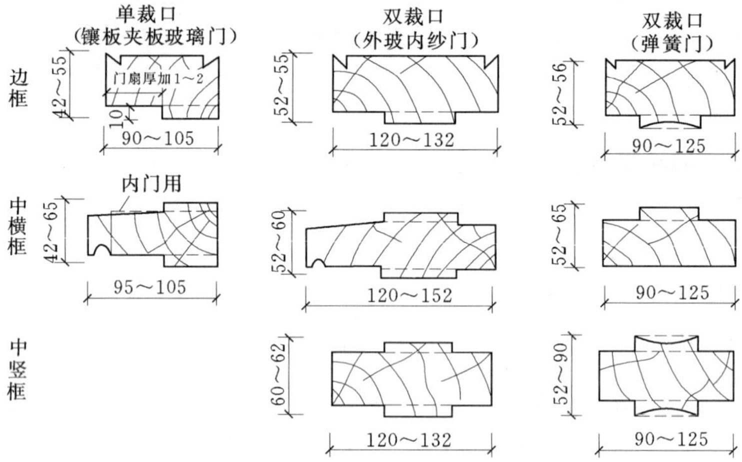

图 3.117 门樘断面形状与尺寸

门樘与墙的结合位置，一般都做在开门方向的一边，与抹灰面齐平，这样门开启的角度较大。门樘与墙的结合方式分为立樘和塞樘两种。一般门的悬吊重力和碰撞力均较窗大，门樘四周的抹灰极易开裂，甚至振落，因此，抹灰要嵌入门樘铲口内，并做贴脸木条盖缝。贴脸一般约 15～25mm 厚，30～75mm 宽，为了避免木条挠曲，在木条背后开槽可较为平服。贴脸木条与地板踢脚线收头处，一般做比贴脸木条放大的木块，称为门蹬。考究者还可在墙洞上、左、右三个面用筒子板包住。

2. 门扇

常用的门扇包括镶板门（如玻璃门、纱门和百叶门）、拼板门和夹板门。

（1）镶板门。

镶板门主要骨架由上下冒头和两根边梃组成框子，有时中间还有一条或几条横冒头或一条竖向中梃，在其中镶装门心板（见图 3.118）。门芯板可用 10～15mm 厚木板拼装成整块，镶入边框。板缝要结合紧密，不可因日后木板干缩而露缝。一般为平缝胶结，如能做高低缝或企口缝接合则可免缝隙露明。门芯板也可用多层胶合板，硬质纤维板或其他人造板等代替。门芯板在门框的镶嵌结合可用暗槽、单面槽及双边压条等构造形式。门扇边梃及上中冒头厚度一般为 40～45mm，宽度一般为 100～120mm，下冒头一般加宽到 160～250mm，采用双榫结合。

门芯板换成玻璃，则为玻璃门，多块玻璃之间亦可用窗一样的芯子。门芯板改为纱或百叶则为纱门或百叶门。一般纱门的厚度对比镶板门薄 5～10mm。

（2）拼板门。

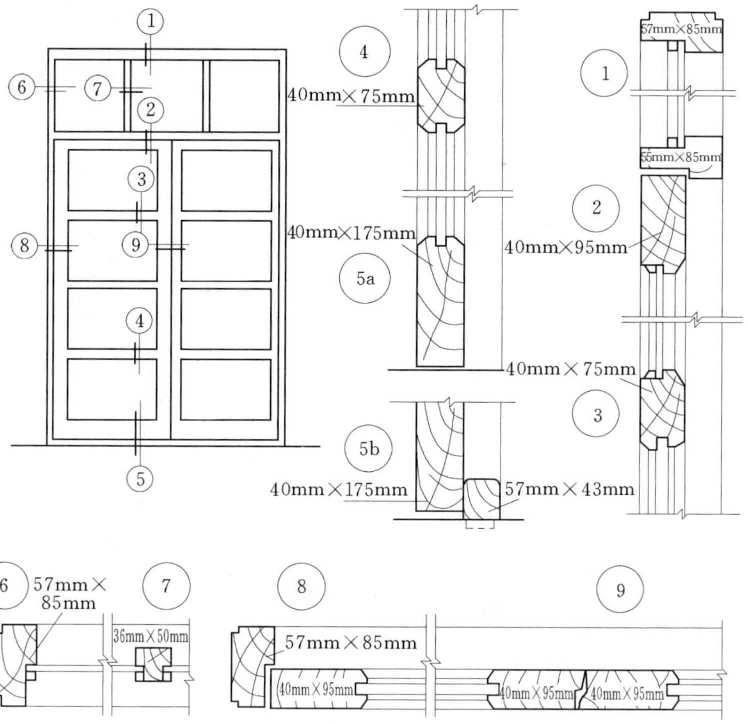

图 3.118 镶板门的构造

拼板门较多地用于外门或储藏室和仓库，其做法与镶板门类似，制作时先做木框，将木拼板镶入。木拼板可以用 15mm 厚的木板，两侧留槽，用三夹板条穿入。木框四角要安装铁三角。门扇上部可以安装玻璃。

（3）夹板门。

夹板门是在骨架两面粘贴面板而成，如图 3.119 所示。门扇面板可用胶合板、塑料面板和硬质纤维板。面板和骨架形成一个整体，共同抵抗变形，夹板门的形式可以是全夹板门、带玻璃或带百叶夹板门。

夹板门的骨架一般用厚约 30mm、宽为 30～60mm 的木料做边框，中间的肋条用厚约 30mm，宽为 10～25mm 的木条，采用单向排列、双向排列或密肋形式，间距一般为 200～400mm，在安门锁处另加上锁木。在骨架上设通气孔，以便门扇内通风干燥，防止因内外温湿度差产生变形。

由于夹板门构造简单，可利用小料和短料，因其自重轻，外形简洁，便于工业化生产，故在一般民用建筑中广泛用作建筑的内门。

3.6.3.3 平开木窗的组成

窗主要由窗樘（也称窗框）、窗扇和五金零件组成。窗扇包括玻璃窗扇、纱窗扇、板窗扇和百叶窗扇等。在窗扇和窗框间有各种铰链、风钩、插销、拉手，以及导轨、转轴和滑轴等五金零件。窗有时要加设窗台、贴脸和窗帘盒等，如图 3.120 所示。为保温或隔声需要，还可设置双层窗。

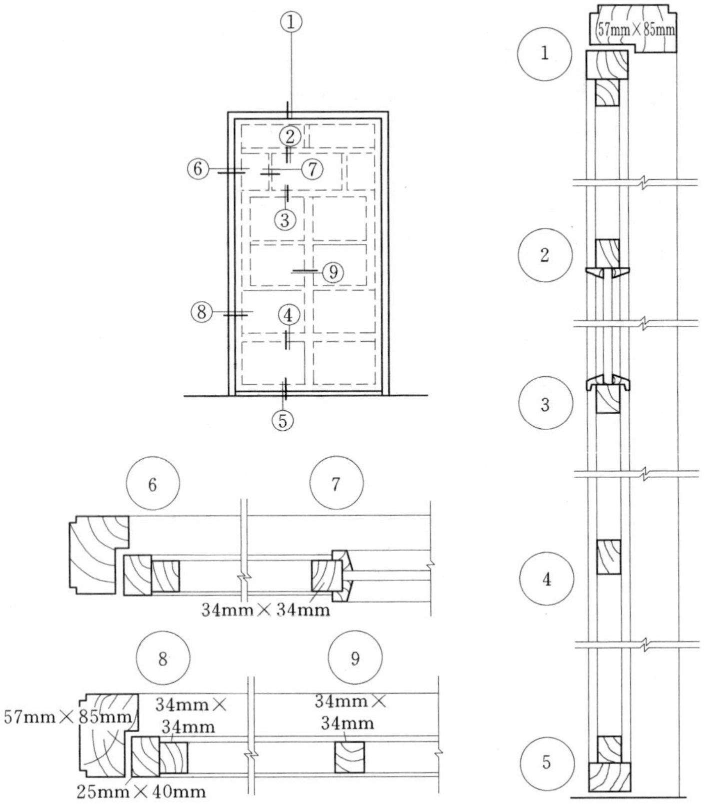

图 3.119 夹板门的构造

3.6.3.4 平开木窗的构造

1. 窗樘

窗樘是墙与窗扇之间的联系构件，由上下框和左右边框组成，当窗的尺度较大时应增设中横框和中竖框。施工时安装方式一般包括立樘子及塞樘子两种。

(1) 立樘子。

立樘子也称立口，是指施工时先将窗樘立好后砌窗间墙。为加强窗樘与墙的联系，在窗樘上下档各伸出约半砖长的木段（俗称羊角或走头），同时在边框外侧每隔 500～700mm 设一木拉砖或铁脚砌入墙身。

这种做法的优点是窗樘与墙的连接较为紧密，缺点是施工不便，窗樘及其临时支撑易被碰撞，有时还会产生移位或破损，已较少采用。

(2) 塞樘子。

塞樘子也称塞口或嵌樘子，是在砌墙时先留出窗洞，以便于安装窗樘。窗樘与墙的固定是靠砌入窗洞两侧的防腐木砖（窗洞每侧应不少于两块），安装窗樘时用长钉或螺钉将窗樘钉在木砖上；也可在樘子上钉铁脚，再用膨胀螺丝钉在墙上；还可用膨胀螺丝直接把樘子钉于墙上。

窗框与墙之间的施工缝为 10～20mm，采用纤维或毡类如毛毡、矿棉、麻丝、泡沫和

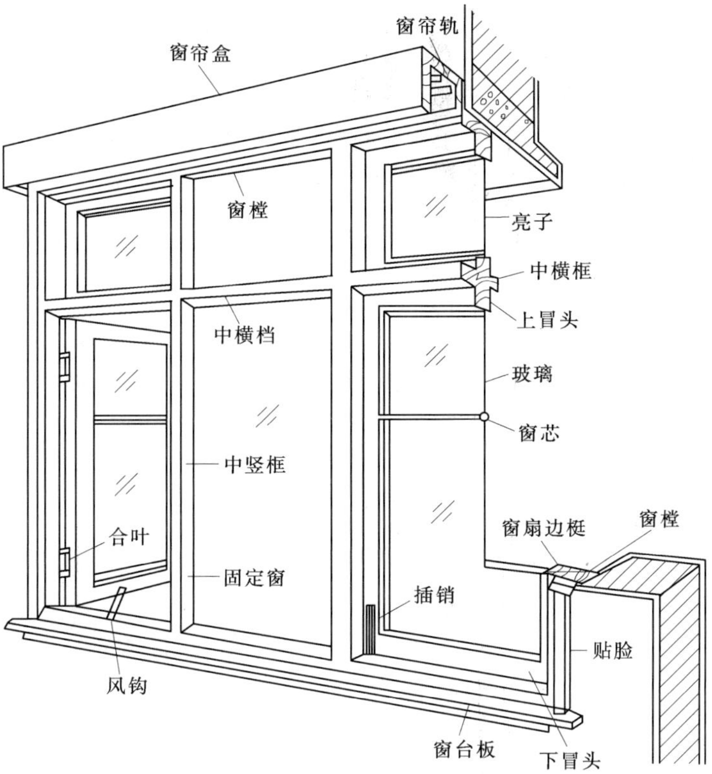

图 3.120 木窗的组成

塑料绳等填塞。外侧须用砂浆嵌缝，也可加钉压缝条或采用油膏嵌缝；木窗樘靠墙一面，易受潮变形，常在窗樘外侧开槽，并做防腐处理，以减少木材伸缩变形造成的裂缝；同时，为使墙面粉刷能与窗樘嵌牢，常在窗樘靠墙一侧内外二角做灰口。窗樘与墙面内平者需做贴脸；窗樘小于墙厚者，可做筒子板；贴脸和筒子板也要注意开槽防止变形。窗樘在墙身中的位置，根据需要可设在外侧、内侧和中间。

2. 窗樘的断面形状与尺寸

窗樘断面尺寸的确定，要考虑接榫牢固和加工时刨光的损耗，各地都有标准详图供设计时选用，一般尺度的单层窗四周窗樘的厚度常为 40～50mm，宽度为 70～95mm，中竖梃双面窗扇需加厚一个铲口的深度（10mm），中横档除加厚 10mm 外，若要加做披水，一般还要加宽 20mm 左右。以上二者也可加钉 10mm 厚的铲口条子而不用加厚樘子木料的方法，断面形状与尺寸如图 3.121 所示。单层玻璃窗加一层纱窗或百叶窗；双层玻璃窗用一个窗樘者，应增加窗樘的宽度。

3. 窗扇

（1）窗扇的组成及断面形状和尺寸。

玻璃窗的窗扇一般由上下冒头和左右边梃榫接而成，有的中间还设窗芯（也称窗棂）。

窗扇的厚度约为 35～42mm，一般为 40mm，上下冒头及边梃的宽度视木料材质和窗

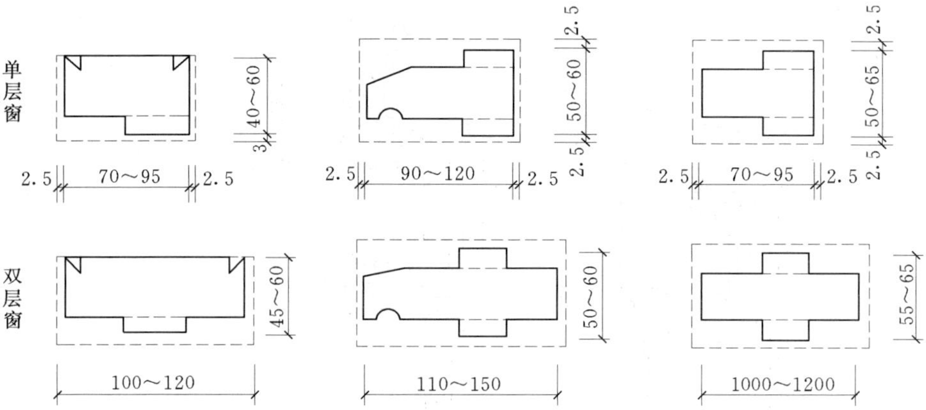

图 3.121 窗樘断面形状与尺寸

扇大小而定，一般为50～60mm，下冒头加做滴水槽或披水板，可较上冒头适当加宽10～25mm，窗芯的宽度约30～35mm，如图3.122所示。

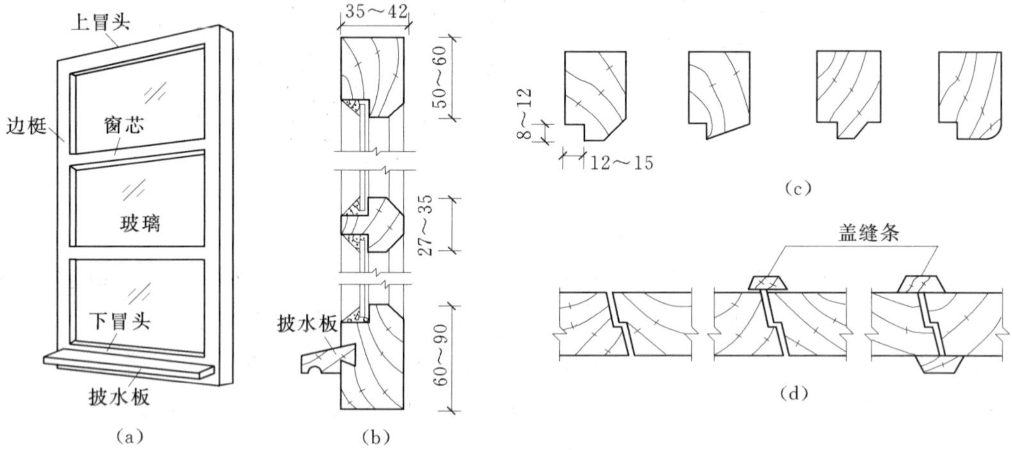

图 3.122 窗扇的组成与用料

为镶嵌玻璃，在冒头、边梃和窗芯上，做8～12mm宽的铲口，铲口深度视玻璃厚度而定，一般为12～15mm，不超过窗扇厚度的1/3，铲口多设在窗扇外侧，以利防水、抗风和美观。

(2) 玻璃的选用与镶装。

玻璃厚薄的选用与窗扇分格的大小有关，窗的分格大小与使用要求有关。一般常用窗玻璃的厚度为3mm，如面积较大可考虑采用5mm厚的玻璃，为了隔声、保温等需要，可采用双层中空玻璃。需遮挡或模糊视线的，可选用磨砂玻璃或压花玻璃；为了安全还可采用夹丝玻璃、钢化玻璃及有机玻璃等。

为了防晒可采用有色、吸热、涂层和变色等特殊种类的玻璃。窗上的玻璃一般多用油灰（桐油石灰）镶嵌成斜角线，为保证玻璃安装的牢固，在嵌油灰前先用芝麻丁固定，必要时也可采用小木条镶钉。

(3) 窗樘与窗扇的连接。

一般窗扇都用铰链、转轴或滑轨固定在窗樘上，窗扇与窗樘之间既要开启方便，又要关闭紧密。

3.6.4 钢门窗的构造

3.6.4.1 钢门窗用料

钢门窗是用型钢或薄壁空腹型钢在工厂制作而成。它符合工业化、定型化与标准化的要求，强度、刚度较好，但在潮湿环境下易锈蚀，耐久性差，易变形。因此在民用建筑中已基本不用，仅在部分工业建筑中使用。钢门窗用料包括实腹式和空腹式两种。

实腹式钢门窗料一般门选用 32 及 40 料，窗选用 25 及 32 料（25、32、40 等表示断面高度）。

空腹式钢门窗料断面高度也分为 25mm、32mm 等规格，它与实腹式窗料比较，具有更大的刚度，外形美观，重量轻，可节约钢材 40%左右。但由于用 1.5～2.5mm 厚的低碳钢经冷轧成为薄壁型钢，耐腐蚀性差，不宜用于湿度大、腐蚀性强的环境。

3.6.4.2 基本钢门窗

基本钢门窗是标准化的最小基本单元，可根据需要直接选用或组合出所需大小和形式的门窗。一般高度不大于 1200mm，宽度为 400～600mm。每一基本窗单元的总高度不大于 2100mm，总宽度不大于 1800mm。基本钢门的高度一般不超过 2400mm，单扇门的宽度为 900mm，双扇门的宽度为 1500mm 或 1800mm，具体设计时应根据面积的大小、风荷载情况及允许挠度值等因素选择门窗料规格。基本窗的形式包括平开式、上旋式、固定式、中旋式和百叶窗几种，门主要为平开门。钢门扇可以按需要将上部做成玻璃，下部为钢板，也可以全部为钢板。钢板厚度为 1～2mm。

钢门窗的安装均采用塞樘方式。门窗的尺寸每边必须比洞口尺寸小 15～30mm，视洞口处墙面饰面材料的厚薄定。樘与墙的连接是由樘四周固定的燕尾铁脚伸入墙上的预留孔，用水泥砂浆锚固（砖墙时），或将铁脚与墙上预埋件焊接（混凝土墙时）。铁脚每隔 500～700mm 设一个，最外一个距樘角 180mm。

3.6.4.3 组合式钢门窗

当钢门窗的高度和宽度超过基本钢门窗尺寸时，就要用拼料将门窗进行组合。拼料起横梁与立柱的作用，承受门窗的水平荷载，主要用于单层厂房中。

拼料与基本门窗之间一般用螺栓或焊接相连。当钢门窗很大时，特别是水平方向很长时，为避免大的伸缩变形引起门窗损坏，必须预留伸缩缝，一般是用两根 L56mm×36mm×4mm 用螺栓拼接，角钢上穿螺栓的孔为椭圆形，使螺栓有伸缩余地。

3.6.5 铝合金门窗

3.6.5.1 铝合金门窗的特点

铝合金门窗的气密性、水密性、隔声性和隔热性都较钢门窗和木门窗好，更适合用于对防火、隔声、保温、隔热及多台风、多暴雨、多风沙地区有特殊要求的建筑中。其用料省、质量轻，每平方米耗用铝材平均只有 80～120kg（钢门窗为 170～200kg），较钢门窗轻 50%左右。铝合金门窗强度高，刚性好，开闭轻便灵活，无噪声，安装速度快，色泽美观。铝合金门窗框料型材表面经过氧化着色处理后，氧化层不褪色、不脱落，表面不需要维修。还可以在铝材表面涂刷一层聚丙烯酸树脂保护装饰膜，制成的铝合金门窗造型新颖大方，表面光洁，外形美观、色泽牢固，增加了建筑立面和内部的美观。

3.6.5.2 铝合金门窗的设计要求

1. 选材恰当

应根据使用和安全要求确定采用铝合金门窗框料系列。系列名称是以铝合金门窗框的厚度构造尺寸来命名的，如平开门门框厚度构造尺寸为90mm宽，即称为90系列铝合金平开门；推拉窗窗框厚度构造尺寸70mm宽，即称为70系列铝合金推拉窗等。

2. 组合方式

组合门窗设计宜采用定型产品门窗作为组合单元。非定型产品的设计应控制洞口最大尺寸和开启扇最大尺寸。

3. 安全要求

设计外墙窗时应考虑安装高度的限制。如广东地区规定，外墙铝合金窗安装高度不大于60m（不包括玻璃幕墙），层数不大于20层；若高度大于60m或层数大于20层，则应进行更严密的设计，必要时还应进行风洞模型试验。

3.6.6 塑钢门窗

3.6.6.1 塑钢门窗的特点

塑钢门窗是以聚氯乙烯或其他树脂为主要原料，轻质碳酸钙为填料，添加适量助剂和改性剂，经挤压、机制成各种截面的空腹门窗异型材，为增加抗弯能力，在制作门窗框时，一般在型材内腔加入钢或铝等，故称塑钢门窗。根据不同的品种规格可选用不同截面异型材料制作。塑钢门窗较全塑门窗刚度更好，质量更轻。

塑钢门窗线条清晰、挺拔，造型美观，表面光洁细腻，不但具有良好的装饰性，而且有良好的隔热性和密封性。其气密性为木窗的3倍，铝合金窗的1.5倍；热损耗为金属窗的1/1000；隔声效果比铝合金窗的隔声效果高30dB以上。同时，塑料本身具有耐腐蚀性功能，不用饰涂料，可节约施工时间及费用。因此，在办公、住宅和医院等建筑中广泛应用。

3.6.6.2 塑钢门窗的构造

塑钢门窗与墙体的连接方法与铝合金门窗相同。用连接件将塑料门窗框固定在墙（柱、梁）上，连接件固定可采用焊接、膨胀螺栓或射钉方法。门窗框四周的缝隙，应采用软质保温材料填塞，如泡沫塑料条、泡沫聚氨酯条、矿棉毡条和玻璃丝毡条等，分层填实，外表留5～8mm深的槽口用密封膏密封。

塑钢门窗的开启方式包括平开式和推拉式。推拉式窗分为上下推拉和左右推拉，左右推拉窗应用较多。安装玻璃采用密封条固定，也可采用密封胶固定。塑钢门窗下框靠外侧应开若干150mm×50mm排水孔，间距为500～700mm。

3.7 变 形 缝

3.7.1 变形缝的种类及设置原则

变形缝是为防止建筑物在外界因素（温度变化、地基的不均匀沉降及地震）作用下产生变形，导致开裂，甚至破坏而预留的构造缝。

3.7.1.1　变形缝的种类

变形缝分 3 种类型，即伸缩缝、沉降缝和防震缝。

1. 伸缩缝

伸缩缝是为了解决由于建筑物超长而产生的伸缩变形所设置的变形缝。

2. 沉降缝

沉降缝是为了解决由于建筑物高度不同、重量不同和平面转折部位等而产生的不均匀沉降变形所设置的变形缝。

3. 防震缝

防震缝是为了解决由于地震时产生的相互撞击变形所设置的变形缝。

3.7.1.2　变形缝的设置原则

1. 伸缩缝

建筑物因温度、湿度的变化会产生胀缩变形，建筑物长度越大，变形就越大，当建筑物的长度超过一定限度时，会因变形过大而开裂。为避免这种现象产生，通常沿建筑物长度方向每隔一定距离预留缝隙，将建筑物断开，使建筑物分隔成几个独立部分，各部分可在水平方向上伸缩，这种构造缝称为伸缩缝。

伸缩缝的位置和间距与建筑物的材料、结构形式、使用情况、施工条件及当地温度变化情况有关。设计时应根据有关规范的规定设置，如表 3.9 和表 3.10 所示。伸缩缝的宽度一般为 20～30mm。

表 3.9　砌体建筑伸缩缝的最大间距

砌体类别	屋顶或楼板层的类别		间距（m）
各种砌体	整体式或装配整体式钢筋混凝土结构	有保温层或隔热层的屋顶、楼板	50
		无保温层或隔热层的屋顶	40
	装配式无檩体系钢筋混凝土结构	有保温层或隔热层的屋顶	60
		无保温层或隔热层的屋顶	50
	装配式有檩体系钢筋混凝土结构	有保温层或隔热层的屋顶	75
		无保温层或隔热层的屋顶	60
普通黏土和空心砖砌体	黏土瓦和石棉水泥瓦 木屋顶或楼板层 砖石屋顶或楼板层		100
石砌体			80
硅酸盐砖、硅酸盐砌块和混凝土砌块砌体			75

注　1. 层高大于 5m 的混合结构单层建筑，其伸缩缝间距可按表中数值乘以 1.3 采用，但当墙体采用硅酸盐砖、硅酸盐砌块和混凝土砌块砌筑时，伸缩缝间距不得大于 75m。
2. 温差较大且变化频繁地区和严寒地区不采暖的建筑及构筑物墙体的伸缩缝间距，应按表中数值予以适当减少后使用。

表 3.10 钢筋混凝土结构伸缩缝的最大间距

项次	结构类型		室内或土中间距（m）	露天间距（m）
1	排架结构	装配式	100	70
2	框架结构	装配式	75	50
		现浇式	55	35
3	剪力墙结构	装配式	65	40
		现浇式	45	30
4	挡土墙及地下室墙壁等类结构	装配式	40	30
		现浇式	30	20

注 1. 如有充分依据或可靠措施，表中数值可以增减。
2. 当屋面板上部无保温或隔热措施时，对框架剪力墙结构的伸缩缝间距，可按表中“露天间距”栏中的数值选用，对排架结构的伸缩缝间距，可按适当低于“室内或土中间距”栏中的数值适当减小。
3. 排架结构的柱顶面（从基础顶面算起）低于8m时，宜适当减少伸缩缝间距。
4. 外墙装配内墙现浇的剪力墙结构，其伸缩缝最大间距按现浇式一栏的数值选用。滑模施工的剪力墙结构，宜适当减小伸缩缝间距。现浇墙体在施工中应采取措施减少混凝土收缩应力。

2. 沉降缝

为防止建筑物产生不均匀沉降，以致发生错动开裂，将建筑物划分为若干个可以独立自由沉降的单元，这种单元间的垂直缝称为沉降缝。

凡符合下列条件之一者应设置沉降缝：

（1）当建筑物建造在不同的地基土壤上时。

（2）当同一建筑物相邻部分高度相差在两层以上或部分高度差超过10m以上时。

（3）当建筑物部分的基础底部压力值有很大差别时。

（4）原有建筑物加建扩展建筑物时。

（5）当相邻的基础宽度和埋置深度相差悬殊时。

（6）建筑物平面形状较复杂时，为了避免不均匀沉降，应将建筑物平面划分为几个单元，在几个部分之间设置沉降缝。

表 3.11 沉降缝的宽度

地基情况	建筑物高度	沉降缝宽度（mm）
一般地基	$H<5$m	30
	$H=5\sim10$m	50
	$H=10\sim15$m	70
软弱地基	2～3层	50～80
	4～5层	80～120
	5层以上	>120
湿陷性黄土地基		≥30～70

设沉降缝时，要求从基础到屋顶所有构件均设缝断开，其宽度与地基的性质和建筑物的高度有关，地基越软弱，建筑物的高度越大，沉降缝的宽度也越大，如表3.11所示。沉降缝可以兼起伸缩缝的作用，伸缩缝却不可以代替沉降缝。

3. 防震缝

地震波由震源向四周扩散，引起环状波动，会使建筑物产生上下、左右、前后多方向的震动，但对建筑物防震来说，一般都只考虑水平方向地震波的影响。

在地震区建造房屋，应力求体形简单，重量、刚度对称并均匀分布，建筑物的形心和重心尽可能接近，避免在平面和立面上的突然变化。在地震设防烈度为7～9度的地区，当建筑物形体复杂或各部分的结构刚度、高度和重量相差较大时，应在变形敏感部位设缝，将建筑物划分为若干个体形规整、结构单一的单元，防止在地震波的作用下互相挤压、拉伸，造成变形和破坏，这种缝隙称为防震缝。

当设计烈度为8度和9度时，有下列情况之一者应设置防震缝：

（1）房屋立面高差在6m以上时。

（2）房屋有错层，且楼板高差较大时。

（3）房屋各部分结构刚度、质量截然不同时。

设置防震缝时基础一般可不断开，但在平面复杂的建筑中，当建筑各相连部分的刚度差别很大时，也需要将基础分开。在地震设防区，建筑物的伸缩缝和沉降缝应按防震缝的要求来处理。

3.7.2 变形缝的构造

3.7.2.1 变形缝的宽度尺寸及构造特点

1. 伸缩缝

伸缩缝要求把建筑物的墙体、楼板层和屋顶等地面以上部分全部断开，基础因埋在土中，受温度变化影响较小，不需断开。

2. 沉降缝

由于沉降缝的设置目的是为了解决不均匀沉降变形的问题，所以应从基础开始断开。沉降缝的宽度按表3.11选取。

3. 防震缝

防震缝的宽度与地震设防烈度有关。

（1）建筑物高度不超过15m时，缝宽为70mm。

（2）当建筑物高度超过15m时，缝宽尺寸如表3.12所示。

3.7.2.2 变形缝的做法

表3.12 防震缝的宽度

设计烈度	建筑物高度	缝 宽
7度	每增加4m	在70m基础上增加20mm
8度	每增加3m	在70m基础上增加20mm
9度	每增加2m	在70m基础上增加20mm

变形缝一般均通过墙体、楼地面和屋顶等部分。为了防止风、雨、雪、冷空气和灰砂等通过变形缝进入室内，同时也为了美观，在构造上对变形缝必须进行覆盖和装修。所有这些覆盖与装修必须保证变形缝能充分发挥其功能，使缝两侧结构单元的水平或竖向相对位移不受影响。

1. 墙体变形缝

墙体外表面一般采用金属板做盖缝处理，墙体内表面也可以采用金属板或木板做盖缝处理。

（1）伸缩缝。

根据墙体的厚度，伸缩缝可做成平缝、错开缝和企口缝等形式，如图3.123所示。外墙伸缩缝内应填充沥青麻丝、玻璃棉毡、泡沫塑料条和油膏等具有防水、保温和防腐性的弹性材料，以便缝隙因温度变化伸缩时仍能被填充。外侧缝口用镀锌铁皮盖缝或用铝合金装饰；内侧缝口用木材盖缝条装修，如图3.124所示，其中图3.124（a）～图3.124（c）

为外墙构造，图 3.124（d）和图 3.124（e）为内墙构造。内墙伸缩缝内不填保温材料，缝口处理与外墙内侧缝口相同。考虑到缝隙对建筑物立面的影响，通常将缝隙布置在外墙转折的部位，或利用雨水管将缝隙挡住，做隐蔽处理。

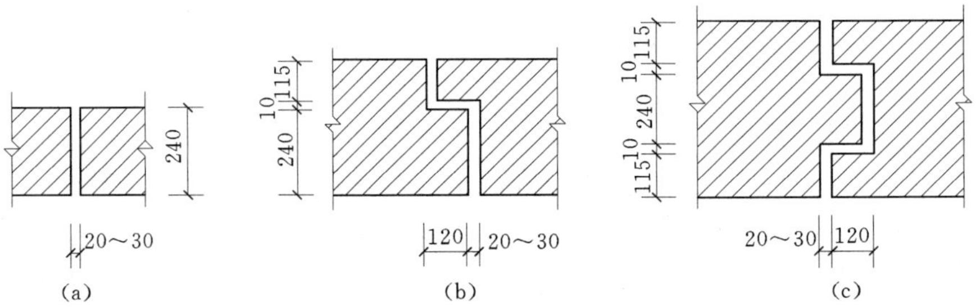

图 3.123 墙体伸缩缝的构造
（a）平缝；（b）错开缝；（c）企口缝

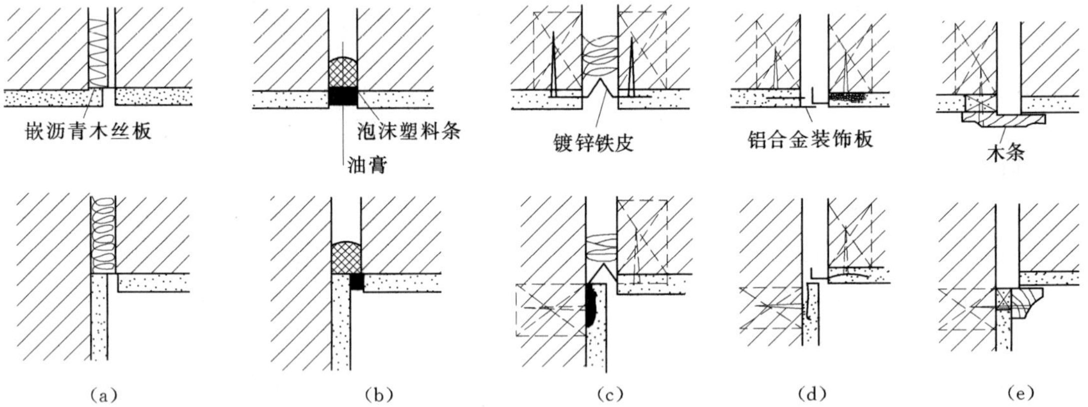

图 3.124 墙体伸缩缝的盖缝构造
（a）沥青纤维；（b）油膏；（c）金属皮；（d）铝合金或塑铝装饰板；（e）木条

（2）沉降缝。

墙体沉降缝的构造与伸缩缝构造基本相同，只是调节片或盖缝板在构造上应能保证两侧单元在竖向能自由沉降，如图 3.125 所示。

（3）防震缝。

墙体防震缝构造与伸缩缝、沉降缝构造相同，只是防震缝一般较宽，如图 3.126 所示。

2. 楼地面变形缝

楼板上部楼地面在缝隙两端用角钢作封边，并用橡胶垫或金属板过渡；楼板下部用木板或金属板过渡；底层地面在缝隙两端用角钢封边进行过渡。

楼底层变形缝的位置与缝宽应与墙体变形缝一致。在构造上应能保证地面面层和顶棚美观，又应使缝两侧的结构能自由变形。

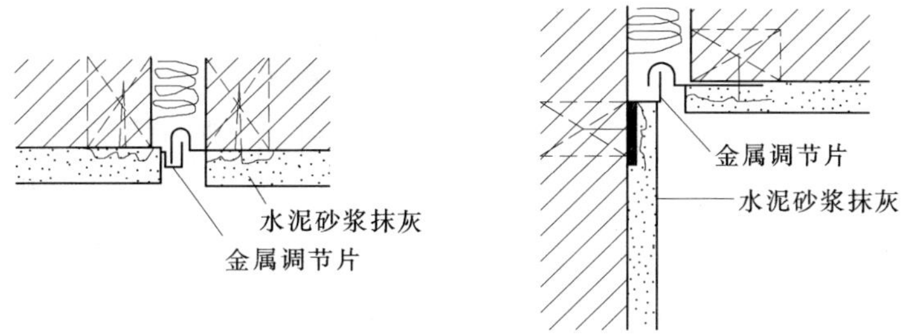

(a) (b)

图 3.125 外墙沉降缝构造

(a) 平直墙体；(b) 转角墙体

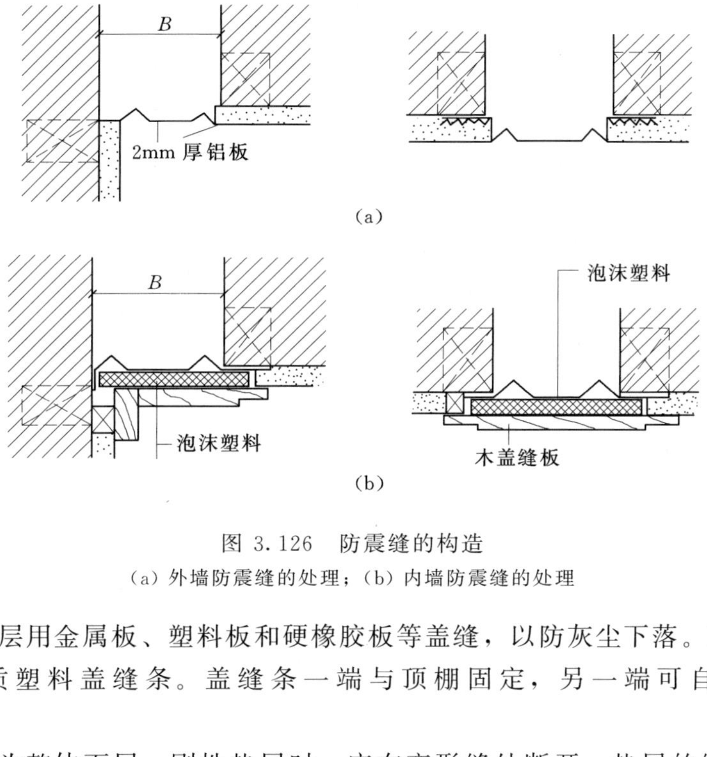

图 3.126 防震缝的构造

(a) 外墙防震缝的处理；(b) 内墙防震缝的处理

楼层地面面层用金属板、塑料板和硬橡胶板等盖缝，以防灰尘下落。顶棚的缝隙一般采用木制或硬质塑料盖缝条。盖缝条一端与顶棚固定，另一端可自由伸缩，如图 3.127 (a)所示。

首层地面若为整体面层、刚性垫层时，应在变形缝处断开，垫层的缝内填以沥青麻丝，面层处理同楼层地面，如图 3.127 (b) 所示，楼面变形缝构造如图 3.127 (c) 和图 3.127 (d) 所示。

3. *屋面变形缝*

屋面变形缝的构造处理原则是既不能影响屋面的变形，又要防止雨水从变形缝处渗入室内。屋面变形缝包括等高屋面变形缝和高低屋面变形缝。

(1) 等高屋面变形缝是在缝两边的屋面板上砌筑矮墙，以挡住屋面雨水。矮墙的高度不小于 250mm，半砖墙厚。屋面卷材防水层与矮墙面的连接处理类同于泛水构造，缝内嵌填沥青麻丝。矮墙顶部可用镀锌铁皮盖缝，也可铺一层卷材后用混凝土

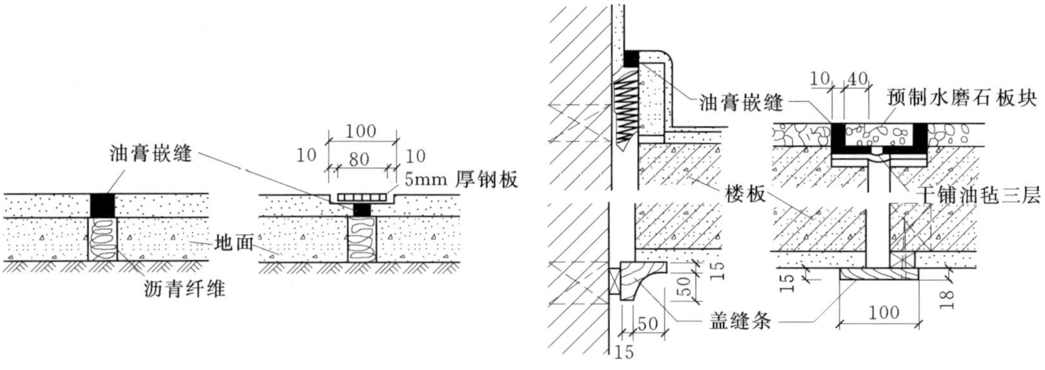

(a)　　(b)　　(c)　　(d)

图 3.127　楼地面变形缝

(a) 地面油膏嵌缝；(b) 地面钢板盖缝；(c) 楼板靠墙处变形缝；(d) 楼板变形缝

盖板压顶，如图 3.128 所示。

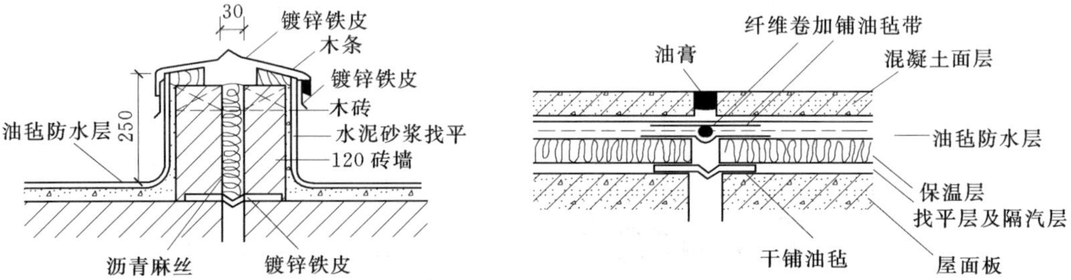

(a)　　(b)

图 3.128　等高屋面变形缝构造

(2) 高低屋面变形缝，是在低侧屋面板上砌筑矮墙。当变形缝宽度较小时，可用镀锌铁皮盖缝并固定在高侧墙上，做法同泛水构造；也可以从高侧墙上悬挑钢筋混凝土板盖缝，如图 3.129 所示。

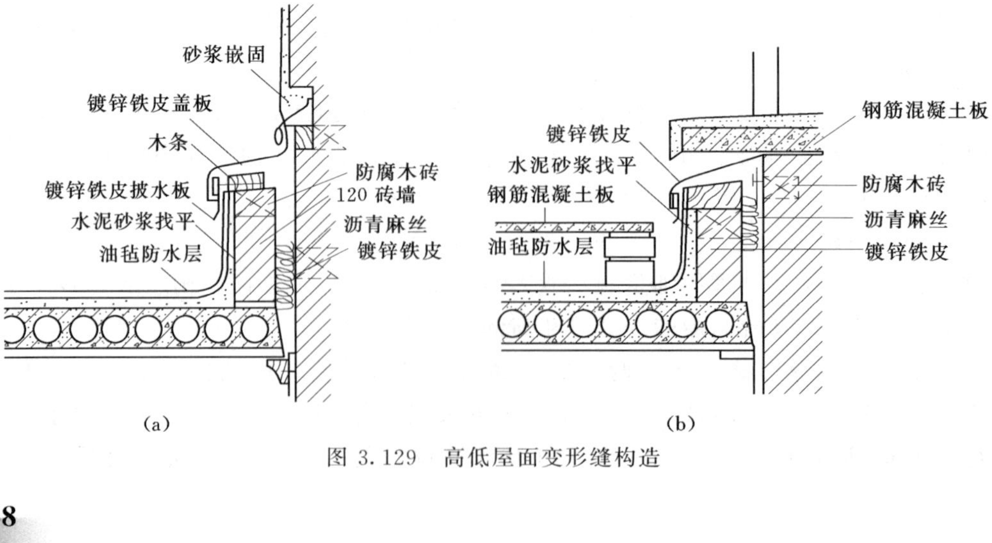

(a)　　(b)

图 3.129　高低屋面变形缝构造

4. 基础变形缝

对基础构造影响较大的是沉降缝，基础变形缝构造措施就是对沉降缝的构造处理。

(1) 基础变形缝构造。

基础变形缝应断开并应避免因不均匀沉降造成的相互干扰。常见的砖墙条形基础处理方法包括挑梁基础、双墙偏心基础和交叉式基础等 3 种方案，如图 3.130 所示。

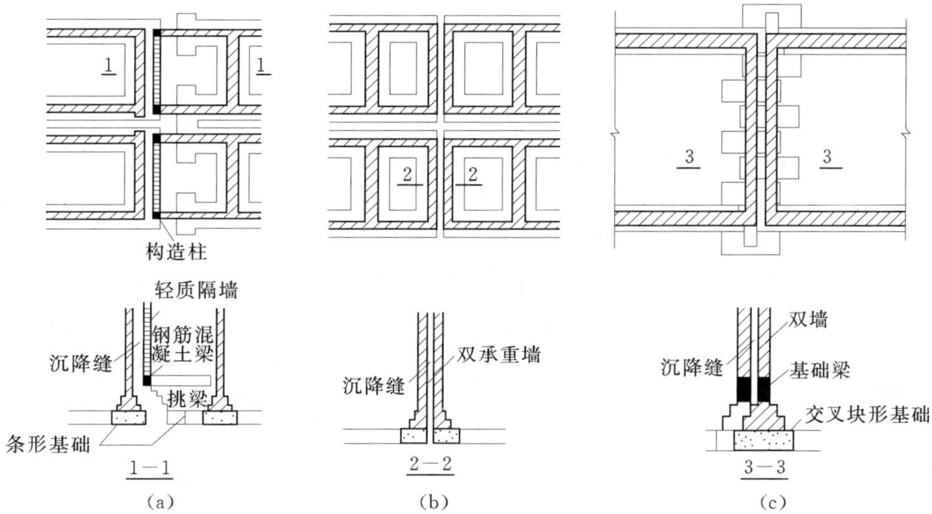

图 3.130 基础变形缝构造

(a) 挑梁基础；(b) 双墙偏心基础；(c) 交叉式基础

1) 双墙偏心基础整体刚度大，但基础偏心受力，并在沉降时产生一定的挤压力。

2) 挑梁基础方案能使沉降缝两侧基础分开较大距离，相互影响较少，当沉降缝两侧基础埋深相差较大或新建筑与原有建筑毗连时，宜采用挑梁方案。

3) 采用双墙交叉式基础方案，地基受力将有所改进。

(2) 地下室变形缝防水。

当地下室出现变形缝时，为使变形缝处能保持良好的防水性，必须做好地下室墙身及地板层的防水构造，其措施是在结构施工时，在变形缝处预埋止水带。止水带有橡胶止水带、塑料止水带及金属止水带等，其构造做法有内埋式和可卸式两种，无论采用哪种形式，止水带中间空心圆或弯曲部分须对准变形缝，以适应变形需要。

本 章 小 结

1. 基础按所用材料和受力特点分为：刚性基础和柔性基础；按基础的构造形式分为：条形基础、单独基础、筏板基础、箱形基础和桩基础等。

2. 墙体按所在位置不同，分为外墙和内墙，纵墙和横墙。按墙体受力状况分为承重墙和非承重墙。按墙体构造方式不同，分为实体墙、空体墙和组合墙三种。按材料不同分为砖墙、石墙、土墙、混凝土墙、轻质板材墙和各种砌块墙等。

3. 楼梯由楼梯梯段、平台及栏杆扶手三部分组成。楼梯按布置形式和造型可分为直上式、双跑式、曲尺式、三跑式、多跑式、剪刀式、弧形及螺旋式等；按建筑的平面功能和室内设计的美观可分为合上双分式、分上双合式等；按结构的材料可分为木楼梯、钢楼梯、钢筋混凝土楼梯等。

4. 屋顶主要的功能是承重、围护、排水、防水和保温隔热，兼顾美观。屋顶由屋面、承重结构和顶棚组成。

5. 屋顶按外形分为平屋顶、坡屋顶和其他形式屋顶。坡屋顶坡度一般大于10%，平屋顶坡度小于10%，其他形式屋顶形式多样，坡度随外形变化。卷材防水屋面和混凝土刚性防水屋面最常用。

6. 卷材防水屋面由结构层、找坡层、找平层、结合层、防水层和保护层组成。防水层下面须作找平层，上面应作保护层。卷材屋面的细部构造是防水的薄弱部位，包括泛水、檐口、雨水口和变形缝等，应加强处理，以防渗漏。

7. 平屋顶排水坡度的形成方式有材料找坡和结构找坡。平屋顶的排水方式分为无组织排水和有组织排水两大类。坡屋顶的屋面构造设计，主要考虑承重结构与屋面面层。

8. 门的主要作用是交通联系、疏散，兼采光和通风，窗的主要作用是采光、通风及眺望。

9. 以开启形式分类，门可分为平开门、弹簧门、推拉门、折门、转门、升降门、上翻门和卷帘门等；窗可分为平开窗、推拉窗、旋转窗、固定窗和百叶窗等。以材料分，可分为木门窗、钢门窗、钢筋混凝土门窗、铝合金门窗和塑钢门窗等。

10. 门主要由门樘、门扇、腰头窗和五金零件及其附件等组成。常用的门扇有镶板门、拼板门和夹板门。窗主要由窗樘、窗扇和五金零件组成。

11. 变形缝是为防止建筑物在外界因素（温度变化、地基的不均匀沉降及地震）作用下产生变形，导致开裂，甚至破坏而预留的构造缝。

12. 变形缝分伸缩缝、沉降缝和防震缝3种类型。

13. 伸缩缝应把建筑物地面以上部分全部断开，基础不需断开，其宽度一般为20～30mm。

14. 沉降缝应从基础到屋顶所有构件均断开。设防震缝一般基础可不断开。

复习思考题

1. 基础和地基有何不同？它们之间的关系如何？

2. 什么叫基础的埋深？影响它的因素有哪些？

3. 常见基础类型有哪些？各有何特点？

4. 简述地下室防潮的构造要点？

5. 墙体依其所处位置不同、受力不同、材料不同、构造不同和施工方法不同可分为哪几种类型？

6. 墙体在设计上有哪些要求？

7. 勒角的处理方法有哪几种？试说出各自的构造特点。

8. 墙身防潮层的常用做法及设置位置有哪些？

9. 什么叫圈梁？有何作用？什么叫构造柱？有何作用？
10. 砖墙的组砌要求及组砌方式是什么？
11. 楼板层由哪几部分组成 ？各起什么作用？
12. 钢筋混凝土楼板按施工方式的不同可分为哪几种类型？试简述各自的特点？
13. 预制装配式钢筋混凝土楼板具有哪些特点？常用的预制板有哪几种？
14. 楼板顶棚的构造形式有几类？
15. 地坪由哪几部分组成？各有什么作用？举出每一类顶棚的一种构造做法。
16. 常用地面做法可分为几类？
17. 楼梯由哪几部分组成？各组成部分有何作用？
18. 现浇钢筋混凝土楼梯常见的结构形式有哪些？各有何特点？
19. 什么叫无障碍设计？无障碍设计主要从哪些方面考虑？
20. 屋顶由哪几部分组成？各组成部分有什么作用？
21. 平屋顶包括哪些构造层次？一般选择哪些材料？
22. 什么是刚性防水屋面？并图示其基本构造。
23. 简述平屋顶保温层的设置方式及各自的特点。
24. 平屋顶的隔热措施有哪些？
25. 屋顶的排水方式有哪些？适用什么范围？
26. 简述门窗的构造组成。
27. 简述伸缩缝、沉降缝和防震缝的概念及其特征。
28. 变形缝的设置原则是什么？其宽度如何确定？

第4章　工业建筑设计

4.1　概　　述

工业建筑是指供人们进行工业生产所需的各种不同用途的建筑物和构筑物的总称，也称为工业厂房或车间。工业建筑应满足生产要求，同时还必须创造良好的生产环境和劳动保护条件。工业建筑同样要体现适用、安全、经济、美观的建筑方针。

4.1.1　工业建筑的分类

工业建筑可按厂房用途、内部生产状况和层数进行分类。

4.1.1.1　按厂房用途分类

1. 主要生产厂房

主要生产厂房是指用于完成由原料到成品的主要生产工序的厂房。例如，机械制造厂中的铸造车间、机械加工车间及装配车间等。这类厂房的建筑面积大，在全厂生产中占有重要地位，是工厂的主要厂房。

2. 辅助生产厂房

辅助生产厂房是指为主要生产厂房服务的各类厂房。例如，工厂中的机修车间和工具车间等。

3. 动力用厂房

动力用厂房是指为全厂提供能源和动力供应的厂房。例如，机械制造厂中的变电站、发电站、锅炉房和压缩空气站等。

4. 储藏用库房

储藏用库房是指用来储存生产原料、半成品或成品的仓库。例如，油料库、金属材料库和成品库等。

5. 运输工具用房

运输工具用房是指用于停放、检修各种运输工具的库房。例如，汽车库和电瓶车库等。

4.1.1.2　按厂房内部生产状况分类

1. 热加工厂房

热加工厂房是指在生产过程中散发大量热量、烟尘的厂房。例如，炼钢、轧钢和铸造等车间。

2. 冷加工车间

冷加工车间是指在正常温度、湿度条件下进行生产的车间。例如，机械加工和装配等车间。

3. 恒温、恒湿车间

恒温、恒湿车间是指产品的生产对室内温度、湿度的稳定性要求很高的车间。例如，精密仪器和纺织等车间。

4. 洁净车间

洁净车间是指产品的生产对空气的洁净度要求很高的车间。例如，医药、集成电路等生产车间。

4.1.1.3　按厂房层数分类

1. 单层厂房

单层厂房，如图 4.1（a）所示。这类厂房约占工业建筑总量的 75%左右，广泛地应用于各种工业企业。它能满足大型生产设备、振动设备或重型起重运输设备等对空间和结构的要求。这类厂房多用于机械制造、冶金和纺织等车间。

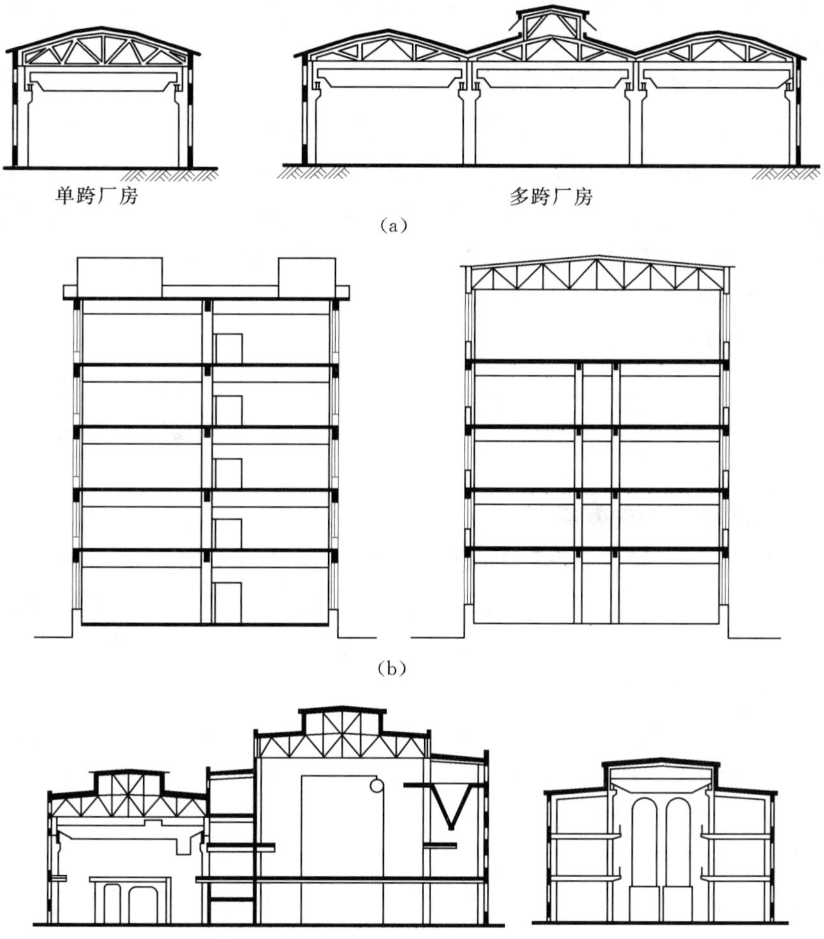

(c)

图 4.1　不同层数的厂房类型
（a）单层厂房；（b）多层厂房；（c）混合层次厂房

单层厂房按跨数可分为单跨和多跨。单层厂房占地面积大，围护结构面积多，维护费用较高。

2. *多层厂房*

多层厂房，如图4.1（b）所示。这类厂房适用于垂直方向组织生产和工艺流程的生产企业，以及生产设备和产品重量较轻的企业。这类厂房多用于电子、食品加工和精密仪器等车间。

3. *混合层次厂房*

混合层次厂房，如图4.1（c）所示。这类厂房内既有单层跨，又有多层跨。这类厂房多用于化学和电力等行业。

4.1.2 工业建筑的特点

工业建筑在设计原则、建筑技术和建筑材料等方面与民用建筑是相同的。但由于生产工艺复杂、生产环境要求多样，工业建筑与民用建筑相比，在设计配合、使用要求、采光、通风及构造等方面具有明显的特点。

4.1.2.1 建筑设计应满足生产工艺要求

工业厂房的建筑设计是在工艺设计人员提出工艺要求的基础上进行的，厂房建筑设计应在满足生产工艺要求的前提下，创造良好的生产工作环境，实现适用、安全、经济、美观的建筑方针。如热加工车间，须加强厂房的通风；生物、制药和精密机构等生产厂房，要求满足洁净度、恒温、恒湿等特殊要求，应进行空气调节、防尘等处理；还有的厂房要满足防磁、防振等要求。

4.1.2.2 工业建筑内部空间大

多数工业建筑，特别是单层厂房由于要求设备多，各部分生产关系密切并要适应起重运输产品的需要，一般设置有多种起吊运输设备，与民用建筑相比，它的跨度和高度均较大，门窗尺寸也较大。

4.1.2.3 屋顶面积大，构造复杂

由于厂房内部空间大，形成了大面积的屋顶，为屋顶的防水、排水带来了困难；根据生产工艺和劳动保护的需要，应满足采光、通风等方面的要求，例如热处理、锻工、铸造等车间，为有效采光、散热和除尘，需在屋顶上设置天窗，增加了屋顶构造的复杂程度。

4.1.2.4 结构承载力大，采用大型构件

由于厂房结构的荷载、跨度和高度大，所以构件的内力大、截面大、用料多，而且厂房还常受动力荷载作用，在设计中要考虑动力荷载的影响。多数厂房结构采用大型的钢筋混凝土构件或钢构件构成的结构体系。

4.1.3 单层厂房的结构组成

装配式钢筋混凝土排架结构是单层厂房常用的结构形式，它承载能力强、耐久性好、施工速度快，适用于跨度、高度、吊车荷载较大及地震烈度较高的单层厂房建筑。装配式钢筋混凝土排架结构单层厂房由承重构件和围护构件两部分组成，如图4.2所示。承重构件起支承上部荷载、增强结构刚度和提高稳定性的作用。

4.1.3.1 柱下基础

柱下基础一般采用预制或现浇的单杯口基础；当变形缝两侧有双柱时，可采用双杯口基础。

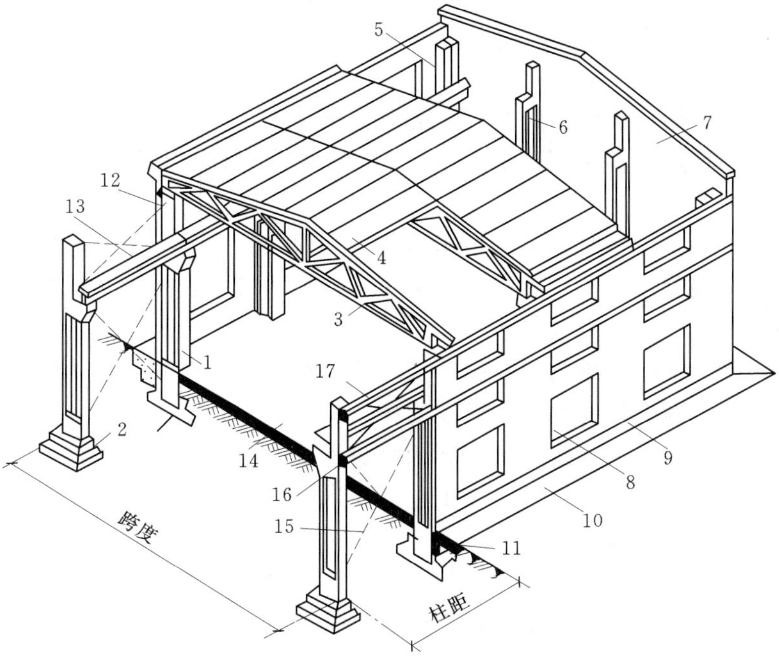

图 4.2 单层厂房结构组成

1—柱子；2—基础；3—屋架；4—屋面板；5—端部柱；6—抗风柱；7—山墙；8—窗洞口；9—勒脚；10—散水；11—基础梁；12—纵向外墙；13—吊车梁；14—地面；15—柱间支撑；16—连系梁；17—圈梁

4.1.3.2 基础梁

装配式钢筋混凝土排架结构单层厂房的外墙一般为自承重墙，其墙下不设专用基础，直接支承在基础梁上。基础梁构造简单、施工方便，能避免墙与柱的不均匀沉降。基础梁有预制和现浇两种形式。

4.1.3.3 柱

装配式钢筋混凝土排架结构单层厂房的柱子也称为排架柱或列柱，是厂房的主要承重构件。常用的排架柱包括矩形柱、工字形柱、双肢柱和管柱等形式。

4.1.3.4 屋架与屋面梁

装配式钢筋混凝土排架结构单层厂房的屋架或屋面梁的跨度较大，包括钢筋混凝土屋架、屋面梁和钢结构屋架、屋面梁等。

4.1.3.5 连系梁

连系梁作为水平构件可以起水平联系和支承作用，对高度较大的墙体，连系梁可以支承墙重，减小基础梁的荷载。小型厂房一般在吊车梁附近设置一道连系梁，当厂房高度较大时，每隔 4～6m 高设置一道连系梁。

4.1.3.6 圈梁

单层厂房中的圈梁可以加强砖墙与柱子之间的联系，保证墙体的稳定性，提高厂房结构的整体刚度。圈梁一般布置在厂房的吊车梁附近和柱顶；对振动较大或有抗震要求的结构，沿墙高每隔 4m 左右设置圈梁一道。当厂房高度较大时，应按要求增加圈梁数量。连系梁若能水平交圈，可视同为圈梁。

4.1.3.7　抗风柱

由于单层厂房山墙的面积大，受较大的风荷载作用，在山墙处设置抗风柱能增加墙体的刚度和稳定性。抗风柱应达到屋架上位高度，以便抗风柱与屋架间的连接。

4.1.3.8　吊车梁

当厂房内布置吊车设备时，应沿吊车运行方向设置吊车梁，用以安装吊车运行轨道。吊车梁一般有钢筋混凝土吊车梁和钢结构吊车梁，吊车梁一般搁置在排架柱的牛腿上。

4.1.3.9　支撑

支撑的作用是加强厂房结构的空间刚度，保证结构构件在安装和使用过程中的稳定和安全。单层厂房的支撑有柱间支撑和屋盖支撑。

围护构件主要包括屋面、门、侧窗、天窗、外墙和地面等。这些构件除满足一般建筑构件的功能要求外，还要满足不同生产工艺的要求。

4.1.4　厂房内部的起重运输设备

为在生产中运输原料、半成品和成品，多数厂房内都设置有起重运输设备。吊车是厂房起重运输的主要设备，吊车的形式与规格，直接影响到厂房的设计选型。厂房中常用的吊车包括以下 3 种形式。

4.1.4.1　单轨悬挂式吊车

单轨悬挂式吊车按操纵方法可分手动和电动两种，一般由悬挂在屋架下弦的型钢轨道和吊车组成，如图 4.3 所示。型钢轨道可以布置为直线或曲线，由于吊车荷载直接作用在屋架下弦上，要求厂房屋顶有一定的刚度。单轨悬挂式吊车的起重量一般不大于 5t。

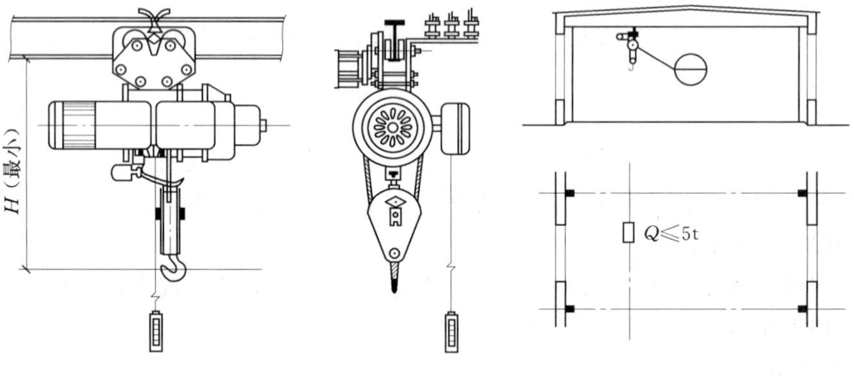

图 4.3　单轨悬挂式吊车

4.1.4.2　梁式吊车

梁式吊车可分悬挂式和支承式两种形式。悬挂式梁式吊车是在屋架下弦悬挂平行双轨，吊车装于轨道下部，如图 4.4（a）所示；支承式梁式吊车是在两列柱牛腿上设吊车梁，吊车装在轨道上部，如图 4.4（b）所示。梁式吊车的起重量一般不超过 5t。

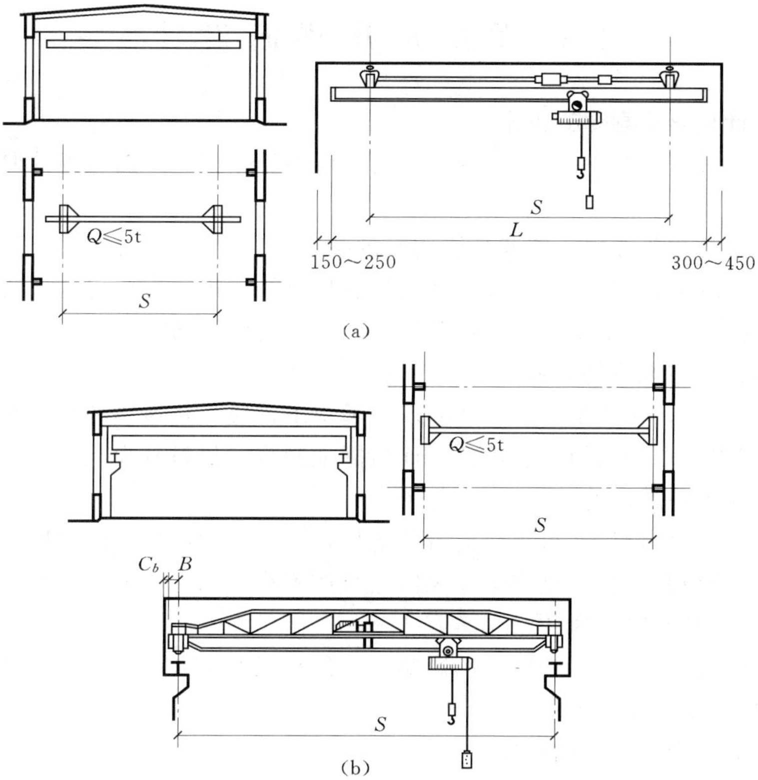

图 4.4　梁式吊车

4.1.4.3　桥式吊车

桥式吊车由起重行车和桥架组成，如图 4.5 所示。桥架车支承在吊车梁的钢轨上，沿吊车梁纵向运行；起重行车装在桥架上面的轨道上部，沿桥架长度方向运行。桥式吊车一般在桥架的一端设司机室，起重量为 5～400t，重型桥式吊车的起重量更大。

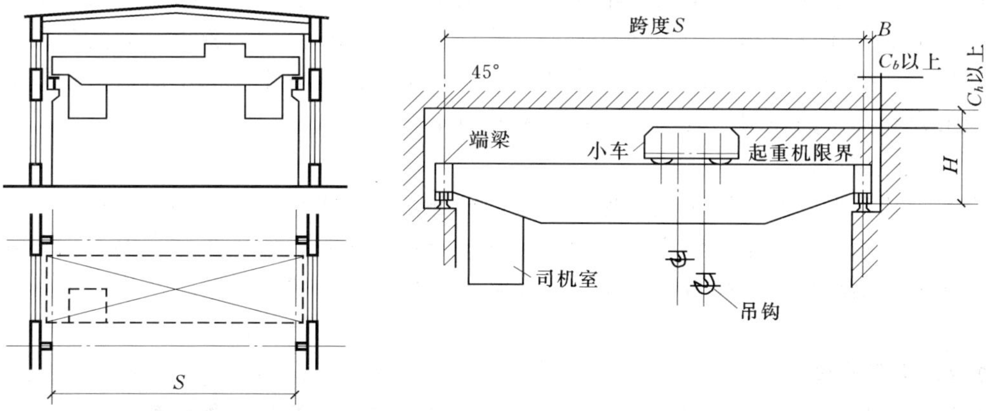

图 4.5　桥式吊车

4.2 单层厂房平面设计

4.2.1 平面设计与总平面图的关系

单体厂房是工厂整体的一个组成部分，所以应根据工厂总平面布置的要求来确定厂房的平面形式。

4.2.1.1 平面设计与总图中人流和货流组织的关系

厂房平面设计必须符合总图对人流和货流进出路线的组织，厂房的主要出入口应与厂区的主干道密切联系，便于工人上下班及厂房间的交通联系与运输。

4.2.1.2 平面设计与地形的关系

厂房的平面设计，在满足生产工艺要求的前提下，应尽量适应地形。尤其是在山区建厂时，不宜过于强调厂房的简单、规整，而应因地制宜，尽量减少土石方工程和投资。

4.2.1.3 平面设计与风向的关系

在炎热地区，为使厂房获得良好的自然通风，一般应限制厂房的宽度，不宜太大，最好做成长条形，并使其长轴与夏季主导风向垂直或不小于45°，采用Π形平面并使开口朝向迎风面，这样有利于穿堂风的组织。

在寒冷地区，为使室内不受冷风的影响，一般应使厂房的长边平行于冬季主导风向，并在迎风面的墙上不开或少开窗。

4.2.1.4 平面设计与相邻厂房的关系

厂房的平面设计受到相邻已建厂房的影响，而且还影响着后建厂房的平面形式，因此要综合考虑周围建筑的相互关系。

4.2.2 生产工艺流程对平面设计的影响

工业生产的种类很多，如铸造车间要完成金属铸造的全过程；加工装配车间要完成机械加工及装配的整个过程。每一种生产都有它一定的生产程序，称为生产工艺流程。

下面以加工装配车间为例，说明平面设计与工艺流程的关系。

根据生产工艺要求，加工装配车间一般包括机械加工和装配两个主要工段。机械加工工段是将金属毛坯进行车、刨、磨等加工，使之成为机械产品中的零件；装配工段是将已加工好的零件按一定程序装配成部件或产品。这两个工段在整个车间中所占面积较大，对平面的组合起决定的作用。其平面布置一般有以下3种形式。

4.2.2.1 直线布置

直线布置是将装配工段布置在加工工段的延伸部分。毛坯由厂房的一端进入，成品则由厂房的另一端运出，生产线为直线型。零件可直接由吊车运输，生产线路短捷，连续性好，有建筑结构简单、扩建方便等优点。这种方式适用于规模小、起吊重量轻的中、小型车间。

4.2.2.2 平行布置

平行布置是将机械加工与装配两个工段相互平行布置。零件由加工到装配的生产线呈U形。它具有建筑结构简单、便于扩建等优点，但运输线路长，须采用专用运输设备。这种方式适用于中型车间。

4.2.2.3 垂直布置

垂直布置是将装配工段布置在与加工工段相垂直的横向跨间。零件由加工到装配的运输线路短捷，但须设越跨运输设备。这种布置方式，虽然结构比较复杂，但由于工艺布置和生产运输有一定的优越性，故广泛用于大、中型车间。

4.2.3 单层厂房平面形式

4.2.3.1 影响平面形式的因素

单层厂房的平面形式是以生产工艺平面图为基础的。影响厂房平面形式的因素主要包括以下 4 项：

（1）厂房生产工艺流程、生产特征和生产规模。

（2）厂房内部的交通运输方式。

（3）厂房的位置及和其他厂房间的关系。

（4）厂房基地地形，所在地区气象条件和厂房的结构形式和经济技术条件。

4.2.3.2 平面形式与特点

单层厂房常用的平面形式包括矩形、方形、L 形、Π 形和山形等，如图 4.6 所示。

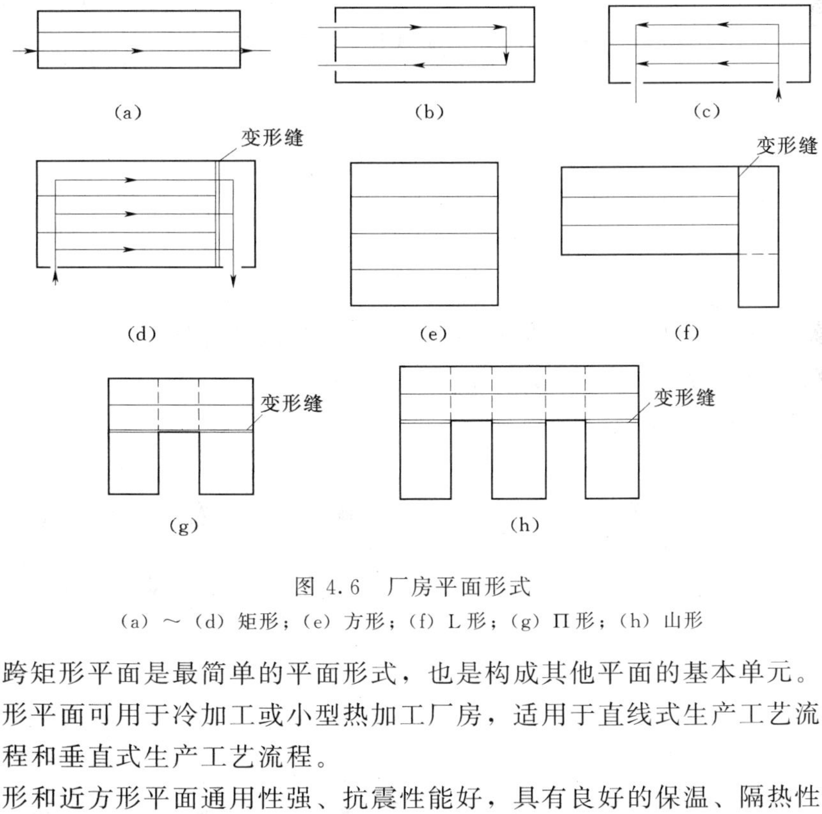

图 4.6 厂房平面形式

(a) ～ (d) 矩形；(e) 方形；(f) L 形；(g) Π 形；(h) 山形

（1）单跨矩形平面是最简单的平面形式，也是构成其他平面的基本单元。

（2）矩形平面可用于冷加工或小型热加工厂房，适用于直线式生产工艺流程、往复式生产工艺流程和垂直式生产工艺流程。

（3）方形和近方形平面通用性强、抗震性能好，具有良好的保温、隔热性能。方形和近方形平面厂房可节约围护结构 25%左右，造价较低。

（4）L 形、Π 形和山形平面具有良好的采光、通风、排气、散热和除尘能力，适用于中型以上的热加工厂房，如铸造、轧钢和锻造等。然而，这几种平面形式构造复杂，有较多的纵横相交构件，抗震性差，造价较高。

4.2.4　柱网的选择

厂房柱子在平面上排列所形成的网格称为柱网。柱子纵向定位轴线间的距离为跨度，决定了屋架的尺寸；横向定位轴线间的距离为柱距，决定了吊车梁和屋面板的跨度尺寸，如图 4.7 所示。

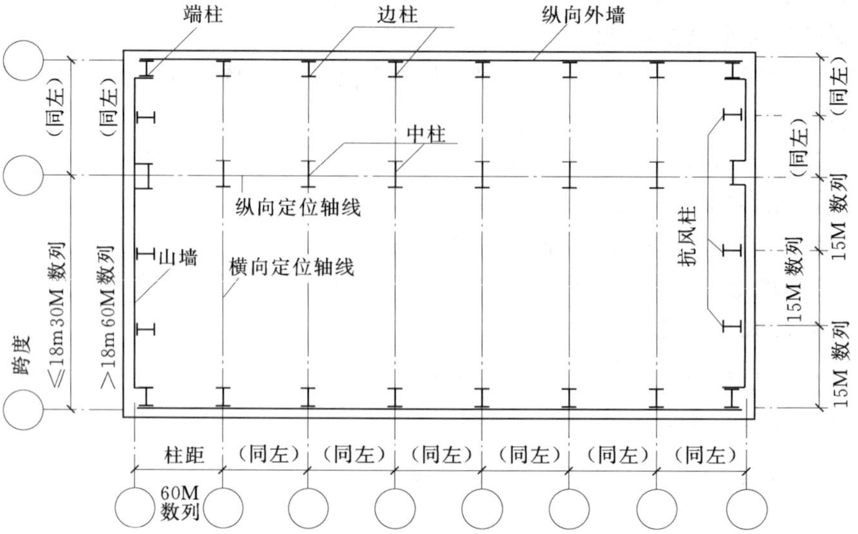

图 4.7　单层厂房柱网示意

4.2.4.1　选择柱网的原则

（1）满足生产工艺提出的要求。

（2）符合《厂房建筑模数协调标准》（GBJ6—86）的规定。

（3）全面协调跨度和柱距，尽量使柱网统一，使建筑平面合理。

（4）扩大柱网，提高厂房的通用性和经济合理性。

4.2.4.2　厂房跨度的确定

1. 满足工艺要求

厂房内生产工艺、设备规格、设备布置方式及交通运输和生产操作所需的空间，是确定跨度的基本参数，如图 4.8 所示。

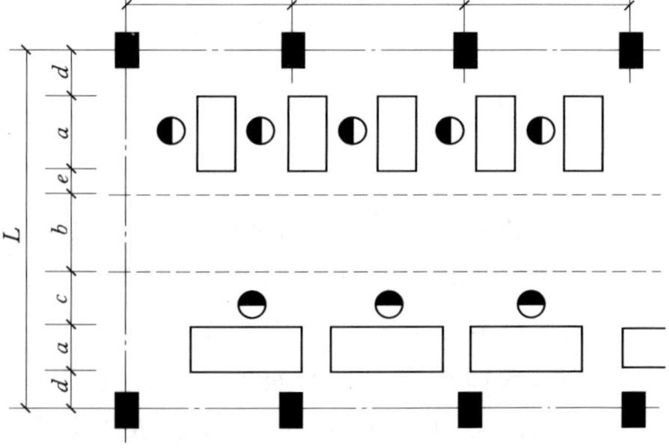

图 4.8　跨度尺寸与工艺布置关系

a—设备宽度；b—行车通行宽度；c—操作宽度；d—设备与轴线间距；e—安全距离

2. 符合模数协调标准

除满足生产工艺要求外，为减少构件类型、提高建筑工业化水平，跨度须满足《厂房建筑模数协调标准》（GBJ6—86）的相关规定。当跨度小于 18m 时，按 3M 的倍数增加，即 9m、12m、15m 和 18m；当跨度大于 18m 时，按 6M 的倍数增加，即 24m、30m 和 36m。

3. 经济合理

对机械加工等生产设备布置灵活的车间，跨度尺寸可根据技术经济的合理性比较确定。一般在厂房总宽度和柱距不变时，适当加大跨度是比较经济的。

4.2.4.3 柱距的确定

6m柱距是一般采用的基本柱距，在实际工程中应用较广，经济效果较好，但6m柱距不便布置设备，厂房的通用性也较差。

当厂房内布置有大型生产设备需跨越柱距布置，或运输设备与柱子、设备基础与柱基础发生冲突时，应考虑进行柱距调整，扩大柱距。

扩大柱距有带托架承重和不带托架承重两种方案。

1. 托架承重方案

托架承重方案也称局部抽柱法。当局部柱距扩大以后，若仍采用6m长的屋面板时，为支承屋架或大梁，应在两柱之间设置托架。托架跨度随柱距大小而定。

2. 不带托架承重方案

不带托架承重方案的柱距一般为12m，与其配套的为12m系列构件，这种方案的柱网尺寸较大，结构形式简单，工业化水平较高，有较强的通用性和灵活性。

4.2.5 厂房生活间设计

为满足工人在生产过程中的生产卫生和生活需要，各车间除需要布置生产工段外，还需设置必要的生活福利用房，一般称为生活间。

4.2.5.1 生活间的组成和设备

生活间分为生产卫生用室和生活用室两类房间。常见的生活间包括以下5种。

1. 存衣室

存衣室用于存放工人的便服、工作服及雨伞和雨鞋等，应按车间的卫生特征等级设置。一般存衣室应男女分设，但没有男女单独换衣间时，也允许设立公用的存衣室。存衣方式有在墙上、柱上设挂衣钩，设存衣格等多种形式，但以采用闭锁式衣柜为多。

2. 车间浴室

劳动强度大、污染严重及有特殊要求的厂房，应单独设浴室。女浴室与卫生等级为1～2级的男浴室，应采用淋浴设施。其他可采用浴池。

3. 盥洗设备

根据具体情况和使用要求，可采用盥洗盆、盥洗槽和盥洗池等，也可设专用盥洗室或将盥洗设备分设在车间边角的适当部位。设专用盥洗室时，应男女分设，并设挂衣设备。

4. 厕所

厕所的卫生设备及其设计方法与民用建筑相类似，此处从略。

5. 其他用室

根据各厂房的生产特点和需要可设置休息室、进餐室、车间卫生站及妇女卫生室等。

4.2.5.2 生活间的布置方式

确定生活间的布置方式，要综合考虑气候条件、工厂的规模、性质、总体布置和车间的卫生特征等因素。常见包括以下3种布置方式。

1. 内部式布置

当生产卫生状况允许时，可在车间内部空闲位置布置生活间，既便于灵活使用，又经济合理。如利用厂房柱间的位置设置挂衣钩、衣柜和盥洗器等，如图 4.9（a）所示。

2. 毗连式布置

毗连式布置是指将生活间贴建于厂房一侧或一端，其优点是使用方便、节约外墙面积、用地少等，但这种布置方式可能影响厂房的采光与通风，如图 4.9（b）所示。

3. 独立式布置

独立式布置是指将生活间建造于厂房的外部。其主要优点是不影响车间的采光与通风，不受厂房的影响，平面布置灵活，卫生条件好等，但与车间联系不太方便，占地面积大，多用于南方和热加工车间，如图 4.9（c）所示。

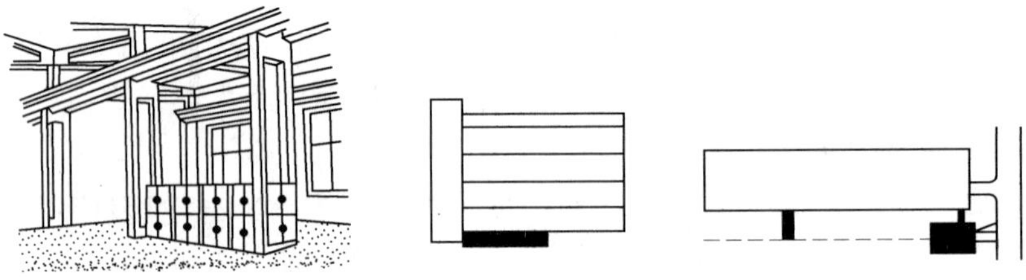

(a) (b) (c)

图 4.9 生活间的布置方式

（a）内部式；（b）毗连式；（c）独立式

4.3 单层厂房定位轴线

厂房定位轴线是确定厂房主要承重构件位置的基准线，同时也是施工放线、设备安装定位的依据。垂直于厂房长度方向的定位轴线，为横向定位轴线；平行于厂房长度方向的定位轴线，为纵向定位轴线，如图 4.10 所示。

4.3.1 横向定位轴线

横向定位轴线主要用来标定屋面板、吊车梁、外墙板和纵向支承等纵向构件的标准尺寸长度。

4.3.1.1 中间柱与横向定位轴线的联系

厂房中间柱的横向定位轴线一般与中柱的中心线和屋架中心线重合，如图 4.11 所示。

4.3.1.2 山墙与横向定位轴线的联系

当山墙为砌体承重墙时，横向定位轴线可设在墙体中心线或距墙体内缘为墙材块体半块长或半块长倍数的位置上。

当山墙为非承重墙时，山墙处的横向定位轴线一般与墙体内缘重合，端部柱的中心线向内移 600mm。这样可以避免抗风柱与端部屋架发生矛盾，保证山墙抗风柱能通至屋架上弦，使抗风柱与屋架正常连接，将山墙的水平风荷载传至屋面和排架柱，如图 4.12 所示。

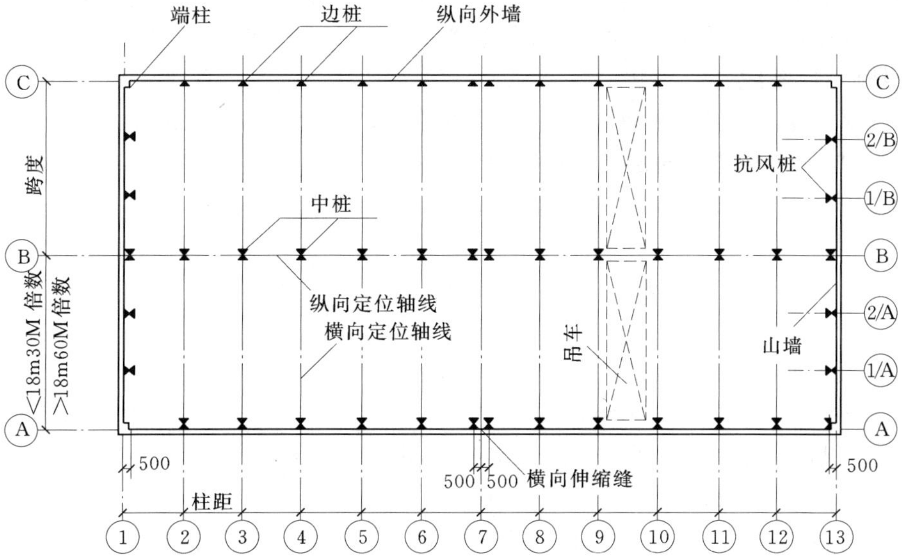

图 4.10 单层厂房定位轴线

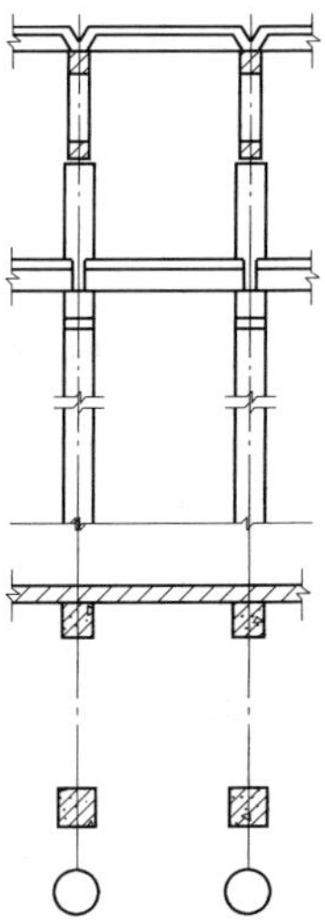

图 4.11 中间柱与横向定位轴线的联系

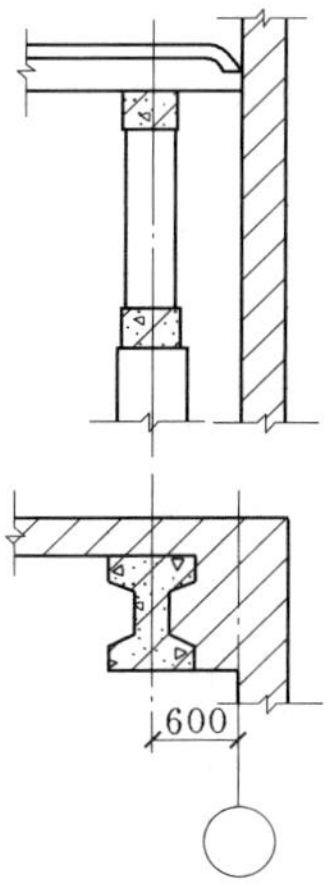

图 4.12 非承重墙山墙与横向定位轴线的联系

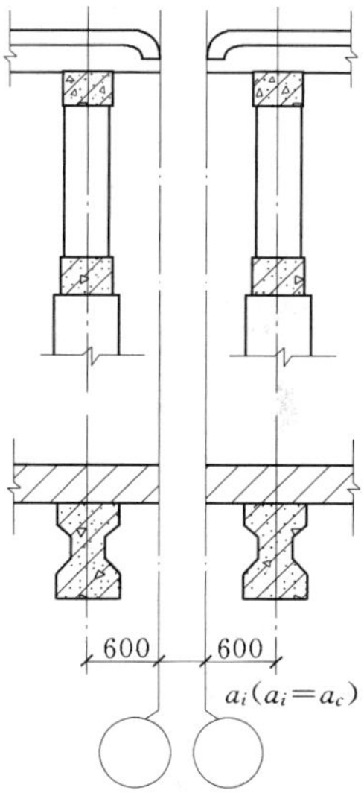

图 4.13 横向变形缝处柱与横向定位轴线的联系

4.3.1.3 横向变形缝处柱与横向定位轴线的联系

单层厂房横向变形缝处一般采用双柱、双轴线的定位轴线标定方法，如图 4.13 所示。双横向定位轴线间增加插入距 a_i，a_i 等于变形缝的设置宽度 a_c。变形缝处柱子中心线自定位轴线各向两侧移 600mm。

伸缩缝处柱子内移，是考虑双柱间有一定的间距以便安装柱子，并为双柱的基础设置留出空间。这种定位轴线的标定方法，可以保证屋面板、吊车梁等纵向联系构件的标志尺寸规格不变，有利于构件尺寸规格的统一，简化接缝处的构造做法。但屋面板、吊车梁和墙板等构件在横向变形缝处会出现局部的悬挑。

4.3.2　纵向定位轴线

厂房两纵向定位轴线间的距离代表厂房的跨度，是屋架的标志跨度。

4.3.2.1　外墙、边柱与纵向定位轴线的联系

外墙、边柱与纵向定位轴线的联系受吊车型号、起重量、厂房高度等参数影响，如图 4.14 所示。

在有吊车的厂房中，为使吊车与结构规格相协调，有如下关系

$$L_K = L - 2e$$

式中　L——纵向定位轴线间的距离（厂房跨度），m；

L_K——吊车跨度（吊车轮距），m；

e——纵向定位轴线至吊车轨道中心线的距离（一般取 0.75m，当吊车起重量大于 50t 或有构造要求时，取 1m），m。

对普通起重吊车，为保证吊车的安全运行，应有

$$e - (B + h) \geqslant K$$

式中　B——吊车的端部尺寸，m；

h——厂房柱上柱截面高度，m；

K——为保证吊车安全运行的安全空隙（其大小根据吊车起重量和安全要求确定），m。

外墙、边柱与纵向定位轴线的联系，可分为封闭式结合和非封闭式结合。

1. 封闭式结合

封闭式结合的纵向定位轴线与柱外缘和墙内缘重合，屋架和屋面板紧靠外墙内缘，如图 4.15 所示。

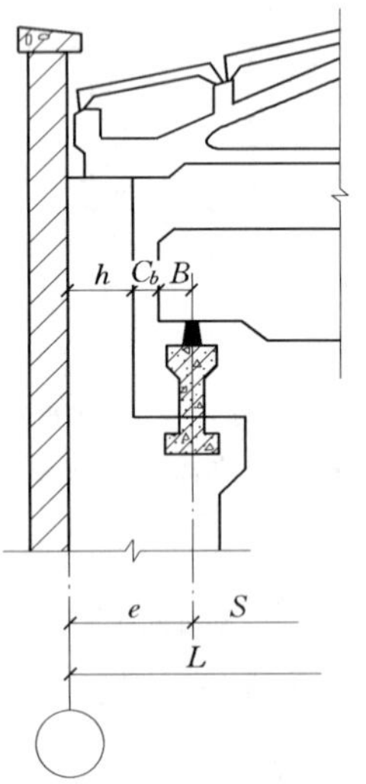

图 4.14　吊车与纵向边柱定位轴线关系

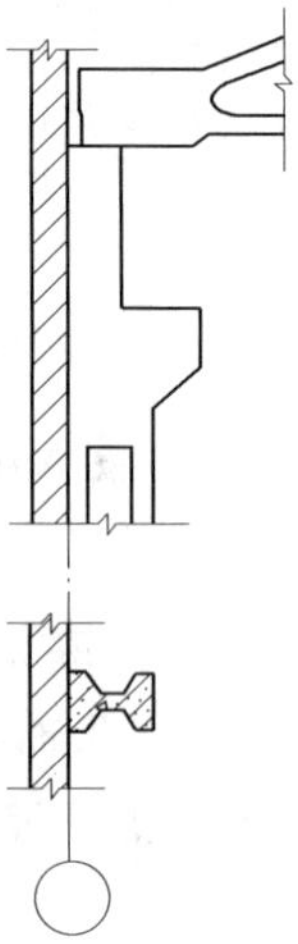

图 4.15　封闭结合

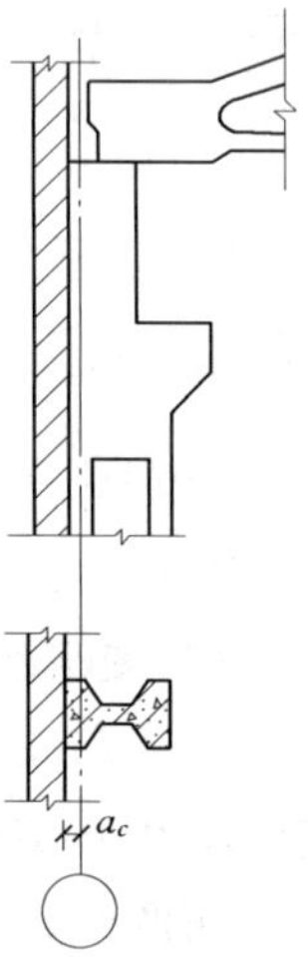

图 4.16　非封闭结合

封闭式结合适用于无吊车或只有悬挂式吊车及吊车起重量小于20t、柱距为6m的厂房。这种结合方式的屋面板与外墙间没有空隙，不需要设置填补空隙的补充构件，构造简单，施工方便，吊车荷载对柱的偏心距较小。

2. 非封闭式结合

非封闭式结合的纵向定位轴线与柱子外缘有一个距离 a_c，并使屋面板与墙内缘也有一定的空隙，如图4.16所示。

距离 a_c 称为联系尺寸，可以用来调整吊车安全空隙，保证吊车的安全运行。联系尺寸 a_c 应符合3M扩大模数。

在非封闭式结合中，须注意保证屋架等在柱上应有的支承长度。如支承长度不能保证时，则在柱头应伸出牛腿以保证制作长度。

4.3.2.2 中柱与纵向定位轴线的联系

中柱处的纵向定位轴线的标定与相邻两跨厂房高度的关系、纵向变形缝的设置及吊车起重量等因素有关。

1. 等高跨中柱

(1) 无变形缝等高跨中柱。无变形缝等高跨的中柱，其上柱中心线应与纵向定位轴线相重合，即等高跨两侧屋架或屋面梁等的标志跨度皆以上柱中心线为准。

(2) 设变形缝等高跨中柱。对有必要设置纵向变形缝的厂房，一般有单柱纵向变形缝和双柱纵向变形缝。

2. 不等高跨中柱

两不等高跨中柱与纵向定位轴线的联系，一般以高跨为主，应结合吊车起重量和结构类型等选择标定方法。

(1) 无变形缝不等高跨中柱。无变形缝不等高跨中柱多为单柱。

(2) 设变形缝不等高跨中柱。一般情况下，不等高厂房在高低跨处的变形缝可用单柱处理，采用两根纵向定位轴线。若变形缝宽度为 a_e，则两纵向定位轴线间的插入距 a_i =

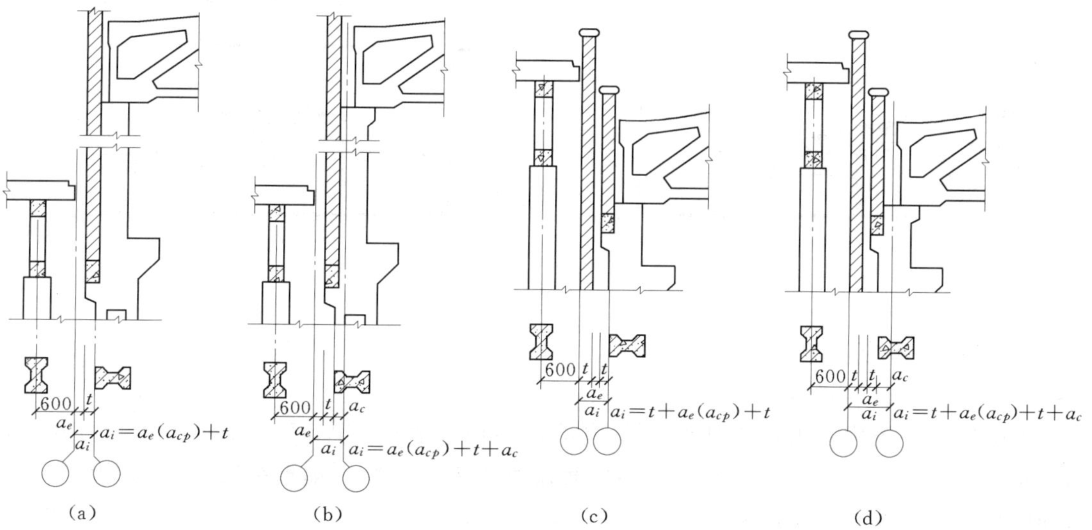

图4.17 纵横跨相交处的定位轴线

a_e；若需设置联系尺寸 a_c，则有 $a_i = a_e + a_c$；当高低跨两屋架端部之间设有厚度为 t 的封墙时，纵向定位轴线的标定，则有 $a_i = a_e + a_c + t$。

4.3.2.3 纵横跨相交处的定位轴线

有纵横跨相交的厂房，一般在交接处设置变形缝，两侧结构实际是各自独立的体系。纵横跨应有各自的柱列和定位轴线，各柱的定位轴线按前述各原则标定。纵横跨相交处定位轴线的标定，如图 4.17 所示。

4.4 单层厂房剖面设计

单层厂房剖面设计的内容是合理选择剖面形式，确定厂房的高度，选择屋盖形式和排水方式解决厂房的天然采光和自然通风等问题。剖面设计通常需结合平面设计和立面设计来综合考虑。

4.4.1 单层厂房的剖面形式

单层厂房的剖面形式与生产工艺、车间的采光、通风要求、屋面的排水方式及结构类型等有关。常见的单层厂房剖面形式，如图 4.18 所示。

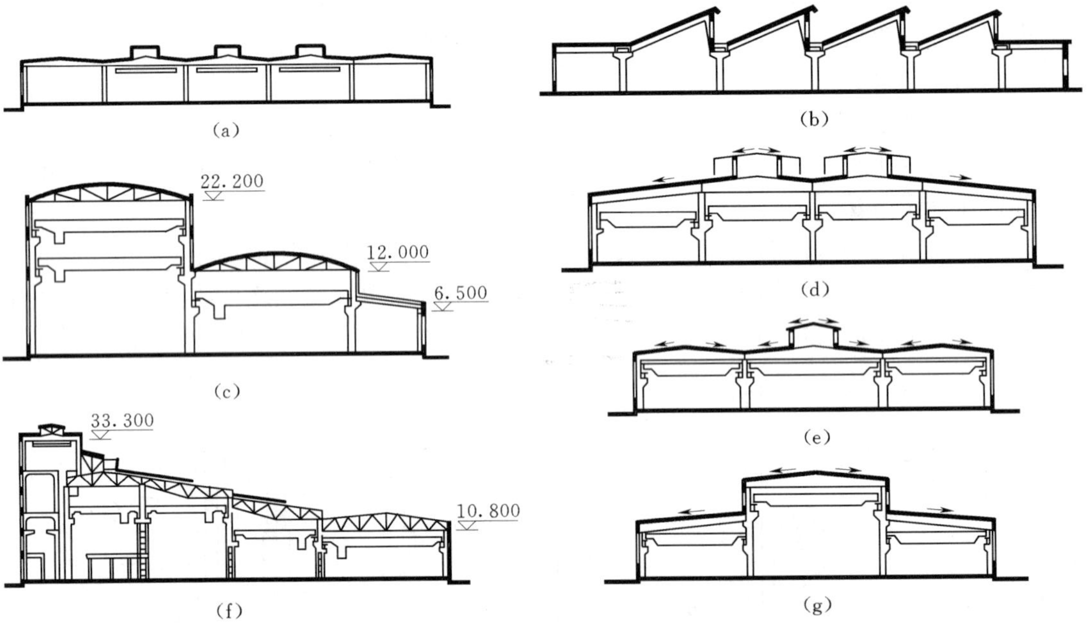

图 4.18 单层厂房的剖面形式

4.4.2 单层厂房高度的确定

4.4.2.1 厂房高度与模数

单层厂房的高度是由室内地面到屋顶承重结构下表面的距离，如图 4.19（a）所示。如果屋顶承重结构是倾斜的，则厂房高度是由室内地面到屋顶承重结构的最低点。厂房各部分标高及模数要求，如图 4.19（b）所示。

为方便设内外运输，厂房室内外高差不宜过大，一般取 150mm。

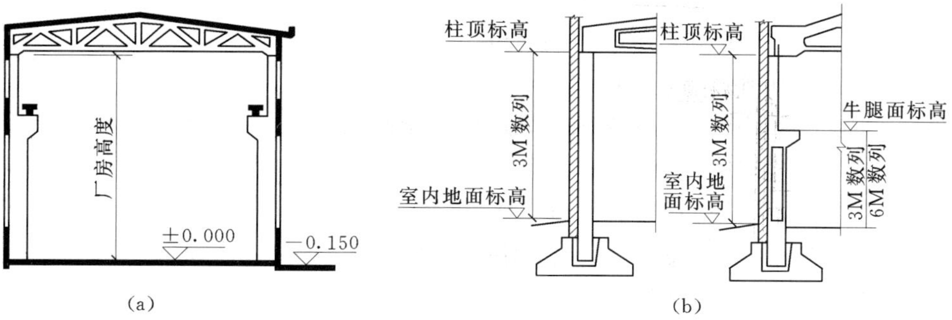

图 4.19 厂房各部分高度

(a) 厂房高度；(b) 厂房各部分标高

4.4.2.2 柱顶标高的确定

1. 无吊车厂房

无吊车厂房的柱顶标高由最大生产设备的高度和安装、检修设备时所需的高度确定，同时还应满足采光和通风等要求。

2. 有吊车厂房

有吊车厂房的柱顶标高受吊车类型和吊车布置方式等因素的影响，应考虑生产设备的最大高度，被吊物体的最大高度等参数，如图 4.20 所示。

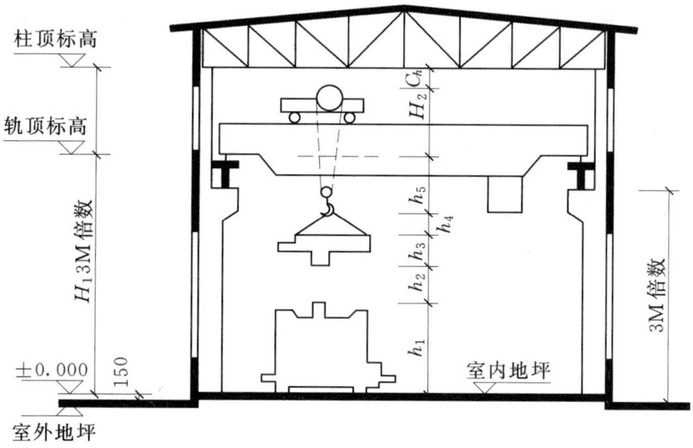

图 4.20 厂房高度的确定

有吊车厂房的柱顶标高计算公式为

$$H = H_1 + h_6 + h_7$$

其中

$$H_1 = h_1 + h_2 + h_3 + h_4 + h_5$$

式中 H_1——轨顶标高，m；

h_1——生产设备、室内分隔墙或检修时需要的高度，m；

h_2——吊车运行时安全超越高度（一般为 0.4～0.5m），m；

h_3——被吊物件的最大高度，m；

h_4——吊钩吊运工件的绳索最小高度（根据加工件的大小确定），m；

h_5——吊钩至轨顶面的最小距离，m；

h_6——吊车轨顶至小车顶面的净空尺寸，m；

h_7——屋架下弦至吊车小车顶面之间的安全间隙，m。

4.4.2.3 厂房内部空间的利用

厂房高度对工程造价有直接的影响，充分利用厂房内部空间，降低厂房高度，可以有效地降低造价。对个别高大设备或个别要求空间高度较大的设备，可利用两屋架之间的空间或降低室内局部地面形成有效高度。

4.4.3 单层厂房的采光与通风

4.4.3.1 天然采光

天然采光是利用自然光线进行室内照明，单层厂房天然采光包括侧面采光、上部采光和混合采光等形式。

1. 侧面采光

侧面采光分单侧采光和双侧采光。单侧采光光线不均匀，适用于进深较小的厂房；双侧采光可以提高厂房采光的均匀程度，满足较大进深厂房的采光要求。

2. 上部采光

上部采光是通过天窗实现的，它照度均匀、采光率高，但构造复杂、造价高。

3. 混合采光

混合采光同时利用侧面采光和上部采光，一般适用于仅用单一的侧面采光或上部采光不能满足照度要求的厂房。

4.4.3.2 自然通风

单层厂房自然通风是利用室内外温差造成的热压和风吹向建筑物而在不同表面上形成的压力差来实现通风换气的。

1. 热压通风

在生产过程中，厂房内的工业炉、热加工件等热源排除大量热量，使厂房内部的温度升高，室内的空气体积膨胀，密度减小而上升。当厂房上部和下部门窗敞开时，室内的空气会形成良好的通风循环，将室内空气从上部窗口排出，这种通风方式为热压通风。

2. 风压通风

当室外风吹向建筑物时，遇到建筑物受阻，空气压力发生变化。建筑迎风面的空气压力超过大气压力，形成正压区（+）；建筑物背风面的空气压力小于大气压力，形成负压区（+）。如在正压区设进风口，在负压区设排风口，风从进风口进入室内，将室内的热空气或有害气体从排风口排至室外，达到通风换气的目的，这种通风方式为风压通风。

4.5 单层厂房立面设计

立面设计是厂房建筑设计的一个重要组成部分，在实际工程中，平面、剖面和立面设计是统一考虑综合解决的。立面设计应体现朴素大方、简洁明快、技术先进的设计原则。

4.5.1 窗口组合

窗口组合是指窗与窗、窗与墙面的相对关系，它可有多种形式。采用不同的形式，可使窗口同墙面形成不同的比例，并给人以不同的节奏感和韵律感，如图 4.21 所示。

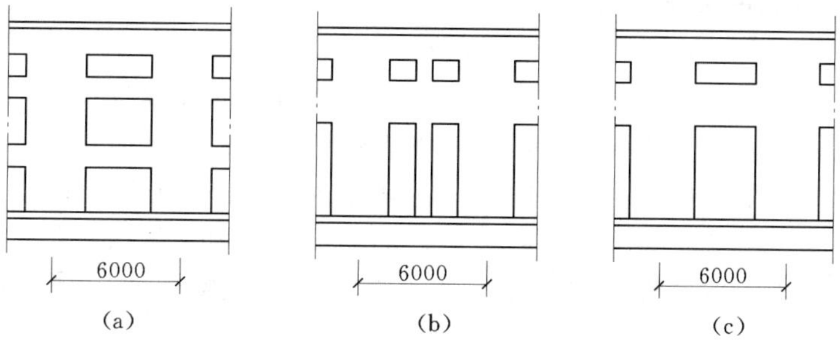

图 4.21 立面窗口组合

4.5.2 墙面划分

在实际工程中，立面设计常采用垂直划分、水平划分和混合划分的方法。

4.5.2.1 垂直划分

垂直划分是根据外墙结构和构造的特点，利用柱子、壁柱、凸出的垂直窗间墙和竖向组合的侧窗等构件所构成的竖向线条，有规律地重复分布，使立面具有垂直方向感，厂房显得较为高大、挺拔。

4.5.2.2 水平划分

水平划分通常是在水平方向设整排的带形窗，用通长的窗楣线和窗台将窗连成水平线条，或利用檐口、勒脚和遮阳板等组成水平线条，使厂房显得简洁、舒展和平稳。

4.5.2.3 混合划分

垂直划分和水平划分通常不是单独存在的，多数是结合运用，以某种划分为主，或是两者混合运用，从而构成垂直划分与水平划分的有机结合，以取得良好的效果。

4.5.3 立面装修

立面装修是在上述基础上进行的。应根据周围的环境、厂房性质及生产特征来选择装修标准与材料，力求做到既经济又美观。

4.6 多层厂房设计

4.6.1 多层厂房的特点

随着工业的发展和我国建筑技术的不断提高，多层厂房的数量有明显的增多。与单层厂房相比较，多层厂房具有以下 5 项特点：

（1）占地面积小，节约用地。缩短了生产工艺流程，降低了产品成本，缩短了室外各种管网和道路的长度，降低了投资和维修费用。

（2）外围护结构面积小。同样面积的厂房，随着层数的增加，单位面积的外围护结构面积随之减少，从而节约材料和能源。

（3）屋盖构造简单。多层厂房宽度较小，可利用侧面采光，不设天窗，因此简化了屋面构造，且排除雨、雪水比较方便。

（4）柱网尺寸小，工艺布置的灵活性受到一定限制。

（5）增加了垂直运输设备，且人流和货流组织都比较复杂。

4.6.2 多层厂房的适用范围

多层工业厂房，主要适用于以下 4 类工厂：

（1）生产上需要垂直运输的工厂。这类工厂的原材料大部分直接送到顶层，然后靠自重向布置在下一层的车间传送，在传送过程中进行加工，如大型面粉厂。

（2）生产上要求在不同高度操作的工厂，如化工厂和热电站主厂房。

（3）工艺对生产环境有特殊要求的工厂，如要求恒温恒湿的精密仪器工厂。

（4）生产设备及产品较轻，运输量较小，且生产上无特殊要求的工厂，如服装加工厂等。

4.6.3 多层厂房平面设计

多层厂房的平面设计首先应满足生产工艺的要求，并综合考虑与生产相关的各项技术要求。此外，运输设备、交通联系和生活用房的设置对平面设计也有很大影响。

4.6.3.1 生产工艺流程与平面布置的关系

生产工艺流程是车间各工段在多层厂房各楼层如何分布和在各层平面中如何布置的主要依据。一般有以下 3 种布置方式：

（1）自下而上的布置方式，是将原料自底层按工艺流程顺序逐层向上加工成成品。

（2）自上而下的布置方式，是将原料提升到顶层，然后按加工顺序靠自重逐层下降至底层加工成成品。适用于以散粒状或液体材料做原料的工厂。

（3）往复的布置方式，这种布置方式既包括有自下而上的，也包括有自上而下的生产过程，如印刷厂常采用这种布置方式。

4.6.3.2 平面布置的形式

多层厂房平面布置一般有以下 3 种形式：

（1）统间式，适用于生产工段面积较大，相互之间联系紧密，不宜以隔墙分开的车间。各工段按生产工艺流程布置在大统间里，如图 4.22 所示。

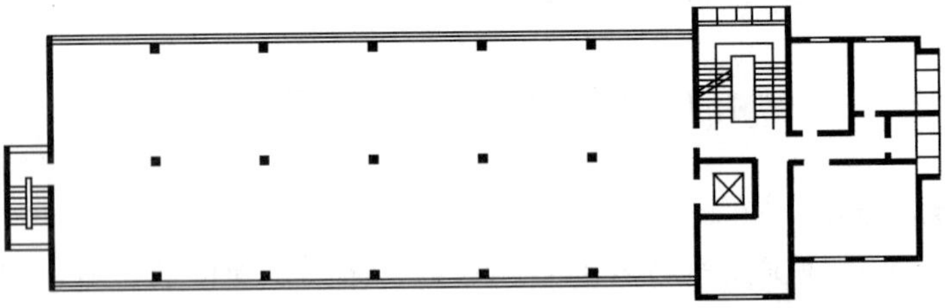

图 4.22 统间式平面布置

（2）内廊式，适用于生产工段面积不大，生产上既要联系又要防止相互干扰的车间。各工段按生产工艺流程，布置在内走廊两侧的房间里，如图 4.23 所示。

（3）混合式，是根据生产上的不同要求，采用上述平面形式混合布置的方式。它能满足不同生产工艺流程的要求，但平面和剖面形式及结构类型较复杂，对抗震不利。

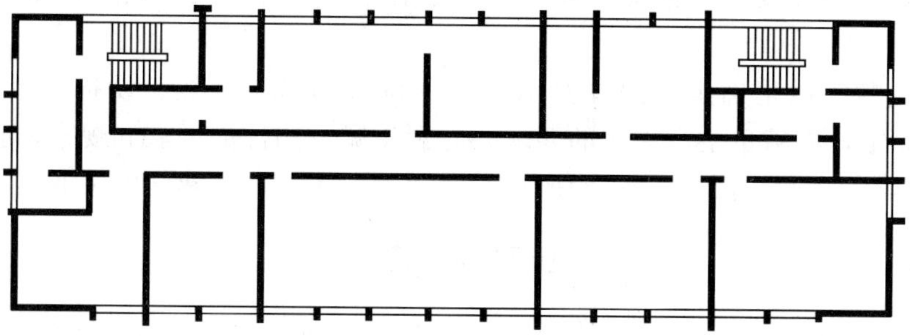

图 4.23 内廊式平面布置

4.6.3.3 柱网布置

柱网布置是平面设计的主要内容之一。因受到楼层结构的限制，柱网尺寸一般较单层厂房小，但随着科学技术的不断发展，柱网（主要是跨度）有扩大的趋势。多层厂房的柱网一般包括以下两种类型：

（1）内廊式柱网，在布置上多采用对称式，中间为走道，两侧为车间。其特点是利用走道和隔墙将生产区与交通部分隔离开，做到互不干扰，有利于车间的天然采光与自然通风。厂房的跨度多采用 6.0m、6.6m 和 7.2m；走廊的跨度宜采用 2.4m、2.7m 和 3.0m。

（2）等跨式柱网，主要适用于统间式布置的厂房，由多个连续跨组成。其特点是没有固定的通道，也可根据实际需要分隔成内廊式平面布置，使用灵活。其跨度（进深）常采用 6.0m、7.5m、9.0m、10.5m 和 12m。

此外，还有对称不等跨柱网和大跨度式柱网等。

4.6.4 多层厂房层高的确定

影响厂房层高的因素很多，概括起来主要包括以下两个方面：

（1）生产工艺、运输设备对层高的影响。确定厂房的层高既要满足生产工艺的要求，又要考虑运输设备对层高的影响。在生产工艺许可时，通常把一些重量大、体积大的设备布置在底层，而相应地增大底层的层高，当个别设备较大时，可以将局部楼板抬高。

（2）采光、通风对层高的影响。在多层厂房中，天然采光主要靠外墙上的侧窗，对于生产设备不大的厂房，采光与通风可能成为确定层高的主要因素。当厂房宽度增大到一定范围时，需要增加层高才能满足采光要求；通风系统的送回风方式也影响着厂房的层高。

此外，设备管线的布置等因素对厂房的层高也有一定的影响。

本 章 小 结

1. 工业建筑主要应满足生产工艺要求，所以在建筑空间、结构形式及建筑设备等方面与民用建筑有明显的不同。

2. 单层厂房的平面形式与柱网的选择是以生产工艺要求为基础的，直接影响厂房的建设投资和后期的技术改造。

3. 厂房的高度由内部起重运输设备、最大生产设备的高度及安装、检修设备时所需的高度确定，同时还应满足采光和通风等要求。

4. 单层厂房一般以自然通风和自然采光为主，采光与通风方式直接影响厂房的剖面形式和构造。

5. 厂房定位轴线是确定厂房主要承重构件位置和施工放线、设备安装定位的依据。定位轴线的标定，应满足生产工艺的要求并有利于减少构件的类型和规格，扩大构件预制装配化程度及在不同结构类型厂房中的通用互换性，提高厂房建筑的工业化水平。

复习思考题

1. 工业厂房建筑的主要特点是什么？工业厂房建筑的分类方法及内容是什么？

2. 常见的装配式钢筋混凝土横向排架结构单层厂房由哪几部分组成？

3. 平面设计在总图及环境关系上应如何处理？厂房的平面形式一般包括几种类型？各有什么特点？

4. 生活间的布置方式有几种？各有什么特点？

5. 在有桥式吊车的厂房中，其厂房高度应如何确定？

第5章 单层厂房构造

5.1 单层厂房主要结构构件

5.1.1 屋盖结构

屋盖的主要作用是围护和承重，它包括两部分：一是覆盖构件，如屋面板或檩条、瓦等；二是承重构件，如屋架和屋面梁。根据其构件布置方式的不同，屋顶结构可分为无檩结构和有檩结构两种，如图5.1所示。无檩结构的屋顶是将屋面板直接搁置在屋架或屋面梁上，这种结构屋面较重，刚度大，多用于大中型厂房；有檩结构的屋顶中，屋面一般采用瓦材（如槽瓦和石棉瓦等），屋架上先设置檩条，再在檩条上搁置瓦材。这种结构的屋顶，屋面重量小，省材料，但屋面刚度差，一般只用于中小型的厂房中。

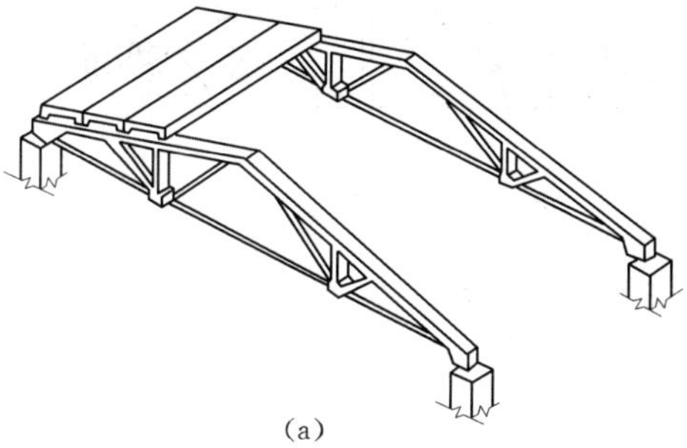

(a)

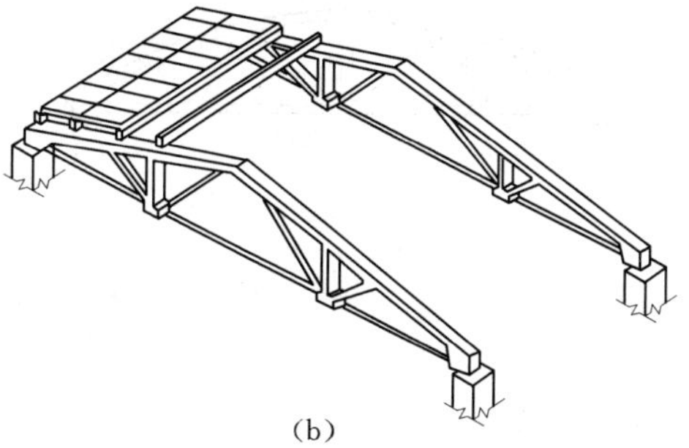

(b)

图5.1 屋面基层结构类型

(a) 有檩体系；(b) 无檩体系

5.1.1.1 屋盖承重结构

屋盖承重结构包括屋面梁和屋架。屋面梁和屋架直接承受天窗，屋面荷载及安装于其上的顶棚，悬挂式吊车和管道，以及工艺设备等的重量。屋面梁、屋架和柱、屋面构件连接起来，使厂房组成一个整体空间结构，对于保证厂房空间刚度起着很大的作用。

1. 钢筋混凝土屋面梁

屋面梁根据跨度大小与排水方式的不同，可做成单坡或双坡，梁的截面形式多为工字形，梁的两端支座部分加厚，以加强腹板的刚度和加强支座的稳定性。屋面梁高度小、重心低、稳定性好，安装、施工简便，但自重大，不宜用于较大跨度，如图5.2所示。

2. 钢筋混凝土屋架

当厂房跨度较大时，采用屋架较为经济。按其外形，屋架可分为三角形、梯形、拱形和折线形等多种形式，如图5.3所示；按制作方法，屋架可分为普通钢筋混凝土屋架和预应力钢筋混凝土屋架。其中折线形屋架是在拱形屋架加小墩的基础上演变而成的，基本上保持了拱形屋架外形合理的特点，又改善了屋顶坡度，且用料省，施工方便，是目前广泛

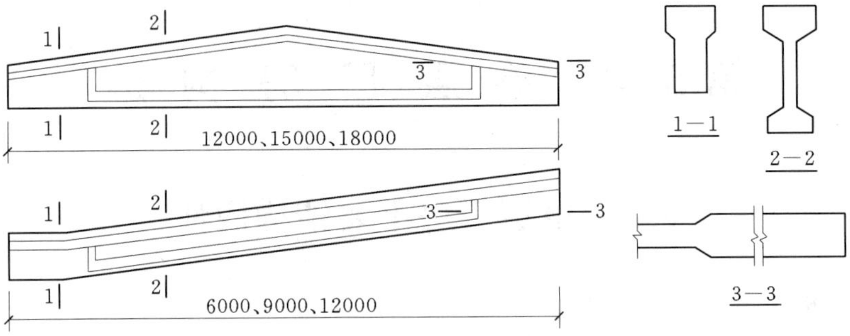

图 5.2　钢筋混凝土工字形屋面大梁

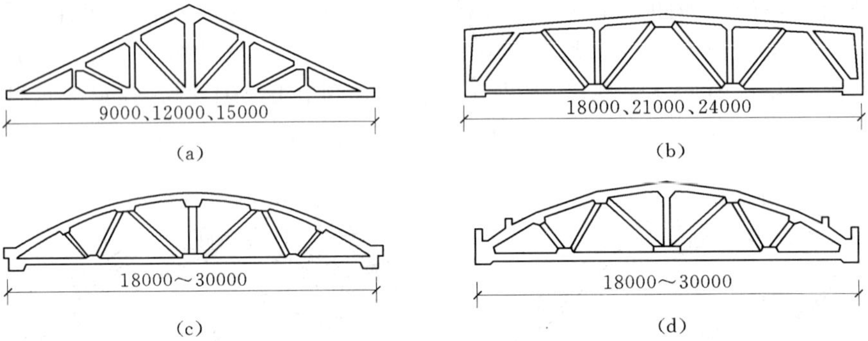

图 5.3　常见的钢筋混凝土屋架形式

(a) 三角形屋架；(b) 梯形屋架；(c) 拱形屋架；(d) 折形屋架

采用的屋架形式。

5.1.1.2　屋盖的覆盖构件

1. 预应力混凝土屋面板

(1) 大型屋面板。预应力混凝土大型屋面板是工业厂房中应用最广泛的一种屋面板，常用的屋面板尺寸为 1.5m×6m。这种屋面板刚度较好，适用于大中型厂房或振动较大的厂房。大型屋面板与屋架的连接是通过屋面板肋部底面的预埋铁件与屋架上的预埋铁件进行焊接，板与板间的缝隙用不低于 C15 的细石混凝土填实。

(2) F 形屋面板。F 形屋面板的纵部呈 F 形，利用屋面板的挑板搭盖住前边的屋面板，这种屋面板适用于无保温或辅助厂房。这是一种自防水型屋顶覆盖结构，屋面板的三个周边设有挡水翻口，屋面板之间的纵向板缝采用挑檐搭接方法，横向板缝另用盖瓦盖缝，屋脊处用脊瓦盖缝。

另外，还有填补较窄空档的窄屋面板（嵌板）、自由落水的檐口板、有组织排水的屋面天沟部位的天沟板，如图 5.4 所示。

2. 檩条与小型屋面板或槽瓦

在有檩体系屋面中，檩条支承槽瓦或小型屋面板，并将屋面荷载传递给屋架。檩条和屋架上弦焊接。钢筋混凝土檩条分为预应力和非预应力两种，其常用的断面形式有 T 形和 L 形，如图 5.5 所示。

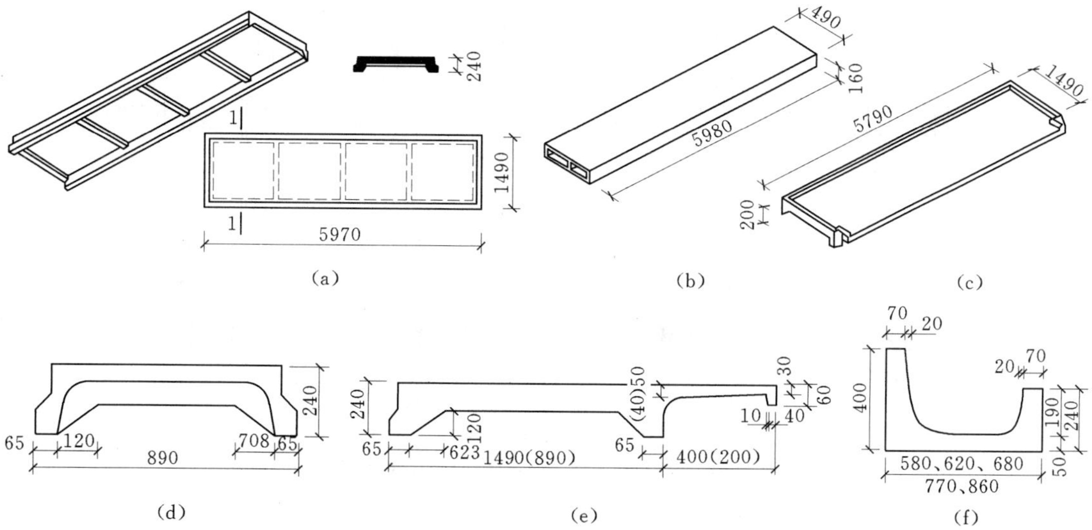

图 5.4 预应力混凝土屋面板、檐口板、嵌板
(a) 肋形板；(b) 预应力空心板；(c) F形板；(d) 嵌板；(e) 檐口板；(f) 天沟板

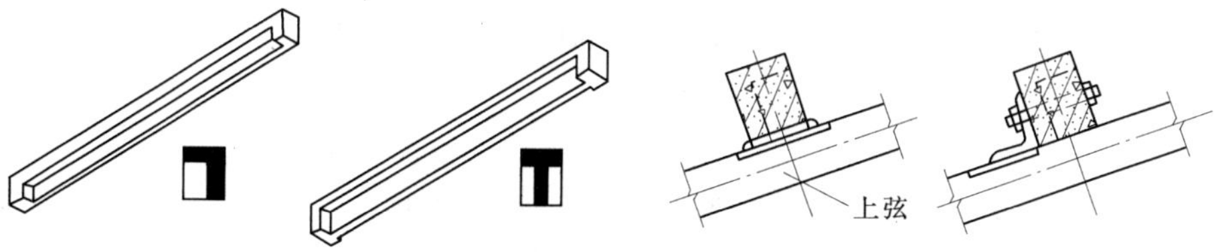

图 5.5 檩条及檩条与屋架的连接

5.1.2 柱、基础及基础梁

5.1.2.1 柱

柱是厂房结构中主要的承重构件，承受屋盖和吊车传来的竖向荷载、风荷载及吊车启动、制动产生的水平荷载等。柱子按材料可分为钢筋混凝土柱和钢柱两种类型，一般单层工业厂房多采用钢筋混凝土柱。

1. 柱的截面形式

钢筋混凝土柱分为单肢柱和双肢柱两大类，单肢柱的截面形状有矩形、工字形和圆管柱等；双肢柱的截面形状有平腹杆、斜腹杆和双肢管柱等，如图 5.6 所示。

(1) 矩形柱：构造简单、施工方便，常用于无吊车或吊车荷载较小的厂房中。

(2) 工字形柱：同矩形柱相比，节约材料 30%～40%，施工简单，是目前运用较广的形式，适应于吊车起重量不大于 300kN 的厂房。

(3) 双肢柱：由两根承受轴向力的肢杆和联系两肢杆的腹杆组成。腹杆分为水平和倾斜的两种，适用于高度高、吊车吨位大的厂房。

2. 柱牛腿及柱上预埋件

柱牛腿是厂房中吊车梁、连系梁、屋架等构件的支承构件，常采用实腹式，如图 5.7

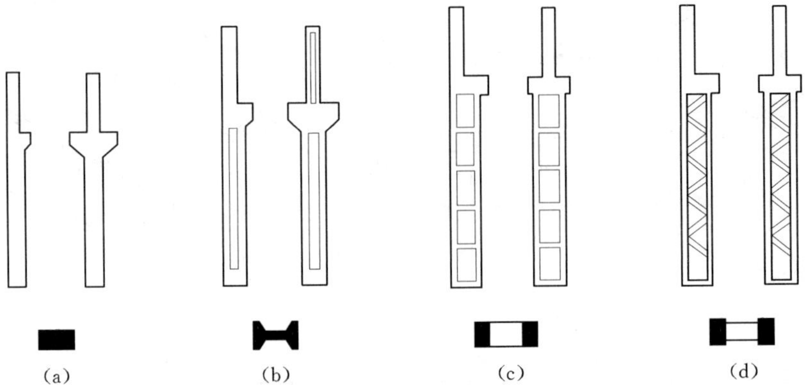

图 5.6　柱子的类型

(a) 矩形柱；(b) 工字形柱；(c) 平腹杆双肢柱；(d) 斜腹杆双肢柱

所示。

钢筋混凝土柱除按计算需配置一定数量的钢筋外，还要根据柱的位置及柱与其他构件连接的需要，在柱上预先埋设铁件，如柱与屋架、柱与吊车梁、柱与连系梁或圈梁、柱与砖墙或大型墙板等处相互连接，均须在柱上埋设铁件，如图 5.8 所示。

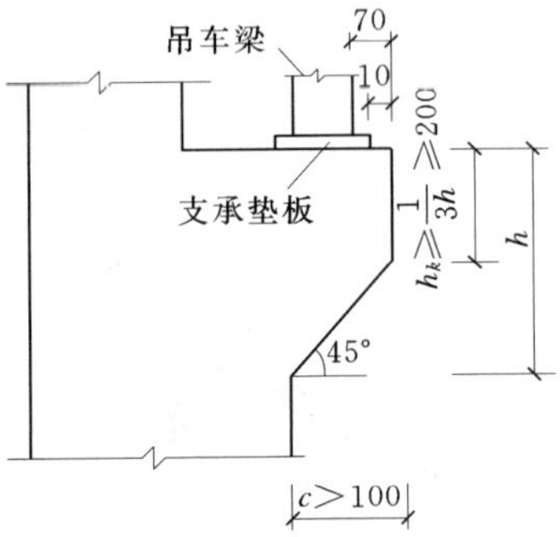

图 5.7　牛腿的构造要求

3. 抗风柱

单层厂房的山墙，由于面积大，所受到的风荷载也很大，因此要在山墙处设置抗风柱来承受风荷载。抗风柱把一部分风荷载传给柱基础，另一部分传给屋架，通过屋盖系统传到厂房纵向柱列上去。抗风柱与屋架的连接一般采用弹簧板做成柔性连接，如图 5.9 所示，以确保既能有效地传递水平方向的风荷载，又允许屋架和抗风柱因下沉不均匀而在竖向有相对位移。抗风柱的间距，应不影响山墙开门，通常取 6m 或 4.5m 等。由于抗风柱要与屋架上下弦连接，因此，抗风柱应尽量对准屋架上、下弦的节点。抗风柱下端插入杯形基础。

5.1.2.2　基础

基础承担作用在柱子上的全部荷载及基础梁上部分墙体荷载，并传给地基，具有承上传下的作用，是工业厂房中重要构件之一。单层厂房通常采用独立基础，根据施工工艺可分为现浇柱下独立基础和预制柱下杯形基础。

1. 现浇柱下独立基础

基础与柱均为现场捣制，施工时应在基础顶面伸出柱子的预留筋，数量和柱中纵向受力筋相同，以与柱子连接，预留筋伸出长度根据柱的受力情况、钢筋规格及接头方式等来确定。其构造尺寸如图 5.10 所示。

2. 预制柱下杯形基础

预制柱下杯形基础是在基础顶部做成杯口，钢筋混凝土预制柱插入并嵌固在杯口中。为

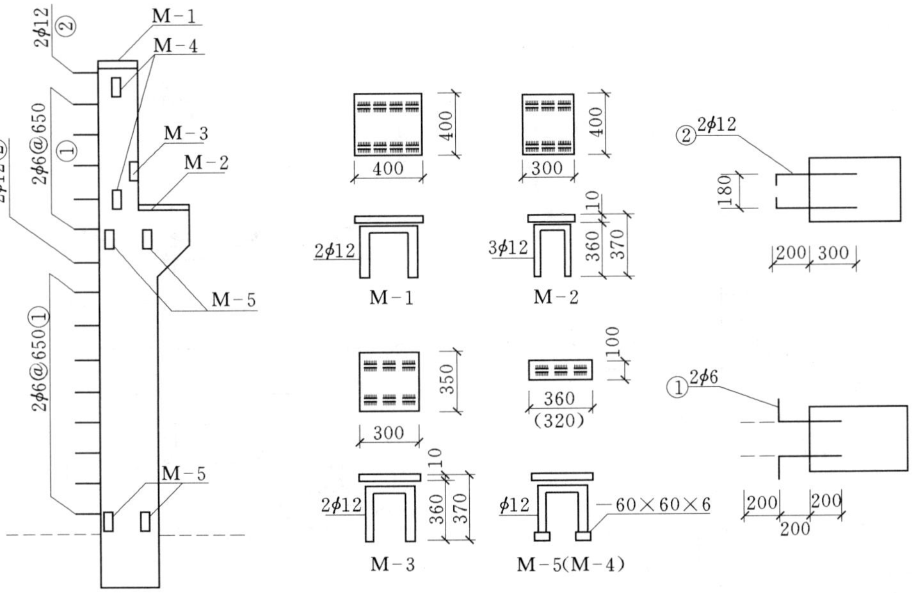

图 5.8 柱的预埋件

M-1—屋架支座；M-2、M-3—连接吊车梁；M-4、M-5—连接柱间支撑；
①—连接墙体；②—连接连系梁或圈梁

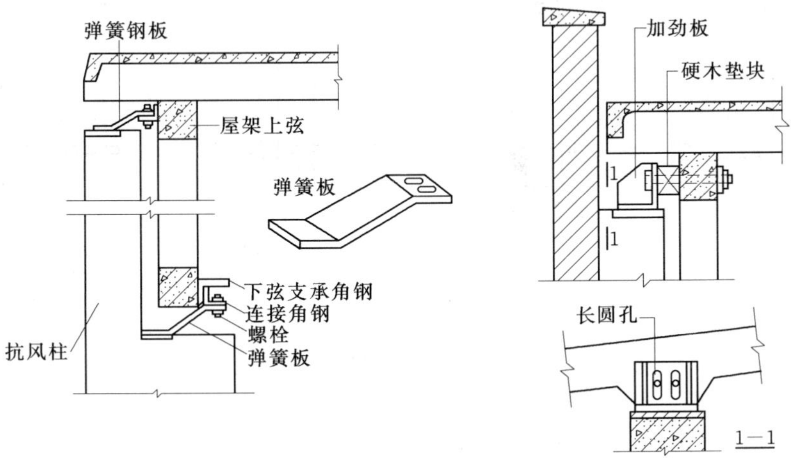

图 5.9 抗风柱与屋架的铰接连接

便于安装，杯口尺寸应大于柱子截面尺寸，杯壁与柱壁之间应留有空隙，基础底面尺寸及配筋经计算确定；柱吊装插入后，用 C20 细石混凝土灌缝。其构造尺寸如图 5.11 所示。

5.1.2.3 基础梁

当厂房采用钢筋混凝土柱承重时，常用基础梁来承托围护墙的重量，而不另作墙基础。这样可减少墙身和厂房排架间的不均匀沉陷。基础梁位于墙身底部，其两端支承在柱基础杯口上，当柱基础较深时，则通过混凝土垫块支承在杯口上，也可放置在高杯口基础

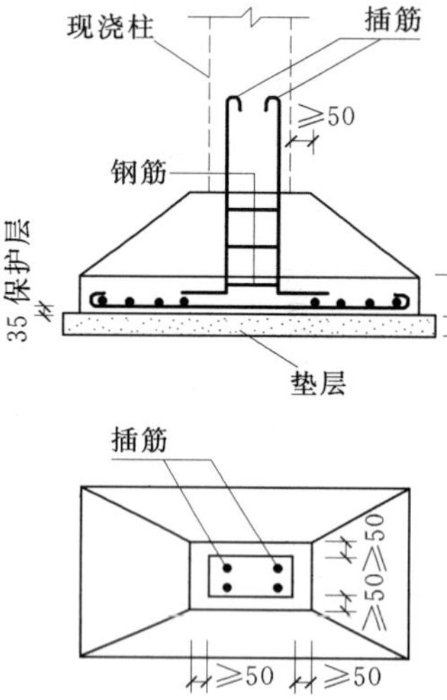

图 5.10　现浇柱下独立基础

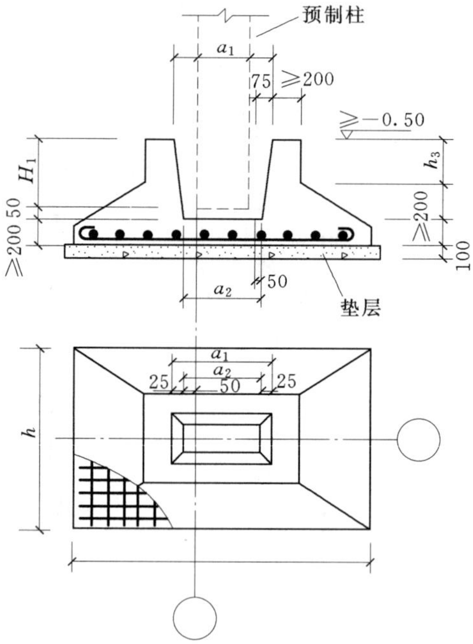

图 5.11　预制柱下杯形基础

上，或在柱上设牛腿来提高基础梁的标高，以减少墙体的工程量，如图 5.12 所示。钢筋混凝土基础梁常采用上宽下窄的倒梯形截面。

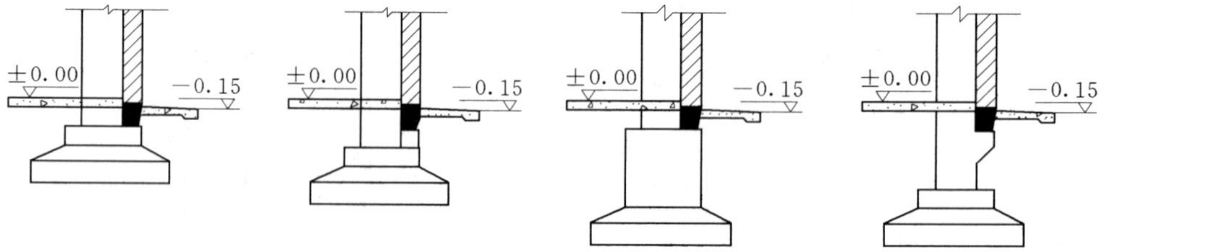

(a)　(b)　(c)　(d)

图 5.12　基础梁的搁置支座作法

(a) 基础梁放在基础上；(b) 基础梁放在柱墩上；(c) 基础梁放在长颈基础上；(d) 基础梁放在牛腿上

基础梁顶高比室内地面低 50～100mm，以便门洞口处的地面做面层保护基础梁；同时也应比室外地面高 100～150mm，以利于墙身防潮并做散水。基础梁下面的回填土一般不需夯实，应留有不小于 100mm 的空隙，以利于基础梁随柱基础一起沉降，并避免在寒冷地区土壤冻胀引起基础梁反拱开裂。寒冷地区基础梁处的热桥效应会散失室内热量并影响使用，为此应在基础梁下面及两侧铺设松散材料，如图 5.13 所示。

5.1.3　吊车梁

在有桥式或梁式吊车的厂房中，需在牛腿上设置吊车梁，吊车在吊车梁上铺设的轨道上行走。吊车梁直接承受吊车自重、吊车最大起重量及吊车启动或刹车时所产生的纵、横向水平冲击力并将之传给柱子。此外，还具有传递厂房纵向荷载、增强厂房纵向刚度、保证厂房稳定性的作用。

5.1.3.1 吊车梁的类型

吊车梁按截面形式可分为等截面T形、工字形吊车梁和变截面的鱼腹式吊车梁等，如图5.14所示。等截面T形、工字形吊车梁顶部翼缘较宽，以增加承压面积、提高横向刚度和便于安装吊车轨道，梁的腹板较薄，在支座处应加厚，以利抗剪，腹板底端内配置受力主筋；鱼腹式吊车梁是将梁的腹梁制成抛物线形（鱼腹形），以符合梁的受力特点，充分发挥材料强度、节约材料和减轻自重，但制作较复杂，适用于柱距大、吊车荷载大的厂房。

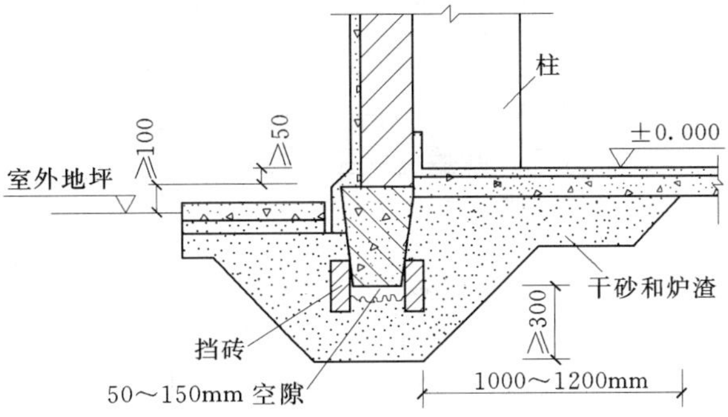

图5.13 基础梁防冻措施

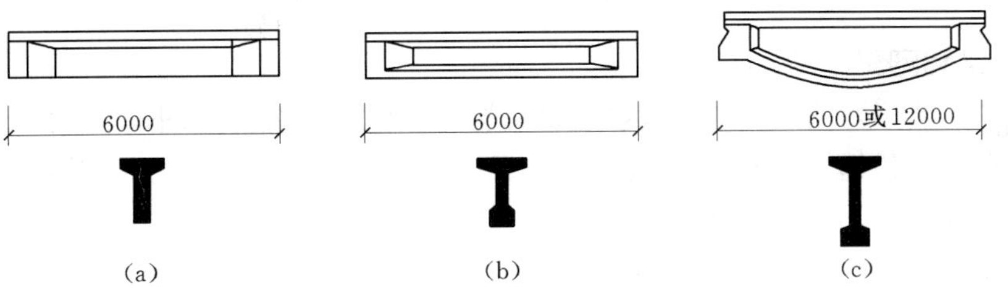

图5.14 吊车梁的形式

(a) T形梁；(b) 工字形梁；(c) 鱼腹工梁

5.1.3.2 吊车梁与柱的连接

吊车梁上翼缘的埋件和上柱埋件间用钢板或与角钢焊接；吊车梁底部埋件和牛腿顶面埋件用垫板焊接；吊车梁的对接头及吊车梁与上柱之间的缝隙用C20混凝土填实，如图5.15所示。

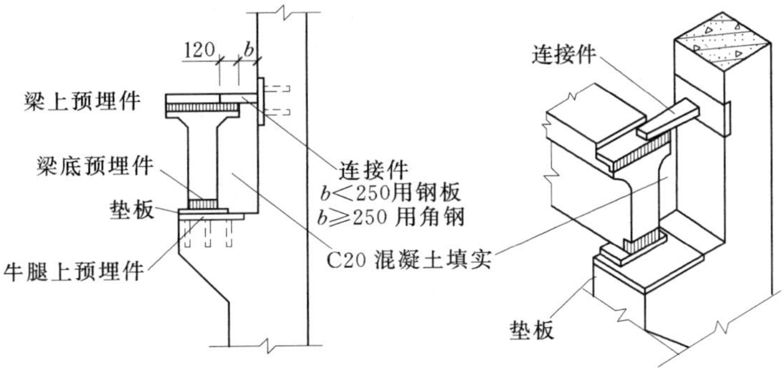

图5.15 吊车梁与柱的连接

5.1.3.3 吊车轨道在吊车梁上的固定

吊车轨道有轻型和重型两类，重型的可使用铁路钢轨，如图5.16所示。吊车梁的翼缘上留有安装孔，安装轨道前应先用C20细石混凝土作垫层并精确找平，然后铺设钢垫板或压板，用螺栓固定。

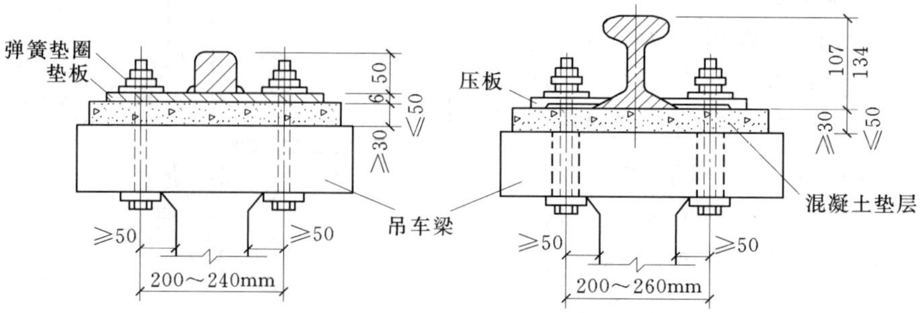

图 5.16　吊车轨道与吊车梁的连接

5.1.3.4　车挡在吊车梁上的固定

为防止吊车在行驶中刹车失灵而冲撞墙体，应在吊车梁的尽端设置车挡，如图 5.17 所示。

5.1.4　连系梁和圈梁

连系梁又称墙梁，是柱与柱之间在纵向的水平连系构件，如图 5.18 所示。它可增强厂房的纵向刚度，传递风荷载到纵向列柱，并可承担其上部墙体荷载。其截面形式有矩形和 L 形，分别用于一砖和一砖半厚墙体中。它支承在牛腿上，一般采用螺栓连接或焊接固定，如图 5.19 所示。

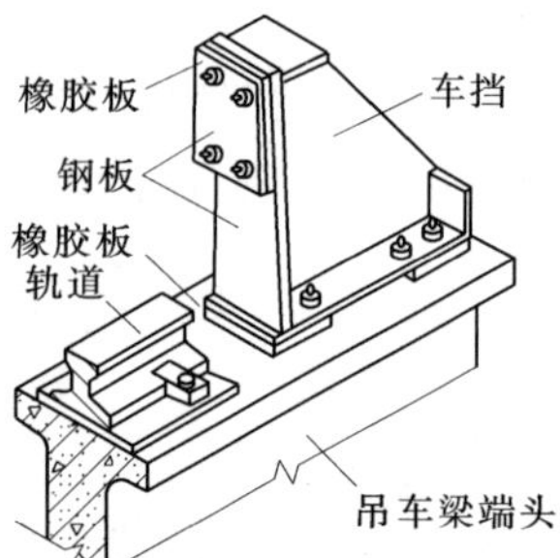

图 5.17　车挡

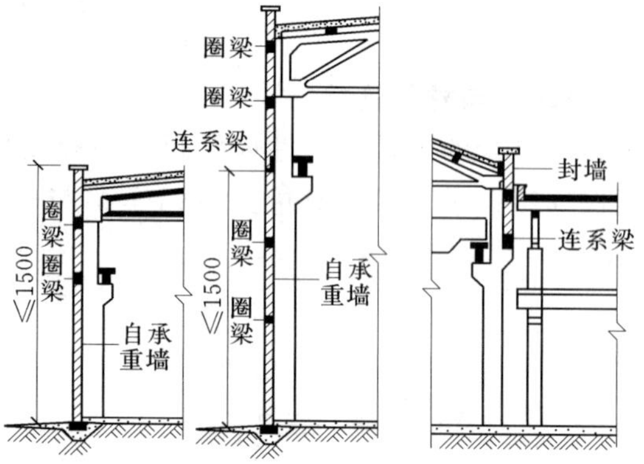

图 5.18　外墙与封墙的连系梁与圈梁的位置

圈梁是指连续设置在墙体同一水平面上交圈封闭的梁。圈梁不承受砖墙重量，其作用是将墙体向厂房排架柱、抗风柱等箍在一起，以加强厂房的整体刚度和墙身的稳定性，圈梁埋置在墙内，同柱子连接仅起拉结作用。

圈梁一般在柱顶处设置一道；有吊车的厂房应在吊车梁附近增设一道；当厂房很高时，应根据厂房刚度的需要，综合考虑墙体高度、地基、抗震等情况，按上密下疏的原则设置多道圈梁。圈梁构造与民用建筑中的圈梁相同，常采用现浇，将柱上预留筋与圈梁浇注在一起，如图 5.20 所示。连系梁和圈梁的设置通常与窗过梁结合起来兼做过梁用。

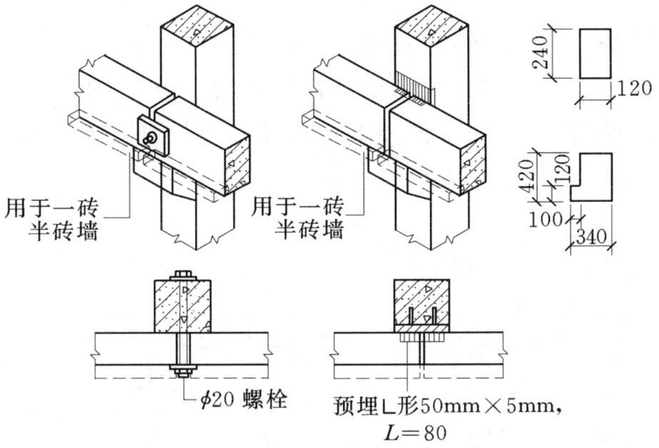

图 5.19 连系梁与柱的连接

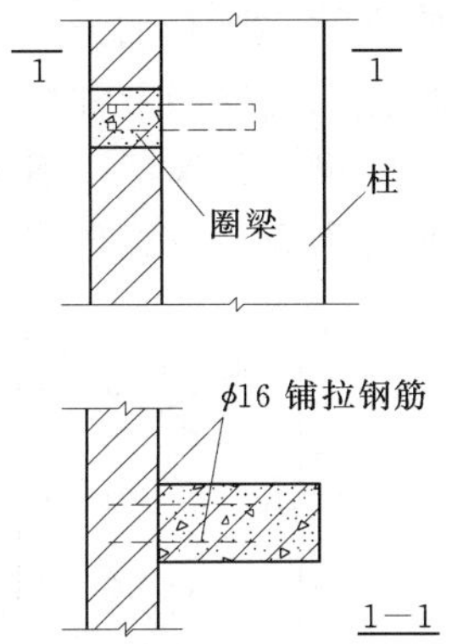

图 5.20 圈梁与柱子的连接

5.1.5 支撑

在单层厂房结构中，由于作用在厂房的水平力（如水平荷载、吊车水平刹车力）比较大，而装配式厂房中大多数构件节点为铰接，整体刚度差，为保证厂房的整体刚度和稳定性，必须按结构要求，布置必要的支撑构件。支撑可分为屋盖支撑及柱间支撑两类。

5.1.5.1 屋盖支撑

屋盖支撑、柱间支撑、连系梁和圈梁等，在装配式单层厂房结构中联系各个主要承重构件以构成厂房结构空间骨架，保证厂房结构和构件的承载能力、稳定性和整体刚度。

屋盖支撑的主要作用是保证屋架上、下弦杆件的稳定、传递山墙风荷载，并将屋架、天窗架和山墙等平面结构连接起来，使屋盖结构形成一个稳定的空间体系，屋盖支撑包括（上、下弦）横向水平支撑、（上、下弦）纵向水平支撑、垂直支撑和纵向水平系杆（或称加筋杆）等，如图 5.21 所示。

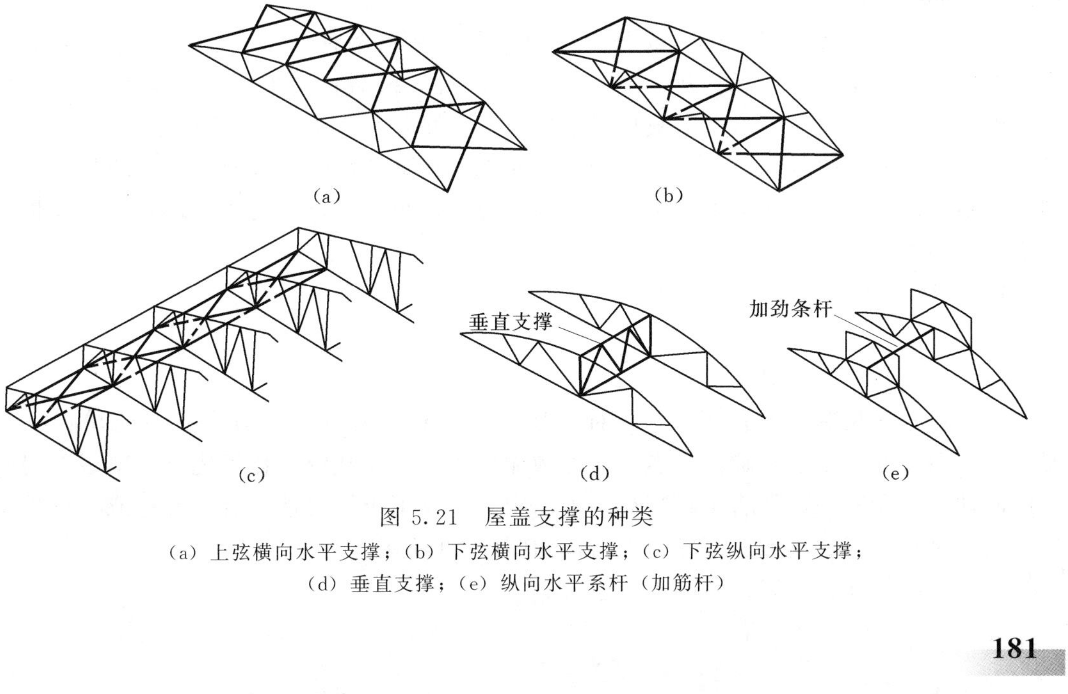

图 5.21 屋盖支撑的种类

(a) 上弦横向水平支撑；(b) 下弦横向水平支撑；(c) 下弦纵向水平支撑；(d) 垂直支撑；(e) 纵向水平系杆（加筋杆）

5.1.5.2　柱间支撑

柱间支撑主要起加强厂房的纵向刚度和稳定性的作用，如图5.22所示。依据位置可分为上柱柱间支撑和下柱柱间支撑两种：上柱柱间支撑位于吊车梁的上方，用以承受作用在山墙上的风力并保证厂房上部的纵向刚度；下柱柱间支撑位于吊车梁的下方，承受上方支撑传来的力和吊车梁传来的吊车纵向制动力并把它们传至基础。

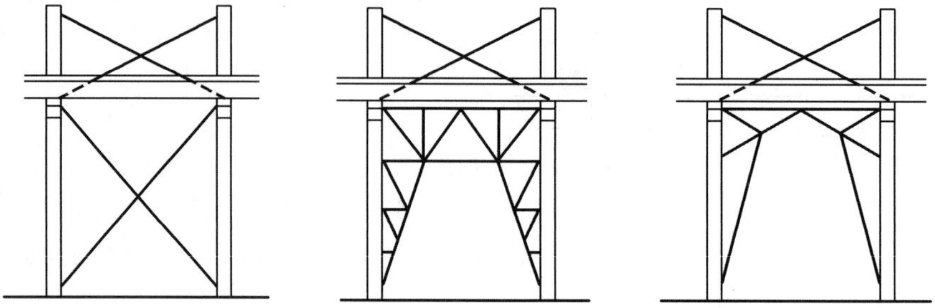

(a)　　(b)　　(c)

图5.22　柱间支撑

(a) 交叉式；(b)、(c) 门架式

柱间支撑通常设置在厂房变形缝区段的中央或邻近中央部位的柱间，依据抗震需要再在两端柱距内增设柱间支撑。柱间支撑一般采用钢材制作，多采用交叉式，支撑斜杆与柱上预埋件焊接。当柱间需要放置设备或柱距较大，采用交叉式支撑有困难时，可采用门架式支撑。

5.2　外墙与门窗

5.2.1　外墙

单层厂房的外墙依据结构形式可分为承重和非承重两种。当单层厂房为墙承重结构时，外墙为承重墙，直接承担屋盖和起重运输设备等荷载；当单层厂房为骨架承重结构时，外墙为非承重墙，不承受荷载只起维护作用。单层厂房外墙的高度与跨度都比较大，又要承受较大的风荷载，还要受到生产及运输设备振动的影响，因此要求外墙具有足够的刚度和稳定性。厂房外墙常采用砖砌或预制的大型墙板，也可只设置开敞式的挡雨板，做成不封闭外墙。

5.2.1.1　砖墙及块材墙

1. *砖墙*

(1) 砖墙与柱的相对位置。

砖墙与柱的相对位置有两种：一种是墙体砌筑在柱外侧，其具有构造简单、施工方便、热工性能好，便于基础梁、连系梁等构配件的定型化和统一化等优点，单层厂房外墙多用此种方案；另一种是墙体砌筑在柱子的中间，仅用于厂房连接有露天跨或有待扩建的边跨的临时封闭墙，或不需保温的车间，如图5.23所示。

(2) 外墙与柱、屋架、屋面板的连接。

为保证墙体的稳定性与刚度，墙体与柱（包括抗风柱）、屋架端部要采用钢筋连接。做法是沿柱子、屋架端部的高度方向每隔 500～600mm 预埋两根 $\phi6$ 钢筋，砌墙时把伸出的钢筋砌入砖墙的水平缝里，如图 5.24（a）和图 5.24（b）所示，图 5.24（c）为圈梁与柱子的连接构造。纵向女儿墙与屋面板之间的连接采用钢筋拉结措施，即在屋面板横向缝内放置一根 $\phi12$ 钢筋（长度为板宽度加上纵墙厚度一半和两头弯钩）与屋面板纵缝内及纵向外墙中各放置的一根 $\phi12$、长度为 1000mm 的钢筋连接，形成工字形的钢筋，然后在缝内浇筑 C20 细石混凝土并捣实，如图 5.24（d）所示。

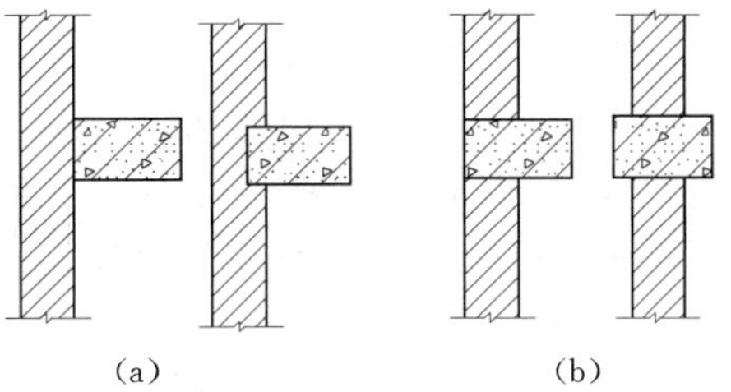

图 5.23　墙与柱的位置关系
（a）墙在柱的外侧；（b）墙在柱中

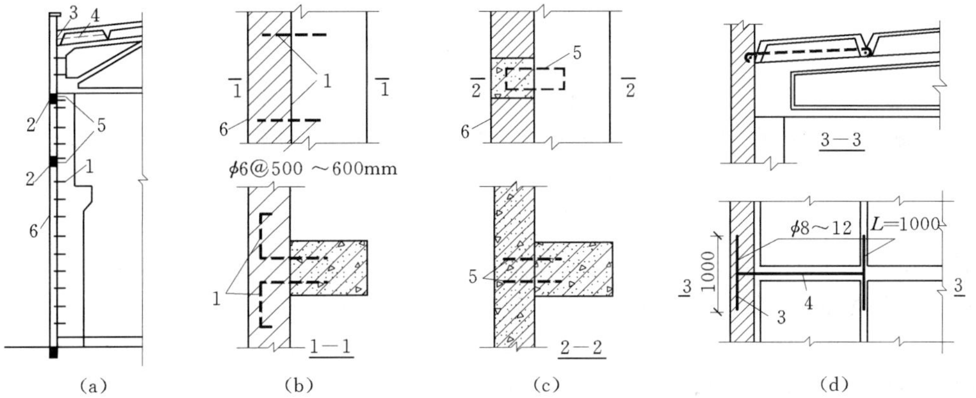

图 5.24　外墙与柱、屋架、屋面板连接
（a）砖墙与骨架连接剖面；（b）砖墙与柱子的连接；（c）圈梁与柱子的连接；（d）女儿墙与屋面板的连接
1—墙柱连接筋；2—圈梁兼过梁；3—檐口墙内加筋；4—板缝加筋与墙内加筋连接；
5—圈梁与柱连接筋；6—砖外墙

2. 砌块墙

砌块墙是指用各种轻质材料制成的块材及用普通混凝土制成的空心砌块砌成的墙，其重量轻，整体性和抗震性能较砖墙好。砌块墙的砌筑，与柱及屋架等的连接和砖墙基本相同。

5.2.1.2　板材墙

大型板材墙是用大型墙板来做工业厂房的维护结构，它改进了厂房的墙体，促进了建筑工业化，加快了施工速度，此外，还可充分利用工业废料使自重减轻，抗震性能加强，是目前推广的外墙类型。

1. 墙板的类型及尺寸

按规格尺寸，墙板可分为基本板、异形板和辅助构件。基本板是指形状规整，量大面广的基本形状的墙板；异形板是指量小形状特殊的墙板，如檐口板、加长板和山尖板等；辅助构件是指与基本板、异形板共同组成厂房维护结构的其他构件，如窗台板和嵌梁等。

按所用材料分，墙板可分为单一材料墙板和复合材料墙板两种，如图5.25所示。单一材料墙板包括钢筋混凝土槽形板、空心板和配筋轻混凝土墙板；复合材料墙板是指采用承重骨架、外壳及各种轻质夹芯材料所组成的墙板。墙板的宽度有900mm、1200mm、1500mm和1800mm 4种，板厚以20mm为模数进级，常用厚度为160～240mm，板的长度与柱距相同。

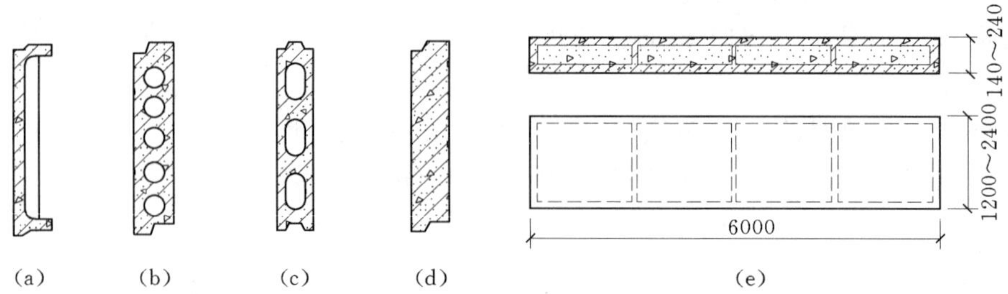

图5.25 单一材料墙板及复合材料墙板示意图

(a) 槽形板；(b) 钢筋混凝土空心板；(c) 钢筋混凝土椭圆孔空心板；(d) 陶粒混凝土板；(e) 复合墙板

2. 墙板布置

墙板在墙面上的布置，广泛采用的是横向布置方式，其次是混合布置方式，竖向布置采用较少，如图5.26所示。横向布置时板型少，以柱距为板长，板柱相连，其竖缝可由骨架柱遮挡，不易渗漏风雨；墙板本身可兼起门窗过梁与连系梁的作用，能增强厂房的纵向刚度。山墙墙板布置与侧墙相同，山尖部位可布置成台阶形、人字形和折线形等，如图5.27所示。台阶形山尖中异形墙板少，但连接用钢较多，人字形则相反，折线形介于两者之间。

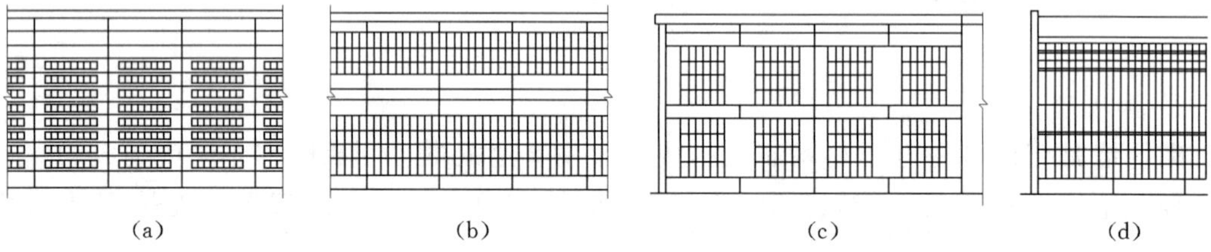

图5.26 墙板布置方式

(a) 横向布置（有带形窗）；(b) 横向布置（通长带形窗）；(c) 混合布置；(d) 竖向布置

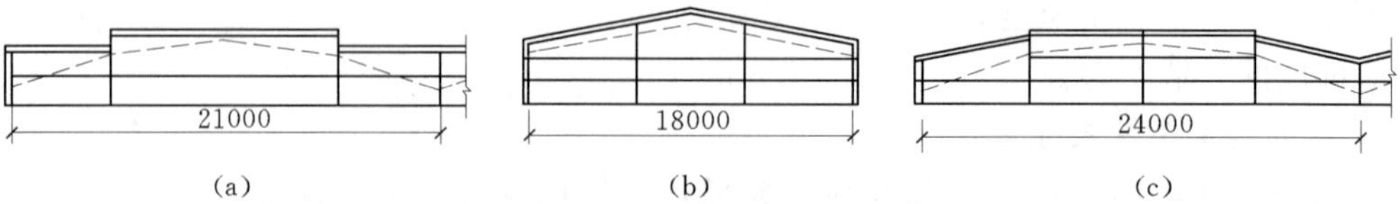

图5.27 山墙山尖墙板布置

(a) 台阶形；(b) 人字形；(c) 折线形

3. 墙板连接

板柱连接应安全可靠，便于制作、安装和检修，一般分柔性连接和刚性连接两类。

(1) 柔性连接，其特点是：墙板与厂房骨架及板与板之间在一定范围内可相对独立位移，能较好适应振动引起的变形。设计烈度高于7度的地震区宜采用此法连接墙板。柔性连接的形式包括螺栓挂钩连接和角钢挂钩连接，如图5.28(a)和图5.28(b)所示。螺栓挂钩连接安装时通常无焊接作业，维修换件较容易，但是用钢量较多，暴露的零件较多，容易腐蚀；角钢挂钩连接用钢量较螺栓少，暴露的金属面较少，安装时有少许焊接作业，但预埋件的位置及板材安装时要求精度较高，且相对独立位移较好。角钢挂钩连接可省去钢支托。

(2) 刚性连接，是将每块板材与柱子用型钢焊接在一起，无需另设钢支托。其优点是连接件钢材少，但由于失去了能相对位移的条件，不均匀沉降及振动较敏感。刚性连接主要用在地基条件较好、振动影响小的厂房和地震烈度小于7度的地区。在柱子和墙板中分别设置预埋件，安装时用角钢焊接牢固，如图5.28(c)所示。

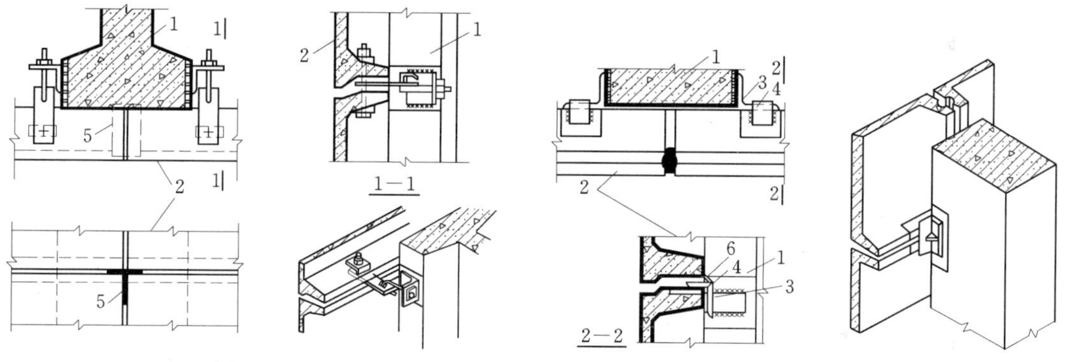

图5.28 墙板与柱连接示例

(a) 螺栓挂钩柔性连接和钢支托；(b) 角钢挂钩柔性连接；(c) 刚性连接

1—柱；2—墙板；3—柱侧预焊角钢；4—墙板上预焊角钢；5—钢支托；6—上下板连接筋（焊接）

4. 墙板板缝的构造处理

墙板板缝的构造处理首先应满足防水要求，并应考虑制作及施工方便、防风、保温、经济美观和坚固耐久等要求。水平缝主要是防止沿墙面下淌的水渗入内侧；垂直缝主要是防止风从侧面吹入和水从墙面流入。

5.2.1.3 开敞式外墙

在炎热地区或高温车间或某些化工车间，为了通风或迅速排散气、烟、尘和热，厂房可做成开敞式或半开敞式外墙，要求这种墙应具有既便于通风又能防雨的特性，故其外墙全部或部分由挡雨板代替，如图5.29所示。常用的有石棉水泥波形瓦挡雨板和钢筋混凝土挡雨板两种。

(1) 石棉水泥波形瓦的自重轻，石棉水泥波形瓦挡雨板构造示例如图5.30(a)所示，它的基本构件包括型钢支架（或钢筋支架）、型钢檩条、石棉水泥波形瓦挡雨板及防溅板构成。其中支架焊接在柱的预埋件上，石棉水泥波形瓦用弯钩螺栓勾在角钢檩条上。

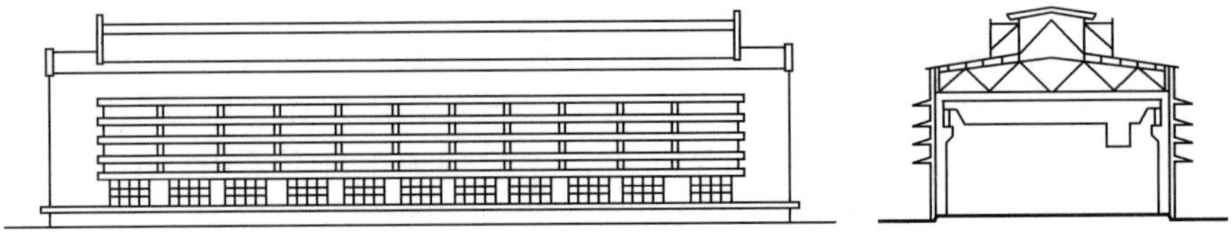

图 5.29 半开敞式厂房的外观与剖面

(2) 钢筋混凝土挡雨板的基本构件包括支架、挡雨板和防溅板等，如图 5.30（b）所示，钢筋混凝土挡雨板的固定及各构件间的连接采用预埋件焊接方式。

(3) 无支架挡雨板直接设置在柱距中间，构件少，但风大雨多时飘雨多，如图 5.30（c）所示。

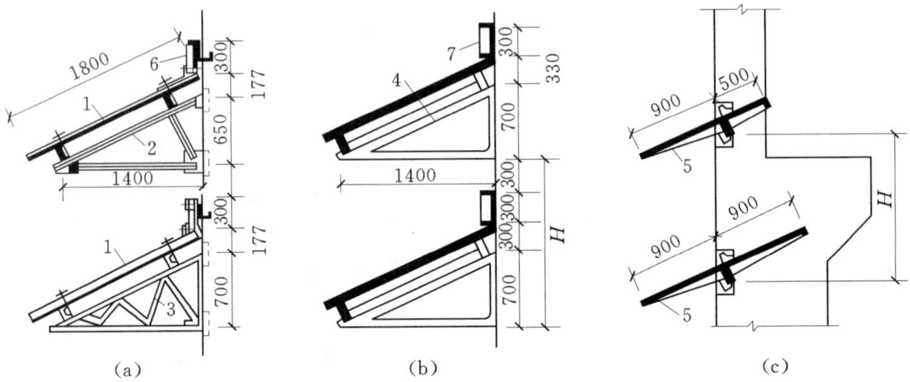

图 5.30 挡雨板构造示例

1—石棉水泥波形瓦挡雨板；2—型钢支架；3—圆钢筋轻型支架；4—钢筋混凝土挡雨板及支架；5—无支架钢筋混凝土挡雨板；6—石棉水泥波形瓦防溅板；7—钢筋混凝土防溅板

室外气温很高、风沙大的干热带地区不宜采用开敞式外墙。

5.2.2 侧窗与大门

5.2.2.1 单层工业厂房侧窗

工业厂房的通风、采光，应以侧窗为主，以天窗为辅。因为侧窗可获得较大面积，构造简单，施工方便，造价较低。工业厂房侧窗与民用建筑侧窗的开启方式及构造形式基本相同，主要区别是工业厂房侧窗面积大，因而对其整体刚度应有可靠的构造保证。

1. 对侧窗的要求

(1) 侧窗在外墙上的位置应有利于采光和兼顾墙梁的最佳标高。从通风、采光方面的要求来讲，窗台的高度宜为 900～1200mm，对采光要求不高的厂房可提高至 1500mm。在吊车梁附近，因吊车梁会遮挡部分光线，通常不设侧窗或将侧窗断开，如图 5.31 所示。外墙上的连系梁、圈梁和过梁等的位置，应结合侧窗的高度和分段综合考虑，以达到既满足侧窗的使用要求，又不影响厂房外墙荷载的传递和整体刚度。

(2) 工业厂房的侧窗根据生产性质的特点应分别满足防水、防爆、恒温、防风沙和防阳光直射等要求。

（3）工业厂房的侧窗高且宽度较大，应根据生产需求便于开启和关闭，窗的开关常借助于开关器。开关器分手动和电动两种，中悬窗的手动开关器如图 5.32（a）所示。

2. 侧窗的种类

按使用材料，侧窗可分为木、钢、铝合金、塑钢等侧窗；按开启方式，侧窗可分为固定、平开、上悬、中悬和立转等侧窗，平开侧窗可按需要制成双层窗，其他开启方式的侧窗适于制成单层或单层中空玻璃侧窗，如图 5.32 所示；按层数，侧窗可分为单层和双层侧窗；按组合方式，侧窗可分为基本窗和组合窗，基本窗的尺寸一般不大于 3600mm×3600mm，超过此尺寸的侧窗应将数个窗进行组合，组合窗又分为竖向组合和横向组合，当横向组合超过一个柱距时，称为带形侧窗。

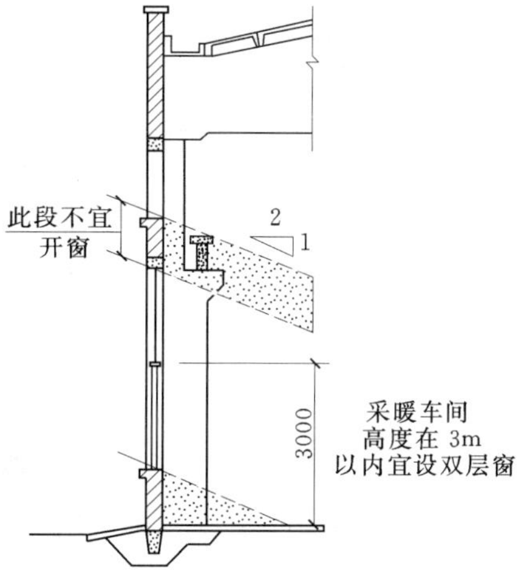

图 5.31 侧窗的位置选择

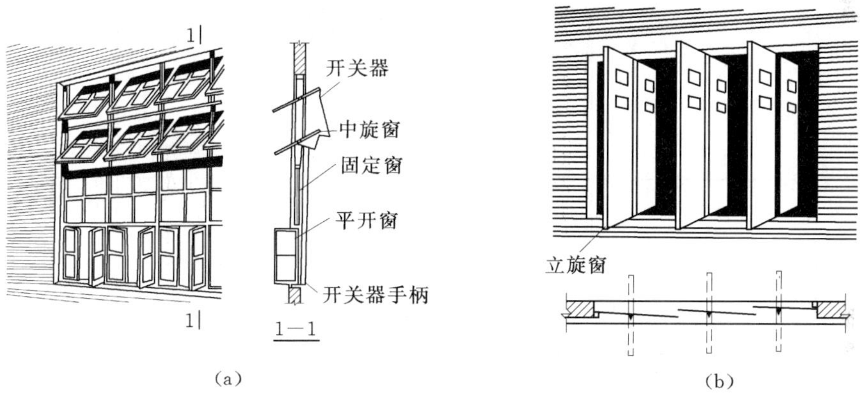

图 5.32 侧窗的种类及组合

（a）侧窗组合形式及侧窗开关器；（b）垂直旋转窗

3. 构造

工业厂房的侧窗与民用建筑的侧窗构造相仿，具体构造作法可参阅本书第 3 章第 3.6 节。

5.2.2.2 大门

1. 门的尺寸

工业厂房大门主要是供日常车辆和人通行，并供紧急情况疏散之用。因此门的尺寸应根据所需运输工具类型、规格、运输货物的外形并考虑通行方便等因素来确定。一般门的宽度应比满装货物时的车辆宽 600～1000mm，高度应高出 400～600mm。常用厂房大门的规格尺寸如表 5.1 所示。

2. 门的类型

车间大门的类型较多，这是由车间性质、运输、材料及构造等因素所决定的。

表 5.1 厂房大门尺寸 单位：mm

运输工具 \ 洞口宽	2100	2100	3000	3300	3600	3900	4200～4500	洞口高
3t 矿车								2100
电瓶车								2400
轻型卡车								2700
中型卡车								3000
重型卡车								3900
汽车起重机						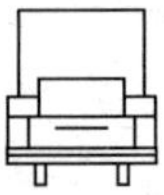		4200
火车							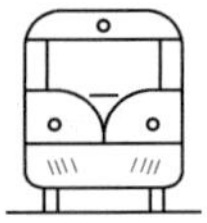	5100～5400

(1) 按用途，可分为供运输通行的普通大门、防火门、保温门和防风沙门等。

(2) 按材料，可分为木门、钢木门、普通型钢门和空腹薄壁钢门等。门宽在 1.8m 以内时常采用木制大门。当门洞尺寸较大时，为了防止门扇变形和节约木材，常采用型钢作骨架的钢木大门或钢板门。

(3) 按开启方式，可分为平开门、推拉门、折叠门、升降门、上翻门和卷帘门等，如图 5.33 所示。

1) 平开门构造简单，开启方便，但门扇受力状态较差，易产生下垂或扭曲变形，故门洞较大时不宜采用。门向内开虽免受风雨的影响，但占用室内面积，也不利事故疏散，一般多采用外开门，门的上方应设雨篷。当运输货物不多，大门不需经常开启时，可在大门扇上开设供人通行的小门。

2) 推拉门的开闭是通过滑轮沿着导轨向左右推拉，门扇受力状态较好，构造简单，不易变形，但五金较复杂，安装要求较高，是工业厂房中广泛使用的一种大门。但推拉门一般密闭性较差，故不宜用于冬季采暖的车间。推拉门常设在墙的外侧，雨篷沿墙的宽度最好为门宽的两倍以上。

3) 折叠门是由几个较窄的门扇以铰链连接组合而成。开启时通过门扇上下滑轮沿着

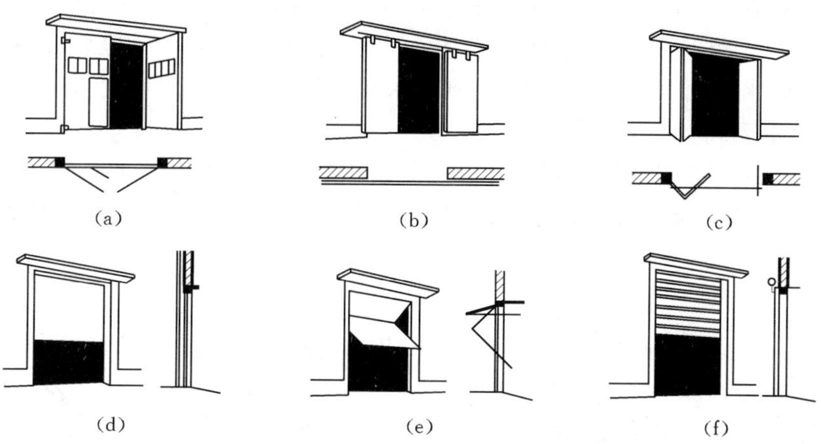

图 5.33 大门的开启方式

(a) 平开门；(b) 推拉门；(c) 折叠门；(d) 升降门；(e) 上翻门；(f) 卷帘门

轨导可左右移动。这种门开启时可使几个门扇折叠在一起，占用的空间较少，适用于较大的门洞。

4) 升降门不占用厂房面积，开启时门扇沿导轨上升，只需在门洞上部留有足够的上升高度即可，常用于大型厂房。开启方式有手动和电动两种。

5) 上翻门的门扇侧面有平衡装置，门的上方有导轨，开启时门扇沿导轨向上翻起。平衡装置可用重锤或弹簧。这种形式可避免门扇被碰损，常用于车库大门。

6) 卷帘门是用很多冲压成型的金属页片连接而成。开启时，由门洞上部的转动轴将页片卷起。它适用于4000～7000mm宽的门洞，高度不受限制。卷帘门有手动和电动两种，当采用电动时，必须设置有停电时手动开启的备用设施。卷帘门适用于非频繁开启的高大门洞，这种门制作复杂，造价较高。

设计时，确定门的形式应根据使用要求、门洞大小、门附近可供开关占用的空间及技术经济条件等因素综合考虑确定。

5.3 屋顶与天窗

5.3.1 屋顶

单层厂房的屋面与民用建筑屋面的作用、要求和构造基本相同，但也存在许多差异，如单层厂房的屋面面积大，且其屋面构造较复杂；屋面板通常采用装配式，接缝多，且厂房屋面要受到温差、吊车的冲击荷载和机械振动的影响，易产生变形，致使屋面接缝处极易开裂引起渗水。因此单层厂房的屋面主要的问题仍然是排水和防水，另外还应具有一定的保温、隔热性能，对于一些有特殊需要的厂房屋面，有时还要考虑防爆、泄压和防腐蚀等方面的问题。

5.3.1.1 屋面排水

1. 屋面排水坡度

屋面排水坡度与屋面材料、地理气候条件、屋顶形式、施工方法、建筑造型要求和经济等方面的因素有关。屋面越陡越利于排水，但坡度过陡，对于夏季卷材防水屋面易出现沥青流淌、盖瓦下滑的问题。卷材防水屋面，坡度要求平缓，一般常用坡度为1/5～1/10；非卷材防水屋面（构件自防水），则要求排水快，一般常用坡度为1/4。

2. 屋面排水方式

屋面排水方式与民用建筑相同，可分为无组织和有组织两种排水方式，如图5.34和图5.35所示，其中有组织排水根据排水管道布置的位置，可分为天沟外排水、内排水和悬吊管外排水。

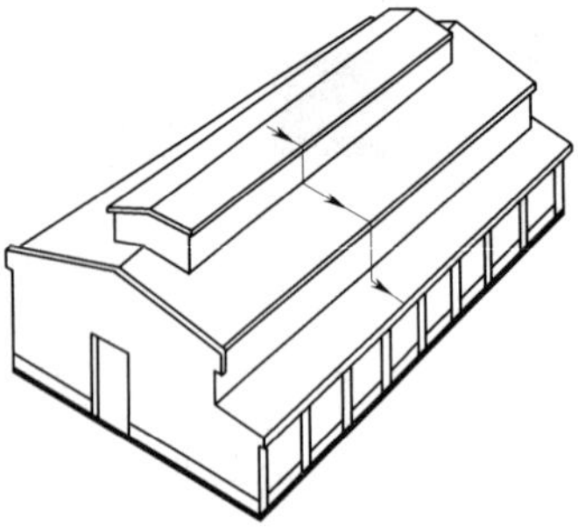

图5.34 无组织排水示意

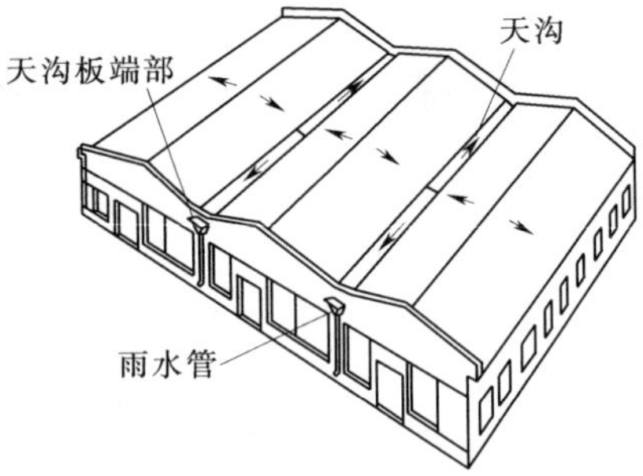

图5.35 有组织排水示意

（1）天沟外排水，是将屋面雨水排至檐沟或天沟，再经雨水管直接排到室外的排水系统，如图5.36所示。其特点是施工简单、造价较低，检修时不影响生产，尤其适用于厂房较高或年降雨量较大的南方地区。

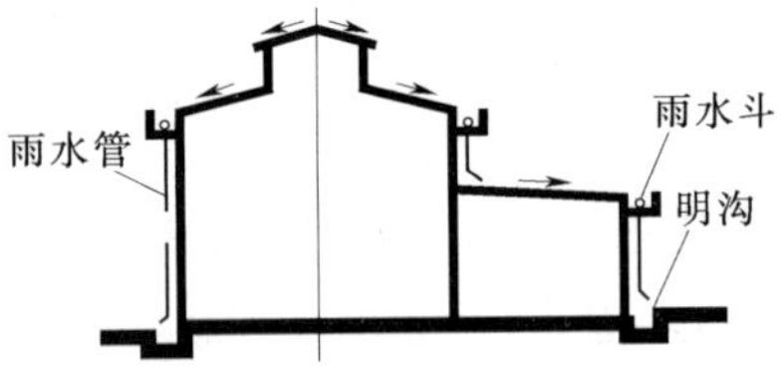

图5.36 天沟外排水示意

（2）内排水，是将屋面雨水通过天沟、雨水口和室内立管，从地下管沟排出，如图5.37所示。其特点是构造复杂，造价较高，地下管井一旦堵塞，易发生井口冒水现象，维修较困难。尤其是积灰多的厂房，在天沟和落水口处易被堵塞而造成渗漏，对积灰较多的厂房不宜采用内排水。一般用于雨水管内雨水易被冻结而阻碍排水的寒冷地区。

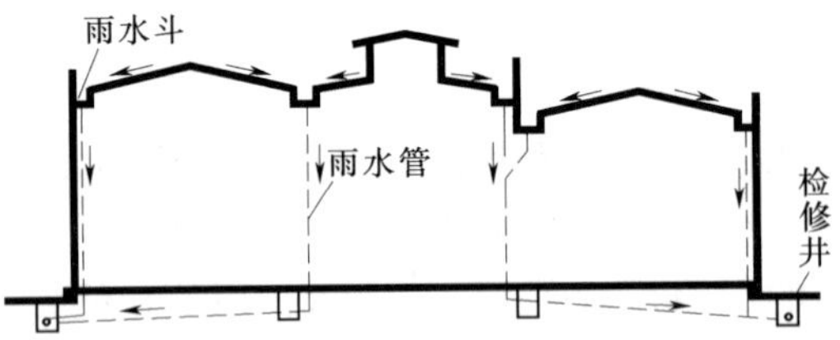

图5.37 内排水示意

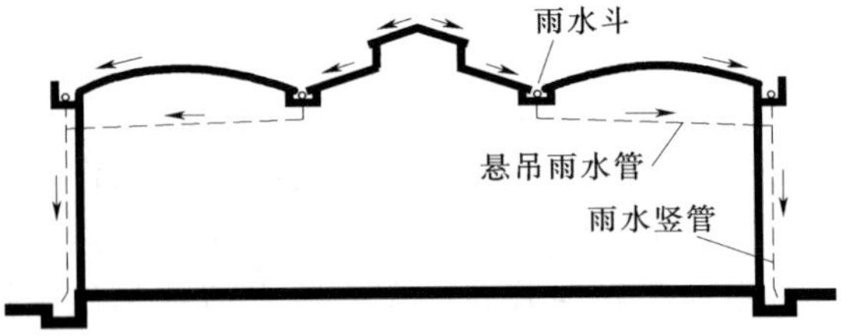

图5.38 悬吊管外排水示意

（3）悬吊管外排水，类似于内排水，只是将中间排水的室内立管改为具有一定坡度的水平悬吊管，将其与靠墙的排水立管连通，通过立管直接将雨水排入室外排水系统，其中雨水立管既可放在室内，也可设于室外如图5.38所示。这种排水方式耗费材料，水管表面易产生凝结水，滴落时影响生产，但克服了直接采用内排水方式不便维修的缺点。

5.3.1.2 屋面防水

屋面防水依据厂房屋面防水材料、屋盖形式和做法可分为卷材防水和非卷材防水两种，其中非卷材防水主要包括构件自防水、刚性防水和涂料防水。目前单层厂房中已很少采用刚性防水和涂料防水。

1. 卷材防水屋面

卷材防水屋面的构造原则和构造做法要求与民用建筑相同，但由于厂房的屋面受到振动影响，板缝处的防水层开裂相当严重，裂缝大多出现在横缝，即屋架上的板缝。一般采取如下措施：增强屋面基层的刚度和整体性，如选择刚性好的板形；改进卷材的接缝构造做法，如在横缝处找平层上先干铺一层附加层，再在其上铺贴卷材防水层，如图 5.39 所示。

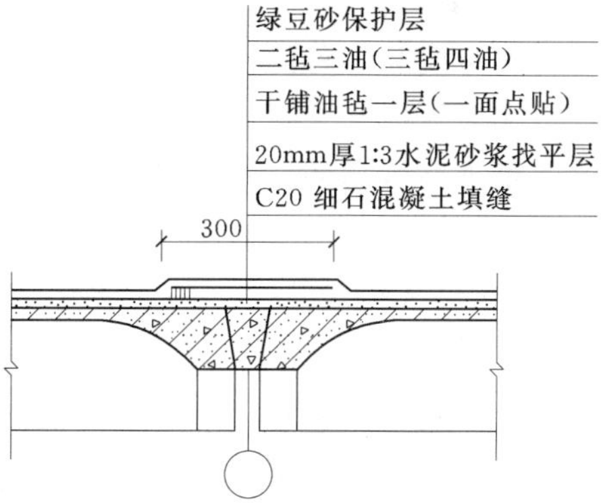

图 5.39 卷材防水屋面端肋接缝

2. 构件自防水屋面

构件自防水屋面是指利用屋面构件自身的混凝土密实性和对板缝进行局部防水处理的一种承重及防水合一的防水屋面。F 形屋面板自防水屋面的做法，如图 5.40 所示。

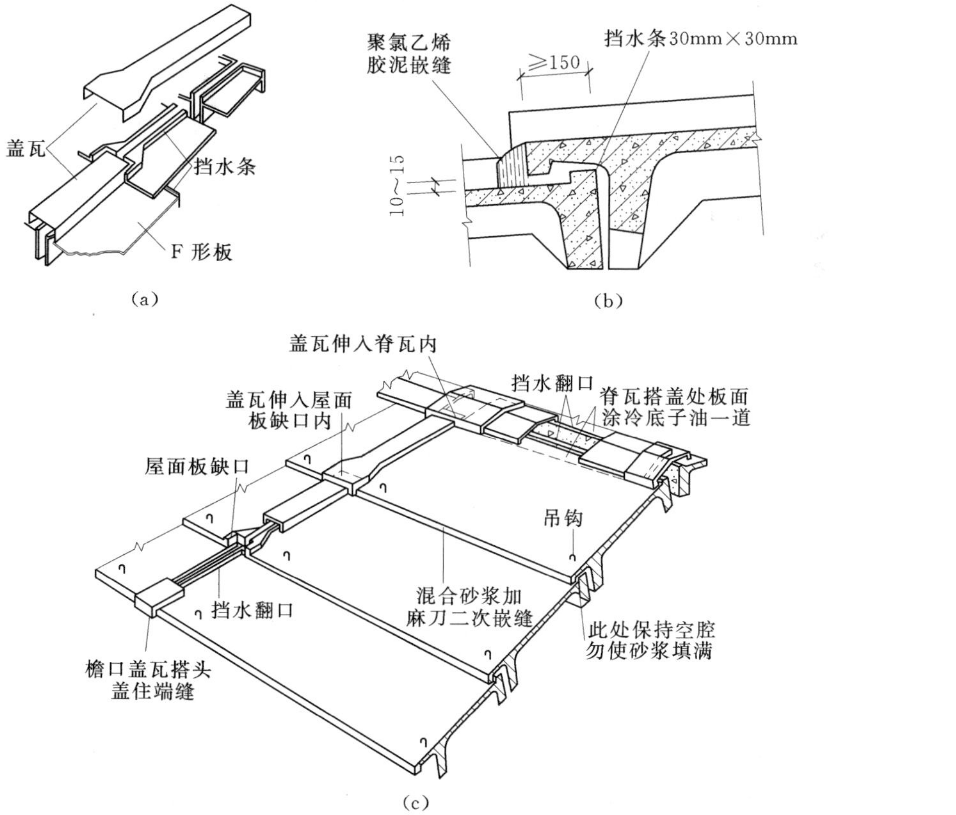

图 5.40 F 形屋面板自防水屋面做法

(a) F 形盖板结构示意；(b) F 形板的纵缝搭盖；(c) F 形屋面板铺设情况及接缝处理

5.3.2　天窗

在大跨度和多跨的单层厂房中，为获得较均匀的采光，或为了通风和排出高温的余热等，常在屋顶设置天窗。天窗的类型有很多，其中矩形天窗、平天窗、下沉式天窗和锯齿形天窗是主要选用的形式，如图5.41所示。天窗通常都兼有采光和通风的作用。

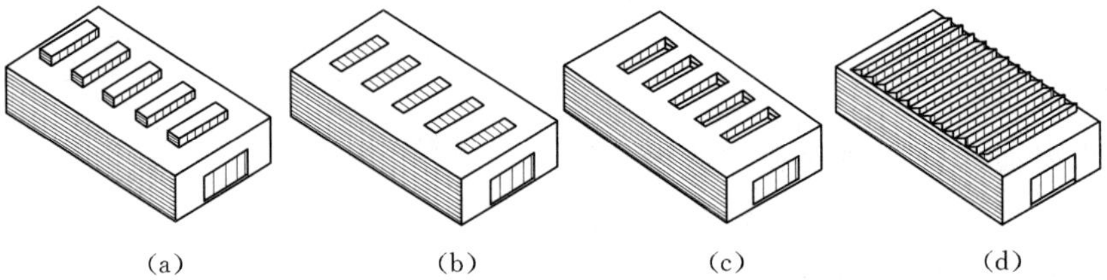

图5.41　天窗的类型

(a) 矩形天窗；(b) 平天窗；(c) 下沉式天窗；(d) 锯齿形天窗

5.3.2.1　矩形天窗与矩形避风式天窗

1. 矩形天窗

矩形天窗应用较普遍，一般是沿着厂房的纵向布置，如图5.42所示。在厂房屋面两端和变形缝两侧的第一个柱间不设天窗，这样一方面可简化构造，另一方面还可作为屋面检修和消防的通道。在每段天窗的端壁应设置上天窗屋面的检修梯。

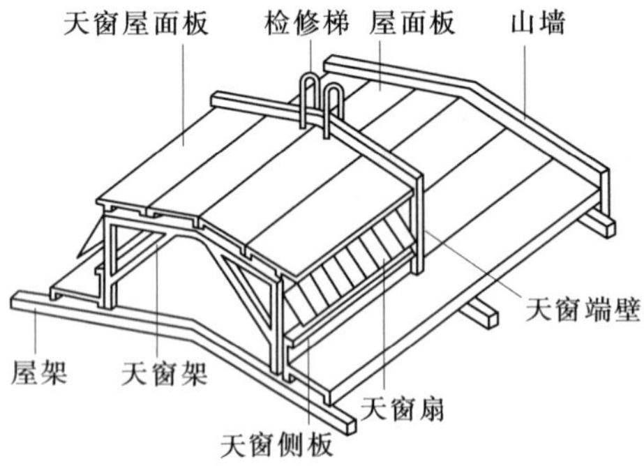

图5.42　矩形天窗组成

矩形天窗主要由天窗架、天窗端壁、天窗侧板、天窗扇和天窗屋面板等组成。

(1) 天窗架，是天窗的承重结构，支撑在屋架上弦或屋面梁上缘上，承担天窗部分的屋面重量。一般与屋架或屋面梁用同一种材料，宽度为屋架或屋面梁跨度的1/3～1/2，以保证屋架的采光通风的要求。

(2) 天窗端壁，可分为预制钢筋混凝土端壁和石棉水泥瓦端壁。通常采用预制钢筋混凝土肋形端壁，用2～3块预制板拼接而成通过焊接固定在屋架上弦或屋面梁上缘。天窗端壁不仅使天窗尽端封闭起来，同时也支撑天窗上部的屋面板。

(3) 天窗侧板，是天窗下的维护结构，具有防止雨水流入或溅入室内，一般用钢筋混凝土槽形板或平板制做，高出屋面至少300mm，长度与屋面板长度一致。

(4) 天窗扇，一般为单层，可分木制和钢制两种，常用钢天窗扇，其开启方式一般采用上悬式。

(5) 天窗屋面板，与厂房屋面板相同，采用无组织排水，檐口出挑尺寸为300～500mm。

2. 矩形避风天窗

当室外风速较大时，天窗可能产生倒灌入风现象，使热量和烟尘无法排出。在天窗两侧加设挡风板，使挡风板内侧与天窗口间的气流能经常处于负压，保证了天窗的通风效率，如图5.43所示。

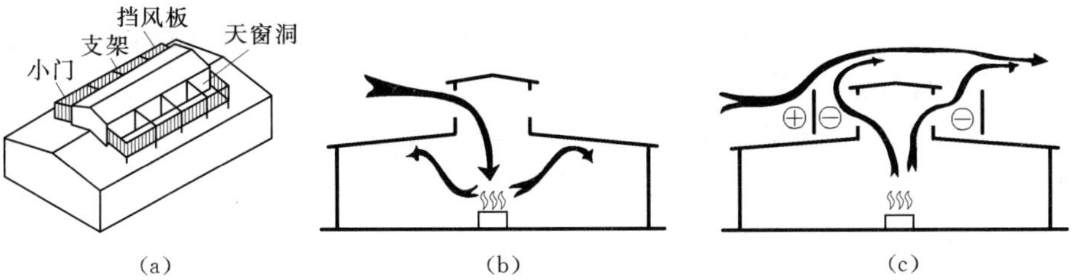

图 5.43 避风天窗的原理

(a) 避风天窗外观；(b) 普通天窗的倒灌现象；(c) 避风天窗通风流畅

(1) 挡风板，由面板和支架组成。

1) 面板多采用水泥石棉瓦等轻质材料制成，面板至窗口的距离为窗口高度的 1.5～2 倍，高度应略低于天窗檐口，底端应与屋面留有 50～200mm 的空隙，便于排出雨雪和积灰，此缝隙不宜过大，否则会产生倒灌风。面板的端部必须封闭以利于排气，在面板上还应设置小门，供清灰和检修时通行。面板可向外倾斜或垂直设置，向外倾斜的面板一般与水平面成 50°～70°角，当风吹向面板时，可使气流大幅度飞跃，从而增加抽风能力，通风效果比垂直面板好。

2) 支架一般用型钢制作，其固定方式可分立柱式（直立柱或斜立柱式）和悬挑式（直悬挑或斜悬挑式）两种，如图 5.44 所示。立柱式是将立柱支撑在上弦的柱墩上，再用支撑把立柱与天窗架连接，结构受力合理，但面板与天窗之间的距离受屋面板排列的限制，同时立柱处防水处理较复杂，多用于屋面板屋盖。悬挑式的支架固定在天窗架上，挡风板与屋面板脱开，处理灵活，适用于各类屋面，但增加了天窗架的荷载，对抗震不利。

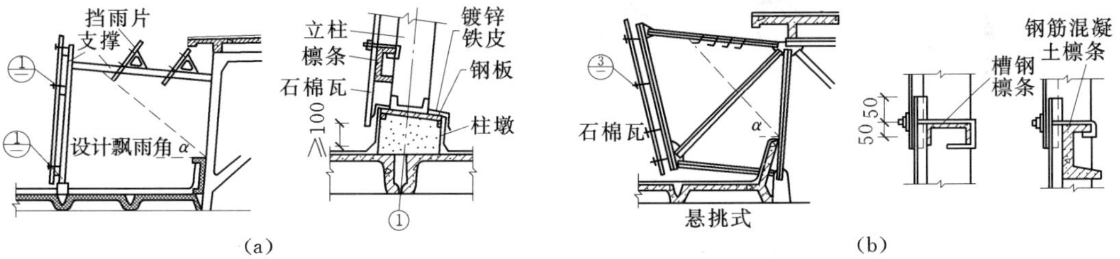

图 5.44 挡风板支架形式

(a) 立柱式垂直挡风板；(b) 悬挑式倾斜挡风板

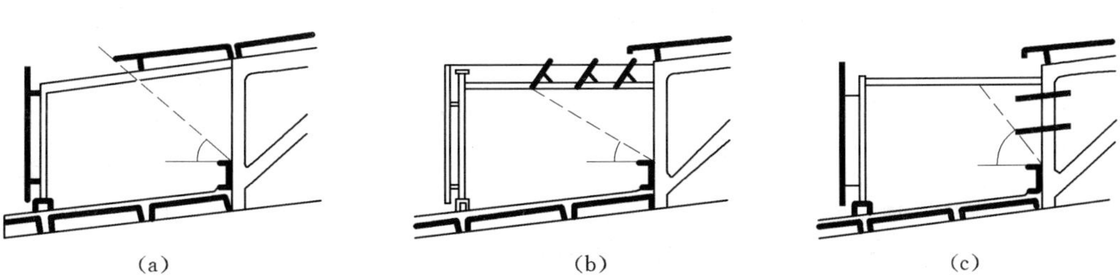

图 5.45 挡雨板的形式

(a) 大挑檐挡雨板；(b) 水平口挡雨板；(c) 垂直口挡雨板

（2）挡雨板。矩形避风天窗主要用于热加工车间，其窗口通常不设窗扇，做成开敞式的，飘雨会进入室内。因此，在不影响通风排气的前提下，应按飘雨的常见角度设置挡雨设施。常用的挡雨措施包括以下3种，如图5.45所示：①大挑檐挡雨板；②水平口挡雨板；③垂直口挡雨板。目前最常用的是水平口挡雨板，其通风阻力小。在大风多雨及对挡雨要求较高的地区，可将第一个挡雨板适当加长。

5.3.2.2 平天窗

平天窗采光效果好，且布局灵活、构造简单、适应性强。但应注意避免眩光，做好玻璃的安全防护，及时清理积尘，选用合适的通风措施。平天窗适用于一般冷加工车间。平天窗可分为采光板、采光罩和采光带3种。

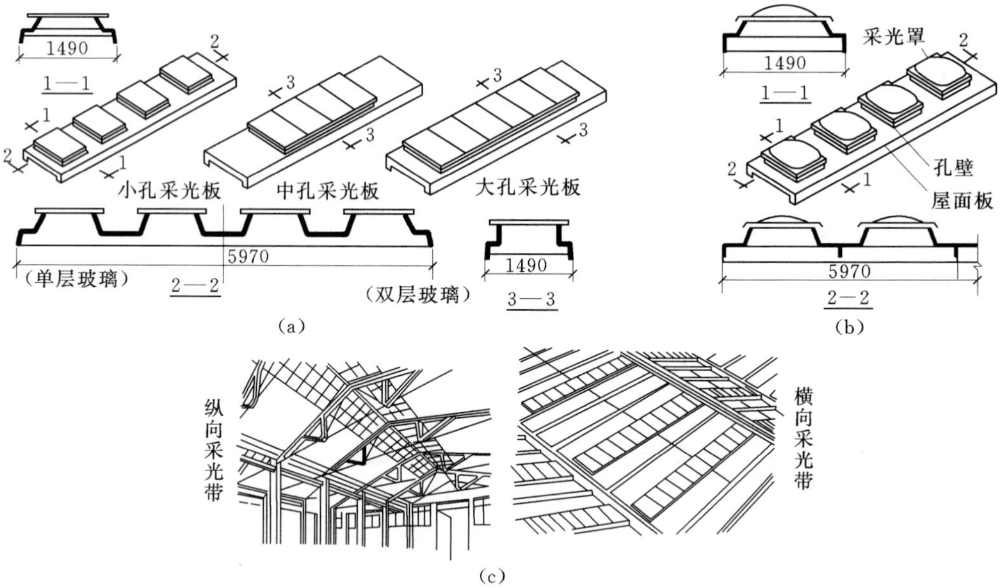

图5.46 平天窗形式和组成

（a）采光板；（b）采光罩；（c）采光带

采光板是在屋面板的孔洞上安装平板透光材料，有小孔采光板和大孔采光板，如图5.46（a）所示。采光罩是在屋盖上开孔，安装弧形透光材料，如图5.46（b）所示。采光带是将一部分屋面板空出来，铺上采光材料做面条形的纵向或横向采光带，如图5.46（c）所示。

平天窗的一般构造是在采光口周围做150～250mm高的井壁，并做泛水，井壁上安放采光材料，如图5.47所示。

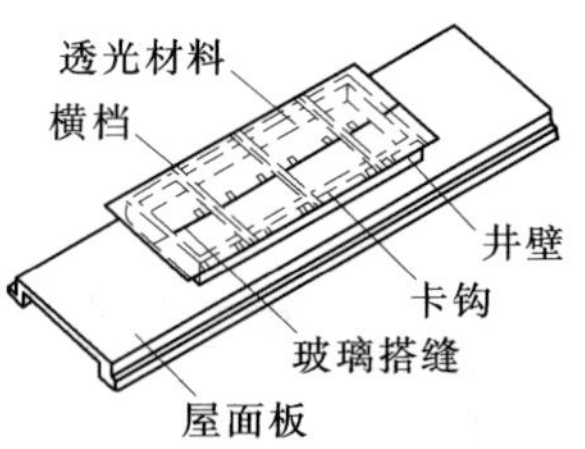

图5.47 平天窗（采光板）的构造组成

5.3.2.3 下沉式天窗

下沉式天窗是在屋架上下弦分别布置屋面板，利用上下屋面板之间的高差构成天窗，作通风和采光口，从而取消了天窗架和挡风板，降低了高度，减轻了荷载，但增加了构造和施工的复杂程度。根据其下沉部位的不同，下沉

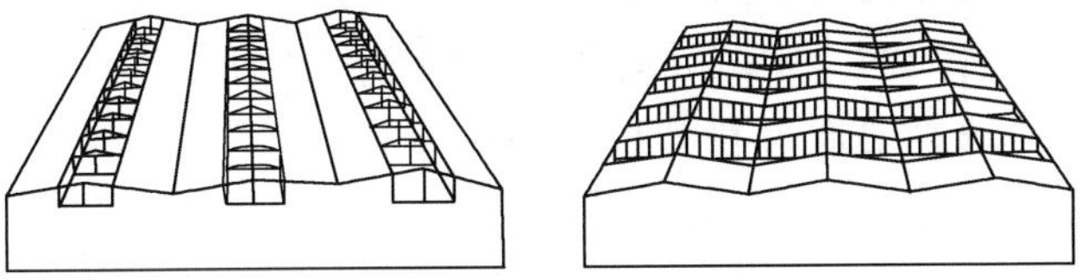

(a)　　(b)　　(c)

图 5.48　下沉式天窗类型

(a) 纵向下沉式天窗；(b) 横向下沉式天窗；(c) 井式天窗

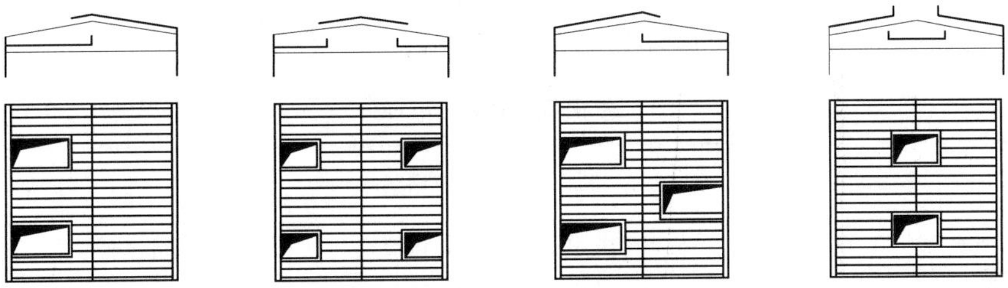

(a)　　(b)　　(c)　　(d)

图 5.49　井式天窗布置方式

(a) 一侧布置；(b) 两侧对称布置；(c) 两侧错开布置；(d) 跨中布置

式天窗可分为纵向下沉式天窗、横向下沉式天窗和井式天窗 3 种类型，如图 5.48 所示，其中井式天窗的构造最为复杂，最具有代表性。

井式天窗的基本布置方式可分为一侧布置、两侧对称布置、两侧错开布置和跨中布置等几种，如图 5.49 所示，前三种称为边井式天窗，后一种称为中井式天窗。由基本布置方式又可排列组合成各种连跨布置形式。

井式天窗一般由井底板、井底檩条、井口空格板、挡雨设施、挡风侧墙及排水设施等组成，如图 5.50 所示。

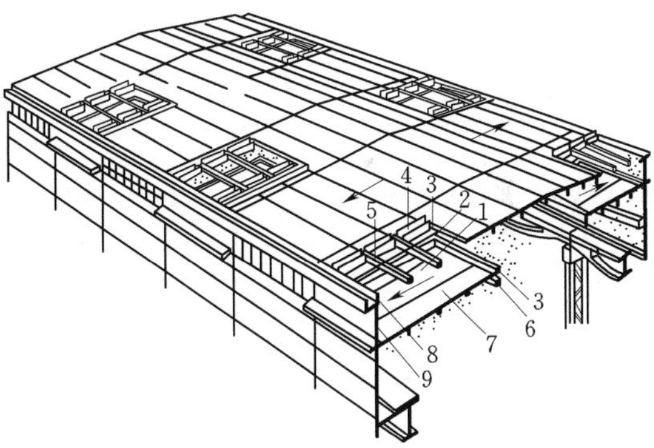

图 5.50　井式天窗

1—水平口；2—垂直口；3—泛水口；4—挡雨板；5—空格板；6—檩条；7—井底板；8—天沟；9—挡风侧墙

5.4 地面及其他设施

5.4.1 地面

5.4.1.1 地面的特点与要求

厂房地面较民用建筑地面具有面积大、承受的荷载大且复杂、耗材多、造价所占比例大等特点，此外，为满足生产上的要求，还要采取一定的构造措施。如生产中有爆炸危险的车间，地面应满足防爆要求；精密仪器仪表车间，地面应满足防尘要求；有化学腐蚀的车间，应满足防腐蚀的要求；常有水的地面，则应设置排水坡度等。因此，厂房地面应依据生产上的具体情况，正确、合理地选择地面材料和构造措施，在满足生产使用的同时，力求做到坚固、耐用、经济。

5.4.1.2　地面的组成

工业厂房地面构造与民用建筑的地面构造基本相似，一般由面层、垫层和基层（或地基）组成。如有特殊使用要求时，可相应增设找平层、结合层、防水层、保温层和隔声层等。

1. *面层*

地面面层是直接承受各种物理和化学作用的表面层，应根据生产特征、使用要求和技术经济等因素加以选用。面层的选用如表 5.2 所示。

表 5.2　　　　地面面层的选择

适宜的面层	生产特征及对垫层使用要求	生产特征举例
混凝土、铁屑水泥、粗石	机动车行驶、受坚硬物体磨损	行车通道、仓库、钢绳车间等
混凝土、块石、缸砖	坚硬物体对地面产生冲击（10kg 以内）	机械加工车间、金属结构车间
矿渣、碎石、素土	坚硬物体对地面有较大冲击（50kg 以上）	铸造、锻压、废钢处理等
矿渣、凸缘铸铁板、素土	受高温作用地段（500℃以上）	铸造车间的熔化浇铸工段、轧钢车间加热和轧机工段、玻璃溶制工段
混凝土、水磨石、陶板	有水和其他中性液体作用地段	选矿车间、造纸车间
菱苦土、木地板、沥青砂浆	有防爆要求	精苯车间、氢气车间及火药仓库等
耐酸陶板、聚氯乙烯塑料	有酸性介质作用	硫酸车间的净化、硝酸车间的吸收浓缩
耐碱沥青混凝土、陶板	有碱性介质作用	纯碱、液氨车间；碱熔炉工段
石油沥青混凝土、聚氯乙烯塑料	不导电地面	电解车间
水磨石、陶板马赛克、拼花木地板、聚氯乙烯塑料、地漆布	要求高度清洁	光学精密器械、仪器、仪表、钟表和电子器材装配

2. *垫层*

垫层是直接承受各种荷载并将其传给基层（地基）的构造层次，有刚性和柔性两种形式。刚性垫层整体性好、不透水、强度大，适用于荷载大且要求变形小的地面；柔性垫层在荷载作用下产生一定的塑性变形，造价较低，适用于承受冲击和强振动作用的地面。

垫层的厚度主要由作用在地面上的荷载确定，地基的承载力对它也有一定的影响，对于较大荷载需经计算确定。地面垫层的最小厚度应满足表 5.3 的规定。

3. *基层*

地面应铺设在均匀的地基上。当地基土层不够密实时，应用夯实、掺骨料、铺设灰土层等措施加强。地面垫层下的填土应选用砂土、粉土、黏性土及其他有效填料，不得使用过湿土、淤泥、腐殖土、冻土、膨胀土及有机物含量大于 8%的土。

表 5.3　　垫层最小厚度

垫层名称	材料强度等级或配合比	厚　度 (mm)
混凝土	≥C10	60
四合土	1∶1∶6∶12（水泥∶石灰膏∶砂∶碎砖）	80
三合土	1∶3∶6（熟化石灰∶砂∶碎砖）	100
灰土	3∶7 或 2∶8（熟化石灰∶黏性土）	100
砂、炉渣、碎（卵）石		60
矿渣		80

5.4.1.3　地面的类型及构造

1. 地面的类型

在实践中，地面类型多按构造特点和面层材料来分，可分为单层整体地面（如矿渣和素土地面等）、多层整体地面（如水磨石和混凝土地面等）及块料地面（如陶板和石板地面）等。

（1）单层整体地面。

单层整体地面是将面层和垫层合为一体的地面。它由夯实的黏土、灰土、碎石（砖）、三合土或碎和砾石等直接铺设在地基上而成。由于这些材料来源较多，价格低廉，施工方便，构造简单，耐高温，破坏后容易修补，故可用在某些高温车间，如钢坯库等。

（2）多层整体地面。

多层整体地面的构造特点是：面层厚度较薄，以便在满足使用的条件下节约面层材料，而加大垫层厚度以满足承载力要求。面层材料很多，如水泥砂浆、水磨石、混凝土、沥青砂浆及沥青混凝土、水玻璃混凝土和菱苦土等。

（3）块（板）材地面。

块（板）材地面是用块或板料，如各类砖块、石块、各种混凝土的预制块、瓷砖、陶板及铸铁板等铺设而成。块（板）材地面一般承载力较大，且考虑面层变形后便于维修，所以常采用柔性垫层，但当块（板）材地面不允许变形时则采用刚性垫层。

2. 细部构造

（1）变形缝。

混凝土垫层需考虑温度变化产生的附加力的影响，同时防止因混凝土收缩变形所导致的地面裂缝。一般厂房内混凝土垫层按 3～6m 间距设置纵向缩缝，6～12m 间距设置横向缩缝。缝的构造形式有平头缝、企口缝和假缝，一般多为平头缝，企口缝适合于垫层厚度大于 150mm 的情况，假缝只能用于横向缩缝，如图 5.51 所示。

地面变形缝的位置应与建筑物的变形缝一致。同时在地面荷载差异较大和受局部冲击荷载的部分亦应设变形缝。变形缝应贯穿地面各构造层次，并用嵌缝材料填充，如图 5.52 所示。

（2）交界缝。

两种不同材料的地面，由于强度不同，接缝处易遭受破坏，此时应根据不同情况采取措施，不同交接缝的构造示意，如图 5.53 所示。

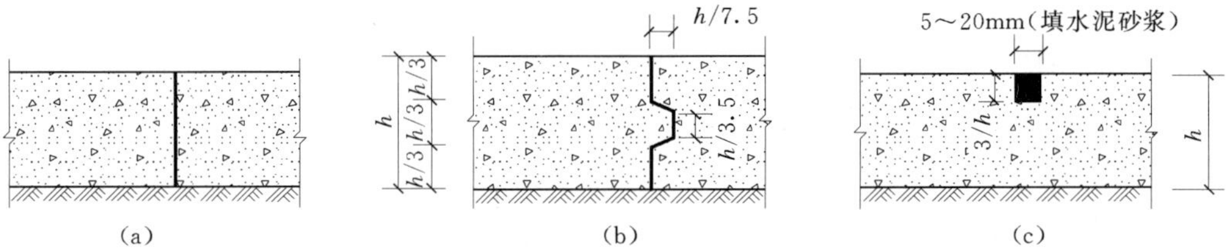

图 5.51 垫层缩缝

(a) 平头缝；(b) 企口缝；(c) 假缝

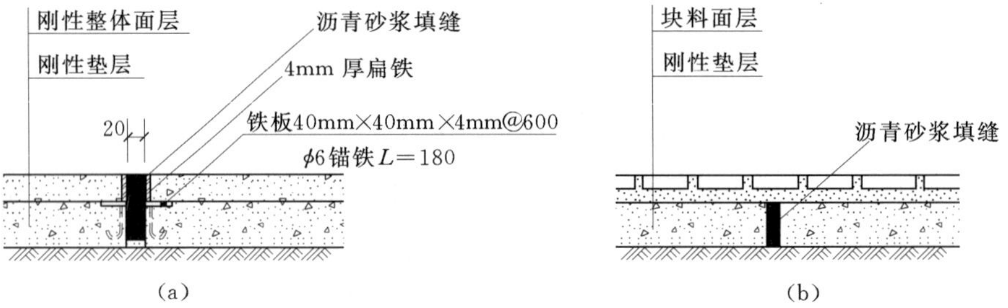

图 5.52 地面变形缝构造

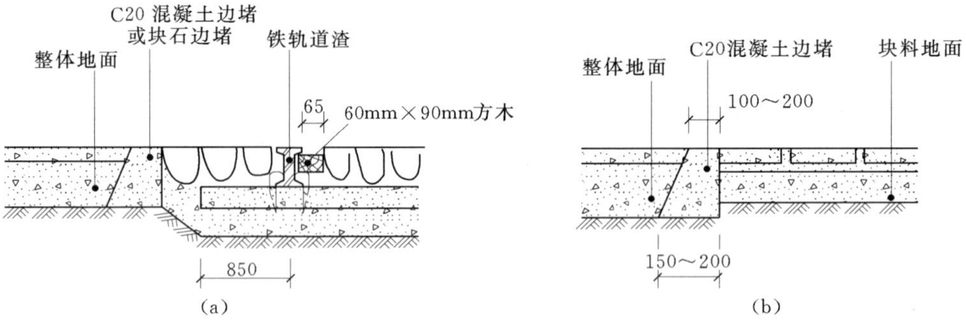

图 5.53 不同地面接缝处理

5.4.2 其他设施

5.4.2.1 金属梯

在厂房中，由于生产操作和检修要求，需设置各种金属梯，主要包括作业平台钢梯（从地面到工作平台的工作梯）、吊车钢梯（从地面到吊车操纵室，为吊车司机上下而设）、屋面检修及消防等金属梯（从室外到屋面，为了消防及屋面检修、清灰等需要而设），主要形式有直跑式、多跑式斜梯和竖直爬梯等。梯的一般宽度为 600～800mm，每级高度视钢梯形式不同，可取 220～300mm。金属梯需先涂防锈漆，后刷油漆，并定期维修以防锈蚀，如图 5.54 和图 5.55 所示。

5.4.2.2 吊车走道板

吊车走道板又称安全走道板，是为维修吊车而沿吊车梁顶面设置的安全通道。此外，还可作为开关和擦洗厂房侧窗的通道。当吊车为中级制，轨顶高度小于 8m 时，只在吊车

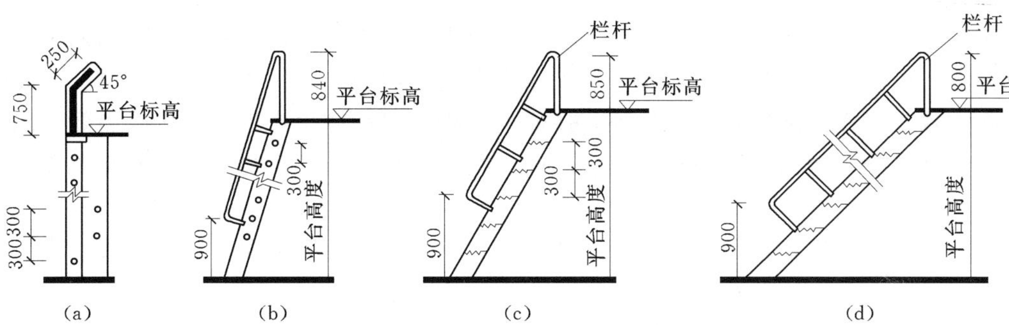

图 5.54 作业梯的形式

(a) 90°作业梯;;(b) 73°作业梯;(c) 59°作业梯;(d) 45°作业梯

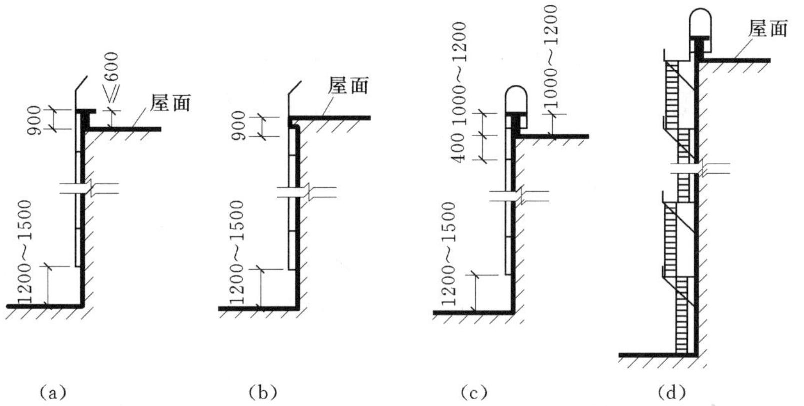

图 5.55 消防检修梯

(a) 山墙设置;(b)、(c) 纵墙设置;(d) 厂房很高时消防检修梯形式

操纵室一侧的吊车梁上通长设置，其他应在两侧吊车梁上均通长设置。

走道板的铺设有两种方式：一种是一端支撑在侧墙上，另一端搭在吊车梁翼缘上；另一种是走道板铺设在吊车梁侧面的支架上，如图 5.56 所示。

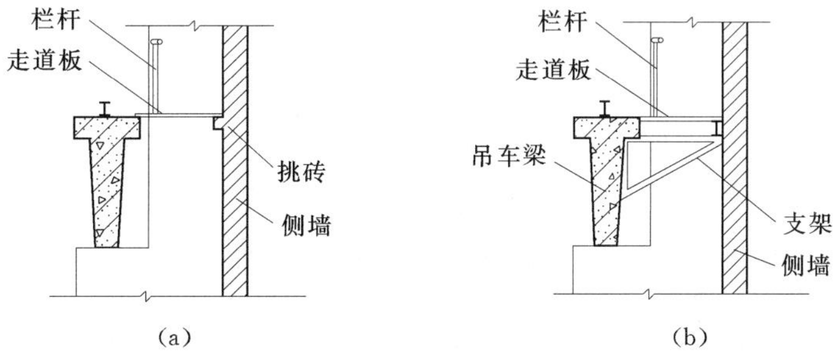

图 5.56 全走道板

5.4.2.3 隔断

在厂房中，出于生产、管理、安全、卫生等要求，需将厂房内部分隔成不同的生产工段或办公室、工具管理室和临时仓库等辅助用房，这种起分隔作用的构件即为隔断。要求其构造除应具有一定的刚度和稳定性外，还应便于拆卸以适应生产工艺变化的需要。隔断有无顶和有顶之分，上部空间与车间是连通的隔断为无顶隔断，反之为有顶隔断。无顶隔断高度一般为2m左右；有顶隔断高度一般为3～3.6m，一般用于一些有特殊要求的地段，在隔断上部通常覆盖钢筋混凝土板、薄钢板、胶合板和石棉水泥板等，形成一个封闭空间。

隔断按材料不同可分为砖、金属网、预制钢筋混凝土板、复合材料隔断和木、硬质塑料、玻璃钢及石膏板等轻质材料隔断。

本 章 小 结

1. 单层工业厂房主要由承重结构和维护结构两大部分组成。目前单层工业厂房常用的是骨架承重结构，包括基础、柱子、吊车梁、屋盖结构和支撑系统等；其维护结构包括地面、外墙、屋面、侧窗、天窗和大门等。

2. 承重结构部分包括横向骨架、连系构件和支撑系统等。

3. 基础、柱子和屋架组成厂房的横向骨架，其中屋架承受由大型屋面板传来的屋面荷载，有时还有天窗架、悬挂吊车等传至的荷载，并传给柱子。柱子承受屋架传来的荷载及吊车梁传来的吊车荷载、作用在纵墙和山墙上的风荷载等，并传给基础。基础承担柱子上的所有荷载及基础梁传至的墙体荷载并传给地基。

4. 大型屋面板（或檩条）、吊车梁和连系梁等是厂房的纵向连系构件，它们除了承受屋面荷载和吊车荷载并把荷载传给柱子外，还与横向骨架连接，形成厂房的整体结构系统，并将吊车纵向制动力和山墙上的风力传给柱子。

5. 支撑系统主要传递水平荷载及吊车产生的制动力并和纵向连系构件一起共同保证横向骨架的稳定性，加强厂房结构的空间刚度。

6. 预制装配式钢筋混凝土厂房基础采用杯形基础，预制钢筋混凝土柱子插入基础中用细石混凝土灌注、密实；其他构件如柱子与屋架、屋架与屋面板等一般通过预先埋在构件中的预埋件焊接或用螺栓连接。

7. 外墙应具有足够的刚度和稳定性，外墙与骨架结构之间应有可靠、适宜的连接，并在适当的位置设置圈梁或连系梁等。

8. 侧窗和天窗的主要作用是采光和通风，侧窗面积较大，应满足坚固耐久、开启方便、用料经济和接缝严密等要求；天窗要做好防水的构造处理。

9. 大门的作用是供生产运输及人通行和疏散之用。应尽量做到实用、经济、耐用并少占厂房面积。

10. 厂房地面应注意处理好地面变形缝、交界缝、地面坡度和地沟、坡道等的构造及地面与铁轨的连接。

11. 其他构件主要包括金属梯、吊车走道板和隔断等，应注意这些构件和厂房相应部位的连接。

复 习 思 考 题

1. 屋盖结构是由哪两大部分组成？

2. 柱子在构造上有哪些要求？一般柱子上要预埋哪些铁件？为什么单层厂房在山墙处要设抗风柱？抗风柱与屋架连接的构造原理和方法如何？

3. 单层工业厂房基础有哪些类型？杯形基础的构造是什么？

4. 说明基础梁在基础上的搁置方式及其断面形式。

5. 简述吊车梁与柱的连接构造和方法？吊车轨道与吊车梁如何连接？车挡起什么作用？

6. 圈梁和连系梁的作用是什么？

7. 单层厂房支撑系统包括哪两部分？屋盖支撑包括哪些？柱间支撑怎么布置？

8. 砖墙与柱、屋架的连接方法包括哪些？

9. 墙板与柱的连接方法包括哪些？

10. 厂房侧窗有何特点？

11. 说明厂房大门的种类及特点。

12. 屋面排水方式包括哪些？

13. 单层厂房为什么要设置天窗？天窗包括哪些形式？

14. 说明厂房地面的要求及组成。

15. 金属梯的种类包括哪些？说明其设置要求及构造。

16. 说明常见车间隔断的种类及做法。

第6章　建筑工业化体系

长期以来，人们都以手工业方式建造房屋，不仅耗费人工量大，施工周期长，占用大量施工现场，而且施工质量也不稳定。随着生产力的进步和生产技术的不断提高，以机械化生产代替简单的手工操作，已成为建筑业发展的必然趋势。建筑工业化是指用现代工业的生产方式和管理手段来建造房屋，可以将分散落后的手工业生产方式改变为集中、先进的现代化工业生产方式，能有效地降低人工消耗量，缩短施工周期，节约施工场地，提高建筑质量。它从根本上改变了建筑业的生产方式。

建筑工业化的特征是设计标准化、产品定型化、生产工厂化、施工机械化和管理科学化。整个建筑业从构件的生产、运输到安装都以工业生产方式和管理手段运作，充分体现了现代工业的生产和管理特征。设计标准化、产品定型化是建筑工业化的基础；生产工厂化、施工机械化是建筑工业化的关键；管理科学化是建筑工业化的保证。建筑工业化主要有两个发展途径：

1. 发展预制装配式建筑体系

发展预制装配式建筑体系是用工业化的方法加工、生产建造房屋所需的构配件制品，然后在施工现场进行装配。这类建筑具有生产效率高，施工速度快，受季节性影响小，质量稳定等优点，但生产基地一次性投资大。

2. 发展现场施工作业工业化

现场施工作业工业化是建筑工业化发展的另一个途径，它包括全现浇及现浇与预制相结合的工业化施工方法。这种施工方法有结构整体性好，节约运输费用，可以采用大面积流水施工作业等优点，但现场湿作业多，工期相对较长。

目前，常用的民用建筑工业化体系主要包括砌块建筑、板材装配式建筑、框架轻板建筑、盒子建筑、大模板建筑、滑升模板建筑和升板建筑等。

6.1　砌　块　建　筑

6.1.1　砌块建筑的特点与适用范围

砌块建筑是用工业废料或混凝土预制成块料来砌筑墙体的一种建筑，如图6.1所示。

砌块建筑较普通黏土砖有施工方便、工艺简单、适应性强等优点，能有效减少制砖对耕地的破坏。砌块尺寸比普通砖尺寸大，可采用简单的机械吊装和砌筑，但工业化程度不很高。

砌块建筑适用于3～5层的住宅、办公楼等大量性建筑。

6.1.2　砌块的种类与规格

砌块的种类较多，按品种可分为实体砌块和空心砌块。按材料可分为混凝土砌块、加气混凝土砌块、粉煤灰硅酸盐砌块、炉渣混凝土砌块和陶粒混凝土砌块等。按规格可分为

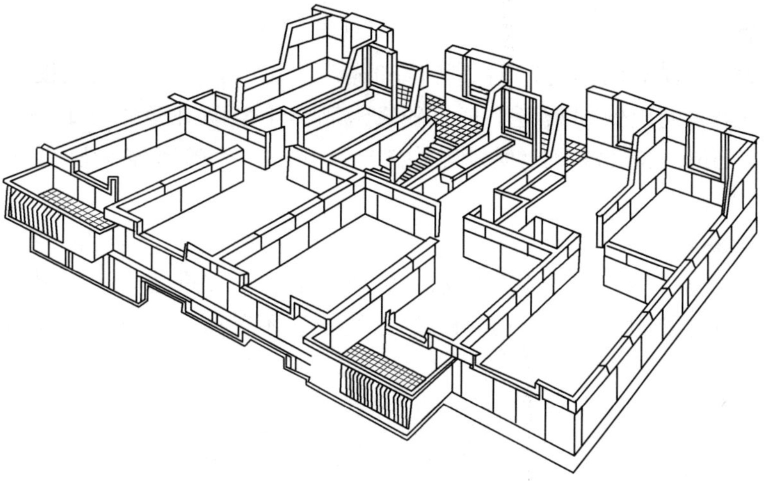

图 6.1　砌块建筑

小型砌块、中型砌块和大型砌块。

通常把高度在 350mm 以下（重量一般在 20kg 以内）的砌块称为小型砌块；高度在 350～900mm（重量一般在 350kg 以内）的砌块称为中型砌块；大型砌块是一种向板材过渡的形式，应用较少。

6.1.3　砌块建筑构造

6.1.3.1　砌块排列原则

由于砌块的尺寸较大，在砌筑时不如普通砖铺设灵活。砌筑前应设计其排列顺序，并绘制砌块排列组合图，如图 6.2 所示。砌块排列要遵循以下原则：

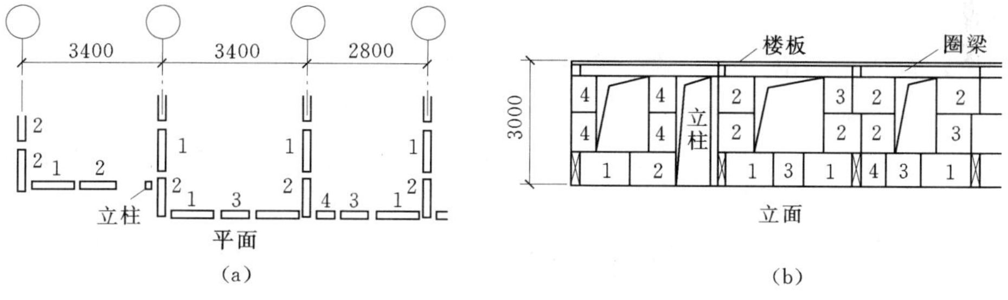

图 6.2　砌块排列示意
(a) 平面；(b) 外墙立面

(1) 砌块排列要整齐划一，有规律性。

(2) 正确选择砌块的规格尺寸，减少砌块的规格类型，尽可能采用大规格砌块作主要砌块，提高主要砌块的使用率，使主要砌块占砌块总数的 70%以上。

(3) 纵横牢固搭砌，避免通缝；还要考虑内、外墙的交接、咬砌，保证砌块墙的整体性和稳定性。

(4) 可采用普通砖作镶砖，用以调整砌块的排列顺序。但要尽可能减少镶砖数量，镶砖应分散、对称布置，保证砌块墙体受力均匀。

6.1.3.2　砌块建筑构造

1. 砌块墙的接缝处理

砌块墙的接缝不仅对砌体的保温、防渗和隔声有影响，更重要的是能保证砌体的整体性和稳定性。砌块灰缝应做到灰缝平直、砂浆饱满。小型砌块缝宽为10～15mm；中型砌块缝宽为15～20mm；加气混凝土块缝宽为10～15mm。砌筑砂浆强度由计算确定，一般采用M5以上标号。

2. 砌块墙的搭接

砌块墙必须错缝搭接，如图6.3所示。砌块墙上、下皮搭缝长度一般要求：中型砌块不小于150mm；小型砌块不小于90mm。当搭缝长度不足时，应在水平灰缝内增设2ϕ4的钢筋网片。

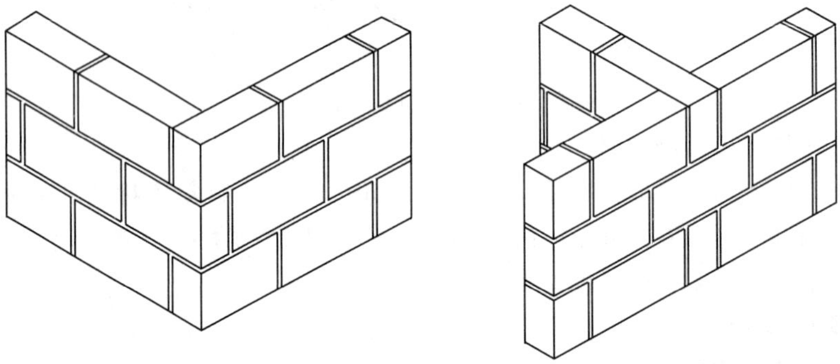

(a)　　(b)

图6.3　砌块搭接

(a) 转角搭接；(b) 内外墙搭接

3. 圈梁

在砌块建筑适当的位置设置圈梁，可提高砌块建筑的整体性。当圈梁与过梁位置接近时，可将圈梁与过梁合并在一起，用圈梁兼做过梁。对外墙及内纵墙应在屋顶处设置圈梁，楼层的楼板处可隔层设置；内横墙的圈梁设置与外墙和内纵墙相同，其水平间距不宜大于10m。承重墙厚不大于200mm的砌块建筑，宜每层设置圈梁一道。

砌块建筑的圈梁设置也可将设计抗震裂度提高一度后，按普通砖建筑的圈梁设置要求考虑。

4. 构造柱

为提高砌块建筑的整体性，应在外墙转角处和部分内、外墙交接处设置构造柱。混凝土空心型砌块墙体，可利用上下砌块贯通的孔洞，在孔洞内设置不少于1根ϕ12的竖向钢筋，用C20细石混凝土灌实形成构造柱。构造柱与圈梁、基础须有较好的连接。

6.2　板材装配式建筑

6.2.1　板材装配式建筑的特点与适用范围

板材装配式建筑是由预制墙板、楼板和屋面板等构件装配而成的。根据预制板材规格的大小，板材装配式建筑可分为中型板材建筑和大型板材建筑，如图 6.4 所示。

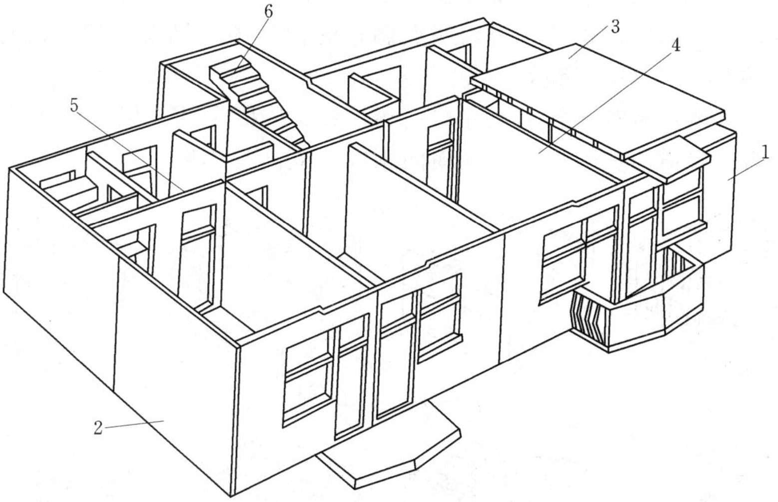

图 6.4 板材装配式建筑

1—外纵墙；2—外横墙；3—楼板；4—内横墙；5—内纵墙；6—楼梯段

中型板材尺寸小，制作、运输、安装较方便，但接缝多，一般需另做抹灰，工作量较大。大型板材机械化施工程度高，有利于提高生产率、缩短工期、改善劳动条件。与同类砖混结构建筑相比，板材装配建筑可增加使用面积 5%～8%，减轻自重 15%～20%。但板材装配式建筑的用钢量大、造价较高。

一般中型板材适用于 2～5 层建筑，大型板材适用中、高层建筑，最高可达 20 余层。这里主要介绍大型板材装配式建筑，简称为大板建筑。

6.2.2 大板建筑的结构体系

大板建筑的结构体系主要包括横向墙板承重，纵向墙板承重，纵、横向墙板承重和部分梁柱承重等几种形式，如图 6.5 所示。

6.2.2.1 横向墙板承重体系

横向墙板承重体系是将楼板搁置在横向墙板上，如图 6.5（a）所示。这种结构体系的结构刚度大、整体性好，但承重墙较密，对建筑平面限制大。横向墙板承重体系主要适用于住宅、宿舍等小开间建筑。必要时可采用大跨度楼板，形成如图 6.5（b）所示的大开间横向墙板承重体系，内部用轻质隔墙分隔。

6.2.2.2 纵向墙板承重体系

纵向墙板承重体系是将楼板搁置在纵向墙板上，如图 6.5（c）和图 6.5（d）所示。这种结构体系的结构刚度和整体性较横向墙板承重体系差，需间隔一定距离设横向剪力墙拉结。纵向墙板承重体系对建筑平面限制较小，内部分隔灵活。

6.2.2.3 双向墙板承重体系

双向墙板承重体系是将楼板的四边搁置在纵、横两个方向的墙板上，如图 6.5（e）所示。这种结构体系使承重墙板形成井字格，房间的平面尺寸受到限制，房间布置不灵活。

6.2.2.4 部分梁柱承重体系

部分梁柱承重体系是将楼板搁置在横梁上，如图 6.5（f）所示。可将内墙改为内柱，使柱和梁结合；也可以取消横梁，采用四点搁置的板与内柱结合，形成内骨架结构形式，如图 6.5（g）和图 6.5（h）所示。

部分梁柱承重体系有利于较大尺寸房间的设计、隔断灵活。但这种体系的结构刚度和整体性较差，需设置横向剪力墙，增加横向刚度，提高整体性。

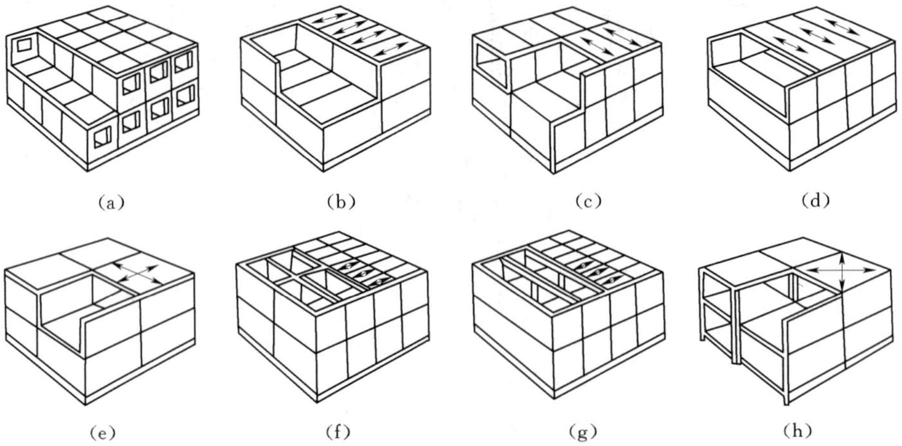

图 6.5 大板建筑的结构类型

（a）横向承重（小跨度）；（b）横向承重（大跨度）；（c）纵向承重（小跨度）；（d）纵向承重（大跨度）；（e）双向承重；（f）内墙板搁大梁承重；（g）内骨架承重；（h）楼板四点搁置，内柱承重

6.2.3 板材的类型与构造

轻板建筑的主要构件包括内墙板、外墙板、楼板和屋面板，辅助构件包括楼梯、阳台板、挑檐板和女儿墙板等。

6.2.3.1 内墙板

内墙板包括实腹平板、空心墙板和复合材料墙板，如图 6.6 所示。由于内墙板通常不需要保温和隔热，所以多为单一材料墙板。

1. 实腹平板

实腹平板一般是采用混凝土做的平板式墙板，有普通混凝土墙板，粉煤灰、矿渣、混凝土和陶粒混凝土等轻质实腹平板，如图 6.6（a）所示。混凝土平板式墙板的厚度为 120～140mm，墙板内可不配筋，只在边角和洞口等位置配置构造钢筋。高层大板建筑宜采用钢筋混凝土墙板，板的厚度可达 160mm。

2. 空心墙板

空心墙板多为钢筋混凝土抽孔式墙板，孔洞可做成圆形、椭圆形和去角长方形等，如图 6.6（b）所示。空心墙板的厚度一般为 140～180mm。

3. 复合材料内墙板

复合材料内墙板常用的是振动砖墙板，它应用振动的方式将小块多孔砖或空心砖预制

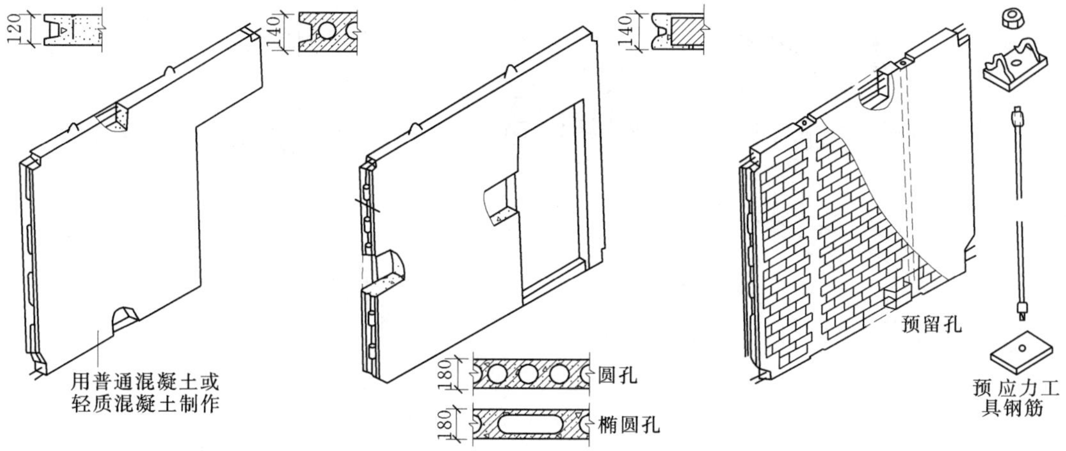

图 6.6 内墙板

(a) 实腹平板；(b) 空心墙板；(c) 振动砖墙板

注：吊装时在预留孔内穿预应力工具钢筋可起加固作用，也可兼作吊环。

成大块墙板，如图 6.6 (c) 所示。一般为半砖厚，两边有 10 ～15mm 厚的水泥砂浆，板内配置构造钢筋，墙板厚 140mm。

6.2.3.2 外墙板

外墙板是房屋的外围护构件，具有保温、隔热、抗风雨、隔声和美观等功能要求。外墙板有承重外墙板和非承重外墙板。外墙板可划分成一间一块板，也可制成高度为 2～3 个层高，宽度为 2～3 个开间一块大小的多种规格。按外墙板所用材料分，有单一材料外墙板和复合材料外墙板。

1. 单一材料外墙板

单一材料外墙板有实心、空心和带肋等多种形式，如图 6.7 所示。

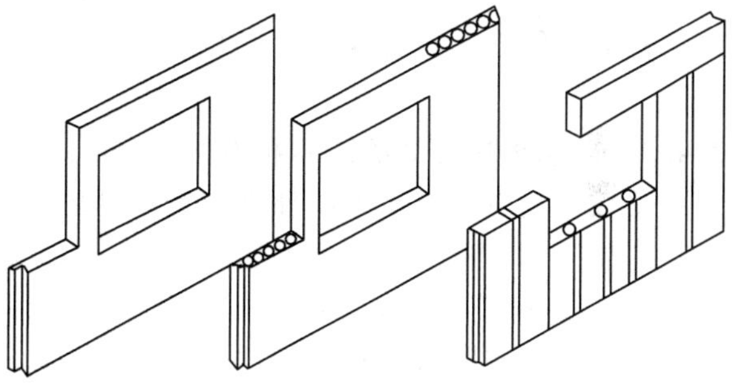

图 6.7 单一材料外墙板

(a) 实心板；(b) 空心板；(c) 带肋形板

2. 复合材料外墙板

复合材料外墙板是用两种或两种以上材料组合构成的墙板，主要包括结构层、保温层、饰面层和防水层等，如图 6.8 所示。复合材料外墙板内的保温材料可以是散料、预制块料、现浇轻质料和纤维板等。

外墙板可以一次成型，做成凸窗、凹窗和凸阳台等立体变化的异型墙板，用于丰富大板建筑的立面。

6.2.3.3 楼板与屋面板

大板建筑中的楼板与屋面板一般为钢筋混凝土板，板的形式有实心平板、空心楼板和肋型板等。

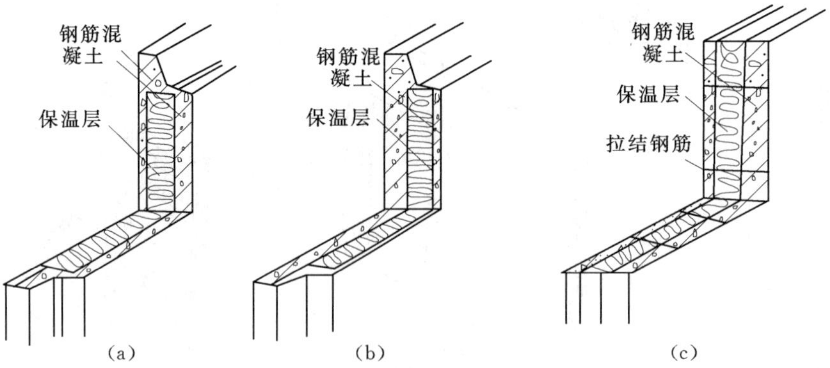

图 6.8 复合材料外墙板

6.2.4 大板的连接构造

大板的连接构造不仅是保证结构整体性和稳定性的关键，而且还是使墙体具有密闭和隔声性能的重要环节。

6.2.4.1 墙板之间的连接

墙板之间的连接常用两种方法：一种是用钢筋或钢板，将墙板中的预埋铁件焊接在一起并浇灌细石混凝土而连接；另一种连接方法是将墙板上、下端伸出的连接钢筋搭接或加短筋连接，再用混凝土浇灌成整体。

6.2.4.2 楼板之间的连接

楼板在墙板上的搁置长度应不小于60mm，可采用平缝砂浆灌缝的连接方式。但为了增强结构的整体性和稳定性，楼板与墙板的连接多用连接墙板中的预留钢筋并现浇混凝土的方法。

6.2.4.3 外墙板接缝处的防水构造

外墙板接缝主要有水平缝和垂直缝。外墙板接缝构造须考虑墙板的胀缩、结构变形等因素对房屋防水、保温及强度的影响。目前常用的方法有材料防水和构造防水。

1. 材料防水

材料防水是用防水材料填嵌缝隙的构造方法。嵌缝材料应具有弹性好、附着性强、高温不流淌、低温不脆裂，并有很好的粘结性和抗老化性。常用的防水材料包括砂浆、细石混凝土、胶泥、防水油膏、嵌缝带和沥青麻丝等。

2. 构造防水

构造防水是改善外墙板边缘的形状，形成滴水槽、内部压力平衡风腔等构造，起到“导水”的作用。构造防水可做成敞开式的，缝内不镶嵌防水材料，但不利于保温；也可做成封闭式的，用水泥砂浆或油膏嵌缝形成压力平衡风腔。

6.3 框架轻板建筑

6.3.1 框架轻板建筑的特点与适用范围

框架轻板建筑由柱子、梁和楼板等构成房屋垂直承重体系，以轻型墙板为围护与分隔构件，如图 6.9 所示。

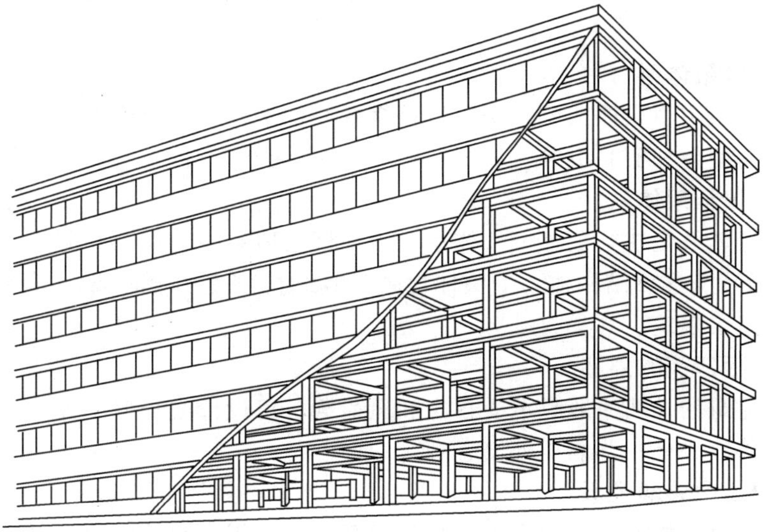

图 6.9 框架轻板建筑

框架轻板建筑的承重部分与围护部分分开，围护构件重点考虑保温、防水和美观等问题，充分利用各种主要建筑材料的特性。这种建筑的开间和进深大，空间分隔灵活，面积利用率高，但其构件吊装次数多，梁与柱接头复杂。

框架轻板建筑适用于要求有较大空间的高层、多层住宅和公共建筑。

6.3.2 框架结构的类型

按框架所采用的材料，框架可分为钢筋混凝土结构框架和钢框架；按施工方法，框架可分为装配式框架和现浇式框架；按主要构件的组成形式，框架可分为梁板柱框架体系、板柱框架体系和剪力墙框架体系，如图 6.10 所示。

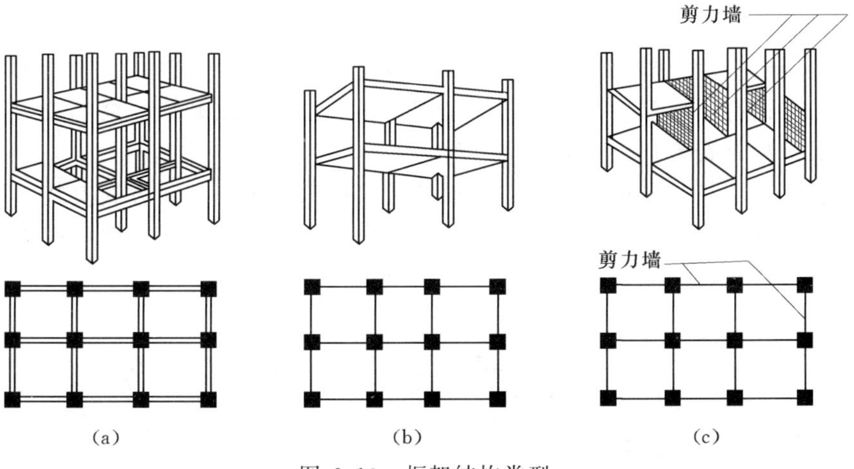

图 6.10 框架结构类型

(a) 梁板柱框架体系；(b) 板柱框架体系；(c) 剪力墙框架体系

6.3.2.1 梁板柱框架体系

梁板柱框架体系是常用的结构形式，它由梁、柱组成横向或纵向框架，再由楼板或连系梁连接，如图6.10（a）所示。

6.3.2.2 板柱框架体系

板柱框架体系中不设框架梁，楼板直接搁置在框架柱上，形成四角支承，板柱框架体系中的楼板有肋型板和实心板等，如图6.10（b）所示。

6.3.2.3 剪力墙框架体系

剪力墙框架体系是在梁板柱框架体系和板柱框架体系中增加一些剪力墙而构成的，如图6.10（c）所示。这种结构体系的整体性强，其结构刚度明显提高，可承受较大的水平荷载，适用于高层建筑。

6.3.3 框架轻板建筑的外墙

框架轻板建筑的外墙一般只承受自重和风荷载，可设计成轻型墙板。常用的轻型墙板包括混凝土类外墙轻板和幕墙类外墙轻板。

6.3.3.1 混凝土类外墙轻板

混凝土类外墙轻板有加气混凝土、陶粒混凝土等轻板。它的安装可以采用下承式，即板的下端支承在下面的楼板或梁上，上端与上面楼板或左右框架柱连接固定的方式。

外墙板的安装也可以采用上承式的安装方法，即将混凝土轻板悬挂在上面的楼板边缘上，下部仅做一般拉结。上承式安装的混凝土外墙轻板也称为混凝土悬挂墙板。

6.3.3.2 幕墙类外墙轻板

幕墙类外墙轻板包括玻璃幕墙、金属幕墙和轻质混凝土幕墙等。

1. 玻璃幕墙

玻璃幕墙是一种广泛应用的轻型围护板材，常用的有吸热玻璃、热反射镀膜玻璃、低反射率镀膜玻璃、夹层玻璃和中空玻璃等。不同的玻璃品种有着不同的功能，可满足不同的建筑要求。

玻璃幕墙按骨架的采用情况分为有骨架体系和无骨架体系两类。

2. 金属幕墙

金属幕墙墙板一般由外表层、保温层和内表层3个层次组成。外表层材料有不锈钢板、彩色钢板和铝合金板等板型材料；保温层材料有岩棉、聚氨酯、聚苯乙烯和加气混凝土等；内表层材料有石膏板、金属板和纤维板等。

骨架式金属幕墙是较常见的做法。金属幕墙可以采用现场组装方式安装，即先将金属墙板的外层安装在骨架上，再依次安装保温层和内表层；也可以在幕墙厂按金属幕墙墙板层次组装成型，现场按单元板材安装。

6.4 盒子建筑

6.4.1 盒子建筑的特点与适用范围

盒子建筑是以工厂化生产的一个房间或几个房间组成的空间盒子构件，在施工现场吊装组合而成的建筑，如图6.11所示。

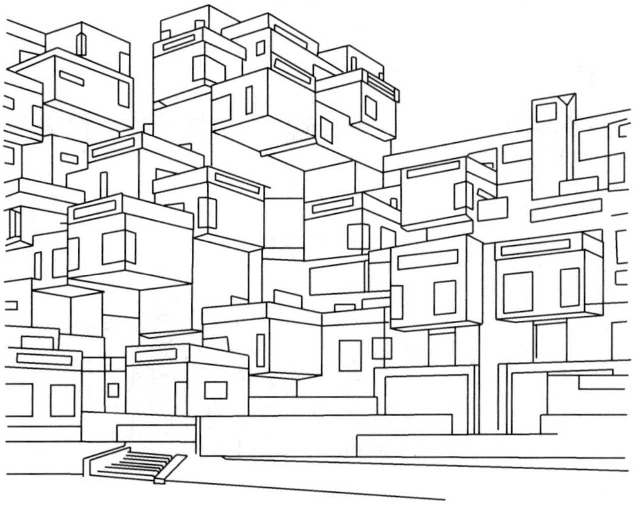

图 6.11 盒子建筑

完善的盒子建筑构件不仅有结构部分和围护部分，而且内部装饰、设备、管线、家具和外部装修等均可在工厂生产完成。盒子建筑工厂化生产程度高，现场工作量小。一般盒子建筑工厂内的工程量大约可占到80%，现场工程量仅20%左右。盒子建筑有较好的刚度，自重较小，但由于盒子构件尺寸大，对生产设备、运输设备、现场吊装设备及生产施工技术要求较高。比较而言，盒子建筑生产投资大、造价较高。

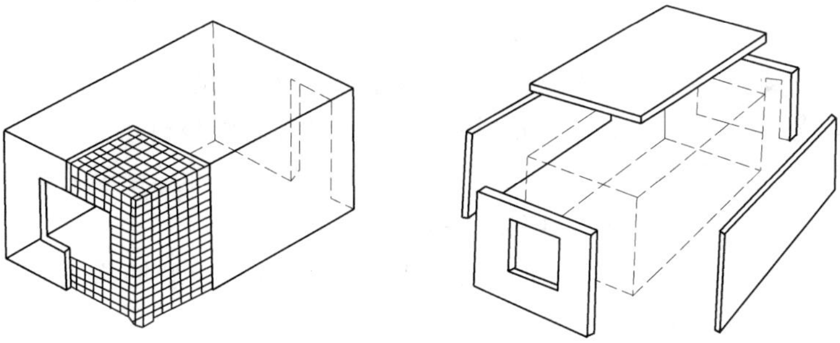

(a)　　(b)

图 6.12 单元盒子的构成形式

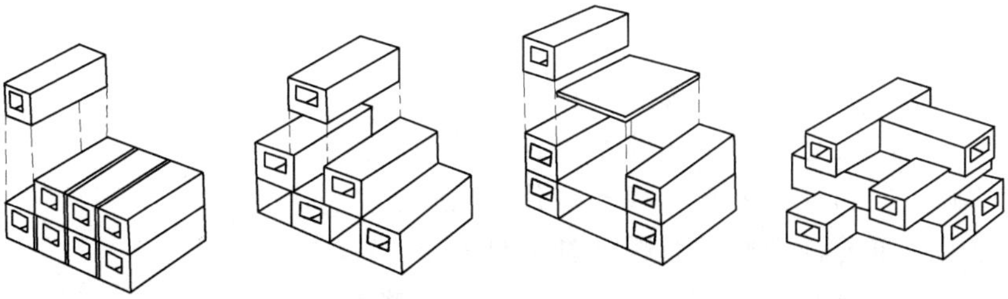

(a)　　(b)　　(c)　　(d)

图 6.13 无骨架体系盒子建筑

(a) 叠合式；(b) 错开叠合式；(c) 盒子—板材组合式；(d) 双向交错叠合式

盒子建筑主要适用于住宅、旅馆等低层和多层建筑物。当采用合理的结构体系时，可以适用于高层建筑物。

6.4.2　单元盒子的构成

单元盒子构件可以采用拼装式或整体现浇式的结构形式，如图 6.12 所示。拼装式盒子构件是以板材形式预制再拼合连接而成的。

6.4.3　盒子建筑的结构体系

盒子建筑的结构体系包括无骨架体系和骨架体系两种类型。

6.4.3.1　无骨架体系

无骨架体系是将有承重能力的单元盒子叠合放置而成的建筑，如图 6.13 所示。这种叠置组合的单元盒子应具有一定的强度和刚度，不仅能重叠，有些还可以悬挑。

6.4.3.2　骨架体系

骨架体系盒子建筑主要采用空体框架、有平台框架和筒体结构等，如图 6.14 所示。

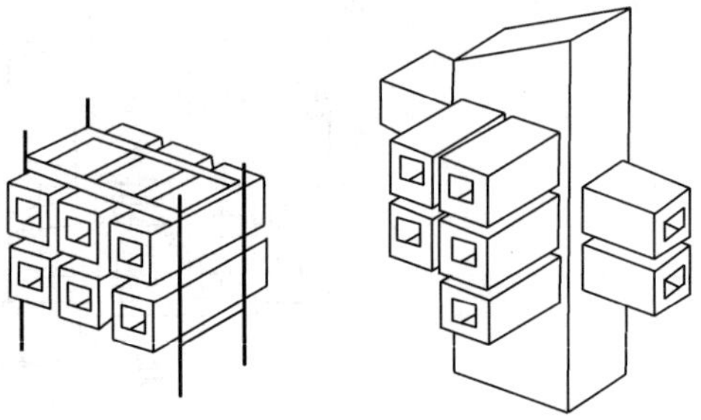

(a)　　(b)

图 6.14　骨架体系盒子建筑
(a) 框架体系；(b) 筒体体系

本　章　小　结

1. 民用建筑工业化是建筑业发展的必然趋势。常用的民用建筑工业化体系包括砌块建筑、板材装配式建筑、框架轻板建筑和盒子建筑等。

2. 砌块建筑的砌块体积大，能利用工业废料、节约耕地。施工时应绘制砌块排列组合图，可通过搭缝、圈梁、构造柱等措施提高砌块建筑的整体性。

3. 板材装配式建筑有多种承重体系。有单一材料墙板和复合材料墙板。板材间的连接和防水构造是保证结构整体性和建筑使用功能的重要环节。

4. 框架轻板建筑有装配式框架和现浇式框架，常用的轻型墙板有混凝土类外墙轻板和幕墙类外墙轻板。

5. 盒子建筑工厂化生产程度高，现场工作量小，但对运输和安装设备要求较高。

复　习　思　考　题

1. 建筑工业化的含义是什么？
2. 砌块墙体排列顺序的设计要点是什么？
3. 板材装配式建筑有哪些结构体系？各有什么特点？
4. 单一材料墙板和复合材料墙板各有什么类型？
5. 框架轻板建筑的轻型墙板有哪几种类型？
6. 什么是盒子建筑？盒子建筑的结构体系有哪些？

第7章 建 筑 节 能

7.1 概 述

7.1.1 建筑节能的意义

经济全球化的浪潮推进到21世纪之初，人口、环境、能源等诸多问题越来越迫切地摆到了各国政府和人民面前。人类要生存，经济要发展，必然要消耗能源；能源消耗愈多，环境破坏就会愈严重。如果无节制地使用能源、挥霍能源，在经济发展的同时，也在自毁着我们赖以生存的地球。为了“可持续发展”不成为一句空话，人们唯一的选择只能是节约使用能源。

从我国的能源资源条件来看，虽然煤炭和水力资源储量比较丰富，但以13亿人口作分母，经济上合算且可开采的煤炭储量和可以开发的水电量人均值，都大大低于世界水平，至于石油和天然气储量人均值，比世界水平就更低了。改革开放近30年的经济发展状况显示，一次商品能源平均年增长仅占国内生产总值平均年增长的1/3左右。今后，我国能源生产的增长速度还将长期滞后于国内生产总值的增长速度。由此可见，能源短缺对我国的经济发展是一个根本性的制约因素。因而，只有依赖于节能，国民经济才有持续发展的可能。

建筑能耗一般指在建筑物（房屋）内的生活能耗，或者叫与建筑物（房屋）有关的能耗，其内容包括冬季采暖、夏季空调、照明与家用电器、热水供应和一日三餐用气用柴等。建筑能耗属于民生能耗，关系到国计民生，量大面广，与工农业生产、交通运输能耗同等重要，一般占全国总能耗的30%左右。经济愈发展，生活、工作条件愈舒适，则建筑能耗占国家总能耗的比例愈高。发达国家建筑能耗已接近50%。建筑用能节约与否，是一个牵涉国家全局，影响民众生活质量的大事情，已为各国政府所重视。建造节约用能的新房子和改造耗能高的老房子，已成为一个世界性的、不可逆转的大潮流。

所谓建筑节能，单从字面上讲就是节省能源消耗，但它已不同于传统的要求人们“节衣缩食”，而是提醒人们在保证高质量生活的前提下合理使用和有效利用能源，最大限度地提高建筑中的能源利用效率。“节约——保持——充分利用”是建筑节能的三层含义。

7.1.2 建筑节能技术的发展

7.1.2.1 世界范围内建筑节能发展概况

20世纪70年代以前的几十年，世界各国曾经无节制地使用能源，甚至挥霍能源，物质生活过度富裕的上层人们未曾想到会有什么危机正在悄悄降临。直到20世纪70年代初，先是石油大幅度涨价，继而出现能源危机，使世界经济遭受到严重打击，接着科学家们又在世界范围内发现地球大气环境正在因此而加剧破坏。人类在享受工业化、现代化给人们带来的舒适和欢乐的同时，却不得不痛苦地品尝因此而带来的越来越多的苦果。之后，人们逐渐认识到这个破坏环境的罪恶之源不仅仅是工业污染，还有建筑能耗所造成的污染。

在近20多年的时间内，建筑节能这个大潮流首先在发达国家展开，继而在世界范围内蓬勃兴起并迅速发展，而且它带动着多方面的建筑技术发展，使许多建筑用产品不断更新换代，甚至使建筑业的组织结构也产生种种变化，其主要表现在以下4个方面。

1. 建筑围护结构的变化

传统的建筑外围护结构往往是承重功能与保温隔热功能相结合，构造较为简单，单纯用砖石、混凝土或木材筑成，外窗和外门单薄且封闭性差。墙体设计考虑的主要问题是强度和耐久性，门窗用料也往往把价格放在首位。传统的普通黏土砖砌体的导热系数高达0.81W/（m^2·K）。近几年迅速发展的、能够工业化大生产的泡沫聚苯乙烯板、岩棉板和玻璃棉板等高效保温材料，其导热系数可低至0.035～0.04W/（m^2·K）左右，其保温性能大大提高。钢筋混凝土结构和钢结构的大量使用，可以将承重和保温两种功能用不同材料分别承担，使理论上的墙体变成现实。用高效保温材料、隔汽材料和饰面加强材料组合成的新型墙体，不但可以比传统砖石墙薄很多，而且将保温隔热效果提高许多倍。门窗材料和性能的多样化，高性能玻璃的出现不仅丰富了门窗、幕墙的形式和功能，且保温性能大为改善。

2. 建筑采暖、空调系统的变化

传统的建筑采暖系统，是用简单的管道从锅炉里接出热媒（蒸汽或热水）送到各家各户房间里的散热器中，传热后再回到锅炉中去，或者就是一家一户的小热水炉及直燃煤取暖。这种方式一是燃烧效率低，热损失多；二是设计和制造安装均较简单粗糙，运行控制困难，更无法对热量进行计量。而近年来发展的新型采暖技术，从锅炉燃烧到管网系统，以及散热器型式都有很大改变，特别是自动化控制、采暖计量等技术的应用都大大提高了热能利用效率。特别是地温空调、地热水空调和水源热泵技术的应用，给建筑供热、供冷开辟了新途径，比传统的采暖、空调系统节煤节电，且大大减少了环境污染。

3. 建筑材料及设备产品结构的变化

由于建筑物基本组成材料及使用要求的重大变化，使得现代的建筑业变得十分庞大，或者说由建筑业又派生出许多新的产业群体。如屋面与墙体保温材料、管道密封及保温材料、新型门窗及配件、换热器、调速泵、各类阀门与仪表等。为了生产、安装这些产品，发达国家已经形成了新兴的、现代化的节能产业群体。我们国家起步较晚，有关节能产品多是出自中小企业，正处于初创阶段，但发展速度较快，而且前景看好。

4. 建筑管理机构及节能观念的变化

由于建筑节能技术的复杂性，在发达国家已经出现了许多诸如从事建筑保温、密封、供热系统调控这样的专业化建筑安装公司，甚至还出现了供热用能计量这种全国性以至于跨国的服务性公司。如我国刚刚兴起的“环保之乡”、“防腐之乡”和专业防水公司等。至于在政府管理部门和建筑科研单位专门设有建筑节能组织更是十分普遍。

我国政府也在20世纪80年代后期开始制定各项民用建筑节能设计标准、推行建筑节能政策。但由于广大技术人员及各级政府建设管理部门的有关人员尚对建筑节能认识不足，只有北京、天津等少数城市执行较好，大部分地区并未真正展开。1995年，我国政府有关部门专门作出了节能中长期规划，并得到国务院批准和颁布，同时也制定了新的节能设计标准，且在其中增加了若干强制性条文，各级地方政府建设管理部门设置了对建筑节能设计专门审查机构。

建筑节能是关系国计民生的大事业，是大家的事情，只有政府、企业、广大工程技术人员和包括每一位使用者在内的大家的共同努力，才能使建筑节能这项工作真正开展并取得成效。

7.1.2.2 我国建筑节能工作的进展

从20世纪80年代中期起，我国政府越来越重视加强对建筑节能工作的领导，并从多方面推动建筑节能工作的开展。

1. 制定建筑节能标准和相应法规

建筑节能是一项重要而又技术性很强的工作，不仅要有宏观的政策法规，还必须有详尽可行的节能设计标准和相应的技术规程。到目前为止，国家建设部已先后颁布了数十项关于建筑节能的设计标准、检验标准和技术规程。

1986年建设部颁发了我国第一个建筑节能方面的法规——《民用建筑节能设计标准（采暖居住建筑部分）》（JGJ26—86）。该标准要求在1980～1981年当地通用设计的基础上节能30%，其中房屋建筑节能20%，采暖系统节能10%。

1987年，建设部、原国家计划委员会、国家经济贸易委员会和国家建材局又联合下达了关于实施《民用建筑节能设计标准（采暖居住建筑部分）》的通知，并要求寒冷地区各省、自治区、直辖市抓紧编制该标准的实施细则。此后，各有关地方政府组织开展了此项工作，陆续编制出本地区的实施细则并颁布执行。

1993年，建设部又批准了《旅游旅馆建筑热工与空气调节节能设计标准》（GB50189—93），该标准为强制性的国家标准。要求在审批新建及改建旅游旅馆项目可行性报告节能篇章时，以及设计单位在进行旅游旅馆的设计和旅游旅馆的管理工作中，都应遵守该标准的规定。

此外，对于建筑外窗、多种节能建材及检测方法也制定了多项标准，如国家标准《建筑外窗保温性能分级及检测方法》（GBT8484—2002），《钢窗建筑物理性能分级》（GB13684—92），《建筑外门空气渗透性能和雨水渗漏性能分级及其检测方法》（GB13686—92）等。

经过近10年的执行，建设部又组织编制了采暖居住建筑节能第二阶段即节能50%的标准。1996年7月1日，新的《民用建筑节能设计标准（采暖居住部分）》（JGJ26—95）开始执行。

2001年，建设部批准《既有采暖居住建筑节能改造技术规程》（JGJ129—2000）为行业标准；《夏热冬冷地区居住建筑节能设计标准》（JGJ134—2001）为行业标准。

2003年10月1日，《夏热冬暖地区居住建筑节能设计标准》（JGJ75—2003）开始实施。

2005年7月1日，《公共建筑节能设计标准》（GB50189—2005）颁布并实施。

到目前为止，我国不同建筑气候地区的不同类型的民用建筑节能设计标准均已相继颁布实施，并且颁布了与之相配套的多项技术规程，如《外墙外保温工程技术规程》（JGJ144—2004）等。各省区根据本地区的气候特点和经济发展状况，在国家标准的原则下，分别编制了分省区节能设计标准。如2006年7月1日实施的《河南省居住建筑节能设计标准（夏热冬冷区）》（DBJA1/071—2006）等。

为了从经济政策上保证建筑进展，原国家计划委员会和国家税务总局决定，对执行采暖住宅节能设计标准的北方节能住宅免征税率为5%的固定资产投资方向调节税，以鼓励投资者采用节能措施。

2. 推动技术进步

在执行国家建筑节能标准的基础上，建设部和各省市建设主管部门根据需要，已经安排了数以百计的建筑节能科研开发项目，并取得了多方面的研究成果。如外墙保温、内保温墙体、空心砖墙、加气混凝土墙、多排孔轻骨料混凝土砌块墙和高效保温复合材料等。在门窗保温方面推广了塑料窗、钢塑窗、铝塑窗、双玻和三玻窗、中空玻璃窗和各类门窗密封条等。在供热系统中则开发了水力平衡技术、自力式调节阀、智能采暖系统量化管理仪和压差控制器等，其他如住宅连续供暖和供暖锅炉混合式烧煤法等。

在太阳能应用方面，采用了主动式与被动式采暖用于改善室内热环境研究，并建有一批示范工程；在室内热舒适度研究方面，通过现场调查，制定了若干适合中国习俗的室内温度、相对湿度等设计参数。农村太阳能采暖、太阳能热水器、风能发电等方面也得到了较快的发展。为了开发推广上述研究成果，建设部和有关省、自治区、直辖市，还组织编印了一大批建筑节能应用图集、技术资料汇编和培训教材，各地市建设主管部门相继开办了建筑节能培训班，以提高建筑设计人员的节能设计水平。在采暖区的一些城市，还建设了不少试点建筑和试点小区，北京、哈尔滨等地还组织了节能改造试点。这些工程试点，对于结合实际进行节能研究，总结实践经验，取得能耗测试数据，以及示范推广建筑节能技术，都起到了重要的指导作用。

为了科学地开展建筑节能工作，有关部门制定了全国建筑气候区划标准及部分大城市的动态气象参数，开发了有关节能的计算机分析计算软件。建筑节能技术的国际间交流合作也在日益扩展。20世纪80年代初与瑞典合作进行节能改造试点，并学习其检测技术；90年代初与英国合作建设示范节能住宅并对原有住宅进行示范改造，还提供了新的节能检测设备和技术手段；之后又与加拿大进行多领域的建筑节能合作，都取得了丰富的技术成果。可以预见世界上发达国家先进的建筑节能技术将会逐步在国内取得推广应用。

3. 加强行政管理

建设部为加强建筑节能的组织领导和协调工作，于20世纪90年代初就成立了建设部节能工作协调组，负责归口管理和统一协调各项节能工作，贯彻落实国家有关节能方针政策，组织制定有关节能的规划政策和法规。之后，各省市先后成立了相应的节能工作协调机构，许多省市设立了建筑节能和墙体材料革新领导小组及办公室，负责有关节能工作的布置和检查督促。

通过各级建设主管部门和广大工程技术人员的努力，我国的建筑节能工作进入21世纪后已经逐步走上正规化、规范化的道路，并取得了显著成效。例如对建筑施工图节能设计方面的严格审查，对施工过程中节能设计执行情况的检查，对节能材料、门窗的质量检验等，已经形成了一套卓有成效的工作制度。

建筑节能关系到整个国民经济能否持续发展，将会伴随建筑业发展的全程。建筑节能技术的发展才是刚刚开始，前景无限广阔，只有政府、工程技术人员和广大民众的共同参与、齐心协力，才能克服种种困难，逐步推进。

7.1.2.3 目前我国建筑节能技术的应用

1. 墙体节能技术

墙体是建筑外围护结构的主体，对建筑能耗起着至关重要的作用。我国长期以实心黏土砖为主要墙体材料，为保温而加厚墙体实在是事倍功半，对能源和土地资源都是严重的浪费。按照节能要求，对于普通黏土砖这个应用最广、历史最长的基本建筑材料，由少用、限用到禁用，进行了多方面的改进，改实心为空心，改进孔型和尺寸，各地都取得了显著的成效。根据地方资源条件，不少地区用灰砂砖、陶粒混凝砌块代替黏土砖。充分利用加气混凝土块较好的保温性能，以加厚的砌块作框架充填墙，节能效果明显，已在全国各地得到广泛应用。

主要作承重用的单一材料墙体，往往难以同时满足较高的保温、隔热要求，因此，在节能的前提下，复合墙体越来越成为当代墙体的主流。随着经济的发展，用复合墙代替单一材料墙是必然趋势。

目前复合墙体较为普遍的做法包括以下 3 种：

（1）内保温，就是将绝热材料复合在承重墙内侧，技术并不复杂，施工简便易行。绝热材料强度往往较低，需设置面层防护。常用的绝热材料有聚苯乙烯泡沫塑料板、玻璃棉板、矿棉保温板和岩棉板等。

（2）外保温，就是将上述保温板材粘贴或钉挂在承重墙外侧，其优点是建筑热稳定性好，并可避免“冷桥”，居住较舒适，外围护层对主体结构有保护作用，可延长结构寿命，还可少占用使用面积，对旧房改造工程，施工期间减少对用户的干扰；其缺点是外保温层长期处于室外大气环境中，要能经受温湿度、风雨等气候变化，施工技术、质量要求均较高，造价也相应提高。

（3）中间保温，顾名思义，就是将保温绝热材料设置在外墙中间，在砖砌体或砌块墙体中间留出空气层，在中间层安设岩棉板、矿棉板、聚苯板、玻璃棉板，或者填入散状膨胀珍珠岩、聚苯颗粒和玻璃棉等，可取得良好的保温效果。施工时要填充严密，避免内部形成空气对流，并做好内外墙体间的拉结，特别是在地震烈度较高的地区更要特别注意。

由焊接钢丝网架和阻燃聚苯板组成的保温板，在工厂预制成块体后运到现场，双面抹水泥砂浆，质轻墙薄，用作轻型建筑墙体、加层建筑内外隔墙或屋顶均可。

2. 门窗节能技术

在建筑外围护结构中，门窗的保温隔热能力较墙体更差，门窗缝隙是冷风渗透的主要通道，通过门窗的传热热损失与空气渗透损失相加，约占全部热损失的一半左右。因此，门窗的保温性能和气密性对采暖能耗有重大影响。改善门窗的绝热性能，是节能工作的另一重点。其内容包括以下 2 项：

（1）改善窗户保温性能。增加窗户框内玻璃层数，在内外层玻璃之间形成密闭的空气层，可大大改善窗户的保温效果。双层窗传热系数比单层窗降低将近一半，3 层窗传热系数比双层窗又降低近 1/3。但因造价提高且擦洗玻璃不便，许多地方采用了单层窗双层玻璃或单层窗中空玻璃，如果施工质量达到相应的验收规范，也能满足节能标准的要求。

在窗玻璃上加贴透明聚脂膜，也是一种行之有效的节能办法。

强度较高的钢塑复合窗、塑料窗也正在日益发展，改善了钢、铝窗框存在的冷桥和结露问题。其他高档节能玻璃，也已在高档建筑中得到应用。

(2) 减少冷空气渗透。如果门窗加工制作不够严密，或者施工质量不高，造成门窗框与墙体之间存在细小缝隙，则在风压和热压的作用下，冬季室外冷空气会通过门窗缝隙进入室内，增加供暖能耗。夏季则相反，室外热空气进入室内，增加空调负荷。解决这一问题，除提高门窗制作、安装的质量外，加设密封条也是提高门窗气密性的重要手段。

3. 屋顶节能技术

城市住宅（尤其是多层、低层住宅）一般情况下顶层价格最低，究其原因除多跑楼梯之外就是居住环境差，冬冷夏热，是住在顶层的居民的共同体会。因而，屋顶保温隔热也是一个大家普遍关注的问题。解决冬冷夏热理论上很简单，就是设置保温隔热层。但是多年来我国大部分地区对这个问题解决得不好，屋顶保温层先是白灰炉渣，后是水泥珍珠岩，目前使用最多的是加气混凝土块。之所以未能达到保温隔热的要求，一是厚度不够，二是材料保温隔热性能差，三是施工质量问题。近几年由于建筑节能标准提高，新的高效保温材料如聚苯板已开始应用于屋面，施工方法也在不断改进。在顶层增加坡屋顶阁楼，也是一种解决冬冷夏热的好办法。

4. 供暖系统节能技术

传统的城市集中供暖系统包括燃煤锅炉、水（汽）管网、用户散热器（暖气片）及管路中各种仪表、阀门，系统计算靠统计参数与理论公式，由设计人员一次完成，运行中一般不再调节。一旦计算不准或安装失误，常常出现同一系统中各住户冬季室温相差悬殊。因此利用计算机对供暖系统进行全面的水力平衡调试，采用以平衡阀及专用仪表为核心的管网水力平衡技术，实现管网流量的合理分配，做到动态调节，可使供暖质量大为改善，又可大大节约能源。

生活用热从传统的按建筑面积收费改为计量收费，是适应社会主义市场经济要求的又一重大技术改革。为控制室温，可在散热器端部安装恒温调节阀，按事先设定的温度进行调控，以达到热舒适和节能的双重效果。各家各户的供暖动态调节与整个系统的自动调节相结合，使整个系统的供暖运行随各个用户用热需求变化而及时不断调整，会进一步取得成效。

如果管道保温不良，中途热能的散失也是相当惊人的。目前普遍的管道保温做法是在钢管外套上比钢管直径大 6～8cm 的聚乙烯塑料管（壁厚 3mm 左右），将两管空间用泡沫聚氨酯充填（俗称现场发泡），不设管沟，直埋地下，比以往用岩棉包钢管架空的做法大大减少了热损失，而且施工方便，经久耐用，在使用年限内基本不用维修。

7.1.3 建筑节能的目标与任务

7.1.3.1 建筑节能发展的基本目标

根据建设部节能工作协调组颁布的《建筑节能“九五”计划和 2010 年规划》，为不断提高建筑用能源利用效率，改善居住热舒适条件，促进城乡建设、国民经济和生态环境的协调发展，提出如下基本目标：

新建采暖居住建筑 1996 年以前在 1980～1981 年当地通用设计能耗水平基本上普遍降低 30%，为第一阶段；1996 年起在达到第一阶段要求的基础上节能 30%，为第二阶段；

2005 年起在达到第二阶段要求的基础上再节能 30%，为第三阶段。

对采暖区热环境差或能耗大的既有建筑的节能改造工作，自 2000 年起在重点城市成片开始；自 2005 年起在各城市普遍开始；自 2010 年在重点城市普遍推行。

对集中供暖的民用建筑安设热表及有关调节设备，并按表计量收费工作，在 1998 年通过试点取得成效，开始推广；2000 年在重点城市成片推行；2010 年基本完成。

新建采暖公共建筑 2000 年前做到节能 50%，为第一阶段；2010 年在第一阶段基础上再节能 30%，为第二阶段。

夏热冬冷区居住建筑 2001 年开始执行《夏热冬冷地区居住建筑节能设计标准》(JGJ134—2001)；夏热冬暖地区 2003 年开始执行《夏热冬暖地区居住建筑节能设计标准》(JGJ75—2003)；2005 年全国公共建筑开始执行国家标准《公共建筑节能设计标准》(GB50189—2005)。2005 年重点城镇开始进行建筑热环境及节能改造，2010 年起各城镇开始成片进行建筑热环境及节能改造。

在村镇推广太阳能建筑，计划到 2010 年累计建成 5000 万 m^2。

在建筑面积持续增加的同时，通过建筑节能，使采暖产生的大气污染得到控制，使采暖期城市大气质量日益恶化的趋势得到扭转，而且逐步有所改善。

随着建筑节能的技术进步，通过新建和技术改造，到 2010 年以前，基本形成建筑保温、密封、热表和采暖调节控制等新兴建筑节能产业部门，使建筑工业产业结构趋于科学合理，以满足建筑节能事业大发展的需要。

7.1.3.2 建筑节能的几个经济指标

前文提及的节能 30%和 50%是指要节约 30%和 50%的采暖用煤，基点是当地 1980～1981 年住宅通用设计能耗水平。国家在提出节能指标的同时，要求节能投资不超过土建投资的 10%，节能投资回收期不超过 10 年，节约吨标准煤的投资不超过开发吨标准煤的投资。

为了实现 50%这一目标，建筑物节能率应达到 35%，即建筑物耗热量指标应降低 35%，供热系统的节能率应达到 23.6%。若在总节能率 50%中按比例分配，则建筑物约承担 30%，供热系统约承担 20%。

根据建筑物耗热量指标应降低 35%这一要求，有关部门制定了相应的耗热量指标，并据此提出不同地区采暖居住建筑各部分围护结构传热系数限值。为了能耗估算尽量接近实际，使建筑物达到预期的节能效果，外墙的传热系数考虑了周边热桥的影响。

7.1.3.3 发展建筑节能的支撑条件

为实现建筑节能发展的现阶段目标，必须发挥政府、企业、工程技术人员和广大民众等各方面的积极性，齐心协力，各司其职，不断克服困难，才能使建筑节能工作逐步深入，取得成效。

在政府方面，要建立健全各级专职建筑节能机构，加快行政立法和制定、更新各类技术标准，建立和完善建筑节能法规体系，采取经济激励机制，加强建筑节能的监督与检测，加大对广大民众的宣传教育，提高全民族的节能意识。

对于生产、研发建材和建筑产品的企业、科研单位，应该抓住市场机遇，加大对建筑节能产品的研发投入，尽快开发、生产出更多更好的建筑节能产品，为建筑节能的发展提供物质基础。

7.2 建筑节能规划设计

建筑节能规划设计是建筑节能设计的首要方面，必须给与足够的重视。建筑物的长久使用年限和不易更改性，决定了规划设计的重要性，一旦出现失误，对使用者将是永久的不可挽回的损失和影响。

节能规划设计应从建设选址、分区、布局、方位朝向和间距、建筑体形、冬季季风主导方向、太阳辐射和建筑外部空间环境构成等方面深入研究，充分重视和利用日照和季风影响、地形地貌等自然因素，趋利避害，形成良好的居住条件和有利于节能的微气候环境。

7.2.1 建筑选址与布局

就建筑选址而言，大到一座城市，中到一个居住小区，小到一村一镇、一幢别墅、一套住宅，都有选址的必要。事实上，中国几千年的发展进程中，上自帝王将相、达官贵人，下至平民百姓，只要有可能，无不对自己的久居之所精心挑选。传统的建筑选址原则无非是追求良好的生存条件、适宜和谐的居家环境。然而时至今日，除非是个别的特殊建筑，业主随心所欲地在某一山坡、河边、城区或村头建一座房子，已是不太可能的事情了。现在能做到的是如何在城市或村镇的整体规划框架之内，以人、建筑、自然和社会和谐发展为目标，在既有条件下，争取对自然的最优关系，利用并有节制地改造自然，顺应并保护自然生态的平衡与和谐，寻求创造适宜人们生存与行为发展的各种生态建筑环境的有效途径。

合理选择建筑朝向，争取更多的太阳辐射量。至少每户均有主要房间朝南。

楼宇间满足日照间距要求，避免前排建筑严重遮挡阳光。利用楼群合理布局，争取日照，尽量减少阴影区；多排多列楼栋布置时，采用错位布局，利用山墙空隙争取日照；点、条结合布置，将点式住宅布置在好朝向位置，条状住宅布置其后，以利用空隙争取日照；通过利用东西向住宅围合或半封闭的周边式住宅群，以扩大南北向住宅间距，形成较大的院落，用少量不利朝向楼栋换取多数楼栋的有利节能。而对东西向楼栋，采取更多的建筑手段以弥补其不足，如图 7.1 和图 7.2 所示。

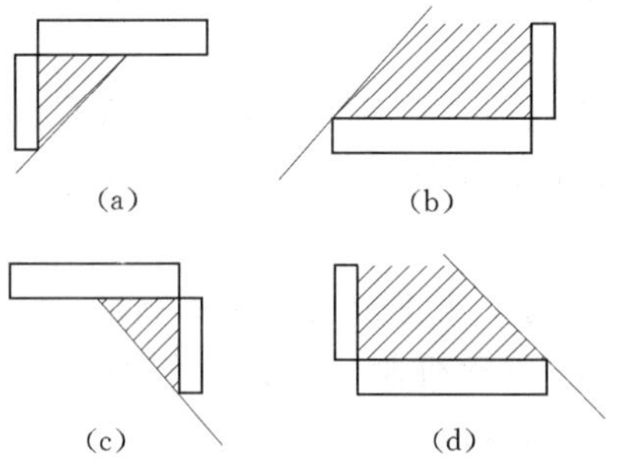

图 7.1 东西向住宅 4 种拼接形式比较

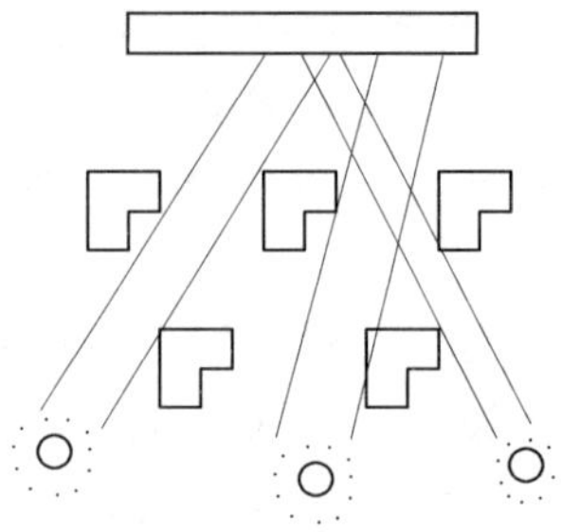

图 7.2 条式和点式住宅结合布置改善日照效果

建筑布局时，尽可能注意使道路走向平行于当地冬季主导风向，以避免积雪。

利用建筑的布局，形成优化微气候的良好界面，建立气候防护单元，如图 7.3 所示，对节能有利。采用单元组团式布局，可以形成较封闭、完整的庭院空间，充分利用和争取日照，避免季风干扰，组织内部气流，利用建筑外界面的反射辐射，形成对冬季恶劣气候条件的有利防护，改善建筑的日照条件和风环境做到节能，如图 7.4 所示。

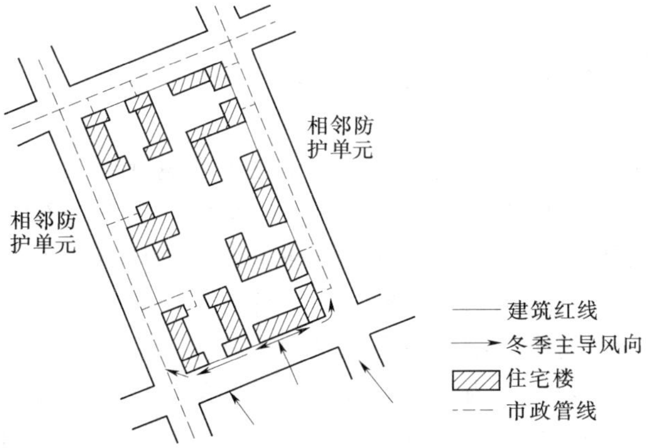

图 7.3 气候防护单元

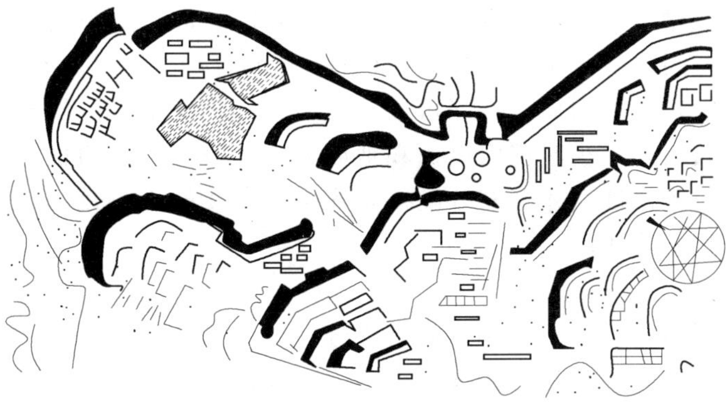

图 7.4 单元组团式布局

若将高度相似的建筑排列在街道两侧，并用宽度是其高度的 2～3 倍的建筑与其组合，会形成风漏斗。风漏斗会提高风速 30%，加剧建筑热损失且使行人在大风时行走困难，这种情况应尽量避免。如图 7.5 所示。

7.2.2 建筑间距与避风

传统的自然村落中，房子低矮稀疏，非成排成列，不会有建筑间距问题。现代城市建设，为了充分利用土地，势必加大建筑密度。特别是住宅区，因楼排间距不足，遮挡阳光的问题越来越突出。因此，

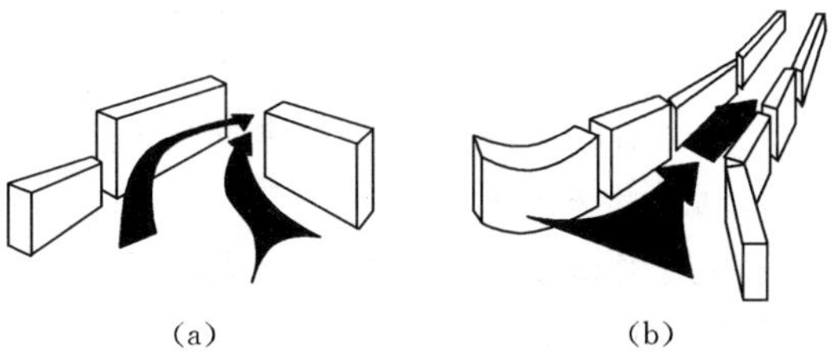

(a) (b)

图 7.5 风漏斗改变风向与风速

各城市根据地理位置的不同，都规定了相应建筑间距。建筑间距是为保证后楼不受阳光遮挡而设，所以也常称为“日照间距”。

阳光对于人除了有卫生学上的意义外，对人的精神和心理上同样具有一定的影响。对于北方寒冷地区，阳光不仅是重要的自然热源，还可以提高室内的光照水平。保证住宅向阳房间在冬季有一定的日照量，从而决定住宅建筑的最小间距，并结合其他条件来综合考虑住宅楼群的布置。

7.2.2.1 日照标准

对于住宅室内的日照标准，一般由日照时间和日照质量来衡量。

1. 日照时间

我国地处北温带地区，居住建筑一般总希望夏季避免日晒，而冬季又能获得充分的阳光照射，但也随着所处地区的纬度和地理环境及局部气候条件的不同而对日照的要求也不尽相同。高纬度地区或低纬度地区的冬季都希望有较多的日照，而低纬度地区，特别是夏季，室内对日照的要求都不突出。为了使住户保证得到最低限度的日照时间，自然是以底层住户为例，取太阳高度角全年中的最小值日为计算标准。我国大部分地区是以冬至日底层住宅室内得到的日照时间，作为最低的日照标准。医学研究表明，不同的日照时间，即通过窗口射入室内的紫外线的杀菌能力是有显著差别的。因此，选择住宅日照时间标准时，通常取冬至日中午前后2h日照为下限，再根据各地的地理纬度和用地状况加以调整。

2. 日照质量

住宅中的日照质量是通过两个方面的积累而达到的，即日照时间的积累和每小时日照面积的积累。日照时间除了确定冬至日中午南向2h的日照外，还随建筑方位和朝向（即阳光射入室内的角度）的不同而异，即根据各地区经具体测定的最佳朝向来确定。阳光的照射量由受到日照时间内每小时室内墙面和地面上阳光投射面积的积累来计算。只有日照时间和日照面积都得到保证，才能充分发挥阳光中紫外线的杀菌效用。同时，对于北方住宅冬季提高室温有显著的作用。

7.2.2.2 日照间距

平地上日照间距的内容请参阅建筑设计部分有关章节。

在坡地上布置住宅时，其间距因坡度的朝向而异，向阳坡上的房屋间距可以缩小，背阳坡则需加大。同时又因建筑物的方位与坡向变化，都会分别影响建筑物的日照间距。一般讲，向阳坡的建筑以东南或西南向间距最小，南向稍大，东西向最大。

7.2.2.3 建筑避风

空气在大地表面及上空的流动形成了风。风的主要性能特征包括风压和风速，两者构成风能。风能利用得好可以给人造福，风能也常常给人带来不便甚至损害，尤其是冬季的寒风。寒风对建筑物最直接的损害是增大热损失，使采暖耗能增加。在长期的建筑实践中，人们总结出了许多有效的建筑避风措施，常见的包括以下6个方面。

1. 利用建筑物阻隔冷风

通过适当布置建筑物相互位置，降低冷天风速，可减少建筑物和场地外表面的热损失，节约热能。

建筑物紧凑布局，使建筑间距在1∶2的范围以内，可以充分发挥风影效果，使后排建筑避开寒风侵袭，如图7.6所示。

利用建筑组合将高层或较高层建筑背向冬季寒流风向，或布置在组团北方半周边位置，以减少寒风对中、低层建筑和组团内庭的影响。

2. 设置风障

设置防风墙、板、防风林带之类的挡风设施能有避风效果。防风墙及林带的高度、密度与距离均影响挡风效果。

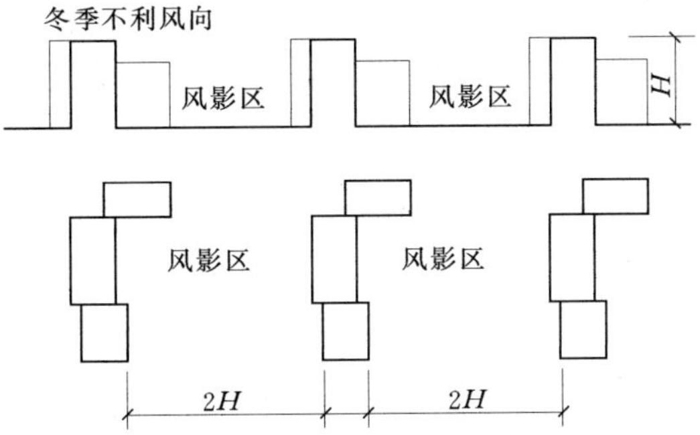

图7.6 建筑物的紧凑布置具有良好的防风效果

以实体围墙作为阻风设施时，应注意防止在背风面形成涡流，可在墙体上作引导气流向上穿透的百叶式孔洞，使小部分的风由此流过，而大部分的气流在墙顶以上的空间流过，这样就不会形成涡流。

防风林带应注意乔木和灌木结合，落叶树与常青树结合，使其形成防风屏障，而又不遮挡阳光。

3. 避开不利风向

我国北方城市冬季寒流主要受来自西伯利亚冷空气的影响，所以冬季寒流风向主要是西北风。各地区最冷月（即每年1月）的主导风向也是不利的风向，如表7.1所示。建筑规划设计中应尽可能封闭西北向，合理选择封闭或半封闭周边式布局的开口方向和位置，使得建筑组团有效地避风节能。

表7.1 我国寒地主要城市1月最多风向频率及冬季平均风速

城市	风向频率（%）	风 速（m/s）	城市	风向频率（%）	风 速（m/s）
北京	C NNW 18 14	2.8	沈阳	N 13	3.1
石家庄	C N 31 10	1.8	长春	SN 21	4.2
太原	C NNW 24 14	2.6	哈尔滨	S 14	4.8
包头	N 17	3.2	黑河	NW 49	3.6

4. 减少冷空气对建筑物的渗透

建筑物在冬季受到冷空气的侵入，主要是通过门窗等构造周围的缝隙及通风孔口，这些气流是由风力作用和室内外温差产生的热力作用而造成的。冷空气渗透量与风压差有关，风压与风速有关，风压与风速的平方成正比

$$P_w = 0.613v^2$$

风速 v 随建筑物高度增大而增加，如图7.7所示。

当风垂直吹向建筑物正面时，受到建筑物表面的阻挡而在迎风面上产生正压区。气流

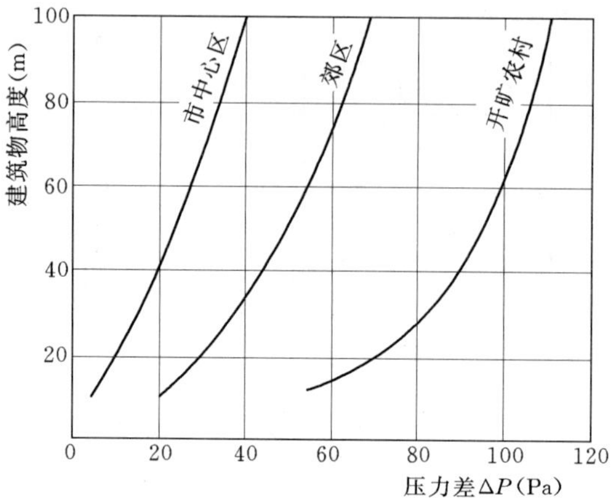

图 7.7 风力作用造成的风压差

在向上偏转的同时，绕过建筑物各侧面，而在这些面上造成负压区，如图 7.8 所示。

分析可知，在靠近迎风面的中心处正压最大，在屋脊和屋角处负压最大。迎风面上的风压为自由风速动压力的 0.5～0.8 倍，背风面上负压为自由风速动压力的 0.3～0.4 倍，如图 7.9 所示。

当两建筑物山墙距离较近时，会形成"风槽"。风槽中风速增大，因而会大大提高两山墙面上的负压。为了改善室内空气质量，提高室内空气清新度，在严冬季节，寒冷地区建筑物应设置自然通风的通气道。设置通风道必然会带来热损失，与节能矛盾。因此，应根据当地风环境、建筑物的位置和建筑物的形态，选择合适的位置设置通气道，并通过设计计算确定通气道的断面尺寸和形式。必要时可设置能开闭的通风道或机械排气装置，如图 7.10 所示。

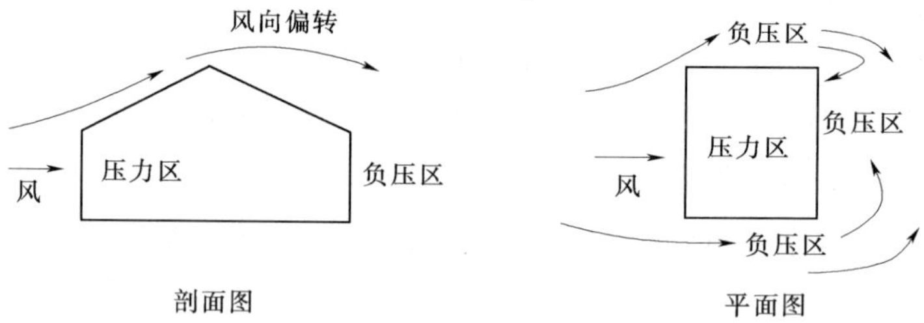

图 7.8 建筑物的正压区与负压区

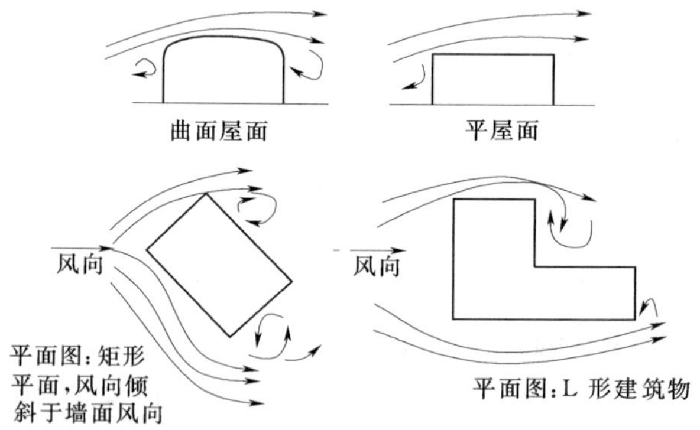

图 7.9 建筑物周围的气流

5. *避免局地疾风*

当低层与高层建筑如图 7.11 所示布置时，在冬季季风入侵时，会形成比较大的湍流，称为风旋，使风速加大，进而增大风压，造成较大的热能损失。研究表明，当高层建筑物

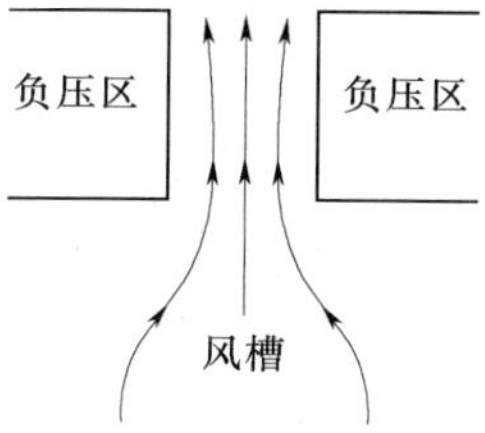

图 7.10 风槽

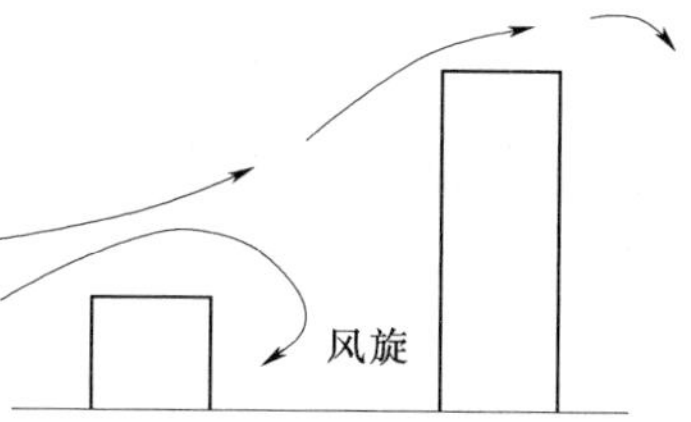

图 7.11 低层与高层建筑物之间的相互作用

前方（迎风）有低层建筑物时，则在行人高度外的风速与在开敞地面上同一高度处自由风速相比大大提高。建筑物附近的风速比，如表 7.2 所示。

为了满足消防通道要求，或者为了解决人流疏散要求和交通要求而需要设计过街门洞时，由过街门洞穿过的冬季季风气流，会引起局部风速加大，称为风洞效应。此时可使自由风速扩大 3 倍，如图 7.12 所示。

表 7.2 建筑物附近的风速比

位置	风速比
建筑物之间的风旋	1.3
建筑物拐角处的气流	2.5
由建筑物下方穿过的气流	3.0

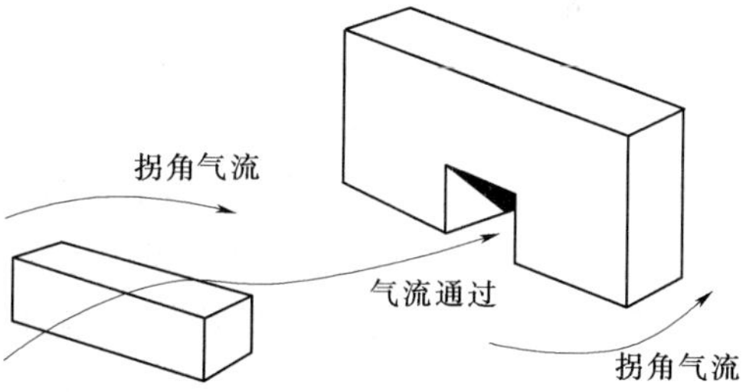

图 7.12 风洞

6. 建筑形态与气流

单体建筑物的三维尺寸对其周围的风环境带来较大的影响。从节能的角度考虑，应创造有利的建筑形态，减少风速、风压和耗能热损失。建筑物越长、越高，进深越小，其背风面产生的涡流压越大，流场越紊乱，对减少风速和风压越有利。在建筑物不同长、宽、高尺寸时，其背风面涡流区尺度如图 7.13 和图 7.14 所示。

7.2.3 建筑体型与朝向

7.2.3.1 建筑体型系数

所谓建筑体型系数，即建筑物与室外大气接触的外表面积与其所包围的体积的比值。显然，外表面积愈大，体型系数（S）愈大，室内热量通过外表面散发的愈多，愈对节能不利。但是，体型系数的确定还与建筑造型、平面布局和采光通风等条件相关。体型系数限值过小，将制约建筑师的创造性，可能使建筑造型呆板、平面布局困难，甚至损害建筑功能。因此，如何合理地确定建筑形状，必须考虑本地区气候条件，冬、夏季太阳辐射强度、风环境和围护结构构造形成等各方面的因素。应权衡利弊，兼顾不同类型的建筑造型，尽可能地减少房间的外围护面积，使体型不要太复杂，凹凸面不要过多，以达到节能的目的。

对于公共建筑，在严寒和寒冷地区，如果所设计建筑的体型系数不能满足规定的要

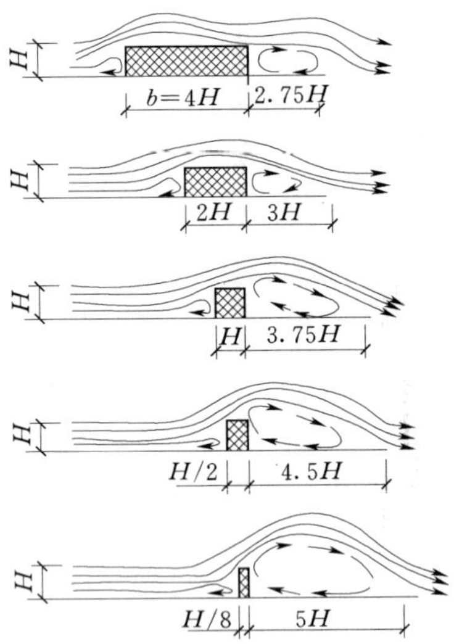

图 7.13　建筑物深度变化对气流的影响

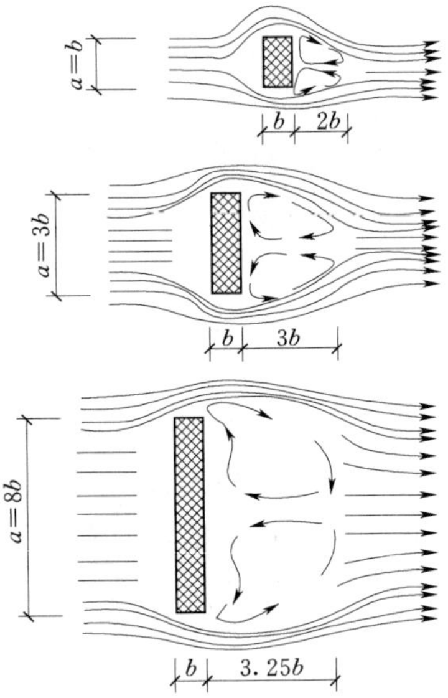

图 7.14　建筑物长度变化对气流的影响

求，突破了 0.40 这个限值，则必须按规定对该建筑进行权衡判断。进行权衡判断时，参照建筑的体型系数必须符合相关规定。

在夏热冬冷和夏热冬暖地区，建筑体型系数对空调和采暖能耗也有一定的影响，但由于室内外的温差远不如严寒和寒冷地区大，尤其是对部分内部发热量很大的商场建筑，还有个夜间散热问题，所以不对公共建筑体型系数提出具体的要求。

由于我国幅员辽阔，各地气候差异很大，为了使建筑物适应各地不同的气候条件，满足节能要求，应根据建筑物所处建筑气候分区，确定围护结构合理的热工性能参数，如围护结构传热系数（K）、遮阳系数（SC）及地面和地下室外墙热阻（R）等。

各城市的建筑气候分区如表 7.3 所示。

表 7.3　主要城市所处气候分区

气候分区	代表性城市
严寒地区 A 区	海伦、博克图、伊春、呼玛、海拉尔、满洲里、齐齐哈尔、富锦、哈尔滨、牡丹江、克拉玛依、佳木斯和安达
严寒地区 B 区	长春、乌鲁木齐、延吉、通辽、通化、四平、呼和浩特、抚顺、大柴旦、沈阳、大同、本溪、阜新、哈密、鞍山、张家口、酒泉、伊宁、吐鲁番、西宁、银川和丹东
寒冷地区	兰州、太原、唐山、阿坝、喀什、北京、天津、大连、阳泉、平凉、石家庄、德州、晋城、天水、西安、拉萨、康定、济南、青岛、安阳、郑州、洛阳、宝鸡和徐州
夏热冬冷地区	南京、蚌埠、盐城、南通、合肥、安庆、九江、武汉、黄石、岳阳、汉中、安康、上海、杭州、宁波、宜昌、长沙、南昌、株洲、永州、赣州、韶关、桂林、重庆、达县、万州、涪陵、南充、宜宾、成都、贵阳、遵义、凯里和绵阳
夏热冬暖地区	福州、莆田、龙岩、梅州、兴宁、英德、河池、柳州、贺州、泉州、厦门、广州、深圳、湛江、汕头、海口、南宁、北海和梧州

7.2.3.2 建筑朝向

全国各地区即严寒地区、寒冷地区、夏热冬冷地区和夏热冬暖地区对于居住建筑朝向问题都作出了基本相同的规定：建筑物的朝向宜采用南北向或接近南北向，严寒、寒冷地区居住建筑的主要房间宜避开冬季主导风向。

《公共建筑节能设计标准》(GB50189—2005) 第4.1.1条规定：建筑总平面的布置和设计，宜利用冬季日照并避开冬季主导风向，利用夏季自然通风。建筑的主朝向宜选择本地区最佳朝向或接近最佳朝向。

从古代的"风水术"到当今科学的建筑设计标准，都把选择适宜的建筑朝向作为建筑规划设计首要考虑的问题，而且选择建筑朝向的基本原则从古到今惊人的一致，用现代专业术语讲就是冬季能获得足够的日照并避开主导风向，夏季能利用自然通风并防止太阳辐射。

我国大部分地区处于北温带，房屋"坐北朝南"是尽人皆知的良好朝向。主要的原因在于太阳的运行规律使这种朝向的房屋冬季太阳可以最大限度地射入屋内，同时南向外墙可以得到最佳的受热条件，而夏季则正好相反。"最佳朝向"及"最佳朝向范围"的概念是对各地日照和通风两个主影响朝向的因素，通过观察、实测后整理出的成果。

建筑朝向、方位及建筑总平面设计应考虑多方面的因素，除了地理纬度、地段环境、局部气候特征等大的因素外，还要受到城市规划、道路交通、地形地貌及社会历史文化等条件的制约，要想使建筑物的朝向对夏季防热、冬季保温都很理想是有困难的。因此，只能权衡各个因素之间的得失轻重，优先采用本地区建筑最佳朝向或适宜的朝向，尽量避免东西向日晒。

1. 建筑朝向的选择因素

在其他制约条件许可的前提下，朝向选择需要考虑的主要因素包括以下3点：

(1) 冬季能有适量并具有一定质量的阳光射入屋内。

(2) 夏季尽量减少太阳直射室内和居室外墙面。

(3) 夏季有良好的通风，冬季避免冷风吹袭。

2. 日照和通风

日照和通风是评价住宅室内环境质量最主要的标准。关于日照质量问题前已述及，另有紫外线量和主导风向与朝向的关系两个概念也是建筑设计者应该熟悉的。

(1) 各种朝向居室内可能获得的紫外线量。在一天的时间里，太阳光线中的成分是随着太阳高度角的变化而变化的。其中紫外线量与太阳高度角成正比，如表7.4所示。正午前后紫外线最多，日出和日落前最少。实测证明，冬季以南向、东南向和西南向居室内接受紫外线较多，而东、西向较少，大约为南向的一半，东北向、西北向和北向居室最少，约为南向的1/3左右。因此，选择朝向对居室所获得的紫外线量是应予以重视的，它是评价一个居室卫生条件的必要因素。

表7.4 不同高度角对应太阳光线的成分

太阳高度角	紫外线	可视线	红外线
90°	4%	46%	50%
30°	3%	44%	53%
0.5°	0	28%	72%

(2) 主导风向与建筑朝向的关系。主导风向直接影响冬季住宅室内的热损耗及夏季室内的自然通风。因此，从冬季保温和夏季降温考虑，在选择建筑朝向时，当地的主导风向因素不容忽视。另外，从住宅群的气流

流场可知，住宅长轴垂直主导风向时，由于各幢住宅之间产生涡流，从而影响了自然通风的效果。因此，应避免住宅长轴垂直于夏季主导风向，从而减少前排房屋对后排房屋通风的不利影响。在实际运用中，当根据自然和太阳辐射已将住宅的基本朝向范围确定后，再进一步核对季节主导风向，会出现主导风向与日照朝向形成夹角的情况。从单幢住宅的通风条件来看，房屋与主导风向垂直效果最好。但是，从整个住宅楼群来看，这种情况并不完全有利，而往往希望形成一个角度，以便各排房屋都能获得比较满意的通风条件。

根据日照、风向等条件进行实测和分析计算，权衡利弊，有关部门总结出了当地住宅的最佳朝向和适宜朝向，供城市规划和居住建筑群体布置时作为朝向选择的参考，如表7.5所示。

表7.5　　全国部分地区建议建筑朝向表

地　区	最佳朝向	适宜朝向	不宜朝向
北京地区	南偏东30°以内 南偏西30°以内	南偏东45°范围内 南偏西45°范围内	北偏西30°～60°
上海地区	南至南偏东15°	南偏东30° 南偏西15°	北、西北
石家庄地区	南偏东15°	南至南偏东30°	西
太原地区	南偏东15°	南偏东至东	西北
呼和浩特地区	南至南偏东 南至南偏西	东南和西南	北、西北
哈尔滨地区	南偏东15°～20°	南至南偏东20° 南至南偏西15°	西北、北
长春地区	南偏东30° 南偏西10°	南偏东45° 南偏西45°	北、东北、西北
沈阳地区	南、南偏东20°	南偏东至东 南偏西至西	东北东至西北西
济南地区	南、南偏东10°～15°	南偏东30°	西偏北5°～15°
南京地区	南偏东15°	南偏东25° 南偏西10°	西、北
合肥地区	南偏东5°～15°	南偏东15° 南偏西5°	西
杭州地区	南偏东10°～15°	南、南偏东20°	北、西
福州地区	南、南偏东5°～10°	南偏东20°以内	西
郑州地区	南偏东15°	南偏东25°	西北
武汉地区	南偏西15°	南偏东15°	西、西北
长沙地区	南偏东9°左右	南	西、西北
广州地区	南偏东15° 南偏西5°	南偏东22°30′ 南偏西5°至西	
南宁地区	南、南偏东15°	南偏东15°～25° 南偏西5°	东、西
西安地区	南偏东10°	南、南偏西	西、西北
银川地区	南至南偏东23°	南偏东34° 南偏西20°	西、北
西宁地区	南至南偏西30°	南偏东30°至南 南偏西5°	北、西北

7.2.4 太阳辐射

太阳辐射是地球接受到的一种自然能源。太阳光线的正交面上的辐射强度约为 1.44W/m^2。太阳辐射热和室外气温是以 24h 为周期而波动的，而且波动的幅度也较大。太阳辐射热包括直射辐射和散射辐射，作用到建筑物的外表面上，当碰到玻璃窗等透明围护结构时，部分被反射，小部分被吸收，使其温度升高，然后向室内传递，大部分透过透明围护结构进入室内；当碰到屋面、外墙等不透明围护结构时，部分被反射，部分被吸收，使其温度升高，并逐渐进入围护结构内部，然后通过其内表面向室内传递。

建筑物外表面对太阳辐射热的吸收、反射和透过量分别用 α、γ、τ 表示，三者之和为 1。α、γ、τ 的值取决于建筑材料及外表面的特性。一般情况下白色和浅色表面反射较多，吸收较少；黑色和深色表面吸收较多，反射较少。

表 7.6 列出了部分常用建筑材料对于长波辐射的辐射率及短波辐射吸收率的标准值。

表 7.6　常见建筑材料的辐射率及吸收率

材料表面	对低温辐射的辐射率	对太阳辐射的吸收率
铝	0.05	0.2
石棉板	0.9	0.6
沥青	0.95	0.9
砖（深色）	0.9	0.65
砖（红色灰砂、砖）	0.9	0.55～0.7
混凝土	0.9	0.65
漆（白色）	0.9	0.3
漆（黑色）	0.9	0.9
石板瓦	0.9	0.9
红瓦	0.9	0.4～0.8
刷白屋面	0.9	0.3～0.5

建筑物各朝向所获得的太阳辐射随着季节而变化，它不仅取决于所获得的日照时数，且与阳光照射时的太阳高度角、阳光对墙面的入射角有关。从北纬 40°地区冬至日各方位垂直墙面所受到的太阳辐射量实测值可以看出，冬至日南向受到的太阳辐射强度及总量都是最大的，由南偏向东、西的角度越大，接受的太阳辐射越小，正东、西向所受到的最大辐射强度只有南向最大辐射强度的 1/2 左右，自北偏东 60°至北偏西 60°的范围内基本上接受不到太阳辐射。

7.3 居住建筑节能设计

建筑节能设计在现阶段是专指民用建筑。根据建筑物的使用功能不同及所在地区气候差别，我国分别编制了居住建筑节能设计标准和公共建筑节能设计标准，居住建筑节能设计标准又是按建筑热工设计分区分别编制的，这些标准虽然侧重点不同，但总的设计原则和节能目标是一样的。限于教材篇幅，这里仅以北方严寒、寒冷地区采暖居住建筑为例进行讲述，其他标准必要时作以简单介绍。

7.3.1 有关建筑节能方面的部分术语

(1) 采暖期天数 (Z)，是指累计年日平均温度低于或等于5℃的天数。

(2) 采暖期室外平均温度 (t_e)，是指在采暖期起止日期内，室外逐日平均温度的平均值。

(3) 采暖能耗 (Q)，是指用于建筑物采暖所消耗的能量，本标准中的采暖能耗主要指建筑物耗热量和采暖耗煤量。

(4) 建筑物耗热量指标 (q_H)，是指在采暖期室外平均温度条件下，为保持室内计算温度，单位建筑面积在单位时间内消耗的、需由室内采暖设备供给的热量，单位，W/m^2。

(5) 采暖耗煤量指标 (q_c)，是指在采暖期室外平均温度条件下，为保持室内计算温度，单位建筑面积在一个采暖期内消耗的标准煤量，单位，kg/m^2。

(6) 围护结构，是指建筑物及房间各面的围挡物，如墙体、屋顶、地板、地面和门窗等，可分内围护结构和外围护结构两类。

(7) 热桥，是指围护结构中包含金属、钢筋混凝土或混凝土梁、柱、肋等部位，在室内外温差作用下，形成热流密集、内表面温差较低的部位。这些部位形成传热的桥梁，故称热桥。

(8) 围护结构传热系数 (K)，是指围护结构两侧空气温差为1K，在单位时间内通过单位面积围护结构的传热量，单位：$W/(m^2 \cdot K)$。

(9) 围护结构传热系数的修正系数 (ε_i)，是指不同地区、不同朝向的围护结构，因受太阳辐射和天空辐射的影响，使得其在两侧空气温差同样为1K的情况下，在单位时间内通过单位面积围护结构的传热量要改变。这个改变后的传热量与未受太阳辐射和天空辐射影响的原有传热量的比值，即为围护结构传热系数的修正系数。

(10) 窗墙面积比，是指窗户洞口面积与房间立面单元面积（即建筑层高与开间定位线围成的面积）的比值。

(11) 采暖供热系统，是指锅炉机组、室外管网、室内管网和散热器等设备组成的系统。

(12) 锅炉机组容量，又称额定出力，是指锅炉铭牌标出的出力，单位：MW。

(13) 锅炉效率，是指锅炉产生的、可供有效利用的热量与其燃烧的煤所含热量的比值。在不同条件下，又可分为锅炉铭牌效率和运行效率。

(14) 锅炉铭牌效率，又称额定效率，是指锅炉在设计工况下的效率。

(15) 锅炉运行效率 (η_2)，是指锅炉实际运行工况下的效率。

(16) 室外管网输送效率 (η_1)，是指管网输出总热量（输入总热量减去各段热损失）与管网输入总热量的比值。

(17) 建筑物耗冷量指标，是指按照夏季室内热环境设计标准和设定的计算条件，计算出的单位建筑面积在单位时间内消耗的需要由空调设备提供的冷量。

(18) 空调年耗电量，是指按照夏季室内热环境设计标准和设定的计算条件，计算出的单位建筑面积空调设备每年所要消耗的电能。

(19) 空调、采暖设备能效比（*EER*），是指在额定工况下，空调、采暖设备提供的冷量或热量与设备本身所消耗的能量之比。

(20) 对比评定法，是指将所设计的建筑物（夏热冬暖地区）的空调采暖能耗和相应参照建筑物的空调采暖能耗作对比，根据对比的结果来判定所设计的建筑物是否符合节能要求。

(21) 围护结构热工性能权衡判断，是指当建筑设计（公共建筑）不能完全满足规定的围护结构热工设计要求时，计算并比较参照建筑和所设计建筑的全年采暖和空气调节能耗，判定围护结构的总体热工性能是否符合节能设计的要求。

(22) 参照建筑，是指采用对比评定法时作为比较对象的一栋符合节能要求的假想建筑工地；对围护结构热工性能进行权衡判断时，作为计算全年采暖和空气调节能耗用的假想建筑。

(23) 典型气象年（*TMY*），是指以近 30 年的月平均值为依据，从近 10 年的资料中选取一年各月接近 30 年的平均值作为典型气象年。由于选取的月平均值在不同的年份，资料不连续，还需要进行月间平滑处理。

7.3.2 居住建筑节能的基本问题

7.3.2.1 制定建筑节能标准的目的和意义

近二十年来，随着我国国民经济的迅速发展，国家对节约能源、保护环境、改善居住条件等问题极为重视，陆续制定了一批标准规范和技术法规。这些标准规范的颁布实施，使与建筑节能工作有关的各个行业和部门，如规划设计、建筑施工、监理与监督等方面明确了各自的目标和责任，使建筑节能工作有章可循，有法可依，逐步走上了正常发展的轨道，对于改善环境、节约能源、提高投资的经济和社会效益，起到了重要的作用。

《民用建筑节能设计标准（采暖居住建筑部分）》（JGJ26—86）是我国建筑节能起步阶段（一般称为第一阶段）的标准，节能率为 30%，围护结构保温隔热水平提高幅度不大，有关规程仅对最低要求作出了规定。由于种种原因，原标准并未在我国的主要采暖地区——三北地区得到实施，采暖居住建筑围护结构保温水平低、热循环质量差、采暖能耗大的普遍状况并未得到改善。因此，国家提出了“从 1995 年起，我国严寒和寒冷地区城镇新建住宅全部按采暖能耗降低 50%设计建造”的规划，于 1996 年颁布实施了《民用建筑节能设计标准（采暖居住建筑部分）》（JGJ26—95）。实际上，2001 年颁布实施的《夏热冬冷地区居住建筑节能设计标准》（JGJ134—2001），2003 年颁布实施的《夏热冬暖地区居住建筑节能设计标准》（JGJ75—2003）、2005 年颁布实施的《公共建筑节能设计标准》（GB50189—2005）都是按节能 50%制定的。所以，目前现行的建筑节能设计标准都属于新标准。

新标准节能目标 50%，由改善围护结构热工性能、提高空调采暖设备和照明设备效率来分担。执行新标准后，全国总体建筑节能率可达到 50%。

7.3.2.2 居住建筑的基本特点

居住建筑主要为住宅建筑（约占 92%），其次为集体宿舍、旅馆、招待所和托幼建筑等（约占8%），其共同特点是供人们居住使用，而且一般都是昼夜连续使用。这类建筑中对室温和空气质量有较高的要求：冬季室内温度一般要达到16～18℃，要求较高的达到20～22℃；夏季室内温度一般要求26～28℃；冬、夏季室内换气次数一般在1.0次/h。居住建筑的层高一般为2.7～3.0m，开间一般为3.3～3.6m。城镇居住建筑以多层建筑为主，大城市有部分中高层和高层住宅。

在严寒、寒冷地区，冬季采暖耗能主要是消耗燃煤。之所以耗能高，其根本原因一是传统的建筑保温隔热和气密性差，二是供热采暖系统运行效率低，一般情况下实际供暖面积只能达到设备能力的一半左右。

在夏热冬冷地区，由于过去不采暖、无空调，居住建筑的设计对保温隔热问题不够重视，围护结构的热工性能普遍很差。随着经济的高速增长，该地区的城镇居民纷纷采取措施，自行解决住宅冬夏季的室内热环境问题，夏季空调冬季采暖成了一种很普遍的现象。主要采暖空调设备是电暖器、暖风机、小型空调器，能效比很低，电能浪费很大。

在夏热冬暖地区，夏季空调耗电量更是连年急剧上升，建筑节能工作已经到了刻不容缓的地步，否则将会阻碍社会经济的发展，且不利于环境保护。

7.3.3 节能设计的基本要求

建筑能耗包括两大方面：一是采暖耗煤，二是空调耗电。北方严寒、寒冷地区冬季传统的室内供热方式是火炉取暖和燃煤锅炉热水系统集中供暖。由于小型锅炉系统运行效率低、安全生产难以保证、严重污染环境，大部分城市已限制使用，取而代之的是其他高效的、清洁的供热方式。因而节能设计标准中着重规定了多种新的采暖、空调方式。

7.3.3.1 采暖、空调和通风节能设计标准

居住建筑采暖、空调方式及设备的选择，应根据资源情况，经技术经济分析，及用户对设备运行费用的承担能力综合考虑确定。一般情况下，不宜采用直接电热方式采暖设备。

居住建筑当采用集中采暖、空调时，应设计分室（户）温度控制及分户热（冷）量计量设施。采暖系统其他节能设计应符合现行行业标准《民用建筑节能设计标准（采暖居住部分）》（JGJ26—95）等中的有关规定。集中空调系统设计应符合现行国家标准《旅游旅馆建筑热工与空气调节节能设计标准》（GB50189—93）中的有关规定。

居住建筑进行夏季空调、冬季采暖时，宜采用电驱动的热泵型空调器（机组），或燃气（油）、蒸气或热水驱动的吸收式冷（热）水机组，或采用低温地板辐射采暖式，或采用燃气（油、其他燃料）的采暖炉采暖等。采用燃气为能源的家用采暖设备或系统时，燃气采暖器的热效率应符合国家现行有关标准中的规定值。

居住建筑采用分散式（户式）空气调节器（机）进行空调（及采暖）时，其能效比、性能系数应符合国家现行有关标准中的规定值。居住建筑采用集中采暖空调时，作为集中供冷（热）源的机组，其性能系数应符合现行有关标准中的规定值。

具备有地面水资源（如江河、湖水等），有适合水源热泵运行温度的废水等水源条件时，居住建筑采暖、空调设备宜采用水源热泵。当采用地下井水为水源时，应确保有回灌

措施，确保水源不被污染，并应符合当地有关规定；具备可供地热源热泵机组埋管用的土壤面积时，宜采用埋管式地热源热泵。

居住建筑采暖、空调设备，应优先采用符合国家现行标准规定的节能型采暖和空调产品。应鼓励在居住建筑小区采用热、电、冷联产技术，以及在住宅建筑中采用太阳能、地热等可再生能源。

未设置集中空调、采暖的居住建筑，在设计统一的分体空调器室外机安放搁板时，应充分考虑其位置有利于空调器夏季排放热量、冬季吸收热量，并应防止对室内产生热污染及噪声污染。居住建筑通风设计应处理好室内气流组织，提高通风效率。厨房、卫生间应安装局部机械排风装置。对采用采暖、空调设备的居住建筑，可采用机械换气装置（热量回收装置）。

7.3.3.2　建筑节能基本原理和节能途径

为保持室内温度适宜，建筑物必须获得热（冷）量。建筑物的总得热（冷）包括设备的供热（冷）（约占70%～75%），太阳辐射得热（包括炊事、照明、家电和人体散热，约占8%～12%）。这些热（冷）量再通过围护结构（包括外墙、屋顶和门窗等）的传递和空气渗透向外散失。

建筑物的总失热（冷）包括围护结构的传递耗量（约占70%～80%）和通过门窗缝隙的空气渗透耗量（约占20%～30%）。当建筑物的总得热（冷）和总失热（冷）达到平衡时，室温得以保持。

因此，对于建筑物来说，节能的主要途径是减少建筑物外表面积和加强围护结构保温，以减少空气渗透耗热（冷）量。在减少建筑物总失热（冷）量的前提下，尽量利用（或减少）太阳辐射热和建筑物内部得热，最终达到节约采暖（制冷）设备供热（冷）量的目的。

7.3.3.3　影响建筑物耗热（冷）的几个主要因素

（1）体形系数。在建筑物各部分围护结构传热系数和窗墙面积比不变条件下，热、冷耗量指标随体形系数成直线上升。低层和少单元住宅对节能不利。

（2）围护结构的传热系数。在建筑物轮廓尺寸和窗墙面积比不变条件下，热、冷耗量指标随围护结构传热系数降低而降低。采用高效保温墙体、屋顶和门窗等，节能效果显著。

（3）窗墙面积比。不管是单层窗、双层窗或双玻窗，厚度与气密性总赶不上墙体，因而，加大窗墙面积比对节能不利。

（4）楼梯间开敞与否。多层住宅采用开敞式楼梯间比有门窗的楼梯间，其耗热（冷）量指标约上升10%以上。不论是北方和南方，因为管理方式的原因，楼梯间往往不设门或有门窗而密封性极差，改变这一现象还需要大家更多的努力。

（5）换气次数。提高门窗的气密性，换气次数适当降低有利于节能。

（6）朝向、入口处设门斗或采取其他避风措施，有利于节能。

（7）建筑层数。层数在10层以上时，耗热（冷）量指标趋于稳定。高层住宅中，带北向封闭式交通廊的板式住宅，其耗热（冷）量指标比多层板式住宅约低6%。在建筑面积相近的条件下，高层塔式住宅的耗热（冷）量指标比高层板式住宅约高

10%～14%。体形复杂、凹凸面过多的住宅，不管是低层、多层或高层，都于节能不利。

7.3.4 建筑热工设计中的几项主要规定

建筑热工设计的任务，就是根据国家制定的建筑节能标准，对处在不同地区的、使用性质不同的楼房和一幢楼房中不同使用功能房间，设定合适的冬、夏季室内温度，再根据楼房和房间的具体建筑环境参数，通过详细、科学的计算，给出采暖、供冷设备的功率和运行模式。把每一幢楼房的所有房间，都设计成高级宾馆一样舒适，显然经济上是不可能达到的，也无必要。即使是西方经济发达国家，也达不到如此高的标准。情况恰恰相反，西方经济发达国家对于建筑节能认识较早，做的较我国好，严格地讲，我国的建筑节能工作才刚刚开始，还有几十年的路要走。

前面所讲的影响建筑物耗能（热、冷）的诸多因素，仅仅是从定性上分析。而热工计算中，每一项因素都要用数据表达、参与计算，才能从理论上做到热（冷）平衡，即达到设定温度，又耗费最少的能源。热工计算有时候又叫热平衡计算。

由于各个标准中用来进行热工计算的参数很多，下面仅给出夏热冬冷地区建筑节能设计标准中的部分数据，供读者参考，如表7.7～表7.13所示。实际应用时，对于不同地区、不同建筑的热工设计，计算参数可以在相应标准中查找。

表 7.7　　不同地区建筑体形系数表

建筑气候分区	建筑类别		备　注
	公共建筑	居住建筑	
严寒地区A区	≤0.4	≤0.3	1. 公共建筑不能满足规定时，应按规定进行权衡判断。 2. 居住建筑不能满足规定时，屋顶与外墙应加强保温，其传热系数应符合相应规定
严寒地区B区			
寒冷地区			
夏热冬冷地区	—	≤0.35	条式建筑
		≤0.4	点式建筑
夏热冬暖地区	—	≤0.35	单元式、通廊式住宅
		≤0.4	塔式住宅

表 7.8　　公共建筑集中采暖系统室内计算温度

序号	建筑类型	房间名称	室内温度（℃）	序号	建筑类型	房间名称	室内温度（℃）
1	办公楼建筑	门厅、楼（电）梯	16	2	餐饮建筑	餐厅、饮食、小吃、办公	18
		办公室	20			洗碗间	16
		会计室、接待室、多功能厅	18			制作间、洗手间、配餐	16
		走道、洗手间、公共食堂	16			厨房、热加工间	10
		车库	5			干菜、饮料库	8

续表

序号	建筑类型	房间名称	室内温度（℃）
3	影剧院建筑	门厅、走道	14
		观众厅、放映室、洗手间	16
		休息厅、吸烟室	18
		化妆	20
4	交通建筑	民航候机厅、办公室	20
		候车厅、售票厅	16
		公共洗手间	16
5	银行建筑	营业大厅	18
		走道、洗手间	16
		办公室	20
		楼（电）梯	14
6	体育建筑	比赛厅（不含体操）、练习厅	16
		休息厅	18
		运动员、教练员更衣、休息	20
		游泳馆	26
7	商业建筑	营业厅（百货、书籍）	18
		鱼肉、蔬菜营业厅	14
		副食（油、盐、杂货）、洗手间	16
		办公	20
		米面储藏	5
		百货仓库	10
8	旅馆建筑	大厅、接待	16
		客房、办公室	20
		餐厅、会计室	18
		走道、楼（电）梯间	16
		公共浴室	25
		公共洗手间	16
9	图书馆建筑	大厅	16
		洗手间	16
		办公室、阅览室	20
		报告厅、会计室	18
		特藏、胶卷、书库	14

表 7.9　公共建筑空气调节系统室内计算参数

参数		冬季	夏季
温度（℃）	一般房间	20	25
	大堂、过厅	18	室内外温差不大于 10
风速 v		$0.10 \leqslant v \leqslant 0.20$	$0.15 \leqslant v \leqslant 0.30$
相对湿度		30%～60%	40%～65%

表 7.10　夏热冬冷地区居住建筑热环境设计指标

冬季采暖		夏季空调	
卧室、起居室室内温度	16～18℃	卧室、起居室室内温度	26～28℃
换气次数	1.0 次/h	换气次数	1.0 次/h

表 7.11　　夏热冬冷地区公共建筑围护结构传热系数和遮阳系数限值

围护结构部位		传热系数 k [W/(m²·K)]	
屋面		≤0.70	
外墙（包括非透明幕墙）		≤1.0	
底面接触室外空气的架空或外挑楼板		≤1.0	
外窗（包括透明幕墙）		传热系数 k [W/(m²·K)]	遮阳系数 SC（东、南、西向/北向）
单一朝向外窗（包括透明幕墙）	窗墙面积比≤0.2	≤4.7	—
	0.2＜窗墙面积比≤0.3	≤3.5	≤0.55/—
	0.3＜窗墙面积比≤0.4	≤3.0	≤0.50/0.60
	0.4＜窗墙面积比≤0.5	≤2.8	≤0.45/0.55
	0.5＜窗墙面积比≤0.7	≤2.5	≤0.40/0.50
屋顶透明部分		≤3.0	≤0.40

注　1. 有外遮阳时，遮阳系数＝玻璃的遮阳系数×外遮阳的遮阳系数。
　　2. 无外遮阳时，遮阳系数＝玻璃的遮阳系数。

表 7.12　　夏热冬冷地区居住建筑不同朝向、不同窗墙面积比的外窗传热系数

朝　向	窗外环境条件	外窗的传热系数 k [W/(m²·K)]				
		窗墙面积比≤0.25	0.25＜窗墙面积比≤0.30	0.30＜窗墙面积比≤0.35	0.35＜窗墙面积比≤0.45	0.45＜窗墙面积比≤0.50
北（偏东 60°到偏西 60°的范围）	冬季最冷月室外平均气温＞5℃	4.7	4.7	3.2	2.5	—
	冬季最冷月室外平均气温≤5℃	4.7	3.2	3.2	2.5	—
东、西（东或西偏北 30°到偏南 60°范围）	无外遮阳措施	4.7	3.2	—	—	—
	有外遮阳（其太阳辐射透过率≤20%）	4.7	3.2	3.2	2.5	2.5
南（偏东 30°到偏西 30°范围）		4.7	4.7	3.2	2.5	2.5

表 7.13　　夏热冬冷地区居住建筑围护结构各部分的传热系数 k [W/(m²·K)] 和热惰性指标（D）

屋顶	外墙	外窗（含阳台门透明部分）	分户墙和楼板	底部自然通风的架空楼板	户　门
k≤1.0 D≥3.0	k≤1.5 D≥3.0	按表 4.0.4 的规定	k≤2.0	k≤1.5	k≤3.0
k≤0.8 D≥2.5	k≤1.0 D≥2.5				

注　当屋顶和外墙的 k 值满足要求，但 D 值不满足要求时，应按照《民用建筑热工设计规范》（GB50176—93）第 5.1.1 条来验算隔热设计要求。

7.4 围护结构节能设计

7.4.1 墙体节能

《民用建筑节能设计标准（采暖居住建筑部分）》（JGJ26—95）为了实现节能50%这一目标，不仅提高了对围护结构的保温要求，而且考虑了抗震柱、圈梁等周边热桥部位对外墙传热的影响，并制定了新的外墙传热系数的限值。这样一来，尤其是北方地区采暖建筑中只有加气混凝土墙体（热桥部位还要做外保温处理）才能满足要求，从西安到佳木斯地区的加气混凝土墙的厚度为200～450mm。若采用黏土多孔砖墙体，其厚度在西安、郑州、徐州地区为370mm，北京地区为490mm，东北地区达到760～1020mm，而且热桥部位做外保温处理，才能满足新标准规定的要求。这样的厚度墙体显然是不可行的。

鉴于上述情况，根本的出路还在于发展高效保温节能的外保温墙体。这种外保温墙体的主体墙可采用各种加气混凝土或空心砌块、非黏土砖、多孔黏土砖墙体以及现浇混凝土墙体等，内侧和外侧可采用轻质高效保温隔热层和耐候饰面层。

现行保温节能墙体包括以下两种。

7.4.1.1 复合墙体

1. 内保温复合外墙

内保温复合外墙由主体墙和保温结构两部分组成。

保温结构是由保温板材和空气间层所组成。保温板材分为复合保温板和单一材料保温板，复合保温板有保温层和面层，单一材料保温板则兼有保温和面层的功能。主体墙一般为多孔砖砌体、加气混凝土或现浇混凝土墙。保温结构中空气间层的作用是防止保温材料受潮和提高外墙热阻，主要是防止保温层吸湿受潮，如图7.15所示。

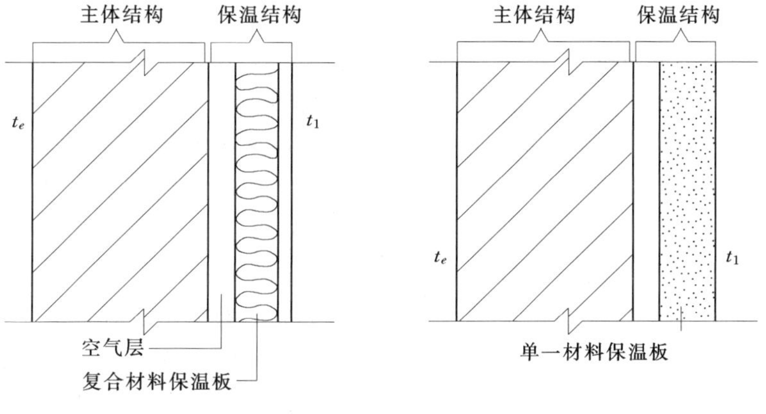

图7.15 复合材料保温板和单一材料保温板

外墙内保温做法由于施工为干作业，保温材料避免了施工水分的入浸而受潮。但是采暖房间外墙内外两侧存在温度差，便形成了内外水蒸气分压力差，水蒸气逐渐由室内通过外墙向室外扩散。内保温复合外墙无论是哪种主体结构都较其内侧的保温结构密实，因此，为了保证保温层在采暖期不受潮，必须采取有效措施加以解决。近年来的实践证明，设空气间层不仅可靠有效，而且造价较设隔气层低，还可增加一定的热阻。

内保温复合外墙在整体构造上会不可避免地形成一些热工薄弱点，必须加强保温措施。

(1) 龙骨部位：由于保温板生产、运输的缘故，保温板的尺寸远小于墙面尺寸。这就要形成多条拼接缝，拼接缝处一般是安放龙骨。以石膏板为面层的现场拼装保温板必须采用聚苯石膏板复合保温龙骨，否则板缝处温度会降低10%左右。

(2) 丁字墙部位：在此处形成的热桥不可避免，但必须采取措施保证此处不结露。解决的办法是保持有足够的热桥长度，并在热桥两侧加强保温，如图7.16所示。

(3) 拐角部位：拐角部位温度与板面温度相比较，其降低率可达50%以上，加强此处保温后，降低率可减少至20%左右，如图7.17所示。

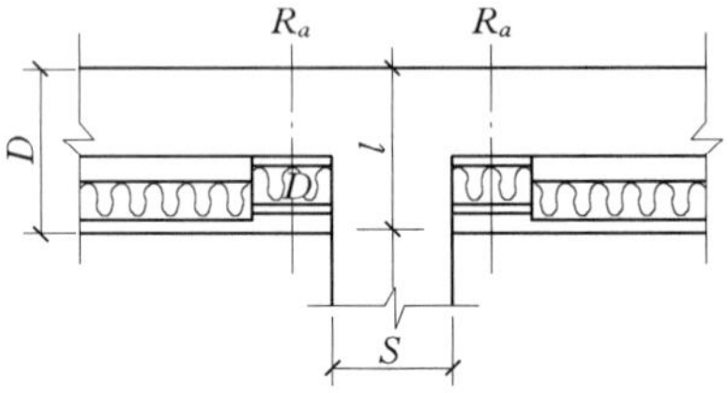

图7.16 确定热桥长度示意

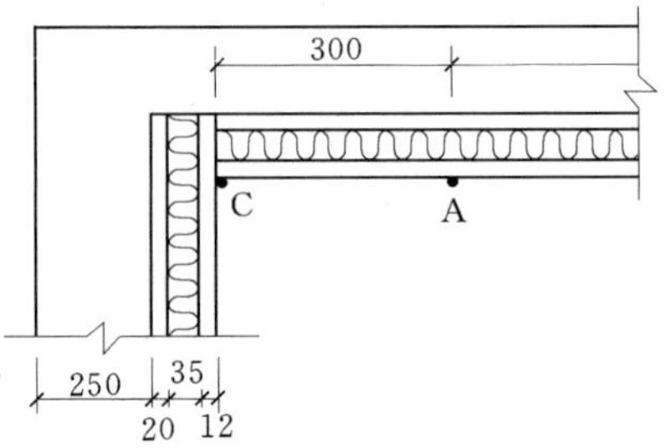

图7.17 拐角加强保温后的降低率

(4) 踢脚部位：踢脚部位的热工特点与丁字墙部位相似，在此应设置防水保温踢脚板，墙体保温层应伸至地面。

常见内保温板材包括水泥聚苯板、纸面石膏聚苯复合板、纸面石膏岩棉复合板、低面石膏玻璃棉复合板、无纸石膏聚苯复合板和饰面石膏聚苯板等，其构造组成及热工指标可在专业生产厂家产品目录中查到。

2. 保温材料夹芯复合外墙

(1) 钢筋混凝土岩棉复合外墙板，此构造是配合北京市高层大模板住宅预制外墙板而设计的，岩棉容重为$100kg/m^3$，构件的生产采用整打生产工艺。

(2) 薄壁混凝土岩棉复合外墙板，适用于大开间外墙，墙板四周及门窗洞边均设边筋，四周肋有30mm厚岩棉隔开形成内外两层，内外层用钢筋穿过岩棉拉接，以避免热桥。墙板与楼板及横墙（柱）利用伸出板边的钢筋连接成整体。

(3) 泰柏板（又称三维板），是钢丝网架轻质类夹芯的一个品种，由14号钢丝焊成网架，中间以聚苯板夹芯（容重为$12\sim16kg/m^3$，有自熄性），安装后表面喷涂EC处理剂，内外两侧抹15mm厚1∶3水泥砂浆底灰，随喷一道防裂剂，再冲筋找平抹1∶3水泥砂浆面灰，随喷一道防裂剂。

3. 外保温复合外墙

在主体结构的外侧粘贴保温层再做饰面层，即为外保温复合墙。其特点是对主体结构有保护作用，可减少热应力的影响，主体结构覆盖保温层后表面温度差可大幅度减少；有利于室内水蒸气通过墙体向外散发，避免水蒸气在墙体内部凝结而使之受潮；有利于防止弱节点产生热桥；便于旧建筑加强保温，施工时可不影响建筑内部活动。缺点是施工难度大，质量要求高，一旦损坏不便于维修。

近几年来工程中常见的外保温复合墙包括3种类型：①聚苯板外墙外保温系统；②泰柏板外墙外保温系统；③加气混凝土外保温系统。

其中以聚苯板系统应用最为广泛，目前工程上已形成成熟的构造做法和施工工艺，建设部2005年发布的《外墙外保温工程技术规程》（JGJ144—2004）就是专为聚苯板外墙外保温工程施工技术而制定的。

聚苯板又称EPS板，是由可发性聚苯乙烯泡沫塑料板发泡后在模具中加热成型而制得的具有闭孔结构的聚苯乙烯泡沫塑料板材。实际应用中常用其他耐久性好的材料如水泥砂浆、石膏和玻璃纤维布等，在其外表面结合形成复合聚苯板。前面内保温做法中述及的保温板材中以此类复合保温板应用较多。目前聚苯板全国各地已有数十家生产厂家，产品供应充裕。

聚苯板外墙外保温系统构造做法如图7.18～图7.22所示。

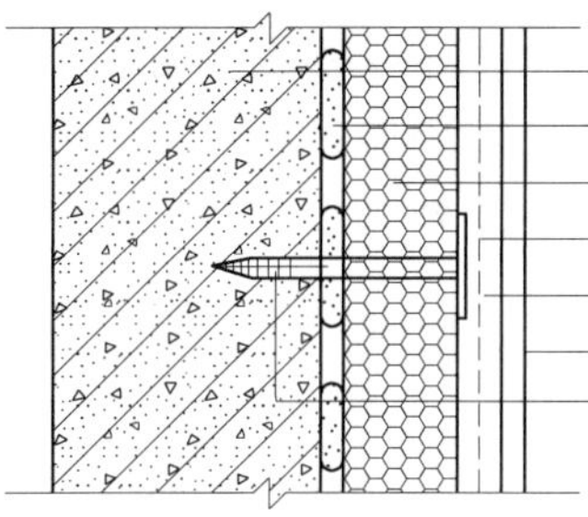

图7.18　EPS板薄抹灰系统

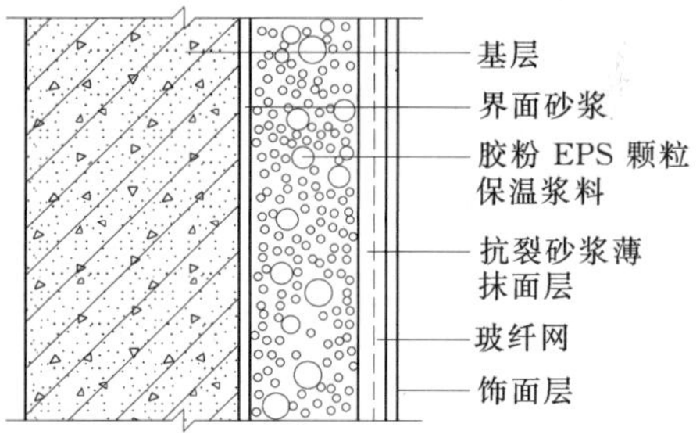

图7.19　EPS颗粒保温浆料系统

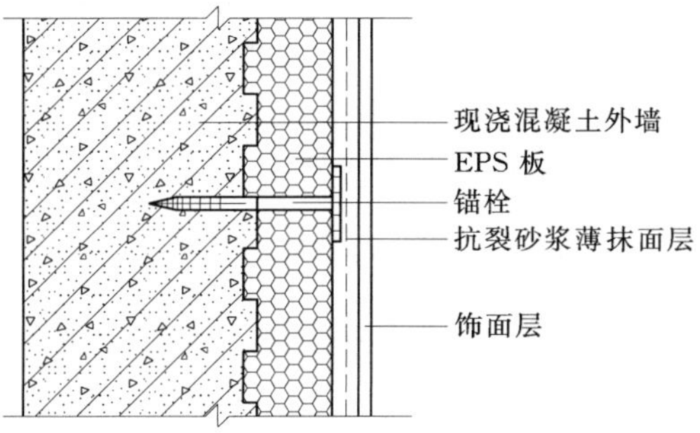

图7.20　EPS板无网现浇系统

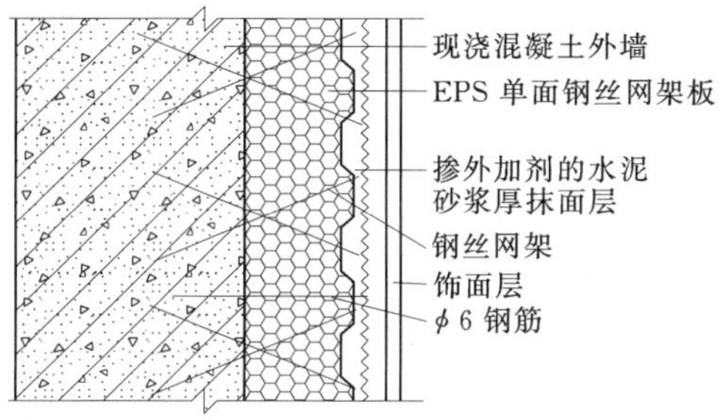

图7.21　EPS板有网现浇系统

7.4.1.2　单一材料墙体

1. 加气混凝土外墙

加气混凝土外墙是由蒸压加气混凝土砌块用普通水泥砂浆砌筑而成的外墙。

蒸压加气混凝土砌块，是以钙质材料和硅质材料为基本原料，经过磨细，并以铝粉为加气剂，按一定比例配合，经搅拌、浇注、成型、切割和蒸压养护而制成的一种轻质墙体材料。常用规格尺寸为600mm×300mm×180mm、600mm×300mm×200mm、600mm×

300mm×240mm 等，抗压强度（立方体）可达 1.0～10.0MPa，体积密度为 300～850kg/m³，导热系数［干态，W/（m²·K）］≤0.10～0.16。蒸压加气混凝土砌块质轻，便于加工、保温隔声、防火性好，常用于低层建筑的承重墙、多层和高层建筑的非承重隔墙、框架填充墙，目前在大中城市的工程中基本上代替了砖墙。作为保温外墙时，在厚度满足要求的条件下，内外粉刷做法基本同传统砖墙。

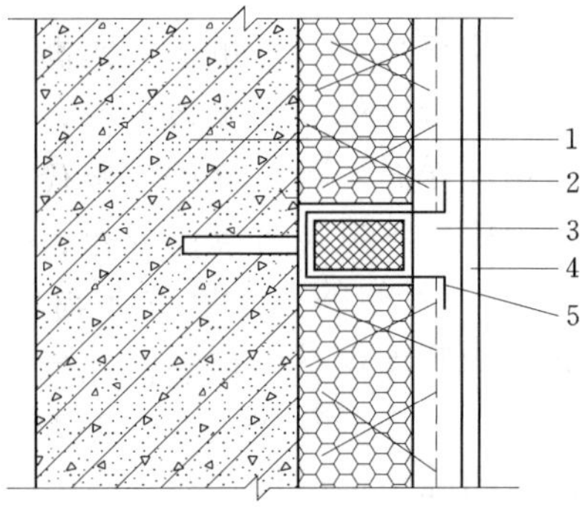

图 7.22 机械固定 EPS 钢丝网架板系统
1—基层；2—EPS 钢丝网架板；3—掺外加剂的水泥砂浆厚抹面层；4—饰面层；5—机械固定装置

2. 黏土空心砖外墙

黏土空心砖是从普通黏土实心砖改进而来，根据其外形尺寸及孔洞大小又分为空心砖和多孔砖。目前多孔砖应用比较普遍，规格尺寸有 240mm×115mm×90mm、190mm×190mm×90mm 等。

黏土多孔砖、空心砖与传统实心砖相比主要是节省材料、燃料，并提高了保温性能，减轻了墙体自重。以多孔砖、空心砖作为保温外墙，因其厚度需要加大，用于低层、多层建筑尚可，用于中高层以上建筑时只能作为柜架充填墙，内侧或外侧再作保温结构，如表 7.14 所示。

表 7.14 黏土空心砖外墙构造及热工性能

构　　造	墙体传热系数 k_o［W/（m²·K）］
非承重、三排孔、24cm 厚，内侧无面层	2.403
非承重、三排孔、24cm 厚，内侧抹 2cm 普通砂浆	2.335
非承重、三排孔，内侧抹 3.5cm 石膏珍珠岩保温砂浆	1.806

3. 空心砌块外墙

空心砌块代替黏土砖用于砌墙，在我国已有几十年的历史，但由于空心砌块制作和材料来源不如黏土砖和加气混凝土块方便，故一直未能被广泛应用。建筑节能标准提高后，当会有大的发展。

空心砌块有普通型和盲孔复合保温型两类。普通型制作简便，应用较多；盲孔复合保温型是采用轻集料混凝土与高效保温材料聚苯板复合，榫式连接，盲孔处理，以保温层切断热桥，便于砌筑，又避免灰浆入孔，从而使保温层性能大幅度提高，如表 7.15 所示。

表 7.15 普通型空心砌块热工性能

墙　厚（mm）	名　称	热　阻（m²·K/W）
290	空心砌块（两面抹灰）	0.75
240	空心砌块（两面抹灰）	0.605
300 组合厚	空心砌块（两面抹灰）	0.766

7.4.2 窗户节能

北方某城市广场南侧有一幢高档住宅楼，将北立面大客厅做成全玻璃墙。从美观、豪华、气派、观景角度讲无可厚非，但从使用功能和建筑节能方面看未必恰当。面积大、窗户大、客厅大，都是以高能耗为代价的。对于一个资源相对贫乏的大国，减少奢求，节约能耗，坚持走可持续发展的道路，才是理性的选择。

统计资料表明，窗户的传热损失与空气渗透热损失相加，约占全部热损失的50%以上。因此，提高窗户的保温性和气密性，是节约采暖（供冷）能耗的又一关键环节。

窗户节能措施包括以下5个方面。

1. 减少空气渗透量

减少渗透量主要是靠设置密闭条和在窗框与墙之间的缝隙中打密封胶。

密闭条又叫密封条，就是嵌在玻璃块四周与窗扇框紧密接触的橡胶条或橡塑条。每樘窗户均由多扇窗扇（多块玻璃）组成，密封条用量较大，必须选择性能合格的产品，否则难以达到气密与隔声的效果。目前许多工程上采用的这种措施往往达不到最佳效果，究其原因有：①密封条采用注模法生产，断面尺寸不准确，且不稳定，橡胶质硬度超过要求；②型材断面小，刚度不够，致使执手部位缝隙严密，而窗扇两端部位形成较大缝隙；③一些劣质产品中橡胶材料含量不够，易老化、断开、变形甚至自行脱落；④窗户加工、安装人员技术不熟练。因此，随着钢、铝、塑窗型材的改进，要达到节能窗要求，必须生产采用具有断面准确、质地柔软、压缩性比较大、耐火性和耐久性均较好等特点的密封条，而且要严格执行施工质量标准。

为了使窗框适应房屋墙体的变形，窗框与墙体必须软连接，即留有一定缝隙，再用柔软材料充填密闭。目前常见做法是在缝隙中填泡沫塑料板，两侧再打密封胶。密封胶的厚度与均匀程度必须达到要求。

窗户密闭系数的确定和应用，也是节能设计中的一个重要问题。

建筑物由门窗缝隙渗入的冷空气量是由门窗两侧所承受的风压差和热压差所决定的，而影响因素是很复杂的。一般来说，风压差和热压差与建筑物的型式、门窗所处的高度、朝向及室内外温差等因素有关。

根据国家规定的检测方法，测得一般窗缝构造渗透量约为4.5m^3/（m·h），在密闭系数中取4.5m^3/（m·h），为趋于计算方便，在测算中各级窗取其下限值。建议密闭系数取值如表7.16所示。

表7.16　密闭系数取值

空气渗透性分级	密闭系数测算	密闭系数建议取值
Ⅲ级	2.5/4.5=0.555	0.6
Ⅱ级	1.5/4.5=0.333	0.4
Ⅰ级	0.5/4.5=0.111	0.2

根据建议的密闭系数进行计算，采用Ⅲ级窗可减少冷风渗透方面的能耗40%，采用Ⅱ级、Ⅰ级窗可分别减少该项能耗的60%、80%。

设计中应采用密封性良好的窗户（包括阳台门），低层和多层居住建筑中应等于或优于Ⅲ级，当窗户密闭性不能达到规定要求时，应加强气密措施，保证达到规定要求。

按现行节能标准，普通单层钢窗和普通双层钢窗分别属于Ⅴ级和Ⅳ级，都不能满足要求。平开铝窗、塑料窗、钢塑复合窗等能达到Ⅰ级；推拉铝窗、塑钢复合窗能达到Ⅱ～Ⅲ级。

2. 减少传热量

减少传热量在采暖期表现为窗户本身的保温，在空调期表现为窗户的隔热。改善窗户的保温性能需要解决框扇型材和玻璃两方面的问题。

由于双层窗构造复杂、笨重、遮光、不便擦洗且造价高等不利因素难以克服，所以目前工程上应用最多的是单层双玻窗，就是在同一窗框之内装两层玻璃，之间留有10mm左右的空气间层。一般来说，空气间层越大，密闭性越好，其热阻越大，20mm厚的空气间层的热阻相当于单层玻璃热阻的40多倍。

双玻构造分简易型和中空型两种。简易型双玻形成的空气间层不易取得较大厚度，封闭并非绝对严密，而且一般不作干燥处理，窗户在冬季使用时，很难保证外层玻璃的内侧表面在任何阶段都不形成冷凝。

密封中空双层玻璃构件由于密封层内装有一定量的干燥剂，在寒冷季节时，空气内的玻璃表面温度虽然较低，但仍然可不低于其中干燥空气的露点温度。这样就避免了玻璃表面结露，并保证了窗户的洁净和透明度。因其中是密闭、静止的空气层，使热工性能处于较佳而又稳定的状态。目前国内一些标准较高的公共建筑中已开始应用。

框扇型材部分保温性能的加强是减少传热量的另一个重要方面。目前采用的办法有：采用导热系数小的材料截断金属框型材的热桥；采用复合型材如钢塑窗；采用低导热材料的框扇如塑料等。

一般来说，窗框扇面积比重较大，窗的传热系数则有所提高。然而，在低导热的塑料框扇及钢塑框扇型中，其面积比例的变化，则是相反的情况。

3. 限制窗墙面积比

在严寒和寒冷地区，采暖期室内外温差传热的热量损失占主导地位。因此，对窗和幕墙的传热系数的要求高于南方地区。反之，在夏热冬暖和夏热冬冷地区，空调期太阳辐射得热所引起的负荷可能成为了主要矛盾，因此，对窗和幕墙的玻璃（或其他透明材料）的遮阳系数的要求高于北方地区。

近年来公共建筑及部分高档居住建筑的窗墙面积比有越来越大的趋势，这是由于人们希望公共建筑更加通透明亮，建筑立面更加美观，建筑形态更为丰富。《公共建筑节能设计标准》中把窗墙面积比的上限定为0.7已经是充分考虑了这种趋势。某个立面即使是采用全玻璃幕墙，扣除掉各层楼板以及楼板下面梁的面积（楼板和梁与幕墙之间的间隙必须放置保温隔热材料），窗墙比一般不会超过0.7。

当建筑师追求通透、大面积使用透明幕墙时，要根据建筑所处的气候区和窗墙比选择玻璃，使幕墙的传热系数和玻璃的遮阳系数符合节能标准的规定。例如镀膜玻璃、中空玻璃等高性能玻璃。

现行建筑节能标准中对幕墙的热工性能的要求是按窗墙面积比的增加逐步提高的，当窗墙面积比较大时，对幕墙的热工性能的要求比目前实际应用的幕墙要高，这当然会造成幕墙造价有所增加，但这是既要建筑物具有通透感又要保证节约采暖空调系统消耗的能源所必须付出的代价。

4. 设置遮阳设施

公共建筑的窗墙面积比较大，因而太阳辐射对建筑能耗的影响很大。为了节约能源，应对窗口和透明幕墙采取外遮阳措施，尤其是南方办公建筑和宾馆更要重视遮阳。大量的调查和测试表明，太阳辐射通过窗户进入窗内的热量是造成夏季室内过热的主要原因。日本、美国和欧洲各国及香港地区都把提高窗的热工性能和阳光控制作为夏季防热以及建筑节能的重点，窗外普遍安装有遮阳设施。我国现有的窗户传热系数普遍偏大，空气渗透严重，而且大多数建筑无遮阳设施。因此，《公共建筑节能设计标准》中对外窗和透明幕墙的遮阳系数作出了明确的规定。

以夏热冬冷地区6层砖混结构试验建筑为例，南向四层一房间大小为6.1m（进深）×3.9m（宽）×2.8m（高），采用1.5m×1.8m单框铝合金窗在夏季连续空调制冷时，计算不同负荷逐时变化曲线，可以看出通过实体墙的传热量仅占整个墙面传热量的30%，通过窗的传热量所占比例最大，而且在通过窗的传热中，主要是辐射得热，温差传热并不大。因此，应该把窗的遮阳作为夏季节能措施一个重点来考虑。

在夏热冬冷地区，窗和透明幕墙的太阳辐射得热在夏季增大了空调负荷，冬季则减小了采暖负荷，所以应根据负荷分析确定采取何种形式的遮阳。一般而言，外卷帘或外百叶式的活动遮阳实际效果比较好。

5. 不可忽视的窗帘

在窗口加设窗帘，虽然简便易行，人人都可以自己动手做到，却是建筑节能的又一个不可忽视的措施，而且可以大大改善室内热、光环境，提高室内舒适度。

从热工学的道理上分析，冬天，热量从室内传向室外，夏天则从室外传向室内，窗户玻璃是一个热的屏障体，它起到阻隔热传递的作用，这时在玻璃的两侧还存着保温冷空气的边界层，它们分别进行着吸热与散热。再设一道窗帘又是一道热屏障，在它们的两侧都有空气边界层。空气是热的不良导体，在这些热屏障之间，不流动的空气层有良好的保温作用。

常用的窗帘有布窗帘、百叶窗帘及热反射窗帘。

布窗帘和百叶窗帘的共同优点是可以根据使用需要调节，或拉开或关上。百叶窗还可以有不同的开口大小及开口方向，根据需要起到阻挡阳光、遮挡视线、取得直接日照、取得间接日照、吸取太阳热量、反射太阳热量等不同作用。

热反射窗帘是在一定的化纤布表面镀上厚度不足0.001mm的特种金属后制成的。这种窗帘冬天能保温，夏天可隔热，使居室冬暖夏凉，能耗减少，而且美观实用，价格也不贵。

热反射窗帘的反射率在60%～80%左右，挂上这种窗帘后，从室内人体和物体辐射到窗帘上的绝大部分热量都会被窗帘反射回来。与不挂此种窗帘的房间相比，冬天室温可提高2℃左右。夏季的白天挂上此种窗帘，就可以将大部分热量反射回去，不让它进入室内，以保持室内的阴凉，可以显著地减少空调负荷。

7.4.3 屋顶节能

在经济不发达的社会，人们在住房问题上遇到的首要问题是防雨，要求屋面坡度大、排水快。例如中国传统的坡面瓦屋顶，就很利于解决这一主要矛盾。在单层建筑坡屋顶情况下，由于室内高度大，且北方瓦顶屋面厚度也不小，所以保温隔热的矛盾并不突出。在现代建筑中，由于沥青油毡防水材料的出现及人们对屋顶面积的利用追求，使得坡面瓦顶已很少采用，被广泛应用的平屋顶形式所代替。

为了解决平屋顶防雨、保温、隔热和上人之间相互交错的矛盾，中外的造房者虽然都一直在寻求较为完善的解决办法，却始终不能取得理想的效果。在我国，不论是北方、南方，还是城市、乡镇，楼房顶层房间冬冷夏热和漏雨一直是困扰住户的两个十分普遍而又一直未能很好解决的问题。

目前比较规范的平屋顶做法是在结构找平层以上设置隔汽层——保温（带找坡）层——找平层——防水层——保护层——架空隔热层，保护层是保护沥青层夏季不流淌。

平屋顶根据屋面是否利用又分为上人屋面和不上人屋面两种，而理论上的不上人屋面在现实中又难免上人，比如屋顶维修、安装太阳能装置、架屋顶通信设备等，常常很快将屋顶防水层损坏。普通的架空隔热层更是与上人矛盾。此外，这类卷材平屋面自重大、层次多、施工复杂、维修困难且费用高，已经到了非解决不可的时候。

根据已经颁布的建筑节能标准和我国地域辽阔、气候环境差别大、地区经济发展不平衡等特点，要想找到一个统一的、简便经济的、又一劳永逸的平屋面标准做法，至少在现阶段是不现实的。切实可行的办法是根据不同的屋面使用要求和客观的经济技术条件，选择相对合适的构造做法，以达到节能标准要求。

目前工程实践中节能屋面的做法包括以下5种。

1. 加厚保温层，屋顶传热系数达到节能要求

近年来应用最为广泛的保温材料是水泥珍珠岩和加气混凝土块，原因是材料供应充足，施工方法简便，只要达到一定的厚度，即可满足保温要求。但是这些保温材料都是要防潮的，如果含水率高，其保温性能就会大大降低，因此而带来了以下两个问题：

（1）保温层施工时表面要洒水，施工中也难免不受雨淋，而保温层被防水层覆盖后，其中的水分就会被长期包容在内，而往外蒸发仍然很难，其结果是保温层难以起到应有的作用。所以保证保温层彻底干燥后再施工防水层非常重要。

（2）为了保温层不受潮，致使防水层长久曝露在外，在日晒、温变诸多大气环境因素的作用下，促使防水层老化脆裂以致失效，而防水层的失效又带来保温层失效。因此，选择坚固、耐久、高效的防水材料是和屋面保温紧密相连的另一个重要方面。

2. 加强保护层，保护、隔热合一

按现行建筑设计规范要求，理论上不上人的屋面保护层往往做的很简单，例如撒绿豆砂或在SBS外面粘一薄层细砂，往往很短时间就被风刮雨淋而失效，根本起不到保护防水层的作用。在防水层上增加细石钢筋混凝土现浇层、干铺或低标号水泥砂浆粘铺混凝土薄板或水泥砂浆铺贴价格较低的外墙砖等，才能真正起到保护层的作用。

如果使用架空隔热层，就必须保证屋面不上人。工程中在架空隔热层上再加抹水泥砂

浆面或铺贴外墙砖，是一种效果较好的做法，只是造价稍有提高。但是从保护防水层、保温层的角度看，还是划算的，而且使不上人屋面变成了上人屋面，为屋顶进一步利用创造了条件。

3. 采用新型高效保温材料，做倒置式屋面

随着经济和科学技术的发展，近年来新型高效的屋面保温材料不断出现，国内已有不少建筑工程开始应用并逐步形成了一些较为成熟的做法。例如发泡聚氨酯硬泡保温材料（简称PU硬泡）、聚合物改性渣油发泡材料（简称PU—A泡沫保温层）、无石棉硅酸钙板、聚乙烯泡沫塑料板、聚苯乙烯泡沫塑料板、FSG防水保温板（环氧树脂等作粘结剂的膨胀珍珠岩制品）、沥青珍珠岩等。这些保温材料的共同特点是具有憎水性，与防水材料亲和性好，而且为板材，施工方便。

根据近几年的工程经验，聚苯乙烯泡沫塑料板和FSG防水保温板是较好的两种保温隔热材料，在密度、导热系数、抗压强度、吸水率和单位面积保温材料造价等方面具有较大优势，且适宜于倒置式屋面做法。

所谓倒置式屋面，就是将传统保温防水屋面的保温层和防水倒放，将防水层做在保温层下面，保温板对防水层起到了保温隔热和保护作用，避免阳光直射，减小冬夏温差影响，防止和延缓防水层老化，并可避免机械性损伤，从而延长使用年限。

倒置式屋面保温材料的施工工艺简单，工序少，不受气候条件影响，可以加快施工进度，缩短工期。保温层自重轻，明显降低屋顶结构承重荷载。

倒置式屋面的构造层次为：结构层——找坡层——找平层——防水层——保温层——保护层。

4. 种植屋面和蓄水屋面

这两种集保温、隔热和防水为一体的新型生态、环保屋面，从技术上来说早已不存在任何不可克服的困难，而且已有了20几年的应用历史。之所以未能被广泛推广，其主要原因除一次性投资加大外，后期管理与维护缺乏政策支持，另外，使用者节能观念的普遍淡薄应是另一个重要原因。

随着建筑节能、可持续发展观念的不断深入人心，各种形式的节能屋面会不断出现，种植和蓄水屋面当会日益增多、不断改进。

5. 改平顶为坡顶，多层建筑加阁楼

自20世纪80年代后期起，不少房地产公司为了解决顶层住房销售难问题，开始尝试在顶层增加坡层顶阁楼，将阁楼和顶层搭配销售，取得了很好的效果。使顶层住房从销售难一下变成了抢手货。时至今日，坡屋顶阁楼在多层住宅中的应用已是随处可见。

坡屋顶阁楼之所以备受住户欢迎，主要原因是它较好地解决了原有平屋顶的保温、隔热和漏雨问题。当然，阁楼受欢迎是以不作为主要住室为先决条件的。如果作为主要住室，除高度需要增加外，保温问题也需要进一步解决。

坡屋顶的现行常见做法是现浇钢筋混凝土结构层，之上再作找平层、保温层和防水层。如果传热系数不能达到节能标准的规定，还可以做吊顶作为辅助保温。无论如何，坡屋顶在解决保温、隔热和防水问题诸方面都有较大的优势，是解决屋顶节能的又一条途径。

几种常用节能屋面做法及材料性能比较，如表 7.17～表 7.19 和图 7.23～图 7.26 所示。

表 7.17　几种常用节能屋面做法及性能比较

屋面号	保温层			导热系数计算取值 [W/(m²·K)]
	名称	容重 (kg/m³)	厚度 (mm)	
1—A	聚苯板	20	50①	0.052
1—B	再生聚苯板	100	50②	0.07
2—A	岩棉板	80	45	0.052
2—B	聚苯板	20	40	0.047
2—C	玻璃棉板	32	40	0.047
3	浮石砂	600	170	0.22
4	加气混凝土	400	150	0.26

① 有效厚度取 45mm。
② 有效厚度取 40mm。

表 7.18　聚苯板保温屋面热工、节能指标

结构层		重量 (kg/m²)	厚度 (mm)	热惰性指标 D	传热系数 k_o [W/(m²·K)]	对 k_o 的相关规定 [W/(m²·K)]
编号	名称					
X	130mm 混凝土圆孔板	416	310	3.75	0.72	≤0.91
Y	180mm 混凝土圆孔板	476	360	4.06	0.71	≤0.91
Z	110mm 混凝土大楼板	491	290	2.65	0.76	≤0.91

表 7.19　架空型聚苯板保温屋面热工、节能指标

结构层		重量 (kg/m²)	厚度 (mm)	热惰性指标 D	传热系数 k_o [W/(m²·K)]	对 k_o 的相关规定 [W/(m²·K)]
编号	名称					
X	130mm 混凝土圆孔板	514.8	415	4.15	0.65	≤0.97
Y	180mm 混凝土圆孔板	574.8	465	4.47	0.64	≤0.97
Z	110mm 混凝土大楼板	589.8	395	3.05	0.675	≤0.91

7.4.4 外门节能

居住建筑外门包括楼道外门、居住套型户门（也称为进户门）及阳台外门。

7.4.4.1 楼道外门

居住建筑楼梯间属于共用部分，习惯做法不设门。

北方地区寒冷季节的大风天气，强大的冷气流涌入楼道，使户门和临楼梯间墙体几乎是处在外墙气候环境中。而一般楼梯间按内墙设计，不作保温层，这样一来，对住户保温节能是非常不利的。因此，从节能与安全的角度考虑，楼梯间应设外门。即使不作保温

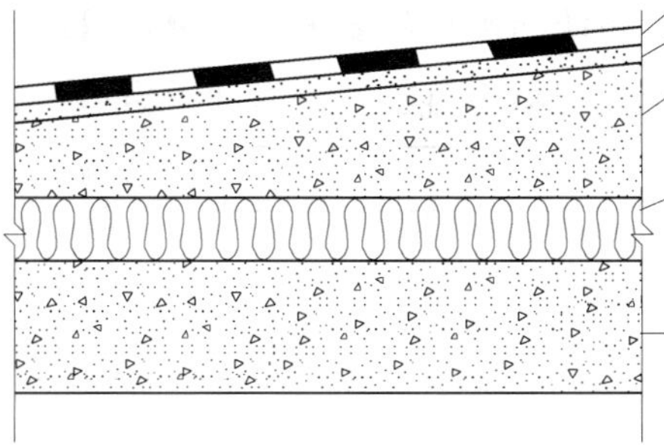

图 7.23 聚苯板保温屋面

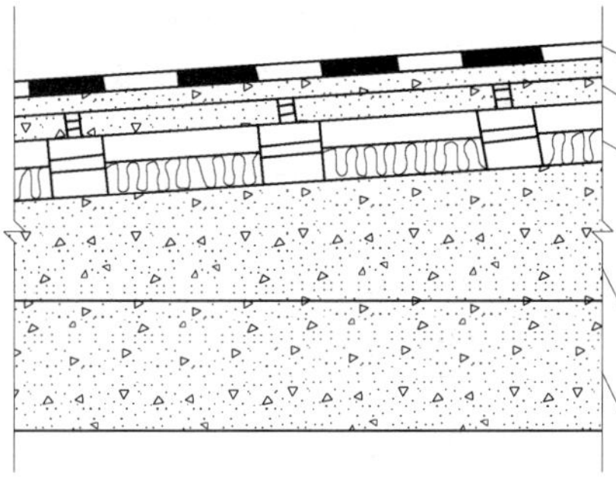

图 7.24 架空型聚苯板保温屋面

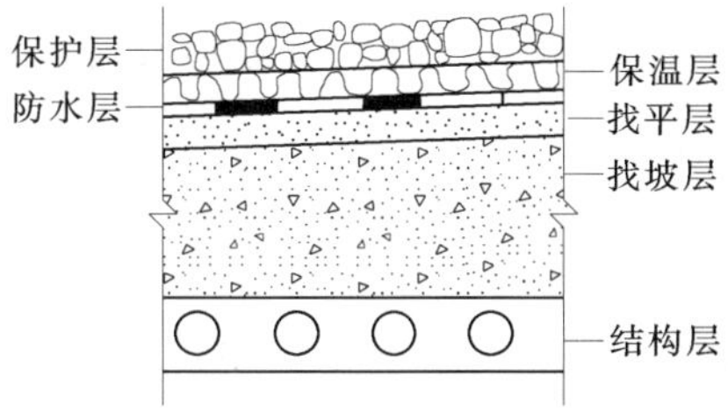

图 7.25 外保温屋面构造

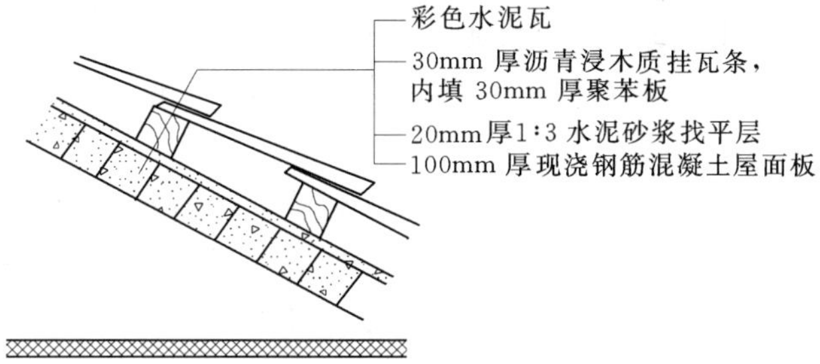

图 7.26 坡屋面做法

门，能阻挡寒冷气流也就大大改善了楼道内的气候环境。

目前许多中、高档住宅区都在楼梯间进出口设置了外门。

7.4.4.2 户门

户门的设计要求应该是多功能的，一般有防盗、保温和隔声等功能。

随着广大城镇居住条件的逐步改善，绝大多数住宅中的户门都采用了成品钢制防盗门。如果在两面金属板中加入 15mm 厚玻璃棉板或 18mm 厚岩棉板，就能达到节能标准规定的保温要求。户门传热系数应不大于 2.0 [W/ (m^2 · K)]。

7.4.4.3 阳台门

对于不封闭的阳台，阳台门也属于外门。传统的阳台门多为木制镶板门或单层薄钢板门，保温性能很差，冬季采暖期和夏季空调期，通过阳台门会散失许多热量或进入许多热量，是节能设计的一个薄弱环节。

根据建筑节能要求，不管是木制或钢制门，都应该做成双层夹芯门，门内填料可用玻璃棉、岩棉等。

厚度要求与户门相同。

7.4.4.4 公共建筑外门

由于公共建筑（如商场、饭店等）外门尺寸大，人流集中，北方地区常用设置门斗或挂厚门帘的方法解决冬季防寒问题。

透明或半透明的玻璃门斗，是目前应用最多的门斗形式。门斗门应朝东向，避开冬季主导风向——北风及西北风。门斗外墙与主门之间应根据人流多少留有足够的空间，一般在1.5～2.0m之间。

7.4.5 地面节能

北方采暖地区居住建筑中常把底层做成地下室、半地下室或架空层，以便存放车辆或作他用。地下室一般是不采暖的，这样就使顶上住户因地面楼板下侧温度低而加大供热能耗。如果是底层架空，则二楼住户地面楼板相当于处于室外气温环境，按建筑节能设计标准要求必须按外围护结构做保温处理。

7.5 节能建筑施工

7.5.1 加气混凝土墙体施工

7.5.1.1 加气混凝土砌块的排列

（1）砌块的排列应符合设计要求，根据砌块尺寸，灰缝的宽度、厚度算好砌块的排列方案。

（2）用粘结砂浆砌筑时，水平灰缝的厚度及垂直灰缝的宽度都应控制在3mm以内。用混合砂浆砌筑时，水平灰缝的厚度应不大于15mm，垂直灰缝的宽度则不大于20mm。

（3）砌块的排列应尽可能采用工厂生产的标准规格砌块，即用大规格、主规格砌块，避免采用异形规格砌块。

（4）加气混凝土砌体的上下皮应互相错缝搭砌，搭接长度不宜小于砌块长度的1/3。

（5）纵墙与横墙交接处以及外墙转角处的砌块，应该分皮咬槎、交错搭砌。

（6）砌体的垂直缝不得与窗洞口边缘同缝。

（7）加气混凝土砌块承重墙体，每层均应设现浇钢筋混凝土圈梁，外墙转角部位和内外墙交接处均应咬槎，并在每隔1m左右墙高的水平灰缝内配置2ϕ6（或3ϕ4）钢筋或网片，每边嵌入墙内1m。

（8）砌体需搁置过梁、搁板等处，以及需固定门窗或其他构件部位，应采用规格整齐和大规格的砌块砌筑，不得采用零星小砌块砌筑。

7.5.1.2 加气混凝土墙施工要点

(1) 砌块运输和砌筑前，应检查其外观质量，砌块表面的浮灰、碎屑和污物必须清理干净，断裂砌块不要使用。

(2) 宜用保温砂浆砌筑加气混凝土，特别是在严寒地区。采用混合砂浆砌筑时，应对砌块提前一天浇水湿润，在砌筑前还要对砌块浇水。如用水玻璃粘结剂砂浆砌筑，则不应浇水，并要采取防雨、防潮措施。

(3) 砌体灰缝应做到砂浆饱满，横平竖直，铺灰长度一次应在1.5m以内。对于垂直灰缝，应灌塞密实，可用临时夹板内外夹持灌缝措施。

(4) 加气混凝土砌块的切割、打眼和留孔等工作，必须用专用工具，不允许用斧、凿、斫，砌块砌筑上墙后更不得随意打砸。

(5) 施工脚手应采用双排外脚手或里脚手，不得在外墙上留下脚手孔洞。

(6) 为避免砌体积水，造成冻融破坏、砌块析盐和墙体渗漏，对于雨篷、窗台和檐口等凹凸部位，以及挑出墙外构件，要注意将滴水槽和泛水做好。

(7) 为避免砌体开裂，对加气混凝土墙体开洞口的下部应设置2ϕ6钢筋，并伸出洞口两侧大于500mm。

(8) 对外露的普通钢筋混凝土梁、柱和阳台板、屋面板等处，均应采取局部保温措施，如用聚苯板或加气混凝土块外包，以避免“热桥”贯通。

(9) 加气混凝土砌体抹灰前，用107胶水溶液拌制素水泥浆，涂刷结合层。其面层砂浆标号不宜过高，也不宜太厚，厚度要均匀一致，以避免抹灰层产生裂缝。

(10) 穿过或埋入加气混凝土墙体的金属管道、管线支架或其他铁件，均应涂刷防腐漆两道，或采取其他防锈保护措施。

7.5.2 膨胀珍珠岩保温砂浆抹灰施工

7.5.2.1 膨胀珍珠岩保温砂浆材料组成

保温砂浆加水搅拌前外观为白色或灰色胶粘料与膨胀珍珠岩的混合物，是分别以水泥或建筑石膏为胶结料，以膨胀珍珠岩为骨料，并加入少量助剂，按一定比例混合配制而成的建筑外墙内保温抹灰材料。

保温砂浆的性能应符合表7.20要求。

表7.20 保温砂浆的性能要求

项　目	水泥型	石膏型
初凝时间（h）	>2.5	>1.0
终凝时间（h）	<12.0	<8.0
硬化体密度（kg/m^3）	650～750	500～650
抗折强度（MPa）	>1.0	>0.6
抗压强度（MPa）	>2.0	>0.8
导热系数［W/（$m^2\cdot K$）］	<0.130	<0.125

保温砂浆干粉料在工厂加工配制混合后装袋，在工地按比例加水搅拌均匀后即可使用。

7.5.2.2 保温砂浆施工准备

保温砂浆施工条件和其他抹灰工序一样，属于外粉刷施工内容，在基层（主体结构）的质量检验合格后才能施工。

施工环境温度不应低于5℃。

保温砂浆施工应放在不致被后道工序所损坏或污染的条件下进行，如屋顶防水、管线埋设和设备安装等，以免翻工、打洞等影响保温砂浆质量。施工前的基层处理与普通水泥砂浆相同。对混凝土表面应先刷处理剂，以增强粘结强度。

7.5.2.3 保温砂浆施工要点

保温砂浆可用机械或手工搅拌，机械搅拌顺序为：先将所需水量倒入搅拌机，开机后再加入保温砂浆干粉料，搅拌时间为2～3min；手工搅拌时，应先将保温砂浆干粉料置于铁板上，将粉料围成一个圆形，从中间最薄处将水逐渐加入，用铁锹拌和。加水量不应过多，但必须搅拌均匀。拌好的料浆，应在初凝前用完。超过初凝时间的料浆不得使用。严禁不断加水搅拌以延长使用时间。

保温砂浆的抹灰应由顶层开始，自上而下依次进行，其施工顺序为：基层处理——弹标准水平线——抹内窗台和门窗护角——墙面冲筋——抹保温砂浆——罩面。

抹灰前应按设计要求弹出标准水平线、踢脚线或墙裙线；门窗口处宜用1：2.5水泥砂浆抹出宽50mm的护角，其厚度应符合抹灰要求。石膏型保温砂浆在抹灰层阳角及过梁底部，可用宽度为100mm的玻璃纤维网带加强防护，或做水泥护角。抹灰前应用保温砂浆做标准饼，然后冲筋，其厚度以墙面最高处的抹灰厚度不小于设计厚度为准，并进行垂直度检查。

抹灰必须分层进行，每层抹灰厚度为10mm左右。当底层砂浆初凝，表面有一定强度后，随即进行上一层保温砂浆抹灰，待抹灰厚度达到冲筋表面，用大杠刮平，用木抹搓平，并进行垂直度、平整度检查。外墙保温砂浆抹灰与内墙普通抹灰的接槎，宜在内墙面上，距内外墙交角200～300mm处。

水泥型保温砂浆抹完后，抹罩面灰，罩面灰两遍成活，厚度约2mm并压实赶光。石膏型保温砂浆抹完后，面层可刮饰面石膏，厚度约3mm，饰面石膏应分两次刮抹，先用铁抹子淌平，表面层稍洒点水，再用铁抹子溜光。

踢脚线应用水泥型保温砂浆抹成，而且直接抹在基体上。

新抹的保温砂浆均应尽量避免穿堂风直接吹袭，以免失水过快，产生龟裂。水泥型保温砂浆抹灰后3d内宜在门窗封闭条件下养护；石膏型保温砂浆可自然养护，但抹灰后1d内应避免过度通风，保温砂浆冬季施工应有防冻措施。

保温砂浆抹灰层在硬化期间严禁水冲、撞击和振动。

7.5.3 内保温墙体施工

内保温墙体施工简便，造价低廉，且便于维护，目前在我国广大北方地区（严寒、寒冷地区除外）普通居住建筑中被广泛应用。较常见的保温板可分为复合板和带饰面聚苯板，其施工方法略有差异。

7.5.3.1 内贴保温复合板

目前，已有多种保温复合板产品，如浇制石膏聚苯复合板、纸面石膏板聚苯（或岩棉、玻璃棉）复合板、GRC聚苯复合板、菱镁保温板等。应选用尺寸准确规整、不变形翘曲、板体结合牢固、保温性能良好的产品。其尺寸要与建筑模数协调，板高应与建筑层高一致。

内贴保温复合板的施工应注意以下5项内容：

（1）保温复合板储存时必须码放整齐，垫块间距不得大于400mm，且不宜码放太高，以防板面变形。还要注意避免淋雨受潮。复合条板运输时应打捆包装、小心轻放、避免振动，单块运输时不得平抬，应用人工将板立抬。

（2）保温板的施工，应在屋面防水工程施工完毕后，由顶层开始自上而下依次进行，使成品不致被雨水及上层施工时渗下水流浸湿及污染。贴板前墙面必须平整并清理干净，无灰尘和脏物，以免影响粘贴效果。复合板的安装从阴角开始，向另一面依次推进。

（3）粘贴前，复合板四周及中间若干点必须充分刮好粘结剂，然后依次粘贴保温板，用力推挤拍压。

（4）相邻的复合板刚粘好后，即用大方木制成的木杠拍打，使相邻板面之间齐平一致。复合板间接缝，需用相应材料填嵌密实，避免日后开裂。如板面为带楔边的纸面石膏板，可用KF—80嵌缝腻子内埋穿孔纸带（或玻纤网带）方法嵌缝。

（5）板下缝隙，用相应尺寸的高密度聚苯乙烯泡沫块填塞紧密。

此种内保温墙，往往在墙体转角处、内外墙交接处以及踢脚线处形成“热桥”，甚至在寒冬时结露滴水。为避免此种情况发生，可根据工程实际在上述部位设聚苯板条，可改善保温效果。

7.5.3.2 带饰面聚苯保温板施工

带饰面聚苯保温板粘结于混凝土墙内表面，即用BP粘结剂将30～50mm厚聚苯板点粘在外墙内表面，中间留出20mm空气层。在聚苯板表面刮抹5mm厚饰面石膏砂浆或饰面水泥砂浆，随即横向满铺玻璃纤维网布，再网布上刮抹3mm饰面石膏（或饰面水泥砂浆）浆体，即形成硬质面层。在厨房、卫生间等湿度较大的房间，应采用饰面水泥砂浆罩面的做法。

在门窗口处，在饰面层内可加铺一层玻璃纤维网带以加强防护，如图7.27（a）所示；也可用水泥砂浆做成护角，使饰面石膏（饰面水泥）玻璃纤维网布伸入护角内以联成一体，如图7.27（b）所示。

在外墙与隔墙相交处，也应将饰面石膏（饰面水泥）内的玻璃纤维网布转折伸入隔墙抹灰层内，以便结合成为整体，如图7.28所示。

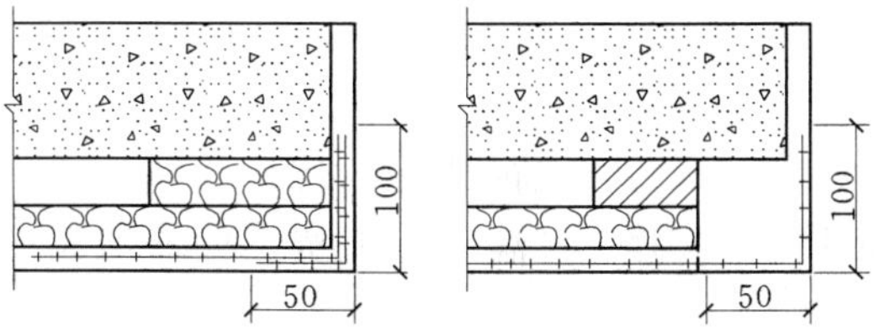

(a) (b)

图7.27 门窗口构造

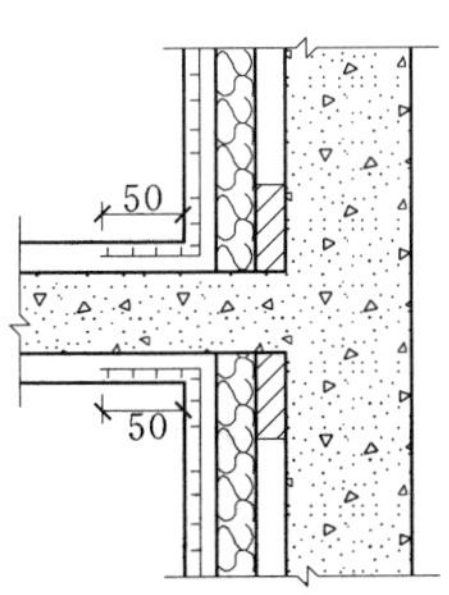

图7.28 内外墙连接构造

此种保温墙体的踢脚部位，可有两种做法：一种是用两层饰面水泥砂浆及两层玻璃纤维网布加强，并在空气层处用聚苯板垫实的踢脚，如图 7.29（a）所示；另一种是改用保温砂浆踢脚，可用预制水泥膨胀珍珠岩块，或在现场支模现浇水泥膨胀珍珠岩（1∶4）做成，如图 7.29（b）所示，也可用其他现成保温踢脚。

至于挂镜线的固定，可用粘钉结合的方法，即在挂镜线位置，大约每隔 1.5mm 事先在该处聚苯板上凿孔，埋入木块，木块与混凝土墙面之间及木块与挂镜线之间用 PM—2 胶黏剂粘结，并在挂镜线上用铁钉钉入木块（见图 7.30），使彼此结合牢固。

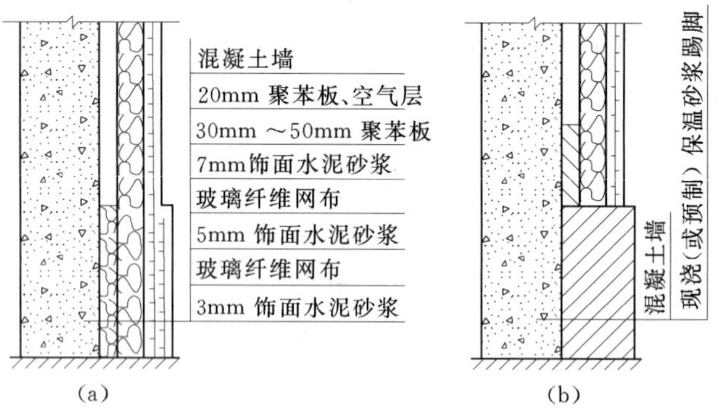

图 7.29 踢脚构造

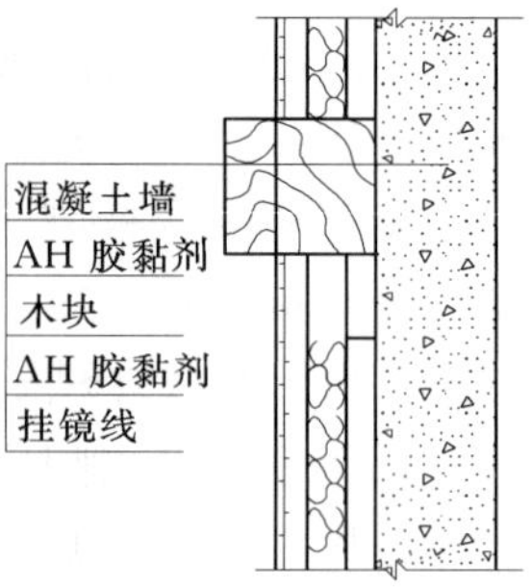

图 7.30 挂镜线构造

带饰面聚苯保温板的施工应注意以下 14 项内容：

（1）保温层的施工，应在门窗框、隔墙、穿墙管线、墙上各种预埋件如窗帘杆座、暖气管支座和电线闸盒等安装完毕后进行。

（2）保温层施工的工序关系为：基层处理——做踢脚线、门窗护角——贴聚苯板——抹底层饰面石膏（或饰面水泥）砂浆——满铺玻璃纤维网布——抹面层石膏（或饰面水泥砂浆）。

（3）饰面聚苯板内保温施工时的环境温度应在 5℃以上，30℃以下。暑天施工时，作基底的墙面应避免日照过度而影响粘结效果。

（4）门窗口与墙体交接处及有管线通过的墙洞，应用 1∶2.5 水泥砂浆填嵌密实。粘贴聚苯板的基层表面应事先清扫干净，使墙面无灰尘、污垢、油渍和松散颗粒等。如墙面潮湿，需先晾干；如墙面过干，应先稍予湿润。旧墙面则应除去原有松软表面，并清理干净。

（5）粘贴聚苯板前，应先检查墙面平整垂直程度，并在墙上角按空气间层厚度粘贴 20mm 厚聚苯板块作出标志，依此挂线。每隔 1m 左右用同样方法作出同样的厚度标志。待确认标志物平整度符合要求后，方可开始粘贴聚苯板。

（6）BP 胶黏剂及饰面石膏或饰面水泥粉料在工地加水拌和。搅拌顺序为，先加水于灰槽中再加入粉料（粉料∶水＝2∶1 重量比），搅拌 2～3min。加水量可根据稠度情况略予调整，但必须严格控制。

（7）搅拌好的 BP 胶黏剂，饰面石膏及饰面水泥应在初凝前及时用完，BP 胶黏剂及饰面石膏的可使用时间不得超过 40min。超过可使用时间的灰浆不得使用。严禁用不断加水搅拌的办法延长可使用时间。

（8）BP胶黏剂及饰面石膏用的搅拌机及容器在每工作1h后，都必须用清水冲洗干净，以避免罐或桶内残留的浆料，引起后拌材料过快凝结和产生疙瘩。

（9）将拌和均匀的BP胶黏剂，用勺舀在聚苯板面上，抹出直径为80～100mm，厚度为30mm的粘结点，成梅花点状间隔分布，点间距离为300～350mm。

（10）将抹有胶黏剂的聚苯板贴到墙上，拍压贴牢，用20mm厚聚苯标志块保证空气间层厚度及墙面平整，聚苯板板缝处亦用BP胶粘剂灌满，并使相邻聚苯板靠紧，板缝宽5～8mm。待粘结聚苯板的BP胶黏剂凝结后24h，可附加条件聚苯板饰面处理。

（11）聚苯板饰面的基层，采用在聚苯板上满抹一层饰面石膏（或ST水泥）砂浆做法，配合比为饰面石膏：细砂＝1：1（体积比）或饰面水泥：细砂＝1：2（体积比），厚度为5mm。

（12）在基层饰面石膏（ST水泥）砂浆初凝前，将通长的整块玻纤网格布横向铺在饰面石膏（ST水泥）砂浆表面上，并用铁抹子认真按压，使网布与砂浆粘结牢固。

（13）在玻璃纤维网布表面，再满抹一层饰面石膏浆料或芯片面水泥砂浆其厚度为3mm，最后用铁抹子以少量清水抹到不留抹痕为止。

（14）新抹的饰面石膏（ST水泥）表面应避免穿堂风吹袭，造成失水过快，不能满足石膏硬化所需水分，产生干裂。

7.5.4 外保温墙体施工

7.5.4.1 基本构造做法

外保温墙体做法各有差别，但其基本构造一般包括以下5项组成部分：

（1）粘结剂及（或）固定件，其作用为将保温板固定在基层墙面上。

（2）保温板，较多用聚苯乙烯，有些工程用玻璃棉或岩棉，我国有的工程用水泥聚苯板。

（3）底层抹灰，一般为聚合物水泥砂浆，直接抹在保温板上。

（4）加强网片，埋置在底层抹灰内部。当采用聚苯乙烯作保温板时，用玻璃纤维网布；当采用岩棉板时，则用钢丝网片加强。

（5）装修面层，多用薄涂层，也有的用饰面砖和饰面板等。至于基层墙体，可用砖石墙体及混凝土墙，其基本构造示例如图7.31所示。

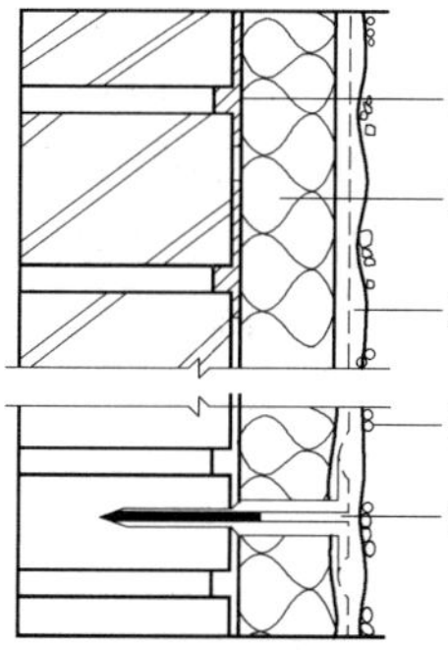

图7.31 外保温墙体基本构造示例

7.5.4.2 工程质量和材料使用要求

1. 安全与力学性能要求

固定在外墙表面上的保温板，应能长期不致脱落。为安全起见，宜采用粘结剂与机械锚固相结合的固定方法。粘结剂采用聚合物水泥砂浆，用膨胀螺栓锚固。

为避免在建筑外立面上火灾蔓延，采用自熄性的聚苯乙烯，此种板材有蓝色点状标志。

墙面有受撞击的可能性，特别是一层墙面更是如此。为了不致在人体及硬物碰撞时在抹面层及保温材料内造成孔洞，对玻璃纤维网布应有严格的要求。

还应使纤维网布与底层抹灰严密结合，成为一体，以保证形成性能良好的面层。

2. 抗裂性

外保温面层的抗拉强度是由于加强纤维网布起作用的结果，为避免由于面层的膨胀产生拉裂，网布的极限延伸率应尽可能地低。

此外，聚苯乙烯板尺寸稳定性应该良好，避免在网布内产生过高的收缩应力。一般的要求是，泡沫聚苯乙烯板应在板件切割后常温下自然静置6周以上，或在高温（70℃）室内养护一周后才能使用。

然而，出现面层裂缝最普遍的原因还在于施工，其中应重视的较常见的问题如：底层抹灰强度过高；抹灰层太厚；用粘结剂或抹灰料将聚苯乙烯板的板间接缝填上；网布未搭接或搭接量过少等。

3. 粘结

当在新建的墙面上施工时，基底易于清理。如果墙面过于干燥，可于粘结保温板的前一天在墙面上浇水。但当在旧房的墙面上施工时，为避免基底准备工作不当而粘结不牢，因此要求清除原有抹灰层或涂料；在施工前清洗全部基底；禁止在石膏面层上粘结保温板。

4. 保温板

为使粘结剂与底层抹灰中的应力为最小，一方面需要采用收缩可能性最小的产品；另一方面，在阻止其尺寸变化时，其应力的扩散应为最小。正是由于这个原因，早就采用了聚苯乙烯作为保温板用。至于其他泡沫材料，由于与底层抹灰的弹性模量和泡沫的位移不相适应，还有很多困难。

保温材料还应具有吸湿性低，保温性能、粘结性能都好的特色。

所用的聚苯乙烯的导热系数在0.035～0.04W/（m^2·K）之间，其密度保持在16～18kg/m^3的范围内，板的厚度根据保温需要而定，我国北方多用5～8mm。

5. 网布的防腐蚀

网布作为基底抹灰的加强材料，应该避免受到腐蚀。而普通玻璃纤维是不耐碱的，在含有水泥的抹灰层中，在水与碱的作用下，会产生碱腐蚀，导致网布破坏。为保证玻璃纤维网布不受腐蚀，必须在网布纤维外面罩有充分的耐碱保护层。

还有，当水分经常渗入网布时，其极限强度会明显降低，这对于工程的耐久性有很大的影响。

7.5.4.3 施工要点

1. 基底的准备

在旧房改造施工前，对基底的情况进行调查了解，首先确定它是否适宜于采用外保温，并确定此建筑墙面是否需要进行修理及何处需要修理。此项修理工作应在外保温施工前完成。

墙外侧管道、线路应予拆除。在可能条件下可改为地下管道或暗线，以适用于后来安设的装修面层。

在既有建筑改造时可能需要接出一个较宽的窗台，以伸出于装修面层之外。窗台下面需有一个滴水槽，以避免雨水由窗台流到下部墙面或侧壁处。而对于新建建筑应考虑设置一个较宽的窗台。

原有建筑墙面上由于冻害、析盐或侵蚀所产生的损害均应细致地予以修复。对于损坏的砖或砌块应予更换。墙面的孔洞都应填补密实。墙面上的疏松的砂浆应予清除。不平的表面应该事先抹平，以免外保温层厚度不一致。

宜用与墙面分离的双排脚手架，以避免事后填塞脚手孔洞，并修补产生的裂隙。

2. 保温板的固定

在安设保温板时及安设保温板后至少24h内，空气温度及外墙表面温度应高于5℃。

保温板应逐排水平方向依次安设，拉线校核，并逐列用铅锤校直。在阳角与阴角的垂直接缝处保温板应咬槎交错排列，如图7.32所示。

应确保保温板有规则地牢固地粘结在外墙表面上，即通过挤压使粘结剂挤紧以便粘结牢固。

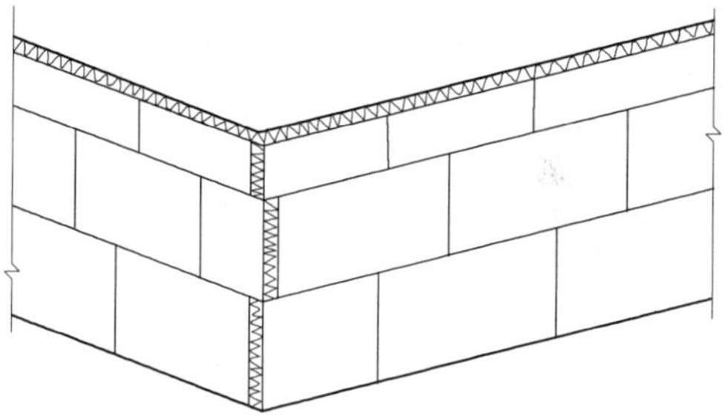

图7.32 阳角处保温板交错排列

3. 抹灰

在保温板的整个表面上抹上底层砂浆，其面积宜比该块加强网布的长度和宽度略大一些，厚度要均匀一致，然后及时将加强用玻璃纤维网布全部压埋入内，无外露之处。

底层抹灰砂浆应用抹子抹平以便以后装修。抹灰应连续抹过墙角线脚及门窗口侧边，与门窗框或固定在某处的护条紧密相接。

对于外部装修应定期进行维护检查，特别是对于接缝处，与防雨板和窗台接缝处，以及管道、烟道等穿过抹灰层四周的部位更要着重检查，发现问题，及时维修。

7.5.5 保温屋面施工

7.5.5.1 现浇保温屋面施工

1. 现浇膨胀珍珠岩保温屋面施工

现浇膨胀珍珠岩保温层，是用膨胀珍珠和不低于325号的要求的配合比（整体为1∶8，面层为1∶4）搅拌后铺设而成。

（1）施工方法。

施工中宜采用人工搅拌。首先将珍珠岩按比例和水泥混合均匀，然后再洒水搅拌。现浇珍珠岩的掺水量以使珍珠岩拌和物用手能握成团不出水，松手后不散为宜。

根据设计对屋面坡度和各点厚度要求，首先将屋面各控制点处的保温层铺好，然后根据已铺好的控制点的厚度拉线控制保温层的虚铺厚度（为设计厚度的130%），进行大面积铺设。虚铺后的保温层用木杠刮平，并按压缩比要求进行按压，按压至设计厚度后，再铺第二层保温层，并按要求进行压实。

保温层做好后2～3d内再做找平层。找平层做好6d后对屋面进行试验，用装满砂浆、重400kg的架子车在屋面上行驶，强度应符合要求。

（2）注意事项。

珍珠岩保温层吸水性强，在短时间内不会干燥，如遇下雨，保温层内的含水量很高，珍珠岩保温层在找平层上必须设置纵横排气道。可将找平层的分格缝与通气道合并在一起，排气道要同在气相通。

为防止在纵横排气道的交叉处，发生找平层空鼓并向上翘曲，可在交叉点10cm×10cm范围内有5cm厚不铺珍珠岩保温层，而用水泥砂浆填充，并与找平层一起施工，使找平层和交叉点下的砂浆连为一体。

2. 现浇水泥蛭石保温屋面施工

现浇水泥蛭石保温层，是以膨胀蛭石为集料，以水泥为胶凝材料，按一定配合比配制而成的，一般用于屋面和夹壁之间。

（1）使用材料和质量要求。

1）水泥，应不低于325号普通硅酸盐水泥，以用425号普通硅酸盐水泥为好。

2）膨胀蛭石，颗粒可选用5～20mm的大颗粒级配，这样可使颗粒总面积减少，以减少水泥用量，减轻容重，增高强度，在低温环境使用时，它的保温性能较好。

其存放地点要避风避雨，搬运时要防止压实，堆放高度不宜超过1m。

（2）配合比及性能。

1）水泥和膨胀蛭石的体积比，一般以1∶12为经济合理。常用配合比参如表7.21所示。

表7.21　现浇水泥蛭石保温层的配合比及性能

配合比 水泥∶蛭石∶水（体积比）	每$1m^3$水泥蛭石浆用料数量（kg）		压缩率（%）	1∶3水泥砂浆找平层厚度（mm）	养护时间（d）	容重（kg/m^3）	导热系数[$W/(m^2\cdot K)$]	抗压强度（MPa）
	水 泥	膨胀蛭石						
1∶12∶4	110（425号硅酸盐水泥）	1300	130	10	4	290	0.087	0.25
1∶10∶4	130（425号硅酸盐水泥）	1300	130	10	4	320	0.093	0.3
1∶12∶3.3	110（425号硅酸盐水泥）	1300	140	10	4	310	0.092	0.3
1∶10∶3	130（425号硅酸盐水泥）	1300	140	10	4	330	0.099	0.35
1∶12∶3	110（325号矿渣水泥）	1300	130	15	4	290	0.087	0.25
1∶12∶4	110（325号矿渣水泥）	1300	130	5	4	290	0.087	0.25
1∶10∶4	110（325号矿渣水泥）	1300	125	10	4	320	0.093	0.34

2）水灰比。由于膨胀蛭石的吸水率高，吸水速度快，水灰比过大，会造成施工水分排出时间过长和强度不高等结果；水灰比过小，又会造成找平层表面龟裂，隔热保温层强度降低等缺点。一般以2.4～2.6为宜（体积比）。现场检查方法是：将拌好的水泥蛭石浆

用手紧捏成团不散，并稍有水泥浆滴下为宜。

(3) 施工方法和注意事项。

宜采用人工拌和。可先的水与水泥均匀调成水泥浆，然后用小桶将水泥浆均匀地泼在定量的膨胀蛭石上，随泼随拌，拌和均匀。

膨胀蛭石用量按公式计算

$$Q = 150x$$

式中 Q——100m^2 隔热保温层中膨胀蛭石的用量，m^3；

x——隔热保温层的设计厚度，m。

屋面铺设隔热保温层时，应采用“分仓”施工，每仓宽度为 700～900mm。可采用木板分隔，也可采用特制的钢筋尺控制宽度和铺设厚度。

由于膨胀蛭石吸水较快，施工时，最好把原材料运至铺设地点，随拌随铺，以确保工程质量和水灰比准确。

隔热保温层的虚铺厚度一般为设计厚度的 130%（不包括找平层），铺后用木拍板（木蟹）拍实抹平至设计厚度。铺设时应尽可能使膨胀蛭石颗粒的层理平面与铺设平面平行。

水泥蛭石砂浆压实抹平后应立即抹找平层，两者不得分两个阶段施工。找平层砂浆配合比为：425 号水泥：粗砂：细砂＝1：2：1，稠度为 7～8cm（成粥状）。

找平层抹好后，一般情况下可不必洒水养护。

7.5.5.2 保温屋面板施工

1. 水泥聚苯板

水泥聚苯板是由聚苯乙烯泡沫塑料下脚料及回收的旧包装破碎的颗粒，加入适量水泥、EC 起泡剂和 EC 粘结剂，经成型养护而成的板材。

水泥聚苯板的施工要点如下：

(1) 铺设保温板材。铺浆前先在隔汽层上（可用氯丁胶乳沥青）均匀涂刷界面处理剂，其配合比是：水：TY 粘结剂的＝1：1，然后铺 1cm 的 1：3 水泥砂浆，即可将保温板材平衡地铺压其上，板与板间自然接铺，对缝或错缝铺砌均可，缝隙用砂浆填塞。为防止大面积屋面热胀冷缩引起开裂，施工时按不大于 700m^2 的面积断开，并作通气槽和通气孔，以确保质量。

(2) 水泥砂浆找平层。水泥聚苯板上抹水泥砂浆找平层，是在板材铺设 0.5d 后，在板面适量洒水湿润，再在其上刷界面处理剂，其配合比是水：TY 粘结剂＝1：1（可掺加适量水泥）。水泥砂浆找平层两遍成活，砂浆配合比为 1：2.5，第一遍厚 8～10mm，刮杆摊平，木抹压实；第 2 遍在 24h 后铺抹，厚度为 15～20mm. 找平层按纵横间距 6m 设分格缝，缝宽 20mm，缝内填塞防水油膏。完工后 7d 内必须浇水养护，以防裂缝。

2. 饰面聚苯板

饰面聚苯板是用聚苯乙烯泡沫塑料板作保温层，其下面用 BP 粘结剂与屋面基层粘结牢固，其上面抹 ST 水泥拌制的水泥砂浆，形成硬质表面，并作为找平层，然后便进行上层防水施工。其物理力学性能如表 7.22 所示。

表 7.22 饰面聚苯板性能

项目		指标
聚苯板	密 度（kg/m³）	16～19
	导热系数［W/（m²·K）］	0.035
BP 粘结剂	凝结时间（min）	>30
	抗压强度（MPa）	>4
	抗折强度（MPa）	>2.5
	粘结强度（MPa）	>0.3
ST 水泥	凝结时间（h）	>2
	抗压强度（MPa）	8
	抗折强度（MPa）	2
	粘结强度（MPa）	>0.2
饰面聚苯板抗压强度（MPa）		>0.95

饰面聚苯板的施工要点如下：

（1）饰面聚苯板铺设前，应先将屋面隔汽层清扫干净。若屋面潮湿或雨后，要清除积水并晾干。铺设时间用料铲或刮刀将膏状的 BP 粘结剂均匀地抹在隔气层上，厚度控制在 1cm 以内，再用滚子找平，然后将聚苯板满贴其上，并用手压揉拍打使板与基层粘结牢固，缝隙内用 BP 粘结剂塞实抹平，所有接缝处还要用粘结剂贴一条 10cm 宽的浸胶低碱的玻璃纤维布，以增强保温层的整体性。BP 粘结剂与水的重量配合比为 1∶0.6，用料槽搅拌，并控制每次的拌和料在 40min 内用完。施工过程要注意防止雨水或露水渗入而造成开胶重贴的损失。保温层的分格断开和通气槽、孔的做法与水泥聚苯板的做法和要求相同。

（2）ST 水泥砂浆找平层，可在饰面聚苯板铺贴 4h 后进行。施工时，先将袋装 ST 饰面水泥（包括 BP 粘结剂，由厂家提供）和细砂、水按照 1∶2∶0.5 的配合比倒入搅拌机中，拌和 5min 后，出料尽快使用。ST 水泥砂浆找平层的厚度为 2cm，要一次抹平压光，并站在跳板上操作，以防压裂饰面聚苯板，分格缝及养护要求均同水泥聚苯板。

3. 架空板下设袋装膨胀珍珠岩

膨胀珍珠岩保温效果优良，但屋面施工时易被风吹散。因此，将膨胀珍珠岩装入塑料袋内，作屋面保温用，其上架空铺设薄钢筋混凝土板即可，如图 7.33 所示。在屋面板上，先铺 1∶6 水泥焦渣，最低处 30mm，并用以找 2% 坡度。在找坡层上梅花点式放置 150mm 高加气混凝土方块作支点，其间用塑料袋装膨胀珍珠岩平铺 100mm 厚，在加气混凝土支点上放置 20mm 厚豆石混凝土板，上面再作 20mm 厚 1∶3 水泥砂浆找平层，最后顶部做防水层，见图 7.33。

架空板下设袋装膨胀珍珠岩的施工要点如下：

（1）先铺水泥焦渣找坡层，拍捣密实，表面先抹光，其坡度用挂线找好。

（2）切割出高度一致的加气混凝土方块，在屋顶上按 1m 间距排放整齐。

（3）用大塑料袋在地面上装好膨胀珍珠岩，装袋勿满，约 2/3 即可，拍出其中空气。依次挤压铺设。上表面大体拍平，使与混凝土盖板间有一空气间层。

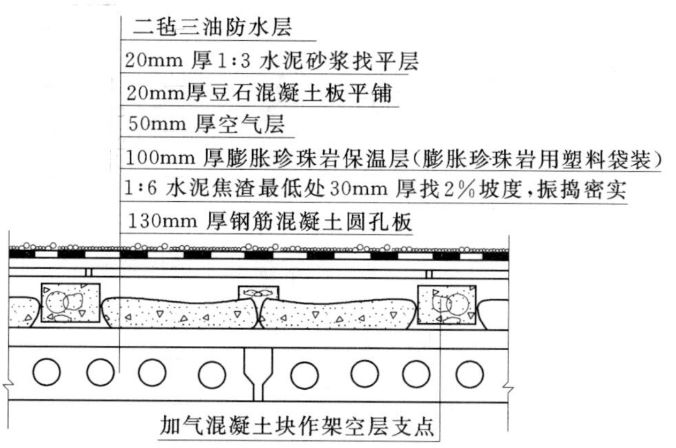

图 7.33 架空板下设袋装膨胀珍珠岩

(4) 铺设豆石混凝土盖板，其四角支在加气混凝土方块上。

(5) 上铺找平层及防水层，如一般做法。

本 章 小 结

1. 建筑节能是世界范围内经济可持续发展的一大动力，是与寻求新能源同等重要的解决能源紧缺的另一措施，已被大多数发达国家及发展中国家所重视，并在世界范围内展开。

2. 我国政府已在20世纪80年代认识到建筑节能对我国经济发展的重要性，开始制定规划，出台政策，陆续编制各地区建筑节能设计标准，并在建筑设计行业、建筑施工行业强制推广。

3. 建筑节能技术正以日新月异的速度向前发展，包括新设计标准、新材料、新施工技术和新设备等方面，许多新的节能产业蓬勃兴起。这些必将为我国建筑节能事业带来新变化、新成就。

4. 墙体节能技术、屋顶节能技术、采暖设备运行技术和空调新技术是建筑节能的几个方面。在工程应用中应分别深入学习研究。

复 习 思 考 题

1. 开展建筑节能行动的背景和意义是什么？
2. 我国是从什么时候开始建筑节能工作的？
3. 何为建筑节能标准？新标准的概念是什么？
4. 为什么实行建筑热工分区？我国分几个热工分区？
5. 建筑节能技术包括哪几个方面？
6. 举出墙体节能、屋顶节能的几个方法实例。
7. 举出若干种保温新材料的性能、应用方法。
8. 你所熟悉的居住建筑需要节能吗？有哪些方法可以达到节能目的？

参 考 文 献

1 赵研．房屋建筑学．北京：高等教育出版社，2002
2 同济大学，西安建筑科技大学，东南大学，重庆大学合编．房屋建筑学．北京：中国建筑工业出版社，2005
3 邓宗国．建筑概论．北京：中国建筑工业出版社，2003
4 舒秋华．房屋建筑学．武汉：武汉工业大学出版社，1997
5 苏炜．房屋建筑设计与构造．武汉：武汉理工大学出版社，2002
6 《建筑设计资料集》编委会．建筑设计资料集（第二版）．北京：中国建筑工业出版社，1995